Android

App 开发入门

施威铭 编著

使用Android Studio 2.X开发环境 第 2 版

机械工业出版社
China Machine Press

图书在版编目（CIP）数据

Android App开发入门：使用Android Studio 2.X开发环境 / 施威铭编著. — 2版. — 北京：机械工业出版社，2017.7

ISBN 978-7-111-57449-1

I. ①A… II. ①施… III. ①移动终端 – 应用程序 – 程序设计 IV. ①TN929.53

中国版本图书馆CIP数据核字（2017）第156883号

本书从初学者的角度出发，通过通俗易懂的语言、丰富的实例，详细介绍使用Android Studio 2.X开发环境开发Android应用程序应该掌握的各种技术。

全书共分16章，内容包括：使用Android Studio开发Android App，Android程序设计基础讲座，应用程序界面设计，事件处理，用户界面的基本组件，高级UI组件，即时消息与对话框，用Intent启动程序中的其他Activity，用Intent启动手机内的各种程序，拍照与显示照片，播放音乐与视频，用传感器制作水平仪与体感控制，WebView与SharedPreferences，GPS定位、地图与菜单，SQLite数据库，Android互动设计等。书中所有知识都结合具体实例进行介绍，以使读者轻松领会Android应用程序开发的精髓，快速提高开发技能。

本书既适合作为大专院校和社会培训学校的教材，又适合有基础编程经验的读者自学。

Android App 开发入门：使用Android Studio 2.X 开发环境（第2版）

出版发行：机械工业出版社（北京市西城区百万庄大街22号　邮政编码：100037）

责任编辑：夏非彼　迟振春　　　　　　　　　责任核对：闫秀华

印　　刷：中国电影出版社印刷厂　　　　　　版　　次：2017年8月第2版第1次印刷

开　　本：188mm×260mm　1/16　　　　　　印　　张：36.75

书　　号：ISBN 978-7-111-57449-1　　　　　　定　　价：99.00元

推荐序

目前，以 Android 系统为基础的智能手机、平板电脑以及炫酷的智能穿戴设备在市场上大行其道。从业人员如何快速学习和掌握 Android App（应用）的开发呢？能否推荐一本最新的 Android App 开发的教材，可以让使用这本教材的人在学习过程中直接实践最新版本的 Android Studio 开发环境呢？

对于上述需求，建议阅读这本新书。

这是一本引领 Android App 开发的入门教材，当然也适合转向 Android App 开发的专业人员用于熟悉 Android Studio 开发环境。本书撰写的宗旨是：读者不必是 Java 大师，也不必是面向对象程序设计的高手，只要通过本书简单易懂的讲解和图示、标准范例程序的调试和演练、循环往复的动手练习和实践，就能达到快速入门的目的，奠定 Android App 开发的坚实基础。

本书既适合作为大专院校和社会培训学校的教材，又适合有基础编程经验的读者自学。本书中涵盖了 Android App 开发中的必备主题，如用户界面和版面布局、Activity（活动）、事件处理、Intent、内容提供者、照相、影音播放、GPS 定位和地图、传感器、网页浏览（WebView）、对话框、菜单、SQLite 数据库、Java 面向对象程序设计与 XML 等。

本书每一章都提供了范例程序，功能不同的范例程序有 40 多个，若加上同类范例而功能有差异的不同版本，则范例程序的总数高达 70 多个。这些范例适用于 Android 2.2 到 Android 7.x，它们都在 Android Studio 2.2.2 的集成开发环境下调试通过，除了可以在 AVD（安卓虚拟设备）仿真运行外，还可以直接运行在 Android 智能手机和平板电脑上。

最后祝大家学习顺利，早日编写出热门 Android App ！

资深架构师 赵军

2017 年 3 月

前　言

　　学习 Android 程序设计一直困扰着许多初学者，原因有两个。首先，必须学会使用 Java 程序设计语言，并且要懂 Android 的 XML 词汇，然后才能开始学习 Android 的程序设计。其次，在学习的过程中常见到一些程序设计老手所使用的行话与习惯，初学者常会苦思不得其解，从而导致在学习中产生挫折感、困顿不前。鉴于此，本书针对 Android 的初学者设计了一套学习流程，期望降低初学者学习的门槛，让学习曲线平滑、顺畅，使初学者能迅速掌握 Android 程序设计的重点，而不用浪费过多的时间。

　　许多人都说学 Android 需要先学 XML，但是事实上学 Android 并不需要先学 XML，而是要学 Android 的 XML 词汇。这两者可谓天壤之别。对于前者，你可能要读完一本厚厚的 XML 大全集，但是掌握 Android 的 XML 词汇就简单多了。我们还会以图形化界面的编辑器来完成界面布局的 XML 设计，这就和在游戏里布置房间或建设城堡一样简单。再者，初学阶段的 Android 程序设计所用到的 Java 语言不需要初学者完完整整地阅读一本厚达七八百页的 Java 程序设计语言教科书，只需发挥三成 Java 程序设计语言的功力，就可以轻松写好 Android 程序了。

　　因此，初学者真正要做的就是学习 Android 的程序架构和 Android API 的使用，并运用自己的创意开发手机或平板电脑的应用。本书并不是 Android 的程序应用大全集，目的是帮助对 Android 程序设计感兴趣的人排除学习中的障碍，以便顺利进入 Android 程序设计的领域。读完本书，如果需要进一步学习 Android 更广的领域，可以参考其他相关书籍。

施威铭

关于范例程序

本书所提供的范例程序压缩文件包含书中所有的范例项目，下载地址为：http://pan.baidu.com/s/1bpzUbJD（注意区分数字和英文字母大小写）。如果下载有问题，请发送电子邮件联系 booksaga@126.com，邮件主题为"求 Android App 开发入门（第 2 版）下载资源"。

读者可按照书中的指引自行建立范例项目进行练习，也可以直接参考书中提供的范例程序。如果要使用书中提供的范例程序，请务必注意以下说明，以确保读者可以顺利无误地试用、改写、调试、测试、编译（构建）和运行这些范例程序。

安装好 Android Studio 集成开发环境

本书所有范例程序都在 Android Studio 2.2.2 版本上编写、调试、测试通过，并能顺利运行，本书也是基于这个版本来写的。Android Studio 2.2.3 已于 2016 年 12 月 6 日发布，虽然这只是子版本的变化，但是为了避免版本差异给读者在学习中使用范例程序带来困扰，建议读者先安装 Android Studio 2.2.2，等到熟悉了 Android Studio 集成开发环境的设置，并用它顺利运行本书的所有范例程序之后，再升级到新的版本。

下载 Android Studio 软件包

请到 Android Developers 网站（https://developer.android.com/studio）或 Android 中文社区网站（http://www.android-studio.org/）下载 Android Studio 安装软件包。下载完成后，启动这个安装软件包进行安装，安装过程中选择默认设置即可。顺利安装完成后，在开始试用范例程序（项目）之前，请务必参照附录 B 将常用的 Android Studio 选项逐一设置好。

有关使用旧项目、外来项目以及构建目标程序时所出现问题的排除，请参考附录 C。

把所有范例项目解压缩到电脑硬盘的文件夹中

建议解压缩到 Android Studio 默认的开发项目文件夹中，例如：

C:\users\ 用户名 \AndroidStudioProjects

其中，盘符和用户名取决于读者自己操作系统中的设置。

解压缩后，各章范例会放在以该章节为名的文件夹中，书中每个范例操作步骤的开头都会提示所创建的范例项目名称。例如，第 1 章的范例"Ch01_Hello"，项目所在的路径为 \Ch01\Ch01_Hello。

目　录

第 1 章　使用 Android Studio 开发 Android App

第 2 章　Android 程序设计基础讲座

第 3 章　Android App 界面设计

第 4 章　与用户互动——事件处理

第 5 章　用户界面的基本组件

第 6 章　高级 UI 组件：Spinner 与 ListView

第 7 章　即时消息与对话框

第 8 章　用 Intent 启动程序中的其他 Activity

第 9 章　用 Intent 启动手机内的各种程序

第 10 章　拍照与显示照片

第 11 章　播放音乐与视频

第 12 章　用传感器制作水平仪与体感控制

第 13 章　WebView 与 SharedPreferences

第 14 章　GPS 定位、地图、菜单

第 15 章　SQLite 数据库

第 16 章　Android 互动设计——蓝牙遥控自走车 iTank

附录 A　OO 与 Java：一招半式写 App

附录 B　常用的 Android Studio 选项设置

附录 C　使用旧项目或外来项目时的问题排除

附录 D　关于 Android 的 XML

附录 E　导入 ADT 项目

第 1 章 使用 Android Studio 开发 Android App

本章将介绍如何使用 Android Studio 集成开发环境开发 Android App。我们将先说明在 Android Studio 中如何添加、创建 Android App，接着说明如何将完成的程序 （App）放在仿真器上执行与测试。让读者先体验一个完整的开发流程，再回头熟悉 Android Studio 环境的基本操作与设置，从而使读者在后面的学习、开发过程中更加顺畅。

Android 开发环境经常更新，其安装过程的操作变动也很频繁，读者可以访问 Android Studio 中文社区网（网址为：http://www.android-studio.org/），该网站提供了最新的 Android Studio 安装和操作的信息。

如果您尚未安装好 Android Studio，请参考 Android 中文社区网站的说明，下载并安装 Android Studio。

1-1 创建第一个 Android App 项目

单击 Windows 的"开始"菜单，再依次单击"所有程序"→"Android Studio/ Android Studio"菜单选项，即可启动 Android Studio 程序。

这是 Android Studio 的欢迎窗口

1 单击此项即可调出向导程序引导用户新建项目

启动 Android Studio 时自动打开用户上次退出时未关闭的项目

由于 Android Studio 会记住用户的操作，因此如果之前曾经打开过项目，并且在结束 Android Studio 时没有关闭该项目，那么再次启动 Android Studio 会直接打开之前没有关闭的项目。

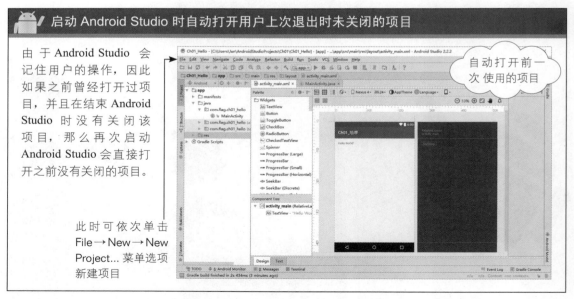

自动打开前一次使用的项目

此时可依次单击 File → New → New Project... 菜单选项新建项目

反之，如果之前结束 Android Studio 时已关闭项目，那么再次启动 Android Studio 时会显示欢迎窗口，并在左侧列出最近打开过的项目。

接着会出现新建项目对话框。

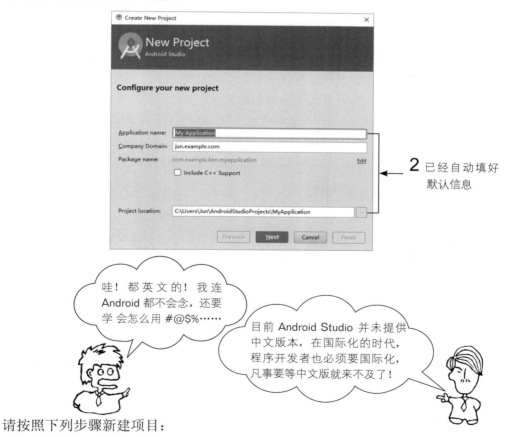

请按照下列步骤新建项目：

步骤 01 输入 App 的相关名称，并决定项目的存储路径。

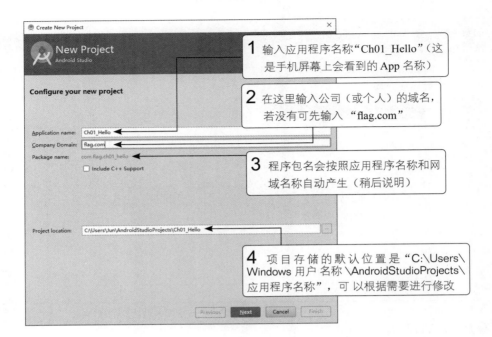

① 输入应用程序名称"Ch01_Hello"（这是手机屏幕上会看到的 App 名称）

② 在这里输入公司（或个人）的域名，若没有可先输入 "flag.com"

③ 程序包名会按照应用程序名称和网域名称自动产生（稍后说明）

④ 项目存储的默认位置是"C:\Users\Windows 用户名称\AndroidStudioProjects\应用程序名称"，可以根据需要进行修改

应用程序名称和程序包名称是项目最重要的两个名称，分别说明如下。

- 应用程序名称（Application Name）：就是 App 在手机上显示的名称，可以随意使用中英文或任何文字命名。虽然不同 App 可以取相同的名称，但是在分辨时会为用户带来困扰，因此最好取一个能表现 App 特色的名称。
- 程序包名称（Package Name，或者简称包名）：这是 App 在 Android 世界中的身份 ID，无论是在 Android 手机上，还是在 Google Play 市场中，都是根据程序包名称识别每一个 App 的。因此，不同 App 的程序包名称不可以重复，否则会被视为同一个 App。

惯例上，程序包名称使用英文小写字母。为了确保程序包名称不会重复，一般采用"颠倒顺序的域名.应用程序名称"的命名方式。例如，某家公司的网域名称为"flag.com"，颠倒顺序就是"com.flag"。假设应用程序名称为 Test，那么就可将程序包名称设置为"com.flag.test"。

 由于域名有统一管理的单位且不会重复，因此上述命名方式可以保证不会与其他人开发的程序同名。

 在学习阶段，由于并不会把程序发布到 Google Play 市场上，因此不需要太注重程序包的名称，甚至可以直接使用默认的域名。本书的范例一律以"com.flag. 项目名称"命名，项目名称一律以"Chxx"开头标明是第几章的范例，读者在练习时可以自行给项目命名。

 Android Studio 将程序包名称分为对内和对外两种，我们留到第 2 章再做进一步说明。

程序包名称的命名规则

程序包名称并不是 Android 程序特有的，凡是 Java 程序都会使用到。在命名时必须符合以下规则：

- 只能包含英文字母、数字和下划线。英文字母大小写均可，但一般使用小写。
- 必须用句点分段，而且至少要有 2 段，每段的开头必须是英文字母。

步骤 **02** 将应用程序名称改为包含汉字的名称，并给程序包及存储的文件夹改名。

1 将应用程序名称改为 "Ch01_ 哈啰"

3 单击 Edit 按钮修改程序包名称

2 应用程序名称中只有符合命名规则的字符才会自动加到程序包名称中

存储位置仍会包含完整的应用程序名称，但下方会显示警告：存储位置包含非 ASCII 字符可能会造成问题，建议改成英文

4 将程序包名称最后一段改为 "ch01_hello"（全部小写）

5 将存储位置的文件夹名称改为 "Ch01_Hello"

步骤 03 单击 Next 按钮，选择 App 要在哪些设备上执行。

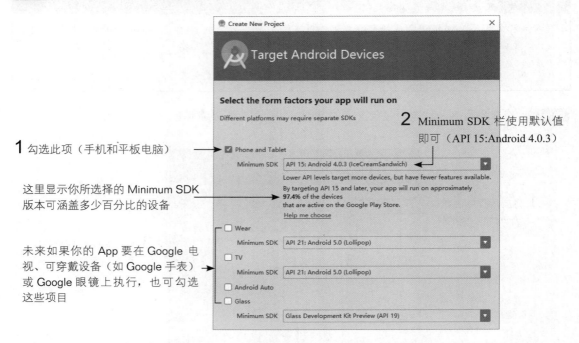

1 勾选此项（手机和平板电脑）

2 Minimum SDK 栏使用默认值即可（API 15:Android 4.0.3）

这里显示你所选择的 Minimum SDK 版本可涵盖多少百分比的设备

未来如果你的 App 要在 Google 电视、可穿戴设备（如 Google 手表）或 Google 眼镜上执行，也可勾选这些项目

Android 会不断地更新版本，以提供更好的功能和支持更多设备，而 Minimum SDK 就是用来指定我们所开发的 App 能够执行的最低系统版本。支持的 Android 版本越低，就能在越多旧设备上执行（因为有些人还在用旧版的手机）。相对而言，一些 Android 新版才有而旧版没有的功能在 App 中无法使用。

技巧 SDK（Software Development Kit）就是"软件开发工具包"，包含开发软件所需的各种工具程序、函数库等，以供程序设计人员开发应用程序。

技巧 API（Application Programming Interface）就是"应用程序编程接口"，一般是指开发特定软件所需的函数库。

如何选择 Minimum SDK

如果不知道该如何选择 Minimum SDK，就单击 Minimum SDK 列表框下方的蓝色 Help me choose，以打开交互式帮助窗口。

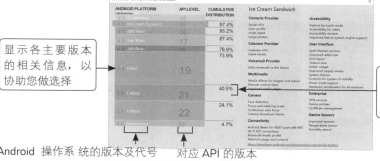

显示各主要版本的相关信息，以协助您做选择

显示该线以下的所有版本总共涵盖多少百分比的用户设备

Android 操作系统的版本及代号　　对应 API 的版本

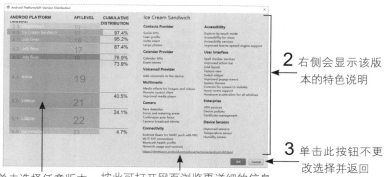

2 右侧会显示该版本的特色说明

3 单击此按钮不更改选择并返回

1 单击选择任意版本　按此可打开网页浏览更详细的信息

 有关 Android 各版本的市场占有率，可以在 http://developer.android.com/ about/ dashboards/ index.html 获得最新信息。

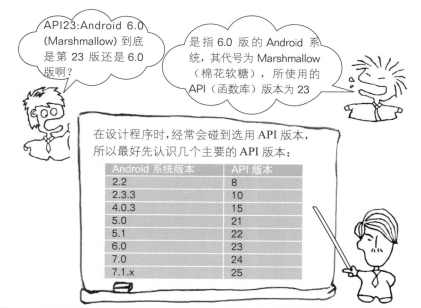

API23:Android 6.0 (Marshmallow) 到底是第 23 版还是 6.0 版啊？

是指 6.0 版的 Android 系统，其代号为 Marshmallow（棉花软糖），所使用的 API（函数库）版本为 23

在设计程序时,经常会碰到选用 API 版本，所以最好先认识几个主要的 API 版本：

Android 系统版本	API 版本
2.2	8
2.3.3	10
4.0.3	15
5.0	21
5.1	22
6.0	23
7.0	24
7.1.x	25

步骤 04 Android App 是由一个或多个程序组件（Component）所组成的，活动（Activity）是最常使用的程序组件。活动的设计主要可分为类（Class）和布局（Layout）两部分，类是编写程序的地方，布局是用来设计屏幕画面内容的地方。

接着单击 Next 按钮，为程序加入一个适合的活动，然后指定类名称、布局名称等信息。

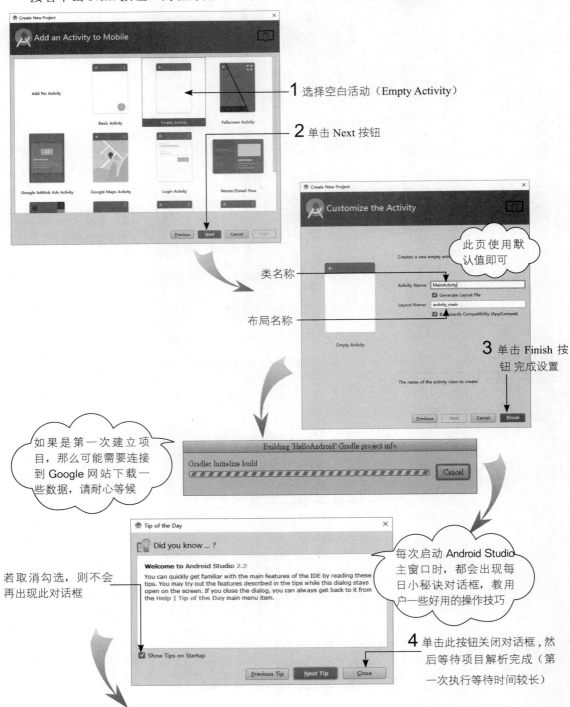

1 选择空白活动（Empty Activity）

2 单击 Next 按钮

此页使用默认值即可

类名称

布局名称

3 单击 Finish 按钮 完成设置

如果是第一次建立项目，那么可能需要连接到 Google 网站下载一些数据，请耐心等候

每次启动 Android Studio 主窗口时，都会出现每日小秘诀对话框，教用户一些好用的操作技巧

若取消勾选，则不会再出现此对话框

4 单击此按钮关闭对话框，然后等待项目解析完成（第一次执行等待时间较长）

项目名称默认为所在文件夹的名称
（项目名称只用于项目的识别）　项目所在的路径

目前显示的类文件
(MainActivity.java) 的内容

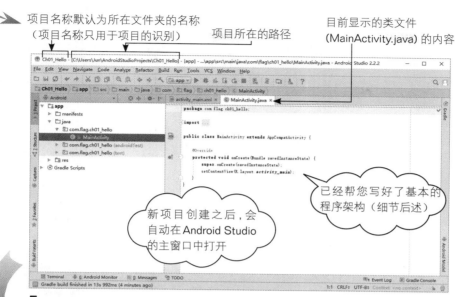

新项目创建之后，会
自动在 Android Studio
的主窗口中打开

已经帮您写好了基本的
程序架构（细节后述）

5 单击此页签，切换到布局文件 (activity_main.xml)　　右侧是以蓝图显示界面的布局架构

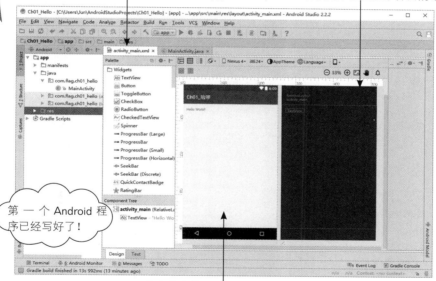

第一个 Android 程
序已经写好了！

此为程序的预览画面，默认会在界面左上方显示 "Hello world!" 文字

创建好项目就相当
于已经写好一个
Android 程序了……

可是我在程序中一
个字也没写……

技巧 我们在新建项目对话框中所做的设置（如程序包名称、项目存储的位置、Minimum SDK 等）都会被 Android Studio 记住，从而成为下次新建项目时的默认值。

预览界面出现奇怪现象或错误信息

如果新项目的预览界面出现奇怪现象或显示 Rendering Problems 等错误信息：

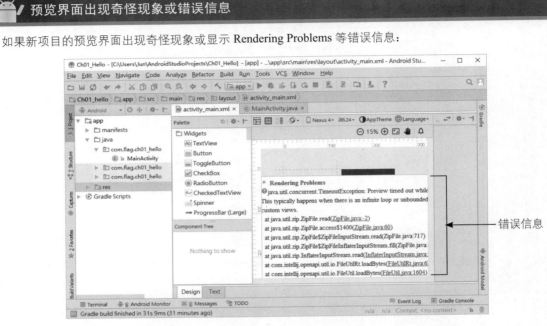

错误信息

那么可能是预览功能的错误（即 Bug，未能正确解析），此时可以如下图所示进行操作。

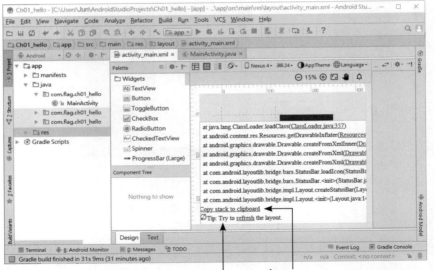

2 单击 Tip: Try to 链接，通常就可以恢复正常了　　**1** 滚动到最下面（若无法滚动，则可将鼠标移到文字上再用鼠标滚轮滚动）

若仍无法正常显示，则可选择 "Build/Rebuild Project" 菜单选项恢复正常，或者重新打开项目看看（可一次选择 "File/Invalidate Caches/Restart..." 菜单选项命令，然后单击 Just Restart 按钮快速重新打开项目）。

1-2 在计算机的仿真器上执行 App

在新建项目时，Android Studio 已为我们创建了完整的项目架构，包括 Java 程序、屏幕画面布局、App 的图标等，所以现在这个新建的项目已经是"可执行"的 App 程序了。这个 App 会在手机屏幕上显示"Hello World！"，也就是在预览窗口中看到的内容。

因为 Android App 是在手机中执行的，所以无法直接在计算机上执行。如果想在计算机上测试程序执行的实际效果，那么必须先使用"Android 仿真器"（Android Virtual Device，AVD）在计算机中仿真出一部 Android 手机，然后在其中执行、测试我们的 App。

创建 Android 仿真器

依次单击 Android Studio 菜单上的"Tools/Android/AVD Manager"菜单项（或单击工具栏右侧的 🖼 （AVD Manager）按钮）启动 AVD Manager，然后按照下面的步骤创建 Android 仿真器。

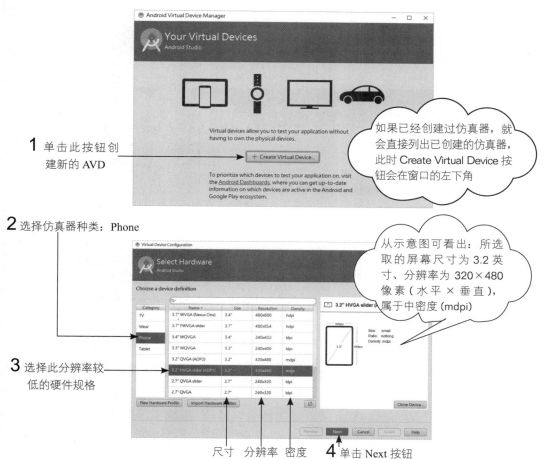

1 单击此按钮创建新的 AVD

如果已经创建过仿真器，就会直接列出已创建的仿真器，此时 Create Virtual Device 按钮会在窗口的左下角

2 选择仿真器种类：Phone

从示意图可看出：所选取的屏幕尺寸为 3.2 英寸、分辨率为 320×480 像素（水平 × 垂直），属于中密度 (mdpi)

3 选择此分辨率较低的硬件规格

尺寸　分辨率　密度　**4** 单击 Next 按钮

本书选用较低分辨率仿真器的目的，一方面是其占用资源少，适合所使用的计算机运行较慢的读者；另一方面是其屏幕截图画面比较小，可以节省本书插图的版面，以便在有限的篇幅内可以包含更多内容。

 如果计算机的运行速度较慢或内存不多（小于 4GB），那么可改选分辨率更低的型号（如 240×320），以免未来在启动仿真器时要等待很久，甚至启动不起来！

认识屏幕的"密度"

密度（Density）是指单位长度中有多少像素，通常以 dpi（dot per inch，每英寸有多少像素）表示。手机屏幕的种类繁多，其密度也不尽相同。例如，同样是 3.4 英寸的屏幕，480×800 就比 240×432 的 密度高，因为前者包含更多像素。密度越高就能显示出越细致的图形或文字，不过必须准备越高分辨率（包含较多像素）的图像文件，这样才能显示出同样大小的图形。Google 将屏幕的密度分为 6 个等级：

密度等级	密度范围
ldpi (low，低）	~120dpi
mdpi (medium，中）	~160dpi
hdpi (high，高）	~240dpi
xhdpi (extra-high，超高）	~320dpi
xxhdpi (extra-extra-high，超超高）	~480dpi
xxxhdpi (extra-extra-extra-high，超超超高）	~640dpi

可切换显示不同类型系统的列表（推荐的、x86、其他类型）

灰色的项目表示尚未安装，可单击 Download 进行下载并安装

5 选择要加载的 Android 系统。建议选择最新的稳定版本，上面 2 个为笔者撰稿时仍在开发的测试版本（可能有很多 Bug）

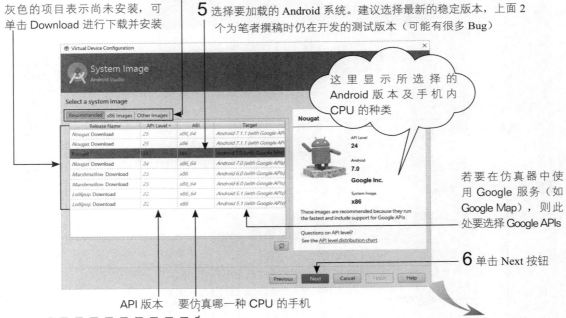

这里显示所选择的 Android 版本及手机内 CPU 的种类

若要在仿真器中使用 Google 服务（如 Google Map），则此处要选择 Google APIs

6 单击 Next 按钮

API 版本　要仿真哪一种 CPU 的手机

 ABI（Application Binary Interface）是指手机 CPU 指令集的种类，可分为精简指令集（RISC）的 arm/mips 和复杂指令集（CISC）的 x86 两大类。请注意，要选择 x86 或 x86_64（64 位版本的 x86）才能让仿真器使用 PC 的硬件加速功能（详见 Android 中文社区网站（http://www.android-studio.org/）中关于"SDK 的下载、管理与更新"的内容）。

7 请按图设置仿真器的名称（只能包含英文数字及 ._-() 等符号）

单击此处可分别回到前两个对话框以便修改设置

使用默认值即可

8 单击 Finish 按钮 完成设置

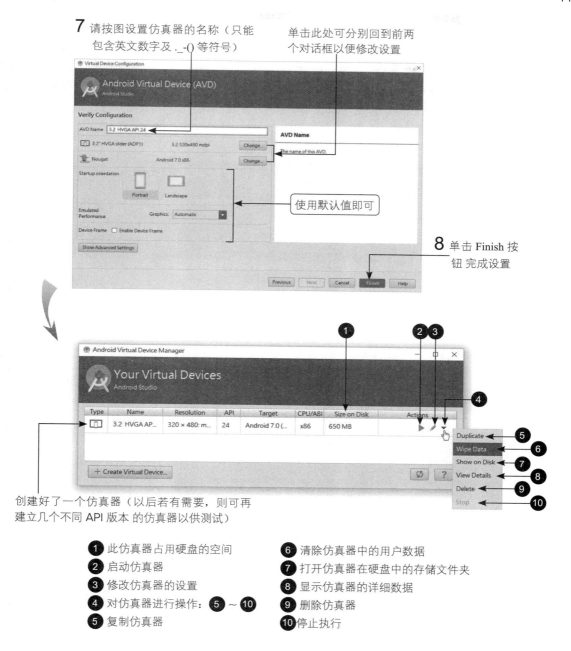

创建好了一个仿真器（以后若有需要，则可再建立几个不同 API 版本 的仿真器以供测试）

1 此仿真器占用硬盘的空间
2 启动仿真器
3 修改仿真器的设置
4 对仿真器进行操作：**5** ~ **10**
5 复制仿真器

6 清除仿真器中的用户数据
7 打开仿真器在硬盘中的存储文件夹
8 显示仿真器的详细数据
9 删除仿真器
10 停止执行

可以单击 ▶ 按钮先启动仿真器，以便稍后用来执行 App。不过现在先关闭 AVD Manager 窗口，等要执行 App 时，再到菜单中选取仿真器选项启动仿真器。

练习 1-1 创建一个 Nexus 5 仿真器（如果您的计算机运行速度较慢，那么改为其他分辨率较低的仿真器）。

提示 先按照前面的方法启动 AVD Manager，然后单击左下角的创建按钮，再选择 Nexus 5 选项，其他均使用默认值即可。

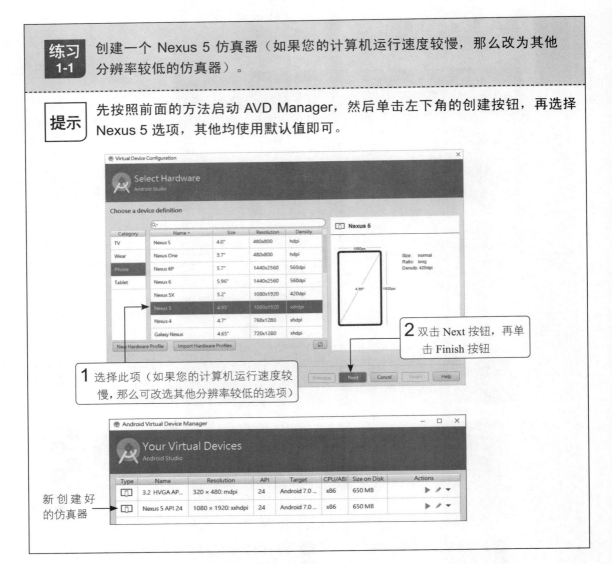

在仿真器上执行 Android App

在 Android Studio 中进行如下操作，将刚刚写好的 Android App 传送到仿真器并执行。

1 单击绿色的 Run 按钮（或按 Shift + F10 键）

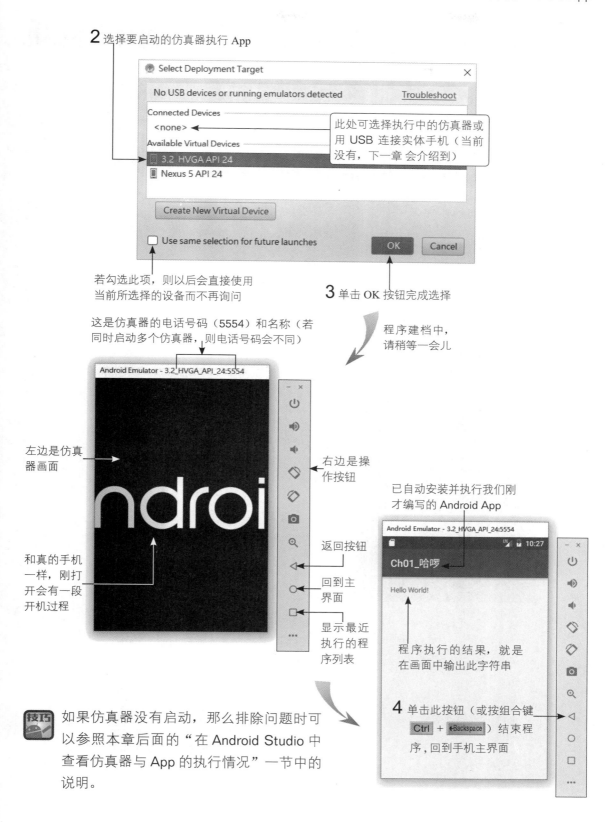

2 选择要启动的仿真器执行 App

此处可选择执行中的仿真器或用 USB 连接实体手机（当前没有，下一章 会介绍到）

若勾选此项，则以后会直接使用当前所选择的设备而不再询问

3 单击 OK 按钮完成选择

程序建档中，请稍等一会儿

这是仿真器的电话号码（5554）和名称（若同时启动多个仿真器，则电话号码会不同）

左边是仿真器画面

右边是操作按钮

已自动安装并执行我们刚才编写的 Android App

返回按钮

回到主界面

和真的手机一样，刚打开会有一段开机过程

显示最近执行的程序列表

程序执行的结果，就是在画面中输出此字符串

如果仿真器没有启动，那么排除问题时可以参照本章后面的"在 Android Studio 中查看仿真器与 App 的执行情况"一节中的说明。

4 单击此按钮（或按组合键 Ctrl + Backspace）结束程序，回到手机主界面

如果仿真器中没有出现程序画面

如果仿真器中没有出现程序画面，那么切换回 Android Studio（不要关闭仿真器），然后重新执行项目，接着如下操作：

选取已在执行中的仿真器，然后单击 OK 按钮（或直接双击仿真器），即可在该仿真器中执行 App

5 由于是第一次启动，会显示操作介绍，单击 GOT IT 表示知道了

回到手机主界面了 ——→

6 单击此按钮打开应用程序列表

这是刚才安装的 App，单击即可启动它。若用鼠标按住不放，则可以：

如果没看到 App，可按住鼠标从下向上（或从右向左）滚动页面，到后面的页面寻找

将 App 图标放到主界面以方便执行，也可以放到上方的 Uninstall 或 App Info 区进行卸载或查看应用程序信息

　　由于启动仿真器要花一点时间，因此建议平常启动仿真器后就不要关闭它，这样稍后在修改程序后重新执行或执行另一个项目时，可节省重新启动仿真器的时间。当然，仿真器一直在执行中也会占用一些系统资源，若您还要用计算机做其他比较消耗 CPU、内存的工作，则关闭仿真器即可。

技巧　除了在执行项目时启动仿真器外，还可以直接单击工具栏的 ▣ 按钮启动 AVD Manager，然后单击仿真器右侧的 ▶ 启动该仿真器即可。

有外壳的仿真器

有的仿真器默认搭配了 Skin（外壳），如硬件规格为 Nexus 系列的仿真器都会有。

> 长得就跟真的手机一样，操作方式也一样

返回键　　　　　　　　　　　　　　　　　　　显示最近执行的程序
回到主界面

仿真器的操作技巧

　　虽然仿真器可以仿真出各种不同系统、不同版本、不同尺寸的手机，但在操作上都大同小异。首先，仿真器窗口可以任意移动或缩放，缩放窗口时屏幕内容也会等比例缩放。

缩小窗口　　　　　　　　　　放大窗口

　　至于手机屏幕的操作，可用鼠标模拟手指的滑动、点按、长按、拖曳等动作，或者用鼠标的滚轮上下滚动屏幕页面上的内容。另外，也可用键盘输入文字或数据（或用仿真器中的虚拟键盘），相当方便。

　　如果要模拟两个手指的操作（如放大或旋转地图），那么可以按住 `Ctrl` 键再搭配鼠标操作。

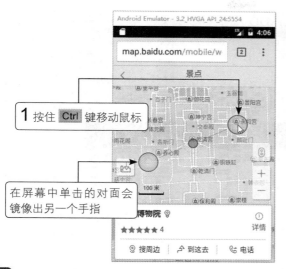

1 按住 Ctrl 键移动鼠标

在屏幕中单击的对面会镜像出另一个手指

2 继续按着 Ctrl 键，并按住鼠标左键拖动鼠标，模拟两个手指的拖动操作

注意，要先按住 Ctrl 键，再按住鼠标左键拖动鼠标才会起作用。

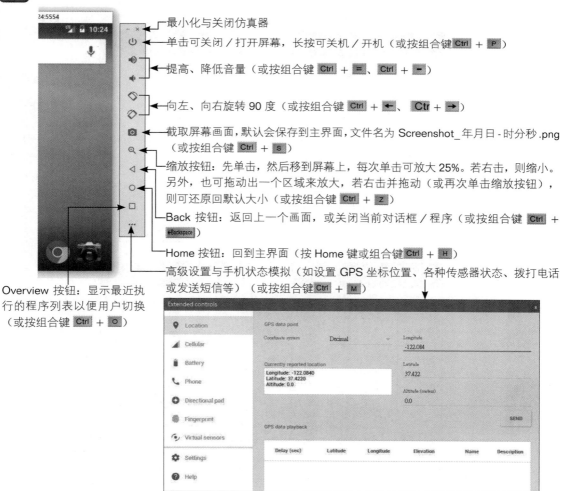

最小化与关闭仿真器

单击可关闭／打开屏幕，长按可关机／开机（或按组合键 Ctrl + P ）

提高、降低音量（或按组合键 Ctrl + = 、 Ctrl + - ）

向左、向右旋转 90 度（或按组合键 Ctrl + ← 、 Ctr + → ）

截取屏幕画面，默认会保存到主界面，文件名为 Screenshot_年月日 - 时分秒 .png（或按组合键 Ctrl + s ）

缩放按钮：先单击，然后移到屏幕上，每次单击可放大 25%。若右击，则缩小。另外，也可拖动出一个区域来放大，若右击并拖动（或再次单击缩放按钮），则可还原回默认大小（或按组合键 Ctrl + z ）

Back 按钮：返回上一个画面，或关闭当前对话框／程序（或按组合键 Ctrl + Backspace ）

Home 按钮：回到主界面（按 Home 键或组合键 Ctrl + H ）

高级设置与手机状态模拟（如设置 GPS 坐标位置、各种传感器状态、拨打电话或发送短信等）（或按组合键 Ctrl + M ）

Overview 按钮：显示最近执行的程序列表以便用户切换（或按组合键 Ctrl + O ）

调整仿真器的语言、时区及删除App

新建立好的仿真器都是英文的，时区设置也不对，所以时间会相差 8 小时。先进入手机的设置页面（可在应用程序列表中单击 图标或下拉系统状态栏再单击 ），然后进行如下操作：

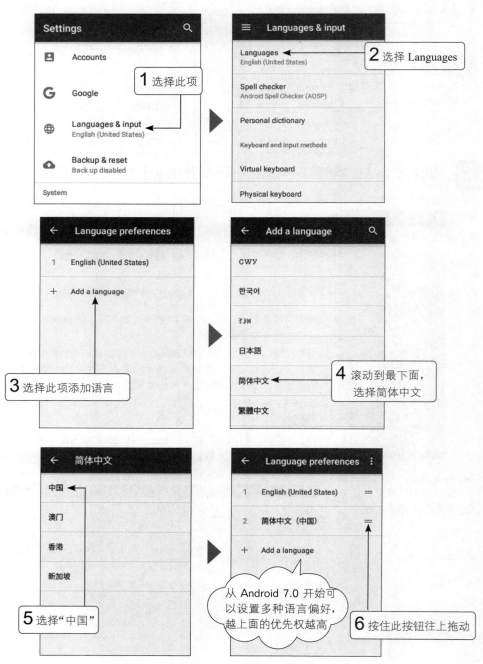

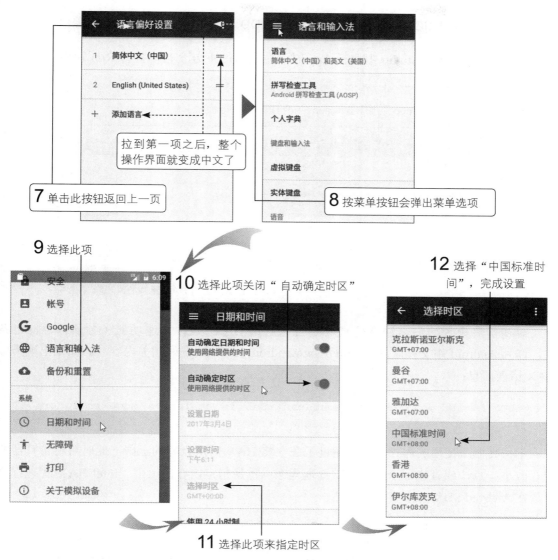

7 单击此按钮返回上一页

8 按菜单按钮会弹出菜单选项

拉到第一项之后，整个操作界面就变成中文了

9 选择此项

10 选择此项关闭"自动确定时区"

12 选择"中国标准时间"，完成设置

11 选择此项来指定时区

若要删除安装的 app，则单击左上角的菜单按钮 ，然后选择"应用"选项，再按照如下步骤操作：

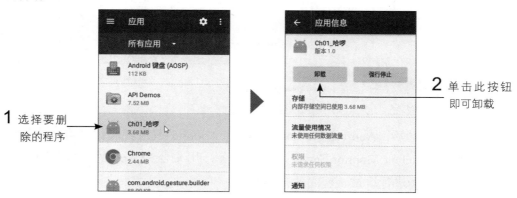

1 选择要删除的程序

2 单击此按钮即可卸载

在 Android Studio 中查看仿真器与 App 的执行情况

当我们在 Android Studio 中执行 App 时，主窗口的下方会自动打开 Run 窗格。

1 单击以切换到 AVD 窗格，此窗格用于显示仿真器的执行指令与执行情况

Run 窗格   在 app 页面中显示 app 的执行指令与执行状况

按此处可关闭窗格   如果显示出这一行，就表示仿真器已启用 HAX 硬件加速功能

对初学者来说，只需注意仿真器是否已启用 HAX 硬件加速功能（必须符合特定条件，详见 Android 中文社区网站 http://www.android-studio.org/ 的相关内容）。如果出现类似 HAX 错误信息：

```
... HAX is not working and emulator runs in emulation mode emulator: The
memory needed by this VM exceeds the driver limit. ...
```

就表示仿真器所使用的内存太大，超过了在安装 HAX 时所设置的上限。此时可将仿真器的内存改小一点，或者执行 Intel HAX 管理程序以重新指定内存的上限。Intel HAX 管理程序存放在 Android SDK 文件夹中。

1 打开 SDK 文件夹（c:\Users\ 用户名 AppData\Local\Android\sdk）的 \extras\intel\
Hardware_Accelerated_Execution_Manager\

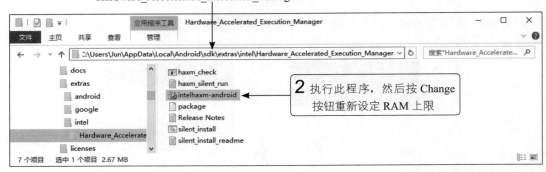

2 执行此程序，然后按 Change 按钮重新设定 RAM 上限

当仿真器启动后，Android Studio 还会打开 Android 窗格存取仿真器（或手机）上的 DDMS（Dalvik Debug Monitor Server）调试服务，用来监控 App 的执行状况、显示 App 传来的特殊信息、进行调试、截取屏幕画面等。

Android 窗格　　　若有多个仿真器，则可在此切换

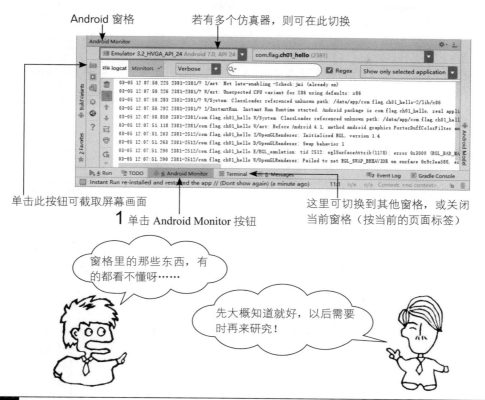

单击此按钮可截取屏幕画面

1 单击 Android Monitor 按钮

这里可切换到其他窗格，或关闭
当前窗格（按当前的页面标签）

窗格里的那些东西，有
的都看不懂呀……

先大概知道就好，以后需要
时再来研究！

1-3 Android Studio 快速上手

虽然 Android Studio 是一个功能非常强大的开发环境，但是操作界面简单易用，初学者只要稍加学习即可轻松掌控。下面先介绍Android Studio 的 3 个比较特别的地方。

（1）一个主窗口只能打开一个项目，所以在打开第 2 个项目时，会先询问是要打开当前窗口（会先关闭当前项目）还是要打开新的窗口。

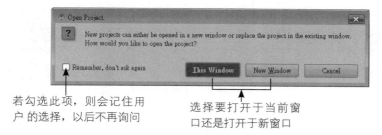

若勾选此项，则会记住用
户的选择，以后不再询问

选择要打开于当前窗
口还是打开于新窗口

（2）对项目的所有变更都会自动保存，因此完全不需要执行存盘操作，而且每次打开项目时，都会看到和前一次关闭项目时相同的画面配置。

（3）每次启动 Android Studio 时都会自动回到前一次结束时的状态。因此若在前一次结束时没有关闭项目，则再次启动时会自动打开该项目，并回到前一次结束时的状态。

Android App 开发入门：使用 Android Studio 2.X 开发环境（第 2 版）

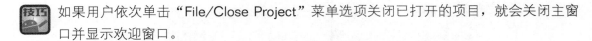如果用户依次单击"File/Close Project"菜单选项关闭已打开的项目，就会关闭主窗口并显示欢迎窗口。

Android Studio 是以 IntelliJ IDEA（一个很棒的 Java 集成开发环境）为基础平台的，所以大多数界面和操作方式都和 IntelliJ IDEA 相同。

认识Android Studio 的操作环境

Android Studio 的主窗口有上方的标题栏、菜单栏、工具栏以及底部的状态栏之外，还有中间区域，中间区域可分为 3 部分。

1 导航栏：显示当前文件在项目中的路径，可在此快速存取路径中的文件夹与文件

2 编辑区：所有打开的文件都是在此区进行编辑，可利用上方的标签切换文件

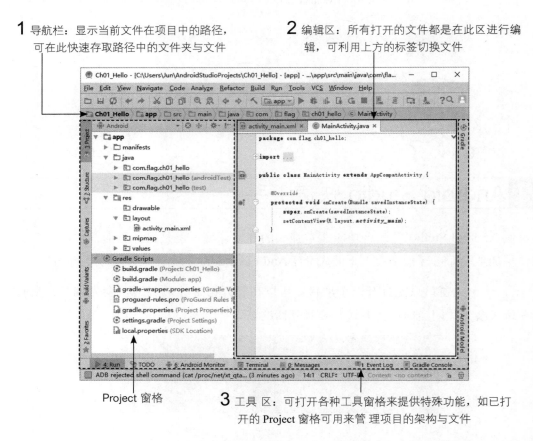

Project 窗格

3 工具 区：可打开各种工具窗格来提供特殊功能，如已打开的 Project 窗格可用来管 理项目的架构与文件

导航栏（Navigation Bar）会显示当前选择的或编辑中文件的路径，其中每个节点都是路径中的一个文件夹。

最上层为项目
所在的文件夹

在任意节点上单击，即可列出该文件 夹的内容，
选择后可打开文件（或子文件夹）

若在节点上右击，则会打开该文件夹
可操作的菜单选项；若在节点上双击，
则可打开该文件夹

在编辑区中可打开多个文件，用户可利用上方的标签切换要编辑的文件，单击标签右侧的 ✖ （或在标签上单击鼠标滚轮 / 中间的按钮）可关闭该文件。不同类型的文件会使用不同的编辑器，在编辑器内部还可划分很多窗格，例如下面的布局编辑器。

1 利用上方的标签可切换文件，请
   单击左侧标签切换到程序编辑器

组件库窗格

在窗格的边线拖动
可重设窗格大小

底部标签可切换
"设计"或"文本"
编辑模式

在窗格的边线拖动   预览窗格   属性窗格
可重设窗格大小

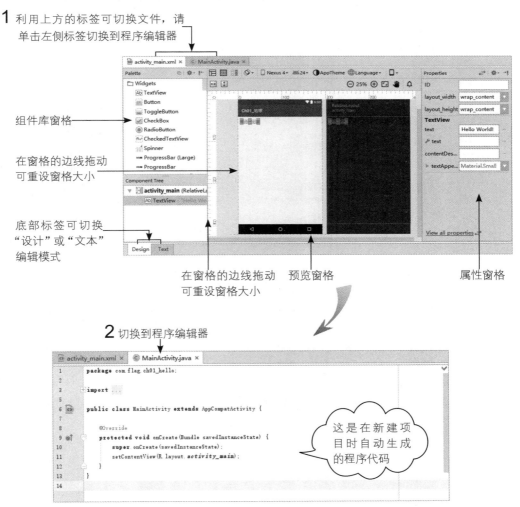

2 切换到程序编辑器

这是在新建项
目时自动生成
的程序代码

技巧 如果觉得编辑器中的文字太小，或者想在程序的左侧显示行号，可参阅附录 B-3 和附录 B-4 进行设置。

工具区（Tool Windows）围绕在编辑区的左、右及下侧，单击工具栏上的按钮即可打开（或关闭）对应的工具窗格。工具窗格的显示区域共分为 6 区，在左、右、下侧各有两区，每区最多只能打开一个窗格。

左下区：已打开 Favorites 窗格

左上区：已打开 Project 窗格

右上区：已打开 Gradle 窗格

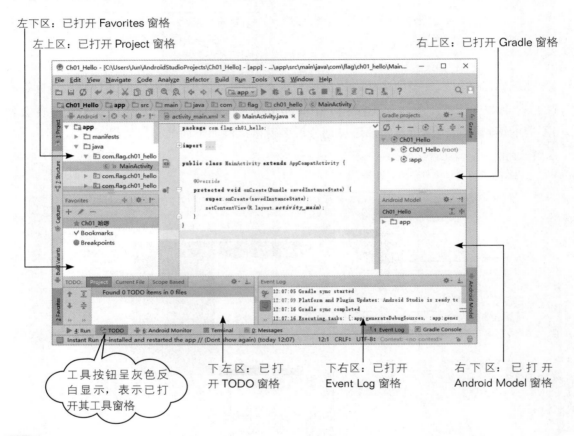

工具按钮呈灰色反白显示，表示已打开其工具窗格

下左区：已打开 TODO 窗格

下右区：已打开 Event Log 窗格

右下区：已打开 Android Model 窗格

技巧 将工具栏中的按钮拖到工具栏的其他区中放置，即可改变按钮的显示位置。

技巧 单击工具窗格右上角的 也可关闭窗格。

如果屏幕空间不足，那么可单击主窗口左下角的 按钮隐藏所有工具栏（再次单击可恢复显示）。另外，若将鼠标移到 按钮上，则可弹出开 / 关工具窗格的菜单。

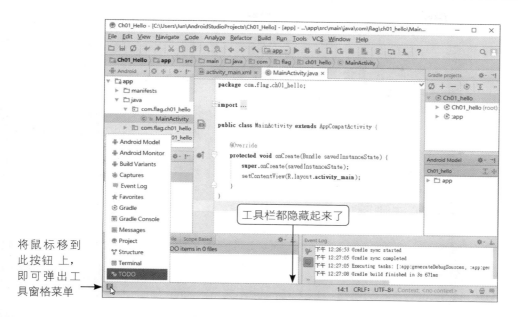

将鼠标移到
此按钮 上，
即可弹出工
具窗格菜单

工具栏都隐藏起来了

 有些工具按钮上有数字，如 "1:Project"，表示可以按 Alt + 1 键快速打开或关闭
Project 窗格。此外，有些工具窗格只在特定情况下才可使用，展开菜单 "View/ Tool
Windows" 即可查看或操作所有工具窗格，呈灰色的表示当前无法使用。

 安排好工具窗格的布置后，依次单击 "Window/Store Current Layout as Default" 菜
单选项将它存储起来，以便以后随时按 Shift + F12 键（或依次单击 "Window/Restore
Default Layout" 选项）恢复此布局。

打开最近使用过的项目

Android Studio 会记住用户最近使用过的项目，因此在欢迎窗口左侧的 Recent Projects
中直接单击项目名称即可打开所选项目，还可以在主窗口中依次单击 "File/ Reopen
Project" 菜单选项打开项目。

最近使 用
过的项目

清除 "最近使用过的项目"

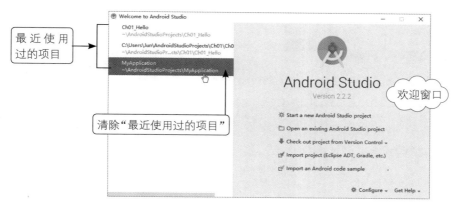

欢迎窗口

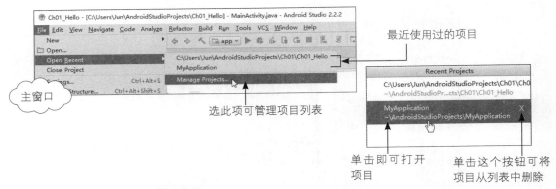

最近使用过的项目

主窗口

选此项可管理项目列表

单击即可打开
项目

单击这个按钮可将
项目从列表中删除

项目的移动、复制与删除

由于 Android Studio 的项目都存储在专属的文件夹中，因此无论是要移动、复制或删除项目，都可直接对项目文件夹进行操作（移动、复制或删除文件夹）。不过在操作之前，要先关闭 Android Studio 中这个项目，以免造成操作失败、数据存储错误等问题。

若要快速找出当前已打开项目的项目文件夹，可进行如下操作：

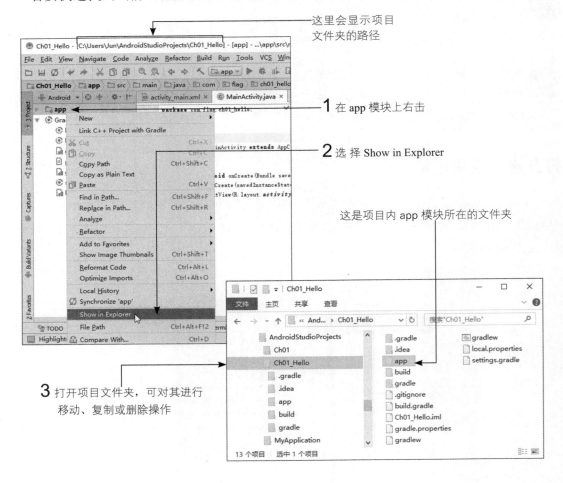

这里会显示项目
文件夹的路径

1 在 app 模块上右击

2 选择 Show in Explorer

这是项目内 app 模块所在的文件夹

3 打开项目文件夹，可对其进行
移动、复制或删除操作

打开"移动或复制后"或"外来"的项目

若要打开"移动或复制后"的项目，或者打开外来（如别人给的或网络下载的）项目，则可在 Android Studio 的欢迎窗口中单击 Open an existing Android Studio project，或者在主窗口中依次单击"File/Open"菜单选项，然后进行如下操作：

技巧 如果要打开 ADT 项目（ADT 是另一个开发 Android App 的工具，当前使用的人已经很少），那么可参阅附录 E 以导入方式进行。

1 单击此按钮可快速移到用户文件夹

2 展开 Android Studio 默认存放项目的文件夹

3 选取新项目所在的文件夹（这是笔者刚才复制的项目）

4 单击 OK 按钮打开项目

笔者将范例"Ch01_Hello"文件夹复制为"Ch01_Hello_2"进行示范（注意！名字请勿使用中文，以免发生错误）

由于是未曾打开过的项目，因此会重新构建（Build）Gradle 文件，以确保相关的路径及数据都正确

Android Studio 使用 Gradle 系统来解析、构建项目，因此需要重建其中的各项信息

项目文件夹的名称

已打开新项目，项目名称会自动更改为项目文件夹的名称，以方便我们识别

默认没有打开任何窗格或文件，可单击此处打开 Project 窗格查看、编辑项目中的文件

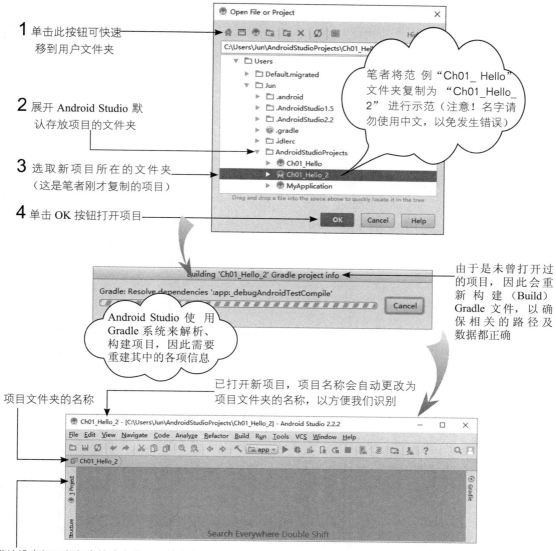

　　窗口左上角的项目名称只是用于识别项目，因此对于未曾打开过的项目，会自动将项目名称更改为项目文件夹的名称，以免造成名称上的混淆。

更改项目名称

如果需要单独更改项目名称，那么可以先关闭项目，然后更改项目所在文件夹的名称，如将 Ch01_hello_2 改为 Ch01_hello_3，接着用上述方法打开即可。

会自动更改为项目文件夹的名称

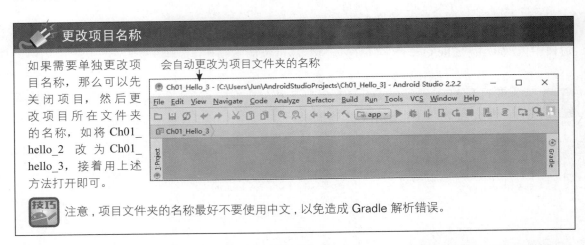

技巧 注意，项目文件夹的名称最好不要使用中文，以免造成 Gradle 解析错误。

技巧 在打开"旧项目"或"外来项目"时，可能会遇到一些不兼容的问题，相关说明及排除方法请参阅附录 C。

1-4 Android 项目的构成

　　在 Android Studio 左侧的 Project 窗格中以树状结构列出了项目文件夹中的文件，以供用户查看和存取。由于项目内的文件相当多，因此 Project 窗格特别提供了 Android 查看模式，可以将常用的文件按功能分类显示，而将其他不重要的文件（如暂存文件、项目状态文件等）都隐藏起来。

1 如果 Project 窗格未打开，那么单击此按钮将其打开

2 如果目前不是 Android 模式，那么从下拉菜单栏选取 Android

Project 模式是按照项目文件夹的实际存储结构显示的

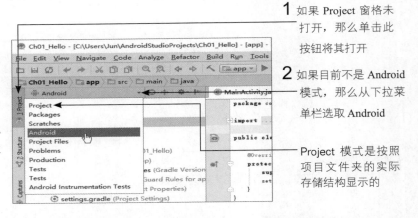

　　在 Android 查看模式下，树状结构的最上层分为 app 和 Gradle Scripts 两大类。

- app：包含各种可用来生成 App 的文件。
- Gradle Scripts：包含所有与构建（Build）App 有关的 Gradle 文件。

构建（Build）App 就是将项目中各类原始文件编译并生成 App 执行文件的过程

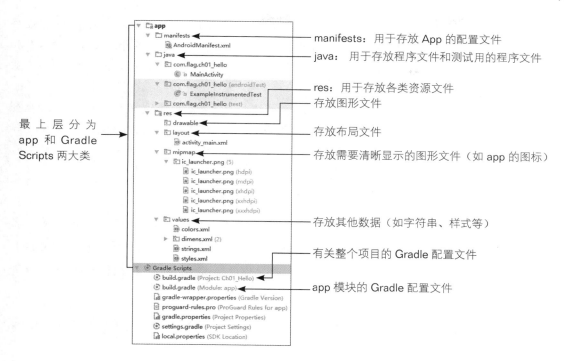

注意，以上 app 是模块（Module）的名称（在新建项目时自动为模块取名）而非专有名词。如果项目中有多个模块，那么在 Project 窗格中会一一列出。

在 Android 项目中可以存放 3 种模块，app 是最常见的应用程序模块（Android Application Module）。另外两种模块分别为 Library Module（函数库模块）和 App Engine Module（云端应用模块，如备份到云端或接收云端信息等）。可以存放模块的数量并没有限制。

在 Android 查看模式下，应用程序模块内的文件被分为 3 类。

- manifests：存放 AndroidManifest.xml 文件，此文件是开发 App 时必须使用的文件，可将它视为 App 的配置文件，所有程序的名称、设置、权限（如能不能存取网络）以及程序启动时要执行哪一个活动等都是在这个文件中设置的。在后续章节中会介绍如何使用这个文件。

- java：存放 Java 程序文件，并且会按照程序包名称分类显示，如 App 的主程序 MainActivity.java 文件放在程序包名称 com.flag.ch01_hello 下。另外，在程序包名称相同但后面有标注"(androidTest)"的项目下存放着用来测试 App 的程序文件（编写专业 App 时才会用到）。
- res：存放各类资源文件（res 为 Resource 的缩写）。资源文件的种类相当多，此处也会分门别类地显示，如 drawable/mipmap（图像）、layout（布局）、menu（菜单）、value（各种设置值）等。

Android 资源文件的"多版本"特色

由于 Android 设备（手机、平板电脑等）的硬件规格（如屏幕的大小、分辨率等）各有不同，因此为了让 App 在各个设备中都能有最好的表现，有些资源文件（如图像文件）可以提供多种版本（放在不同版本的文件夹中），如此 Android 系统在执行 App 时，就能按照设备当时的情况（如屏幕的密度）自动选择最适合的版本。

在前面的 Project 窗格中展开 app/res/mipmap 下的 ic_launcher.png 图像文件和 dimens.xml 配置文件。

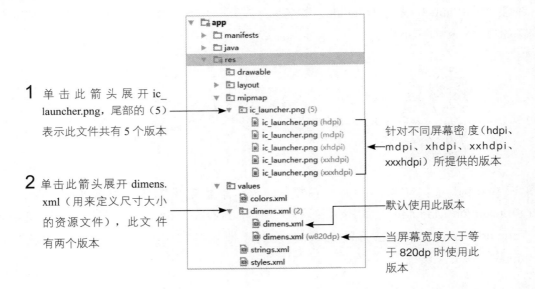

1 单击此箭头展开 ic_launcher.png，尾部的（5）表示此文件共有 5 个版本

针对不同屏幕密度（hdpi、mdpi、xhdpi、xxhdpi、xxxhdpi）所提供的版本

2 单击此箭头展开 dimens.xml（用来定义尺寸大小的资源文件），此文件有两个版本

默认使用此版本

当屏幕宽度大于等于 820dp 时使用此版本

技巧　dp 为 Android 的一种尺寸单位，1dp=1/160in（英寸），因此 820dp 约等于 13 厘米（820/160*2.54）。

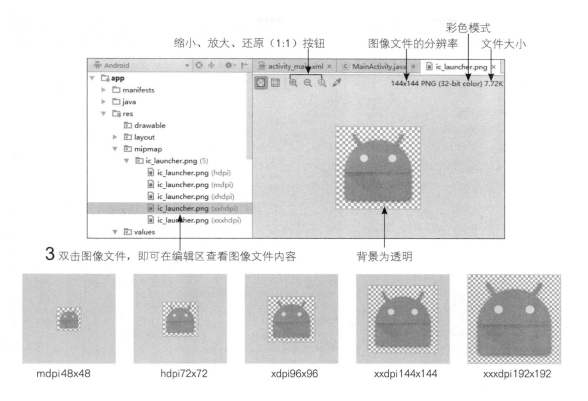

3 双击图像文件，即可在编辑区查看图像文件内容

背景为透明

| mdpi48x48 | hdpi72x72 | xdpi96x96 | xxdpi144x144 | xxxdpi192x192 |

以上 5 种版本的 ic_launcher.png 是在新建项目时自动生成的，当 App 安装在手机上时，Android 系统会自动按照屏幕的密度挑选 App 中最适合的图像文件版本来显示，以确保在所有屏幕中都能显示出大小相似且清晰的图像。

App 的图标

在 drawable 和 mipmap 文件夹中都可以存放图像文件（单一版本或多版本都可以），但 mipmap 的图像文件在构建 App 时会特别处理，以提升显示的速度和清晰度，缺点是会占用较多的存储空间。因此，需要清晰显示的图像文件（如启动 App 的图标文件）应放在 mipmap 中，其他图像文件可放在 drawable 中。

在 "Project 模式" 中查看项目的实际存储结构

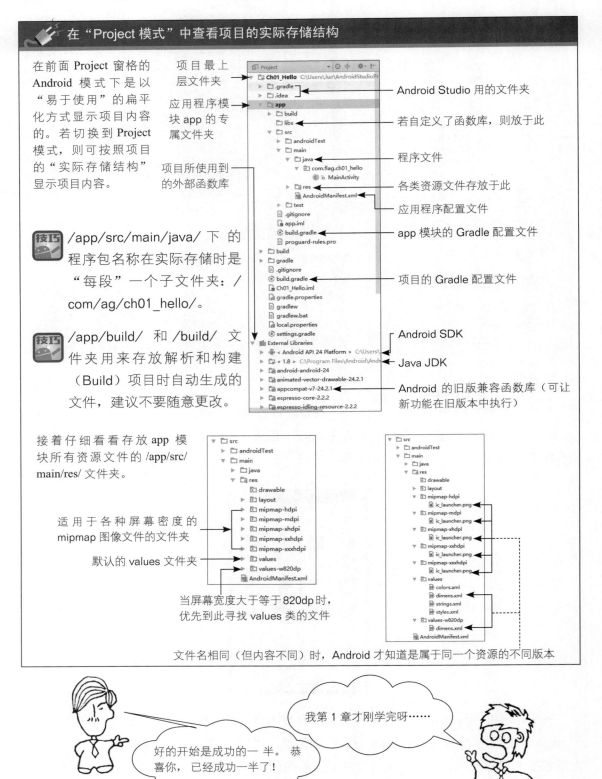

在前面 Project 窗格的 Android 模式下是以 "易于使用" 的扁平化方式显示项目内容的。若切换到 Project 模式，则可按照项目的 "实际存储结构" 显示项目内容。

项目最上层文件夹

应用程序模块 app 的专属文件夹

项目所使用到的外部函数库

Android Studio 用的文件夹

若自定义了函数库，则放于此

程序文件

各类资源文件存放于此

应用程序配置文件

app 模块的 Gradle 配置文件

项目的 Gradle 配置文件

Android SDK

Java JDK

Android 的旧版兼容函数库（可让新功能在旧版本中执行）

技巧 /app/src/main/java/ 下的程序包名称在实际存储时是 "每段" 一个子文件夹：/com/ag/ch01_hello/。

技巧 /app/build/ 和 /build/ 文件夹用来存放解析和构建（Build）项目时自动生成的文件，建议不要随意更改。

接着仔细看看存放 app 模块所有资源文件的 /app/src/main/res/ 文件夹。

适用于各种屏幕密度的 mipmap 图像文件的文件夹

默认的 values 文件夹

当屏幕宽度大于等于 820dp 时，优先到此寻找 values 类的文件

文件名相同（但内容不同）时，Android 才知道是属于同一个资源的不同版本

我第 1 章才刚学完呀……

好的开始是成功的一半。恭喜你，已经成功一半了！

延伸阅读

（1）如果想将项目建立的 **App** 安装到手机上测试，那么可参考本书第 2、3 章的内容。

（2）有关 Android 程序开发的各种数据，可到 Android 官方的开发者网站 http://developer.android.com 中查询。

如果窗口太小看不到左侧的目录选项，那么可单击此图标打开目录选项

网络内容主要分为三大主题：界面设计、程序开发、发布程序（发布到 Google Play 市场），单击即可切换（也可以使用左侧的目录选项切换主题或查看详细信息）

此处可进行关键字搜索

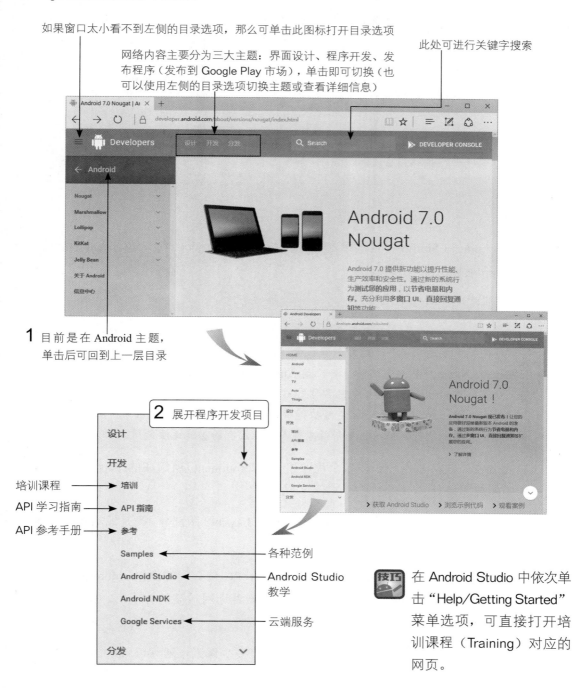

1 目前是在 Android 主题，单击后可回到上一层目录

2 展开程序开发项目

培训课程 —→ 培训

API 学习指南 —→ API 指南

API 参考手册 —→ 参考

各种范例

Android Studio 教学

云端服务

技巧 在 Android Studio 中依次单击 "Help/Getting Started" 菜单选项，可直接打开培训课程（Training）对应的网页。

（3）有关 Android Studio 操作界面的详细说明，可依次单击"Help/Android Studio Help"菜单选项打开帮助网页。

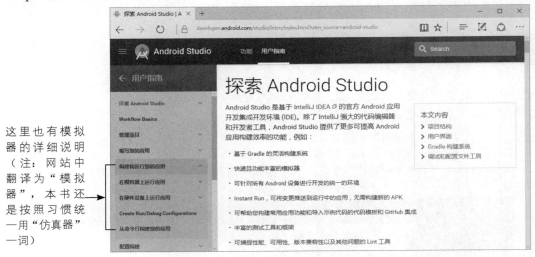

这里也有模拟器的详细说明（注：网站中翻译为"模拟器"，本书还是按照习惯统一用"仿真器"一词）

重点整理

（1）在 Android Studio 中依次单击"File/New/New Project..."菜单选项可激活向导新建 Android App 项目。

（2）在新建项目向导中：

- Application Name 是 App 未来会显示在手机应用程序管理中的程序名称，默认是在应用程序图标下显示的文字。此外，默认会以此作为项目名称。
- Package Name（程序包名称）好比是 Android App 的"身份证 ID"，因此 Google Play 上众多的 Android App 的程序包名称是不能重复的。
- Minimum Required SDK 是指定可执行项目的最低 Android 系统版本。版本越低，能够在越多设备上执行，但是一些新版才有而旧版没有的功能无法使用。

（3）Android App 是由一个或多个程序组件（Component）所组成的，而活动（Activity）是最常使用的程序组件。

（4）活动的设计主要可分为类（Class）和布局（Layout）两部分，类是编写程序的地方，而布局是用来设计屏幕画面内容的地方。

（5）AVD Manager 程序可用来建立仿真器（在 PC 仿真出的虚拟 Android 手机），用以测试开发好的 Android App。不过要注意，仿真器若选用较高的分辨率，则可能会使仿真器和计算机的执行性能都变差。

（6）屏幕的密度（Density）是指单位长度中有多少像素，通常以 dpi（dot per inch，每英寸有多少像素）表示。

（7）Android 将屏幕的密度（Density）从低到高分为 6 个等级：ldpi、mdpi、hdpi、xhdpi、xxhdpi、xxxhdpi。密度越高图像（或文字）越清晰，不过相对而言，必须准备更高分辨率的图像文件才能显示同样大小的图像。

（8）一个 Android Studio 主窗口只能打开一个项目，若有多个项目，则会打开多个主窗口。

（9）Android Studio 中对项目所做的更改都会自动保存，所以不需要执行存盘的操作。

（10）要移动、复制或删除项目时，只要移动、复制或删除项目所在的文件夹即可。如果因此改变了项目文件夹的路径，那么打开项目时会自动修正路径问题，并将项目名称更改为项目文件夹的名称。

（11）Android Studio 的导航栏会显示当前选取（或编辑）文件在项目中的路径，可在此快速存取路径中的文件夹与文件。在主窗口左、右及下侧的工具区可打开各种工具窗格，以进行所需的各类操作。

（12）Project 窗格会以树状结构列出项目中的文件。切换到 Android 模式时，只会将常用的文件按功能分类显示，而将其他不重要的文件都隐藏起来。若切换到 Project 模式，则可按照项目文件夹的实际存储结构显示。

（13）项目中的重要文件除了各种程序文件和资源文件外，还有 AndroidManifest.xml 用来设置 App 的配置，各种 Gradle 文件用来控制 App 的解析与构建（Build）。

（14）项目中的某些资源文件（如图标文件）可准备多个版本，以便 Android 系统能按照设备的实际情况（如屏幕的密度）自动选择最适合的版来使用。

（15）drawable 和 mipmap 文件夹都可以存放图像文件（单一版本或多版本都可以），但 mipmap 的图像文件在构建 App 时会特别处理，以提升显示的速度和清晰度，因此非常适合用来存放 App 的图标文件。

习题

（1）简要解释以下名词。

- Application Name：
- Package Name：
- Minimum Required SDK：
- Activity：
- SDK：

- AVD：
- API：
- Android Studio：
- dpi：
- dp：

（2）Android 将屏幕的密度（Density）从低到高分为哪 6 个等级？

（3）请简要说明 manifests、java、res\layout、res\values 文件夹的用途。

（4）请简要说明 drawable 和 mipmap 文件夹的功能与差异。

（5）请练习新建一个分辨率为 240×320 且 ABI 为 x86 的仿真器。

（6）请将本章范例的项目文件夹复制到 c:\test\ 下，然后在 Android Studio 中打开新复制的项目，并在上一题新建的仿真器中执行看看。

（7）新建一个名为"我的第二个项目"的项目，完成后在仿真器中测试，最后练习在仿真器中将此 App 删除。

第2章

Android 程序设计基础讲座

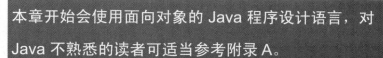

本章开始会使用面向对象的 Java 程序设计语言，对 Java 不熟悉的读者可适当参考附录 A。

本章将说明如何在项目中加入各种组件（文本框、按钮、输入字段）、设计用户界面的各种基本知识，并示范用最简单的方式编写程序，建立具备互动效果的程序逻辑。最后说明如何将程序上传到自己的手机执行。

2-1 Android App 的主角：Activity

Android App 程序主要由 4 部分组成。

（1）Activity（活动）：主要负责屏幕显示画面，并处理与用户的互动。每个 Android App 至少会有一个 Activity，在程序启动时显示主界面供用户操作。

（2）Service（后台服务）：负责在后台持续运行的工作，比如让音乐播放程序持续播放，不会因为用户切换到其他程序而中断；或者让用户持续操作手机，但可以在后台下载文件等。

（3）Content Provider（内容提供商）：让不同的程序之间可以共享数据。例如，通讯录中的联系人信息可以通过 Content Provider 分享给其他程序使用，用相机拍摄的照片也可以在通讯录中作为联系人的头像等。

（4）Broadcast Receiver（广播接收端）：用于处理系统送来的通知，如屏幕关闭、电池电力不足、某些数据已送达等。

其中，最基本且重要的是 Activity（活动）。

Activity

Android 程序基本上由一个或多个 Activity（程序活动，简称活动）组成，每个 Activity 都有一个窗口界面及相对应的程序代码处理用户和这个窗口的互动。所以最简单的 Android 程序大概如右图所示。

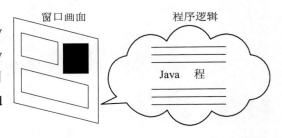

在设计 Android App 的时候，首先要规划总共需要哪些窗口界面，并依此设计出负责每个界面的程序逻辑。对于简单的 Android App 来说，可能只需要一个界面就可以处理所有工作，所以只需要设计一个 Activity 就可以了。本书到第 8 章才会出现用到多个 Activity 的范例。

Android App 的组成

Android App 是由一个个界面组成的，每一个界面都负责一项工作。以内置的"联系人"应用为例，打开之后会先显示联系人列表的界面。如果单击其中一位联系人，就会打开新的界面，显示这位联系人的详细资料；若在联系人列表界面单击搜索功能的按钮，则会显示搜索联系人的界面。

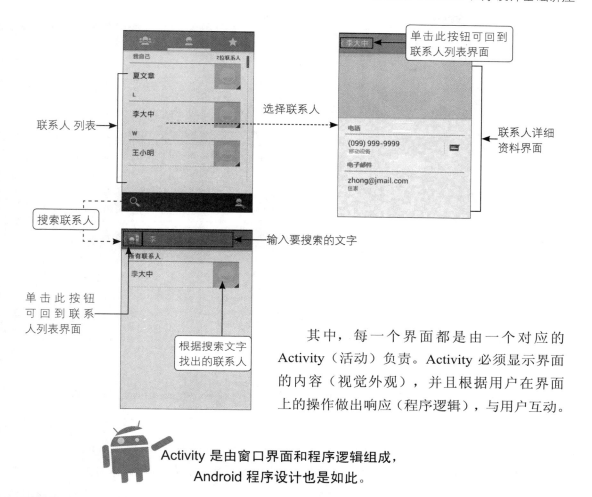

联系人 列表

选择联系人

联系人详细
资料界面

单击此按钮可回到
联系人列表界面

搜索联系人

输入要搜索的文字

单击此按钮
可回到联系
人列表界面

根据搜索文字
找出的联系人

其中，每一个界面都是由一个对应的 Activity（活动）负责。Activity 必须显示界面的内容（视觉外观），并且根据用户在界面上的操作做出响应（程序逻辑），与用户互动。

Activity 是由窗口界面和程序逻辑组成，Android 程序设计也是如此。

2-2　Android 程序的设计流程

　　Android 程序设计是把程序代码和资源（Resource）分开设计的。"资源"包含界面的安排、字符串对象、图形对象、音乐对象等，这些对象都以文件的方式存放在项目的 res 文件夹下，再构建（Build）起来成为 .apk 文件，最后由用户下载安装到手机上使用。

　　Android 的资源以视觉部分最多，其他也包含音乐、字符串等资源，为解说方便，除非在特别谈到音乐、字符串等资源时，否则我们多以视觉资源为代表。

视觉设计和程序逻辑

　　原本 Android 程序是可以一直用 Java 写下去的，但那样往往工程浩大又十分复杂，因此 Android 把程序设计的工作分成两大部分：一部分专门负责做程序的视觉设计（也就是用户界面，User Interface，UI），另一部分负责程序代码（程序逻辑）的编写。Android

的视觉设计是用 XML 描述的（见本章最后的延伸阅读及附录 D），程序代码则是用 Java 程序设计语言写的。

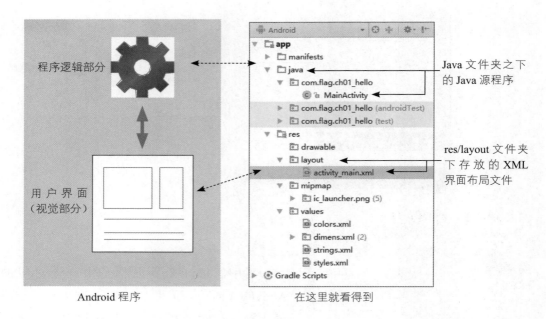

Android 程序　　　　　　　　　　　　在这里就看得到

把视觉设计和程序逻辑分开（Android 官方文件叫做 Externalization）有许多好处：

（1）程序设计人员不一定擅长视觉设计，视觉设计的人员也往往不熟悉程序设计工作，因此如果能在设计时把两者分离，然后在最后构建（Build）的阶段再组合起来，势必对团队合作的顺畅度有很大帮助。目前，网页设计也多采用这样的团队合作方式。再者，把视觉设计和程序逻辑分开可以让项目维护简单化，尤其是程序调试的时候，错误来源不会纠缠在一起难以区分。该是视觉的部分就属于视觉，该是程序的问题就属于程序。

（2）把视觉设计和程序逻辑分开后，如果视觉设计做了更改，只要不改动程序逻辑，那么程序的部分可以完全不用改动，只要重新再 Build（建立或构建）就可以了。同样，当程序逻辑改动了，如果视觉设计不必改动，那么只要拿原来的视觉设计文件再 Build 一次即可。

3. 这点最重要！目前手机和平板电脑型号众多、机型各异，把视觉设计分离出来对于程序设计人员实在是一大福音，因为只要把各种尺寸、分辨率、语言以及手持设备在垂直或水平握持的状态都给予不同的资源文件，然后全部 Build 到 .apk 里，当 App 执行时，手机的 Android 系统就会按用户手机里的设置值（如该手机是中文、4.5 英寸、高分辨率等）和直握、横握状态获取 .apk 里的资源文件。这样程序就可以适用于多机种和多国语言了。

由 Android 统一规范各种设备、语言的设置值，并由 Android 按手机的设置值来选取 App 提供的资源，而非由 App 判断选择，所以程序代码不用处理这部分，这样程序的维护和坚固性就更好了。

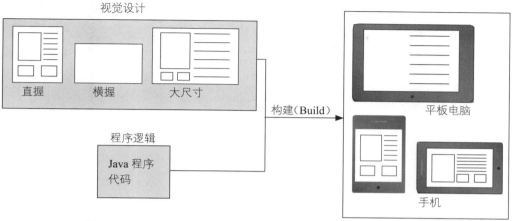

用图形化界面做视觉设计

Android 采用 XML 设计其 UI（User Interface），优点是可以让 UI 的层次一目了然，容易维护；缺点是 XML 代码编写不易，而且无法看到所要呈现的视觉效果。因此，Android Studio 提供了所见即所得（What You See Is What You Get，WYSIWYG）的图形布局编辑器，让用户只要用拖动对象和设置属性的方式，就可以完成视觉界面布局的工作。Android Studio 会自动把用户设计好的界面布局转成 XML 布局（Layout）文件，然后和 Java 程序构建（Build）成 App（.apk）文件。

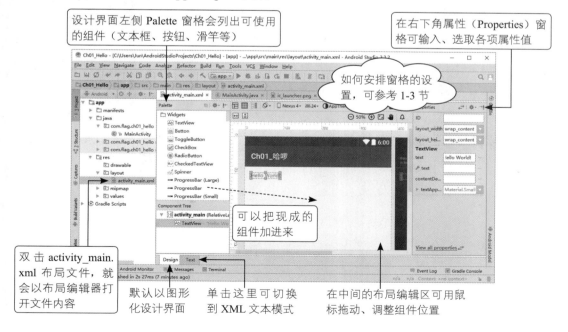

用 Java 编写程序逻辑

　　Android 采用 Java 语言编写程序逻辑。在建立新项目的时候，Android Studio 已经 帮用户建立好了 Java 程序的骨架，因此在第 1 章中什么程序都不用写就可以直接执行， 并且可以在手机界面上看到"Hello World!"的信息。

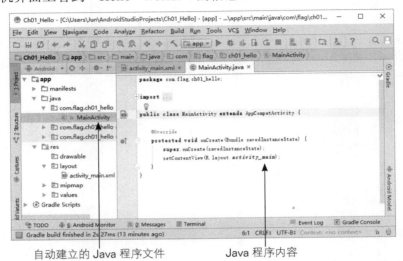

　　自动建立的 Java 程序文件　　　　　　　　Java 程序内容

　　在编写程序的过程中，Android Studio 会提供许多工具帮助用户自动生成程序代码，从而避免语法上的错误，初学者只要发挥三成 Java 功力，将焦点集中在 Android 架构的学习上，就可以开发 Android App 了。

　　Android 是一个面向对象（Object-Oriented，OO）的操作系统，因此在 App 的设计中，OO 的影子无所不在，本书在附录 A 中有 OO 概念快速掌握的内容，让不熟悉 Java 面向对象程序设计语言的读者能够快速掌握 OO 的要点。阅读本书各章节时，可随时翻阅附录 A 加以对比，对学习效果将有很大帮助。另外，在必要时，本书随时提供有关 Java 重要关键词（keyword）的说明，以帮助读者能够顺利学习。

把视觉设计与程序代码构建起来

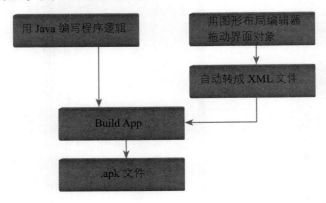

2-3 认识 Activity 的基本程序逻辑

做好了 Activity 的视觉设计后（其实还没有真正开始做，要到第 2-5 节动手实践才能看得到），接着就要让程序和用户互动了。现在必须要编写 Java 程序，由程序控制视觉组件的行为，实现与用户互动的功能。

初识 MainActivity 框架

回顾新建 Android 项目的最后两步：用户先选择使用空白的 Activity（BlankActivity），下一步向导程序就会询问这个 Empty Activity 的 Activity 名称及其 Layout（布局文件）的名称（参见下图，目前都采用默认值）。Activity 名称会成为此项目中 Java 主程序的类名称及其文件名（Java 主程序的类名称需与文件名相同）。并且这个 Activity 会成为程序的主界面，也就是程序执行时第一个显示的界面，等于是整个程序的起点。所以默认的名称 MainActivity 就是主 Activity 的意思。

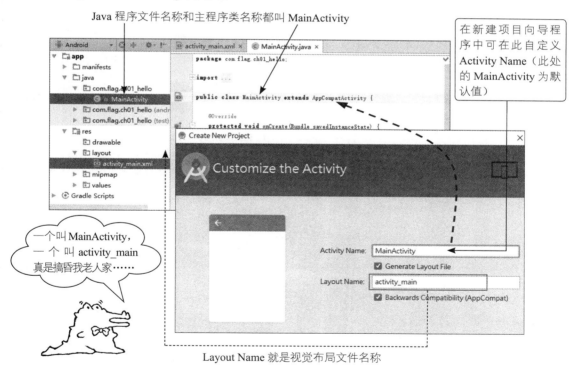

Java 程序文件名称和主程序类名称都叫 MainActivity

在新建项目向导程序中可在此自定义 Activity Name（此处的 MainActivity 为默认值）

一个叫 MainActivity，一个叫 activity_main 真是搞昏我老人家……

Layout Name 就是视觉布局文件名称

此外，Activity 名称也会记录在项目的 AndroidmManifest.xml 文件中。当用户启动程序时，Android 系统会根据 AndroidManifest.xml 的内容找到所要启动加载的 Activity 名称（当前默认 MainActivity 会第一个被启动）。

用户启动手机的 Android App，系统会查看 Android Manifest.xml 的内容

...MainActivity...

系统会加载 MainActivity 类并建立对象、开始执行

AndroidManifest.xml：记录了程序一开始要启动的 Activity

 Manifest 就是列表的意思。在 AndroidManifest.xml 中记录了 Android App 的基本信息，请不要任意更改其内容。在后面的章节会说明如何在其中加入程序的设置、权限等信息。

onCreate()：MainActivity 第一件要做的事

新项目创建后，Android Studio 会自动生成一个 MainActivity.java 的 Java 程序（文件名会按你在新建项目时设置的 Activity 名称而不同），其内容如下：

程序 2-1　新建项目时 Android Studio 自动生成的 Java 程序框架

```
1    package com.flag.ch01_hello;
2
3   import ...
5
6   public class MainActivity extends AppCompatActivity {
7
8       @Override
9       protected void onCreate(Bundle savedInstanceState) {
10          super.onCreate(savedInstanceState);
11          setContentView(R.layout.activity_main);
12      }
13  }
14
15
```

我们之前设置的程序包（package）名称，这是 Java 的标准语法

先调用父类的 onCreate() 做该做的事

然后才来做自己要做的

Android 启动任何一个 Activity 时，都会完成一些必要的初始工作，然后调用该 Activity 的 onCreate() 方法。

由于任何一个 Activity 都是继承（extends）自 Android 原始定义的 Activity 类或 AppCompat Activity 类（后者是能与旧版系统兼容的 Activity 类，如前面程序中的第 6 行），因此 Android 原始的 Activity 类早就很体贴地为用户把 onCreate() 方法写好了，一些该做的事都做了。唯一它不知道的就是用户的界面要设计成什么样子，以及针对用户对手机的操作要做出怎样的响应。所以 Android 原始 Activity 的 onCreate() 立意良好，但不能直接"继承"使用。

为何要用上述的 AppCompatActivity 类与旧版系统兼容呢？举例来说，Activity 类是从 API 21 版开始才有 ToolBar（多功能的标题栏）功能的，并在后续的 API 版本中不断加强其功能。而上述的 AppCompatActivity 类本身已内建了最新且完整的 ToolBar 功能，因此无论在哪一个旧版的 API 上执行都能呈现一致的效果。

既然是这样，就自己编写 onCreate() 吧！它的写法很简单，就是先调用父类的 onCreate() 把该做的事做好，然后把界面显示出来就行了。这就是程序第 9~12 行所做的事。它编写了一个叫 onCreate() 的方法，这个方法和父类的方法同名，所以会覆盖（override）父类的同名方法，当 Android 调用 MainActivity 的 onCreate() 方法时，就会调用到这个方法而不会去调用父类的同名方法。

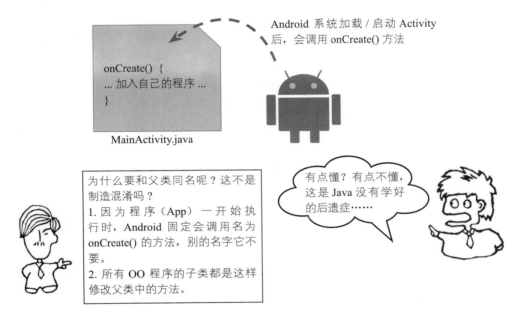

程序第 10 行的 super 就是指定要调用父类的 onCreate()，然后调用 setContentView() 把界面（view）的内容（content）显示出来。其中，参数 savedInstanceState 是把当前系统所记载的该 Activity 之前的状态传进来，这是因为 onCreate() 不一定是程序第一次执行才被调用，当程序被系统强制停止后再次恢复时也会被调用，此时就要把中断前被系统所保存（save）的执行状态（Instance State）（如输入到一半的地址等）传给 onCreate()，这样那些输入到一半的数据才不会遗失。

当 onCreate() 方法结束后，就会返回系统。接下来就要等到有特定的事件发生，如用户单击了某个按钮，或者在文字输入字段中输入了数据时，Android 系统才会通知 MainActivity 来处理。如果要处理这些事件，就必须在 MainActivity.java 中加入对应的方法，让系统在发生事件时自动调用这些方法来处理。

有一点要特别注意，就是在事件方法中必须尽快把工作做完，结束方法后把控制权还给系统，以便系统继续检测并处理其他事件。若耽搁太久，则有可能会被系统视为超时而强制停止程序。

什么是 @Override ？

在 MainActivity.java 中会看到 onCreate() 方法的前面有一行 @Override，这是 Java 的特殊功能，称为 Annotation。Annotation 是给编译程序看的提示，以这里的程序为例，@Override 就是告诉编译程序"下一行的方法（本例是 onCreate）是重新定义父类中的同名方法，请确认一下是否完全同名（参数、返回值及其类型都要相同）"，如果编译程序发现不是同名（如打错字），就无法编译成功，并且会发出错误信息。

虽然把 @Override 这一行删除也可以正确编译执行，但加上 @Override 的好处是可以避免输入错误的方法名称。例如，用户将 onCreate() 误打成大写开头的 OnCreate()，当系统建立好 Activity 时，只会调用父类中的 onCreate() 方法（因此结果就不会显示用户的界面，因为没有调用 setContentView() 方法），而不会调用 MainActivity 中用户自行设计但名称打错的 OnCreate() 了。

Annotation 有许多功能，@ Override 是最常用的一个。使用 Android Studio 自动生成的程序代码都会在重新定义父类的方法时加上 @Override，若不小心打字错误而变成不同名称，就会由编译程序检查出来，协助用户发现并修正错误。

---

setContentView()：载入布局文件

在 onCreate() 方法中，除了先调用父类的同名方法进行必要的工作外，还调用了 setContentView() 方法。

```
setContentView(R.layout.activity_main);
```

这个方法会把 Activity 所对应的布局文件（也就是窗口界面）显示到屏幕上，传入的参数 R.layout.activity_main 就是布局文件的资源 ID，通过这个 ID 可以找到对应的 activity_main 布局文件。接着说明资源 ID 的工作原理。

资源 ID

当用户把视觉和程序分开设计时会产生一个问题，那就是程序和视觉组件如何联系起来呢？因为它们是分开的，那么如何由程序获取这些视觉资源呢？关键在于 R.java 和资源ID。使用Android Studio 创建的新项目（如第 1 章没写代码的那个程序），其 R.java 类文件中就已经创建了所有资源的ID。

将插入点移到程序的"R.layout.activity_main"中，然后依次单击"Navigate/Implementations(s)"菜单选项（或按 `Ctrl` + `Alt` + `B` 组合键，或按住 `Ctrl` + `Alt` 键再单击"activity_main"），即可在编辑区中打开 R.java 文件。这里面的系统资源相当多，下面只摘出与当前资源有关的部分。

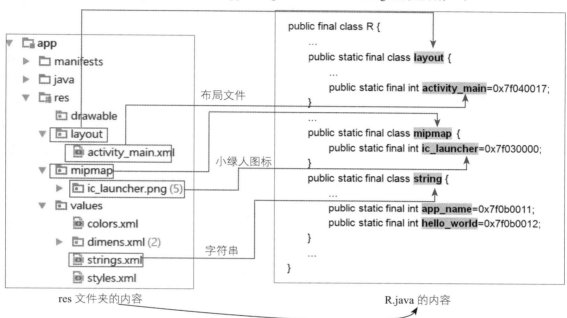

R.java 在项目的"\app\build\generated\source\r\debug\ 程序包名称"下

res 文件夹的内容   R.java 的内容

创建资源时（如加入新的布局文件、在布局中加入组件、加入图像文件、加入字符串等），Android Studio 会自动在项目的 R.java 中创建代表这些资源的资源 ID，其格式为"R.资源类.资源名称"。每个资源在 R.java 中都有一个对应的资源 ID。因此，在程序中可以用"R.资源类.资源名称"的格式存取 res 文件夹下的各项资源。

| R.layout.activity_main | 可获取 layout 中的 activity_main.xml 布局文件 |
| R.string.app_name | 可获取 strings.xml 中的 app_name 字符串内容 |

请自行和上面的 R.java 内容对比

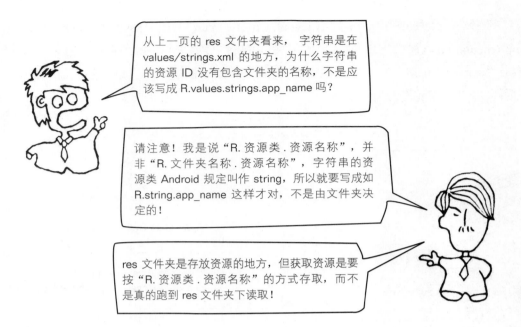

从上一页的 res 文件夹看来，字符串是在 values/strings.xml 的地方，为什么字符串的资源 ID 没有包含文件夹的名称，不是应该写成 R.values.strings.app_name 吗？

请注意！我是说"R. 资源类 . 资源名称"，并非"R. 文件夹名称 . 资源名称"，字符串的资源类 Android 规定叫作 string，所以就要写成如 R.string.app_name 这样才对，不是由文件夹决定的！

res 文件夹是存放资源的地方，但获取资源是要按"R. 资源类 . 资源名称"的方式存取，而不是真的跑到 res 文件夹下读取！

技巧 如果 XML 文件中可以存储多个资源项（如字符串），那么通常会用 XML 文件存储该类资源（如 strings.xml），并将文件存放到 \values 之下。这类资源的资源类标识在 XML 文件中，与文件名无关（文件名只是方便识别而已）。

这就是在调用 setContentView() 时，传入 R.layout.activity_main 这个资源 ID 就可以加载 res 中对应的 activity_main.xml 布局文件的原因。

从 R.java 的内容可以看到，资源 ID 都是以 final 声明的，是固定的常数，其值是由 Android Studio 设置的，请勿自行更改！

2-4 组件的布局与属性设置

为了方便用户设计 App，Android Studio 事先设计好了许多常用的视觉组件，我们只要把这些组件加到布局文件的布局编辑区（或单击下方的 Text 标签，切换到文本模式加入组件的标签），就可以很快地创建按钮、文本框、输入字段、多选按钮甚至图像等视觉组件。

每一个组件在程序执行时都有一个对应的 Java 对象，这个对象的类通常与在图形化的布局编辑器中看到的组件类相同。例如，显示"Hello World!"文字的是 TextView 类的组件，实际程序执行时就会有一个 TextView 类的对应对象，只要能获取这个对应的对象，就可以调用该对象的方法操控界面上的组件，如改变文字大小、变更显示的文字等。

![Android] **组件、对象傻傻分不清？**

Android 对于视觉看得到的东西都用组件（Android 官网叫 element 或 widget）称呼，每个组件都对应 XML 布局文件内的一个 element，最终在程序执行时都会转化为对象实体，如利用 findViewById() 这个方法就可以获取对象实体。然而，有时候组件与对象实体并不用特别去区分，因此本书后文除非特别有区分的必要，否则会混用"组件"与"对象"泛指在布局编辑器中界面上的组件，或者程序中对应的 Java 对象。

把组件拉到布局编辑区后，接着要设置它的属性，如大小、颜色、文字以及功能等（这就与在 XML 设置标签的属性是一样的）。

任何组件都有一大堆属性可以设置，用户可以在图形化编辑器右下方的 Properties 窗格下看到这些属性的设置字段，按组件而有所不同。如果找不到想要的属性，那么可以单击 ▶ 按钮展开子属性找找看。

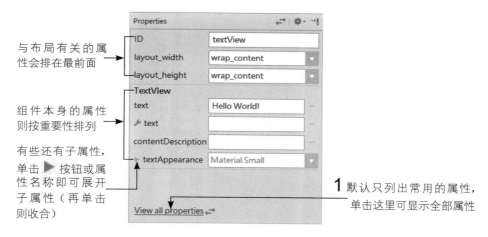

与布局有关的属性会排在最前面

组件本身的属性则按重要性排列

有些还有子属性，单击 ▶ 按钮或属性名称即可展开子属性（再单击则收合）

1 默认只列出常用的属性，单击这里可显示全部属性

2 已显示全部属性，单击此按钮可切换显示常用 / 全部属性

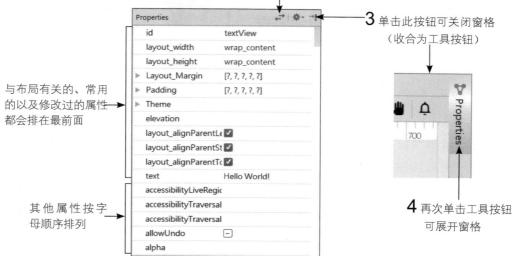

与布局有关的、常用的以及修改过的属性都会排在最前面

其他属性按字母顺序排列

3 单击此按钮可关闭窗格（收合为工具按钮）

4 再次单击工具按钮可展开窗格

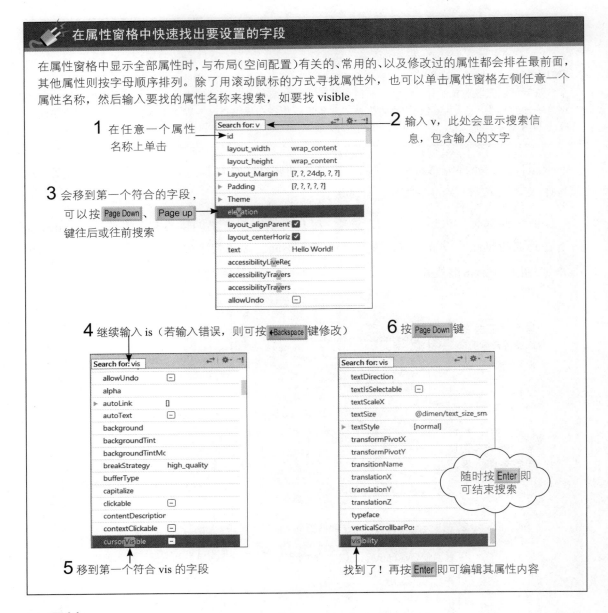

id 属性

用户在视觉设计时创建的组件要如何在 Java 程序中取用呢？要做到这一点，最重要的是帮组件设置 id 属性值，并为组件命名。当组件设置了 id 属性后，就会在上一节介绍过的 R.java 中产生对应的资源 ID。Android 把所有可以放到图形化布局编辑区的组件都归属于一个资源类，也就是 id 类，因此对于 id 类的这些组件，其资源 ID 就是 "R.id. 资源名称"。例如，将一个 TextView 经由 id 属性命名为 txv，用户就可以用 R.id.txv 存取该 TextView 了。

如果组件不需要在程序中存取，那么也可以不设置 id。

findViewById() 方法

通过组件的资源 ID，可以使用 Activity 类所具有的 findViewById() 方法在程序中获取该组件对应的对象。

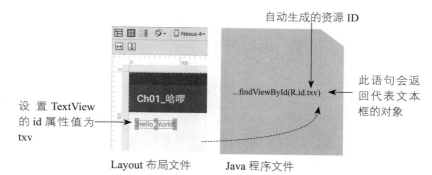

设置 TextView 的 id 属性值为 txv

自动生成的资源 ID

...findViewById(R.id.txv)

此语句会返回代表文本框的对象

Layout 布局文件　　　　Java 程序文件

顾名思义，findViewById() 就是 find view by id，也就是根据指定的资源 ID 找出对应 View 对象的意思。由于 findViewById() 返回的是 View 类的对象，因此需要强制转型为组件真正所属的类，才能使用组件特有的功能。

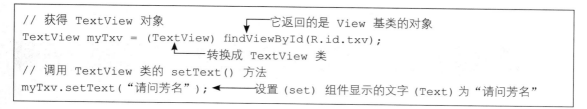

```
// 获得 TextView 对象                它返回的是 View 基类的对象
TextView myTxv = (TextView) findViewById(R.id.txv);
                              转换成 TextView 类
// 调用 TextView 类的 setText() 方法
myTxv.setText("请问芳名"); ← 设置 (set) 组件显示的文字 (Text) 为"请问芳名"
```

 界面上的组件是在执行 setContentView(R.layout.activity_main) 加载布局文件后，才根据布局文件的内容创建对象，所以 findViewById() 必须在 setContentView() 之后执行，否则会找不到对象。

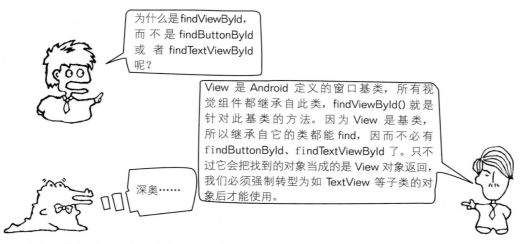

为什么是 findViewById，而不是 findButtonById 或者 findTextViewById 呢？

View 是 Android 定义的窗口基类，所有视觉组件都继承自此类，findViewById() 就是针对此基类的方法。因为 View 是基类，所以继承自它的类都能 find，因而不必有 findButtonById、findTextViewById 了。只不过它会把找到的对象当成是 View 对象返回，我们必须强制转型为如 TextView 等子类的对象后才能使用。

深奥……

~~~ 这几页内容有点不容易理解？完成接下来的实践再回头对比就会比较踏实啦！ ~~~

textView 的常见属性

除了 id 属性以外，组件还有许多其他属性，在本书后文会陆续进行介绍，此处先看一下 textView 的几个常用属性。

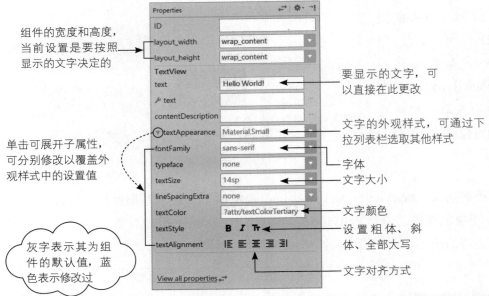

组件的宽度和高度，当前设置是要按照显示的文字决定的

单击可展开子属性，可分别修改以覆盖外观样式中的设置值

灰字表示其为组件的默认值，蓝色表示修改过

要显示的文字，可以直接在此更改

文字的外观样式，可通过下拉列表栏选取其他样式

字体

文字大小

文字颜色

设置粗体、斜体、全部大写

文字对齐方式

查看属性的相关说明

将鼠标移到属性的名称或按钮上停顿一下，即会弹出相关说明供用户参考，例如：

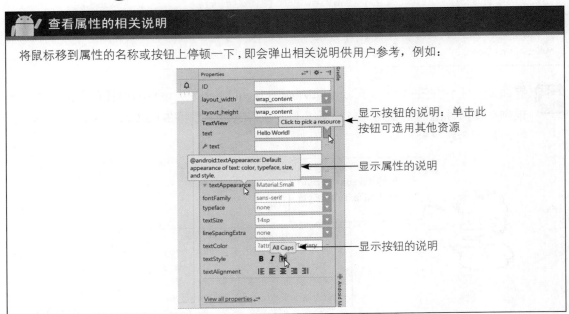

显示按钮的说明：单击此按钮可选用其他资源

显示属性的说明

显示按钮的说明

在属性中设置引用

有些属性必须引用（Reference）其他资源，在设置时是以"@ 资源类 / 资源名称"的格式指定所要使用的资源，如要显示 res/mipmap/ic_launcher.png 图标文件，可将引用设为

"@mipmap/ic_launcher"。这是资源在 XML（如布局设置文件）的写法，而之前的 "R.资源类.资源名称"是在 Java 程序中的写法（如 R.mipmap.ic_launcher）。

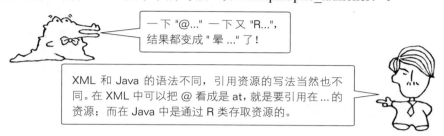

> 一下 "@..." 一下又 "R..."，结果都变成 " 晕 ..." 了！

> XML 和 Java 的语法不同，引用资源的写法当然也不同。在 XML 中可以把 @ 看成是 at，就是要引用在 ... 的资源；而在 Java 中是通过 R 类存取资源的。

有些属性可以直接设置值，也可以引用资源，如设置组件上所要显示文字的 text 属性，就可以直接在属性字段填入要显示的文字，或者使用定义在 res/values 文件夹下 strings.xml 文件中的字符串。例如：

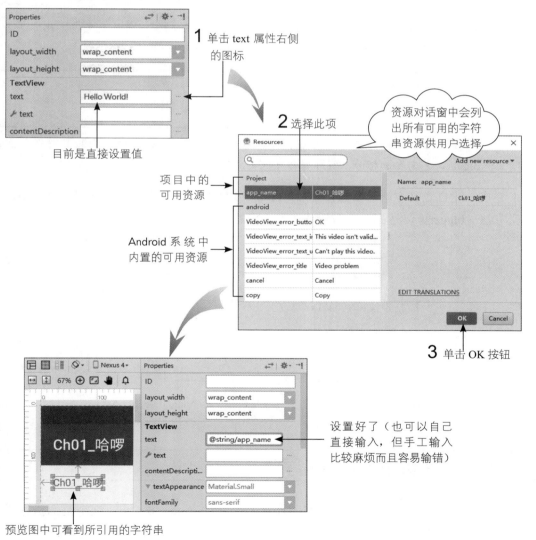

1 单击 text 属性右侧的图标

目前是直接设置值

2 选择此项

资源对话窗中会列出所有可用的字符串资源供用户选择

项目中的可用资源

Android 系统中内置的可用资源

3 单击 OK 按钮

设置好了（也可以自己直接输入，但手工输入比较麻烦而且容易输错）

预览图中可看到所引用的字符串

使用引用资源的好处是未来可以根据用户所使用的语言提供不同的资源文件，让系统自动选择符合该用户能阅读的文字、图形等，而不需要更改任何一行程序代码。

> 屏幕显示界面上的视觉组件也可以用同样的格式引用："@id/ 资源名称"，如将 textView 的 id 设为 txv，可用 "@id/txv" 引用它。

在属性中设置方法的名称

有些属性会引用方法（Method）而不是资源（Resource）。例如，下一节马上会用到一个叫 bigger() 的方法，用户如果把 bigger 填入 button 按钮组件的 onClick 属性字段，之后凡是单击 button，Android 系统都会根据 onClick 字段的引用执行 bigger() 方法。

- 在 Activity 程序中加入一个 bigger() 方法，此方法的功能就是放大文字。此方法必须为 public，返回值为 void（就是无返回值）且有一个 View 类的参数。

```
public void bigger(View v) {
.../// 放大 TextView 文字的程序代码
}
```

- 在图形化布局编辑器中，将 button 的 onClick 属性设置为此方法的名称（如上例的 bigger，不需要加括号，实际操作见范例 2-1）。

完成上述自定义方法与属性设置后，Android 就会自动在用户单击按钮时调用用户的自定义方法（bigger），达到单击按钮就放大文字的效果。

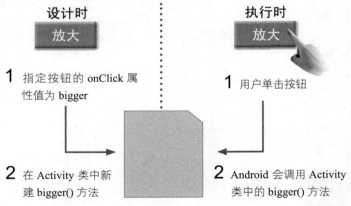

2-5 开始动手编写程序

在这一节中，本书将会带领大家制作第一个互动 Android App。这个范例执行后会显示 "Hello world!" 字符串，并且可在用户单击屏幕上的按钮时自动放大文字。

每单击一次按钮 → 就会自动放大

我们会遵循设计 Android App 的流程，先将视觉外观的部分设计好，再加入控制互动行为的程序逻辑。通过实际演练这个范例可以对 Android App 的设计有更清楚的认识。

范例 2-1： 单击按钮就放大显示文字

首先从创建新项目开始。

步骤 01 先关闭不必要的项目（依次单击 "File/Close Project" 菜单选项）。从本章开始，我们将陆续在 Android Studio 中新建项目，为避免在学习时打开多个项目造成混淆，请先确认已关闭不需要的项目。

步骤 02 创建新项目。在 Android Studio 的欢迎窗口中单击 Start a new Android Studio project 新建一个项目。

① 输入 Ch02_Button

② 输入 flag.com.tw（如果前一次新建项目时输过，就会自动输入）

读者应该已逐渐熟悉新建项目的流程了，所以后面的章节将不再详细图解新建项目的步骤，只提示要输入的项目名称等基本信息。

完成后单击 Next 按钮到下一个互动窗口，只勾选 Phone and Tablet 选项，Minimum SDK 可按需要设置（若不确定，则可设为默认的 API15）。然后单击 Next 按钮到下一个对话框，选择 Empty Activity（空白的 Activity），再单击 Next 按钮到最后一个界面。

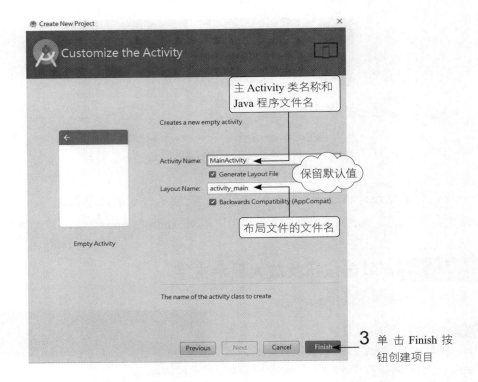

创建项目后，会自动打开项目并以图形布局编辑器打开布局文件。

布局文件　　　程序文件

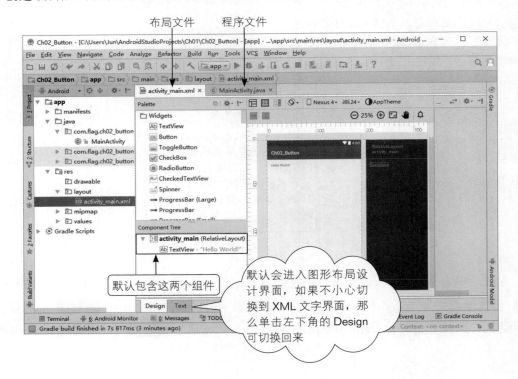

在新建的 Android 项目中，默认的布局含有两个组件。

- RelativeLayout：布局组件（Layout）是专门用来放置其他组件的容器，而 RelativeLayout 表示是通过"相对（Relative）位置"规划其内部组件的位置（包括"组件与组件"或"组件与 RelativeLayout"之间的相对位置）。例如，下面的 TextView 组件就是放在其内部，下一章还会介绍另一种布局组件。

- TextView 组件：可称为"文字标签""文本框"，用途是显示一段文字，如默认显示"Hello world!"字符串。

步骤 03 选取组件以便进行编辑和修改。在图形化编辑器中，左下角的组件树（Component Tree）窗格会列出布局中所有组件的层级（包含）关系和顺序，右边的属性（Properties）窗格会显示当前选取组件的"属性"，如组件的 ID、大小、文字内容等。用户可以如下"选取"组件并移动位置。

单击这两个钮可放大或缩小预览界面

1 在组件树窗格中单击 TextView 组件

2 在设计及蓝图界面中会同步选取该组件（组件周围出现方形控制点即表示已选取）

3 在属性窗格会显示该组件的属性

技巧 除了在组件树窗格中选取组件，也可在预览界面直接单击组件。

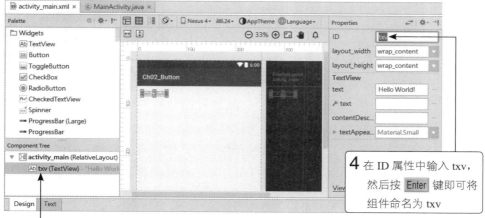

4 在 ID 属性中输入 txv，然后按 Enter 键即可将组件命名为 txv

5 在组件树窗格会显示新的名称：txv

技巧 在组件树窗格中没有 id 的组件只会显示组件的类型，如 TextView；有 id 的组件则会显示 "组件 id(类型)"，如 txv(TextView)。

技巧 设置 id 时尽管也可以使用中文，不过就像 Java 的标识符（变量、类、函数等名称）可以使用中文一样，我们仍建议使用英文，以避免中英文混合而造成困扰，或因编码不同而变成乱码。

在上图的 id 栏中输入 "txv" 后，Android Studio 会自动转换成 "@+id/txv" 后再存储。用户可切换到文本模式查看实际的存储内容。

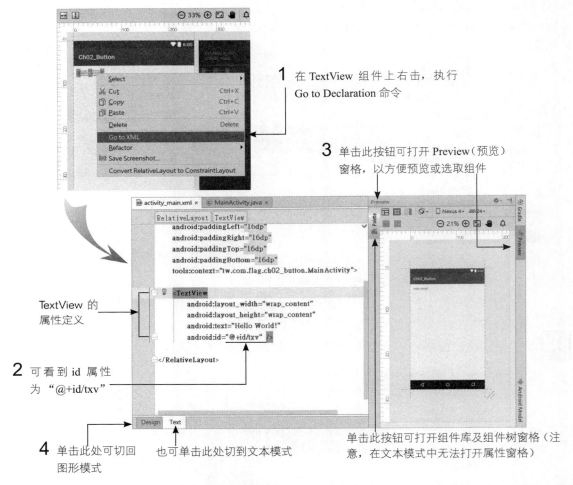

1 在 TextView 组件上右击，执行 Go to Declaration 命令

3 单击此按钮可打开 Preview（预览）窗格，以方便预览或选取组件

TextView 的属性定义

2 可看到 id 属性为 "@+id/txv"

4 单击此处可切回图形模式

也可单击此处切到文本模式

单击此按钮可打开组件库及组件树窗格（注意，在文本模式中无法打开属性窗格）

技巧 注意，"@+id" 中的 "+" 表示要为该组件设置一个 id（即上例中的 txv）。若为 "@id/ txv"，则只表示要引用 id 为 txv 的组件。在具体运用上，"@+id" 也可以用在 "@id" 的场合，意思是若 id 已存在则引用，若不存在则创建。

步骤 04 将 txv 组件向右下方拖动，设为水平居中。

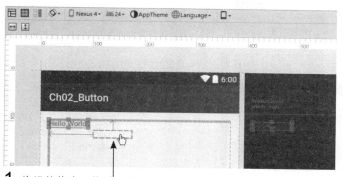

1 将组件往右下拖动。在拖动时会显示向上及向左的箭头线
条，表示向上及向左的相对位置（相对于布局组件的边界）

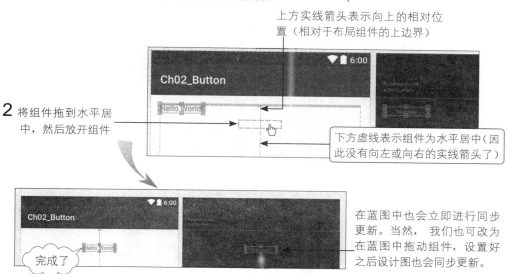

上方实线箭头表示向上的相对位
置（相对于布局组件的上边界）

2 将组件拖到水平居
中，然后放开组件

下方虚线表示组件为水平居中（因
此没有向左或向右的实线箭头了）

完成了

在蓝图中也会立即进行同步
更新。当然，我们也可改为
在蓝图中拖动组件，设置好
之后设计图也会同步更新。

步骤 05 在布局中加入按钮组件。

如果 Widgets 分类是被收起的状
态，那么双击标题将其展开

1 将 Button 拖到屏幕右侧并垂直居中

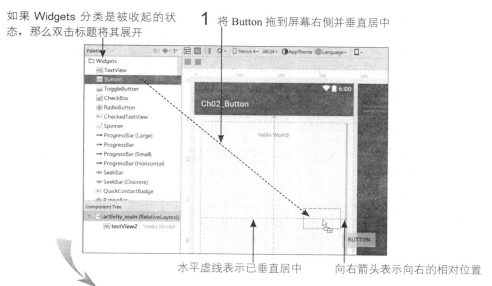

水平虚线表示已垂直居中　　　向右箭头表示向右的相对位置

这是新加入组件的默认 id（通常是
"组件类型"的名称，但开头字母改
为小写。若加入 2 个以上的组件，则
后面再加"流水号"2，3…）

2 放开鼠标即可完成加入的操作

4 会显示新设置的文字

3 将 text 属性改为按钮上要显示的文字："放大"

在设计布局的过程中，Android Studio 的语法检查程序 lint 会持续检查 XML 的内容，若有问题，则提出错误或警告。对于错误，用户当然要将之排除才行，否则就无法构建程序执行文件；至于警告，许多是 Android 的建议，在学习阶段可先忽略，如刚才加入的按钮。

如果 Lint 发现有问题（警告或错误），就
会在这里显示红色图标并标明问题的数量

1 单击红色 lint 图标会显示问题列表及说明

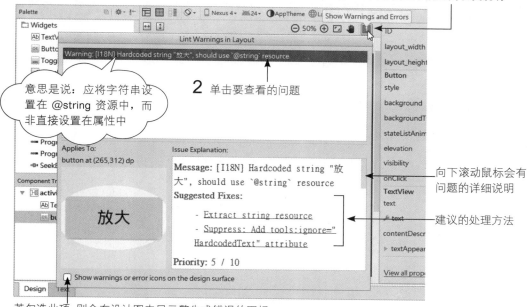

意思是说：应将字符串设
置在 @string 资源中，而
非直接设置在属性中

2 单击要查看的问题

向下滚动鼠标会有
问题的详细说明

建议的处理方法

若勾选此项，则会在设计图中显示警告或错误的图标，
如 ▦放大 （右上角的黄色三角形为警告图标）

为顺应国际化，Android 建议不要将字符串直接设置在属性中（也就是上面警告信息中的 Hardcoded），而应像 "Hello world!" 字符串一样定义在 res/values/ strings.xml 资源文件中，然后在 text 属性中设置引用。

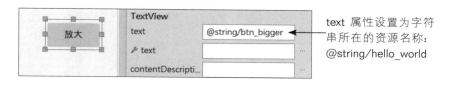

text 属性设置为字符
串所在的资源名称：
@string/hello_world

将所有字符串集中放在资源文件中不但容易管理，而且未来程序要支持多国语言时，只需准备好各国语言字符串的资源文件即可。

既然可以忽略，为什么又要警告？

在 Android 程序设计中，对 XML 文件和 Java 程序都有一些特别的规范。其中有些规范算是"建议"性质，但不强制大家遵守，所以 lint 会用"警告"的方式提示。在初学阶段，暂时忽略这些警告可简化项目设计的步骤，让我们更快看到成果。但往后着手设计较大的项目时，会发现遵循这些规范很有帮助。

快速排除警告（或错误）

如果用户想要排除警告，直接单击 lint 图标就会列出警告信息的选项列表（可能有一个或多个）。单击选项列表中的信息可进行修正。

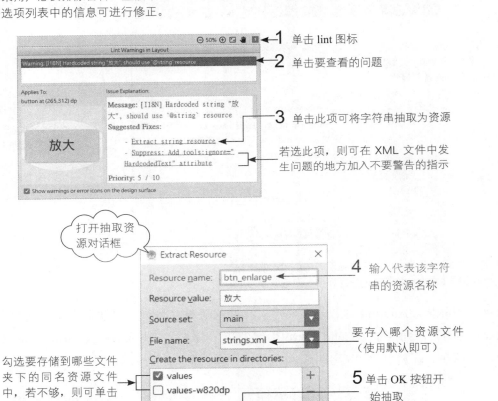

1 单击 lint 图标

2 单击要查看的问题

3 单击此项可将字符串抽取为资源

若选此项，则可在 XML 文件中发生问题的地方加入不要警告的指示

打开抽取资源对话框

4 输入代表该字符串的资源名称

要存入哪个资源文件（使用默认即可）

勾选要存储到哪些文件夹下的同名资源文件中，若不够，则可单击右侧的 + 按钮增加

5 单击 OK 按钮开始抽取

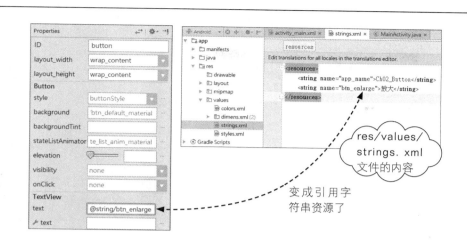

res/values/
strings. xml
文件的内容

变成引用字
符串资源了

如果不想排除警告，并且希望不要再对这类问题提出警告，那么可以依次选择 "File / Settings" 菜单选项，然后：

1 选择 Editor   **2** 选择 Inspections   **3** 输入要搜索的关键词   这里是对此问题的说明

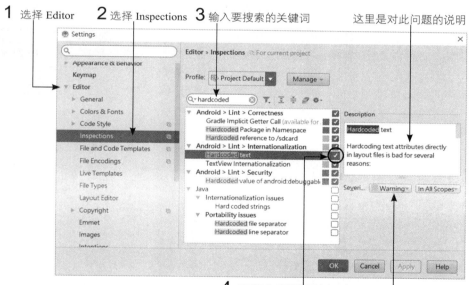

4 取消此项即可关闭对
Hardcoded text 的警告   这里可以变更警
告或错误的类型

 以上都是针对当前项目进行设置，若要修改 Android Studio 的默认设置，或者做更进一步的设置，请参考附录 B-6 的说明。

在修正 Hardcoded text 的警告后，会发现 lint 图标又出现另一个警告。

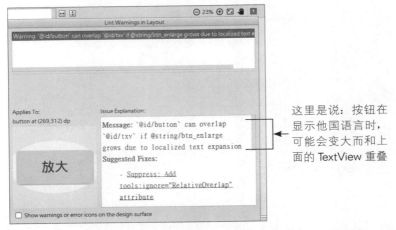

这里是说：按钮在显示他国语言时，可能会变大而和上面的 TextView 重叠

由于按钮是设为垂直居中对齐的，因此当它变大时（因显示他国语言而文字变多），可能会和上面或下面的组件重叠。不过由于两个组件的距离还很远，因此可以忽略此警告。

快速选取现有的资源，或立即新建资源来使用

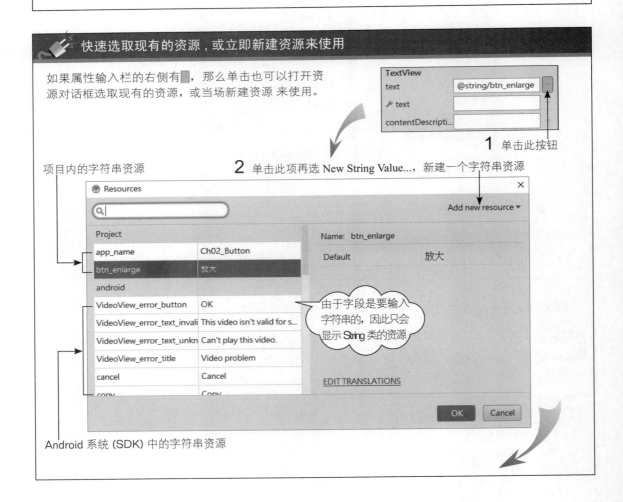

如果属性输入栏的右侧有 ▇，那么单击也可以打开资源对话框选取现有的资源，或当场新建资源 来使用。

1 单击此按钮

项目内的字符串资源

2 单击此项再选 New String Value...，新建一个字符串资源

由于字段是要输入字符串的，因此只会显示 String 类的资源

Android 系统 (SDK) 中的字符串资源

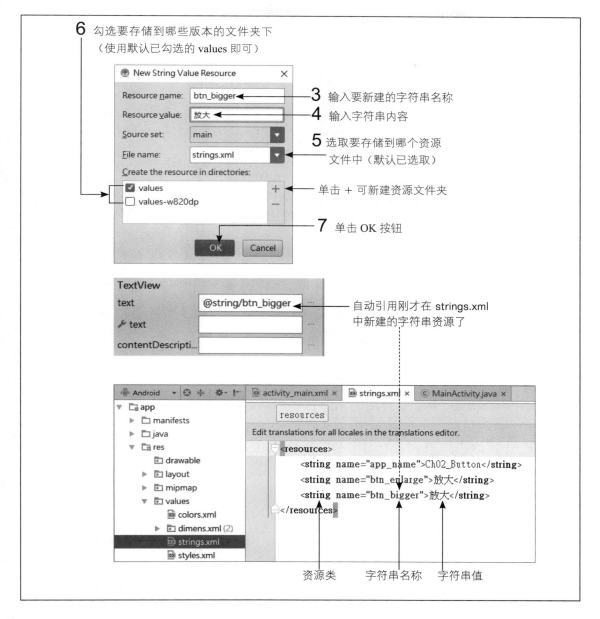

6 勾选要存储到哪些版本的文件夹下
（使用默认已勾选的 values 即可）

New String Value Resource

Resource name:	btn_bigger
Resource value:	放大
Source set:	main
File name:	strings.xml

3 输入要新建的字符串名称

4 输入字符串内容

5 选取要存储到哪个资源
文件中（默认已选取）

Create the resource in directories:

☑ values
☐ values-w820dp

单击 + 可新建资源文件夹

7 单击 OK 按钮

OK　Cancel

TextView

text	@string/btn_bigger
🔧 text	
contentDescripti...	

自动引用刚才在 strings.xml
中新建的字符串资源了

```
Android        activity_main.xml ×   strings.xml ×   MainActivity.java ×
▼ app
  ▶ manifests              resources
  ▶ java               Edit translations for all locales in the translations editor.
  ▼ res
      drawable           <resources>
    ▶ layout                 <string name="app_name">Ch02_Button</string>
    ▶ mipmap                 <string name="btn_enlarge">放大</string>
    ▼ values                 <string name="btn_bigger">放大</string>
        colors.xml       </resources>
      ▶ dimens.xml (2)
        strings.xml
        styles.xml
```

资源类　　字符串名称　　字符串值

步骤 06 将 TextView 组件的文字大小设为 30sp，以显示较大的文字。

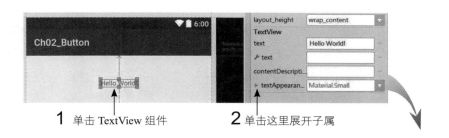

layout_height	wrap_content
TextView	
text	Hello World!
🔧 text	
contentDescripti...	
▶ textAppearan...	Material.Small

Ch02_Button

Hello World!

1 单击 TextView 组件

2 单击这里展开子属

Android 的尺寸单位

在计算机上通常用像素（Pixel，px）表示界面尺寸和图像长宽，但 Android 手机设备使用的液晶屏幕分辨率、长宽尺寸／比例各有不同，为了让 Android App 界面在不同手机上尽量保持一致，Android 特别提供了 sp（Scale-independent Pixels）和 dp（Density-independent Pixels）两种逻辑单位。例如，在高分辨率／大尺寸的屏幕上的 1dp 和低分辨率／小尺寸屏幕上的 1dp 差不多大。

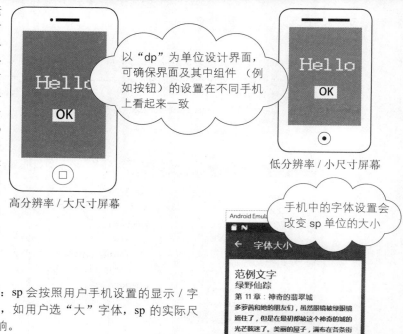

以 "dp" 为单位设计界面，可确保界面及其中组件（例如按钮）的设置在不同手机上看起来一致

高分辨率／大尺寸屏幕

低分辨率／小尺寸屏幕

手机中的字体设置会改变 sp 单位的大小

其中，sp 和 dp 的区别在于：sp 会按照用户手机设置的显示／字号值调整（4.X 版才提供），如用户选 "大" 字体，sp 的实际尺寸就会变大，但 dp 不受影响。

因此 Android 官方文件建议用 dp 设置组件大小，用 sp 设置字号。若用户希望文字不会随显示／字号的设置值改变，则可用 dp 指定字号。

默认有 4 种大小可选

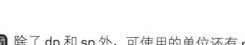

 除了 dp 和 sp 外，可使用的单位还有 px（pixel，像素／画素）、in（inche，英寸）和 mm（millimeter，1 毫米 =0.1 厘米）。其中只有 px 的长度会按屏幕分辨率而变动。例如，160dpi 屏幕中的 1px=1/160in，若为 320dpi 屏幕，则 1px=1/320in。

 1dp=1/160in，1in= 25.4mm。

~~ 到这里视觉设计完毕！接下来是程序设计的部分 ~~

步骤 07　设置按钮组件的 onClick 属性为 bigger，指定当用户单击按钮时要执行 Activity 中的 bigger() 方法。

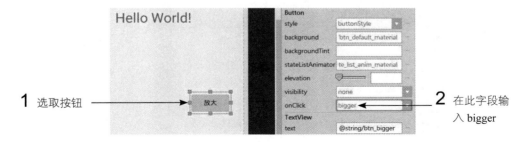

1 选取按钮

2 在此字段输入 bigger

步骤 08　打开 MainActivity.java，并如下新增 bigger() 方法。

1 双击 MainActivity.java 打开该文件

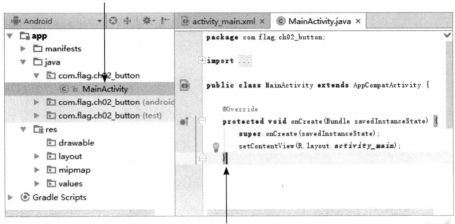

2 在 onCreate() 方法的下一行单击，插入点会移至此处，然后按 Enter 键新增两行

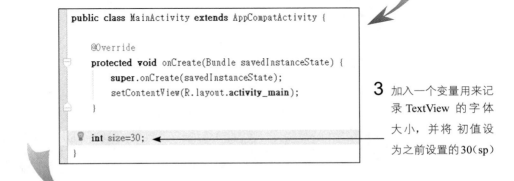

3 加入一个变量用来记录 TextView 的字体大小，并将初值设为之前设置的 30（sp）

4 按 Enter 键新增一行，然后输入 p，立即出现自动完成（AutoComplete）的选单，
用户可从中选取要输入的项完成自动输入，或者暂时忽略它继续输入

5 继续输入 u，自动完成会
立即更新选单内容，并将
最可能的选项放在最前面

6 由于默认选取的选项（第
一项）正是我们需要的，
因此按 Enter（或 Tab）键
自动输入

也可以忽略自动完
成的选单提示，全
部自己打字

7 已自动输入 public 并空一格了

8 继续输入 v，然后按 Enter 自动完成 void，接着输
入 "bigger(Vie"，然后按 Enter 自动完成

自动完成时所选的项会
被记住，越常选用的项
未来会排在越前面

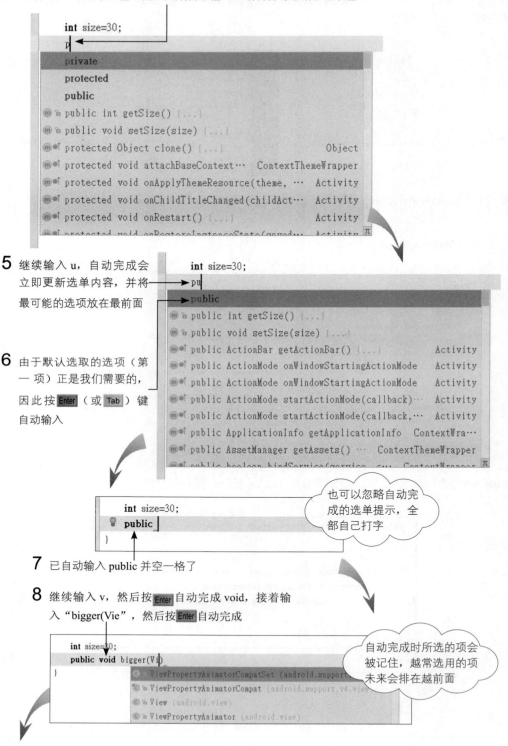

9 继续按图输入，最后会出现红色波浪底线表示有错误，这是因为后面还没加 {}，所以不符合语法

滚动条上方的色块会变红色

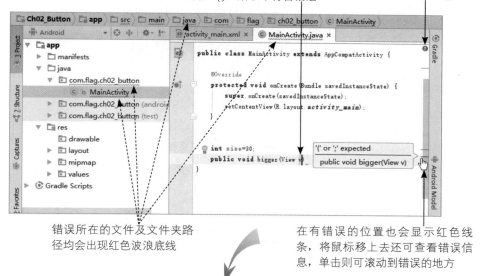

错误所在的文件及文件夹路径均会出现红色波浪底线

在有错误的位置也会显示红色线条，将鼠标移上去还可查看错误信息，单击则可滚动到错误的地方

10 按 `Ctrl` + `Shift` + `Enter` 键可全自动补上语法中缺少的部分

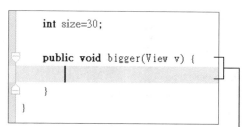

已自动补上 {}，并将插入点移到新行以方便输入程序（用户也可以改为自己手动输入 {}）

 滚动条上方为红色方块表示有错误，为黄色方块表示有警告，若都没问题，则显示绿色打勾图标。

 修正后仍会有黄色警告，那是因为我们声明了 size 变量却没有使用，等稍后编写完程序就不会有此警告了。

再次提醒，onClick 属性所对应的方法必须为 public（公用的方法）、void（无返回值）、有 1 个 View 类的参数（参数名称无限制）

步骤 **09** 输入 bigger() 方法的内容。

1 输入 TextV，然后按 Enter 自动输入 TextView（如果用户之前选择过 TextView，那么可能输入 T 之后 TextView 就会排在最前面了）

```
public void bigger(View v) {
    TextV
```
```
ⓒ TextViewCompat (android.support.v4.widget)
ⓒ ⓦ TextView (android.widget)
ⓒ ⓦ TextureView (android.view)
```

```
public void bigger(View v) {
    TextView txv;
}
```

2 继续输入整行

```
public void bigger(View v) {
    TextView txv;
    txv = findViewById(R.id.txv);
}
```

3 继续输入下一行（请善用自动完成功能加快输入并减少错误），又出现红色波浪底线

```
public void bigger(View v) {
    TextView txv;
    txv = findViewById(R.id.txv);
}
```

将鼠标移上去会出现泡泡说明原因：等号两边的类型不兼容

```
Incompatible types.
Required:  android.widget.TextView
Found:     android.view.View
```

4 将插入点移到错误处，然后按 Alt + Enter （或单击左侧的红色灯泡图标）

```
public void bigger(View v) {
Click or press Alt+Enter  View txv;
    txv = findViewById(R.id.txv);
```
```
Cast to 'android.widget.TextView'
Change variable 'txv' type to 'android.view.View'
Migrate 'txv' type to 'android.view.View'

Insert App Indexing API Code                          ▶
Join declaration and assignment
Add method contract to 'findViewById'                 ▶
Annotate method 'findViewById' as @Deprecated ▶
Annotate method 'findViewById' as @NonNull            ▶
Annotate method 'findViewById' as @Nullable           ▶
```

5 单击此项（或直接按 Enter 选择）

```
public void bigger(View v) {
    TextView txv;
    txv = (TextView) findViewById(R.id.txv);
}
```

返回值为通用的 View 对象，所以必须先转型为 TextView 类才能赋值给 txv

自动加入类型转换了

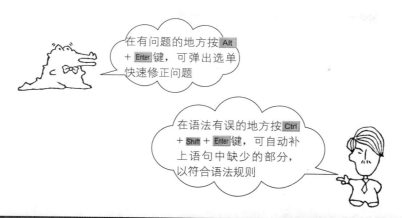

在有问题的地方按 Alt + Enter 键，可弹出选单快速修正问题

在语法有误的地方按 Ctrl + Shift + Enter 键，可自动补上语句中缺少的部分，以符合语法规则

 自动导入程序中需要的程序包类

由于 View 类定义在 android.view.View 程序包中，而 TextView 定义在 android.widget 程序包中，因此必须将此 2 个程序包 import（导入）到程序中才能直接使用其类名称（否则必须使用完整的程序包名称才行）。

当用户使用自动完成功能输入 View 或 TextView 时，会自动导入程序中需要的程序包类。

1 单击⊞展开程序区块

```
⊞import ...

public class MainActivity extends ActionBarActivity {
```

2 单击⊟可收合程序区块

```
import android.support.v7.app.AppCompatActivity;
import android.os.Bundle;
import android.view.View;
import android.widget.TextView;

public class MainActivity extends AppCompatActivity {
```

已自动加入这两行导入程序包的程序

如果在输入 View 或 TextView 时没有使用自动完成功能，那么会因未导入相关程序包而出现错误。

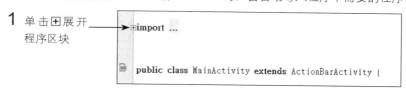

```
? android.widget.TextView? Alt+Enter
    public void bigger(View view) {
        TextView
```

刚输入时会提醒用户需要导入程序包，按 Alt + Enter 键，然后选 Import Class 即可帮用户自动导入

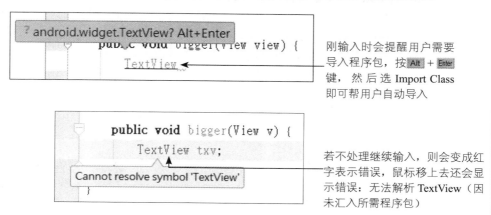

```
    public void bigger(View v) {
        TextView txv;
    Cannot resolve symbol 'TextView'
    }
```

若不处理继续输入，则会变成红字表示错误，鼠标移上去还会显示错误：无法解析 TextView（因未汇入所需程序包）

如果希望 Android Studio 能全自动地处理好 import 问题，那么可依次单击"File/Settings"菜单选项，然后：

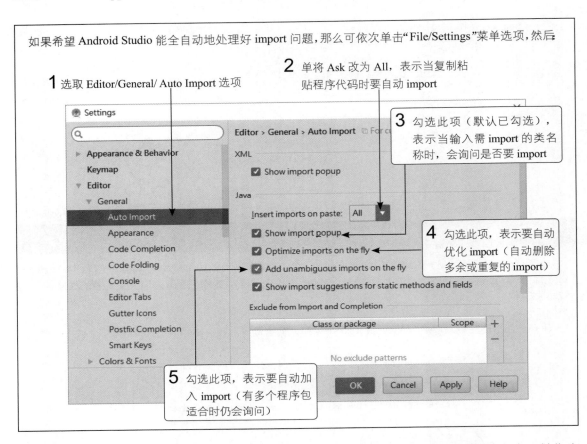

1 选取 Editor/General/ Auto Import 选项

2 单将 Ask 改为 All，表示当复制粘贴程序代码时要自动 import

3 勾选此项（默认已勾选），表示当输入需 import 的类名称时，会询问是否要 import

4 勾选此项，表示要自动优化 import（自动删除多余或重复的 import）

5 勾选此项，表示要自动加入 import（有多个程序包适合时仍会询问）

步骤 10 要改变 TextView 对象的字号，可调用 setTextSize() 方法，参数就是新的大小（单位为 sp）。下面输入可让 TextView 大小加 1 的程序。

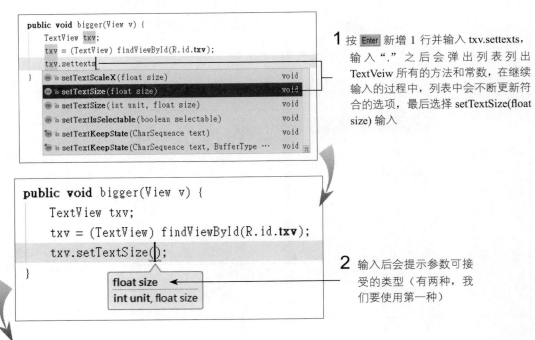

1 按 Enter 新增 1 行并输入 txv.settexts，输入 "." 之后会弹出列表列出 TextVeiw 所有的方法和常数，在继续输入的过程中，列表中会不断更新符合的选项，最后选择 setTextSize(float size) 输入

2 输入后会提示参数可接受的类型（有两种，我们要使用第一种）

```
int size=30;

public void bigger(View v) {
    TextView txv;
    txv = (TextView) findViewById(R.id.txv);
    txv.setTextSize(++size);
}
```

3 继续输入 ++size（表示要将 size 变量的值增加 1，再将其值作为新的字号）

步骤 11 终于完成了！最后单击工具栏的 Run 按钮▶，将程序部署到仿真器上执行看看。

1 选择要使用的仿真器

2 单击 OK 按钮

3 程序已部署到仿真器上并自动执行了

4 连续单击几次按钮放大文字

在本例中，文字变大时，下方的按钮并不会受其影响而向下移。这是因为当 TextView 字号变大而使组件"长高"时，虽然所占的空间变大了，但由于在布局中按钮被设为垂直靠右对齐，因此依然显示在屏幕垂直靠右的位置。

练习
2-1
在范例中加入一个"缩小"按钮，单击此按钮可缩小 TextView 的文字，并用程序限制缩小的底限，如最多只能缩小到 30sp。

提示
在布局中加入另一个 Button 组件，Text 设为"缩小"、onClick 属性设为 smaller，并在程序中加入如下方法：

```
public void smaller(View v){
    if(size>30) {  ←——————— 字体大于 30(sp) 时才会处理
        TextView txv=(TextView)findViewById(R.id.txv);
        txv.setTextSize(--size);  ←——— 将字号递减
    }
}
```

2-6 输入字段 EditText 组件

除了按钮外，另一种常见的基本输入组件是 EditText。

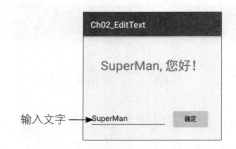

输入文字

getText()：获取用户输入的文字

EditText 组件的用途是让用户输入文字，在程序中可用 getText() 获取用户输入的内容。

```
EditText edit = (EditText) findViewById(R.id.edit);←
                          若布局中的组件 id 属性命名为 edit
String str = edit.getText().toString();←——— 获取文字
```

在布局中设置 id 属性的组件才会自动产生资源 ID

getText() 方法返回的是 Android SDK 中定义的 Editable 类型的对象，因此要当字符串处理，必须再调用 toString() 方法进行转换。

setText()：设置 TextView 显示的文字

如果要设置 TextView 组件上显示的文字，那么可以调用 TextView 类的 setText() 方法。若 txv 为 TextView 类的对象，则设置让 TextView 显示"您好！"。

```
txv.setText("您好！");
```

范例 2-2： 加入 EditText 组件

在这个范例中使用 EditText 组件，并用程序读取用户输入的内容，再显示于 TextView 中。

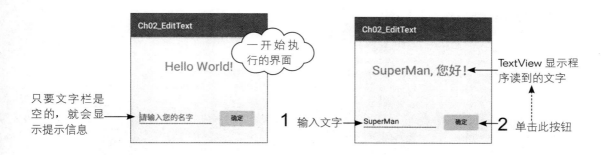

在这个范例中要使用复制项目的技巧。若要设计的新项目与现有的项目在布局和功能上有许多相似的地方，则可以利用这个技巧，以现有的项目为基础，避免浪费时间制作重复的功能。

步骤 01 先关闭所有项目，然后按照第 1-3 节介绍的方法将 Ch02_Button 文件夹复制一份为 Ch02_EditText。

步骤 **02** 在 Android Studio 的欢迎窗口中单击 Open an existing Android Studio project（或在主窗口中依次单击"File/Open"菜单选项），打开新复制的项目。

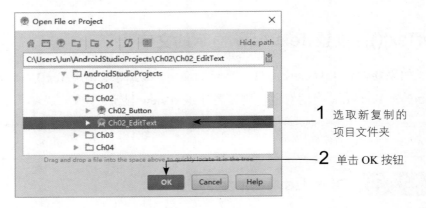

1 选取新复制的
  项目文件夹

2 单击 OK 按钮

由于项目文件夹的路径改变了，因此 Android Studio 会自动重建 Gradle 信息（以更新 Gradle 中与项目路径有关的部分），请稍微等待一会儿。完成后如果没有打开 Project 窗格，那么自行单击左侧的 Project 按钮将其打开。

项目名称（会自动改
为项目文件夹的名称） 项目文件夹的路径

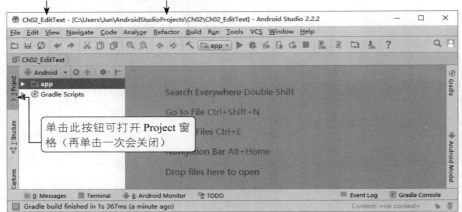

项目名称只作为识别项目之用，因此会保持和"项目文件夹名称"相同。

步骤 **03** 修改应用程序名称。

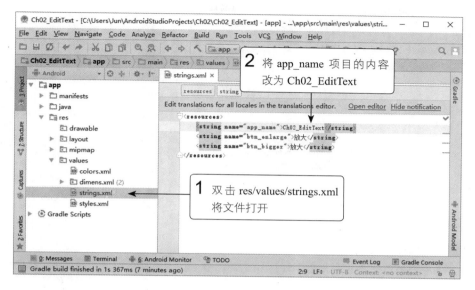

步骤 04 打开布局文件，加入 EditText 组件。

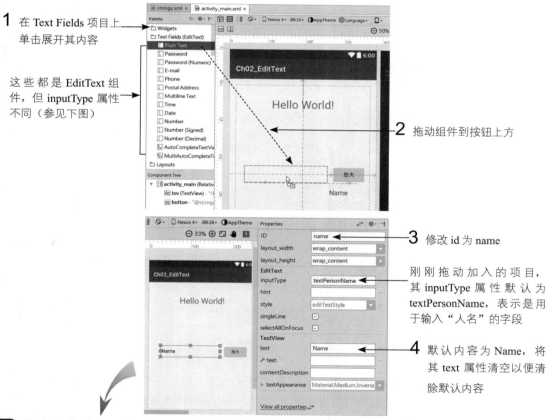

1 在 Text Fields 项目上
单击展开其内容

这些都是 EditText 组
件，但 inputType 属性
不同（参见下图）

2 拖动组件到按钮上方

3 修改 id 为 name

刚刚拖动加入的项目，
其 inputType 属性默认为
textPersonName，表示是用
于输入"人名"的字段

4 默认内容为 Name，将
其 text 属性清空以便清
除默认内容

技巧 修改组件的 id 后，如果其他地方（如程序中或组件属性等）有引用此 id，就会出现
对话框询问是否要将项目中所有旧 id 都自动更改为新 id，避免用户手动逐一修改的
麻烦。

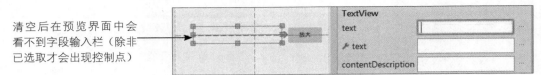

清空后在预览界面中会
看不到字段输入栏（除非
已选取才会出现控制点）

5 在 hint 字段输入给用户看的提示文字 "请输入您
的名字"（在执行时若字段为空，则会以灰字提示）

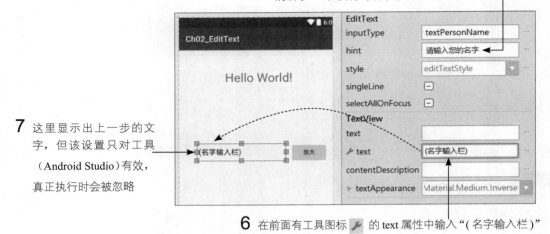

7 这里显示出上一步的文
字，但该设置只对工具
（Android Studio）有效，
真正执行时会被忽略

6 在前面有工具图标 🔧 的 text 属性中输入 "（名字输入栏）"

技巧 凡是前面有工具图标 🔧 的属性，都是给开发工具 （Android Studio）看的，在真正
执行时会被忽略掉。

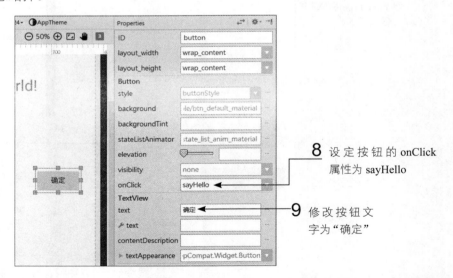

8 设 定 按 钮 的 onClick
属性为 sayHello

9 修改按钮文
字为 "确定"

步骤 05 我们要将程序改成：用户输入名称并单击按钮时，将其名称显示在 TextView 中。所以
打开 MainActivity.java，先将原有的 bigger() 方法改名为 sayHello()，再改写方法内容（原本的
size 变量也不再需要，将其删除）。

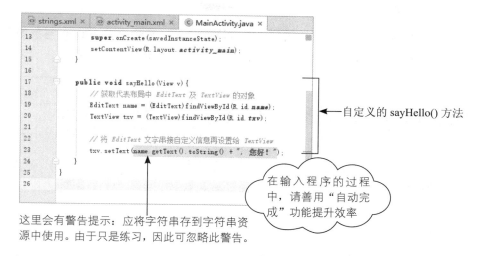

自定义的 sayHello() 方法

在输入程序的过程中，请善用"自动完成"功能提升效率

这里会有警告提示：应将字符串存到字符串资源中使用。由于只是练习，因此可忽略此警告。

- 第 17 行是自定义方法的开头，注意方法名称必须与按钮 onClick 属性值相同，其他属性（如可见度（public）、返回值（void）、参数类型（View 类对象））都必须与此处所列的内容相同，若定义不正确（如未声明成 public、返回值非 void、参数非 View 类型或不止一个参数等），则会使 Android 无法找到所要调用的方法，并且产生运行时错误（Runtime Error）。
- 第 19 行使用资源 ID 获取 EditText 的对象。
- 第 20 行使用资源 ID 获取 TextView 的对象。
- 第 23 行调用 TextView 的 setText() 方法设置文字，其参数是用 EditText 的 getText() 获取用户输入的文字，再用字符串相加的方式串接"，您好！"信息。

步骤 06 将项目部署到仿真器上执行。

 练习 2-2 在前面的范例中，若不输入任何内容就单击按钮，则会使 TextView 的内容变成"，您好！"的奇怪内容。修改程序，让程序可以检查 EditText 的内容是否为空白。若是空白，则显示"请输入大名！"。

提示 可利用 if/else 判断 EditText 中输入的内容，再决定输出的文字内容。

```
01 public void sayHello(View v){
02    EditText name=(EditText) findViewById(R.id.name);
03    TextView txv =(TextView) findViewById(R.id.txv);
04
05    String str = name.getText().toString().trim();
06    if (str.length() == 0)
07         txv.setText("请输入大名！");
08    else
09         txv.setText(str + "，您好！");
10 }
```

第 5 行调用的 trim() 方法是 Java String 类内建的方法，它会删除 String 对象前后的空格符，再将字符串返回。第 6 行的 length() 会返回字符串长度（字符数）。

2-7 使用 USB 线将程序部署到手机上执行

先前都是在仿真器上测试程序执行结果，若想将写好的程序直接放在 Android 手机上执行，则可用手机附带的 USB 线把手机与计算机相连，再从 ADT 中直接将程序上传到手机中执行。若要使用 USB 连接的方式，则必须打开手机的调试功能。

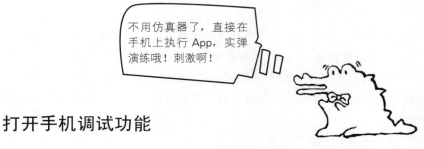

不用仿真器了，直接在手机上执行 App，实弹演练哦！刺激啊！

打开手机调试功能

进入手机的设置界面，按照下面的步骤设置，启用手机的调试功能（不同品牌 / 型号的手机，设置项的名称、位置可能略有不同）。

技巧 注意，在 Android 4.2 之后的版本中，下面步骤 1 的"开发者选项"默认是隐藏的，必须先进入设置界面最后面的"关于手机"（或"关于"）选项，再按 7 次 Build number（版本号或软件版本，各品牌的翻译可能不同。也可能放在子选项中，如"关于 / 软件信息 / 更多 /"）取消隐藏，然后按照下图进行设置。

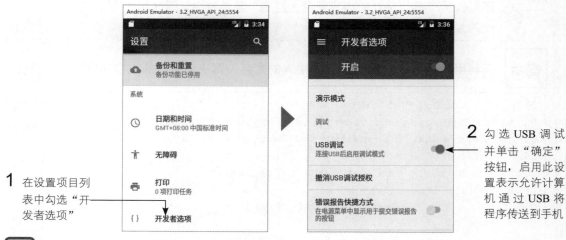

1 在设置项目列表中勾选"开发者选项"

2 勾选 USB 调试并单击"确定"按钮，启用此设置表示允许计算机通过 USB 将程序传送到手机

 Android 2.X 手机的相关设置是在"应用程序"选项下。

通过 USB 将 Android App 传送到手机安装并执行

要用手机连接 USB，还要安装手机的 USB 驱动程序，少数手机可使用 SDK 内附的 Google USB Drive，多数手机则建议使用专用的驱动程序。若用户尚未安装手机的 USB 驱动程序，也不知如何下载，则可连接到 Android 网站（https://developer.android.com/studio/run/oem-usb.html，或在网站中用 oem driver 搜索）。

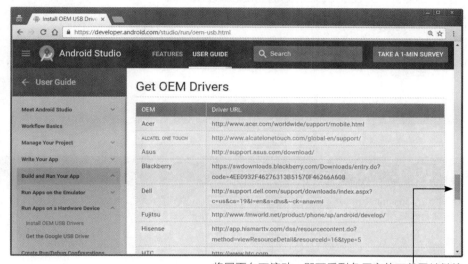

将网页向下滚动，即可看到各厂商的下载网址链接

多数手机的 USB 驱动程序都是下载后直接执行即可安装，在此就不一一介绍了。安装好手机驱动程序并将手机接上计算机后，在控制面板 / 系统 / 设备管理器（若为 Windows 10，则在左下角的窗口图标上右击，再选择设备管理器）中会看到有 ADB 或 Android 字样的手机设备，即表示安装成功。

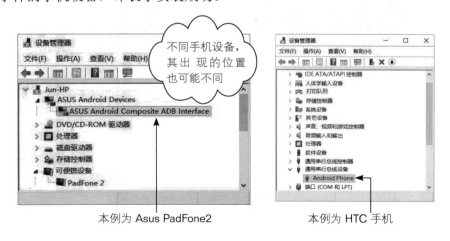

本例为 Asus PadFone2   本例为 HTC 手机

确认手机成功连到计算机后，在执行项目时会出现如下选择界面。

Android App 开发入门：使用 Android Studio 2.X 开发环境（第 2 版）

双击手机设备名称即可将程序安装
到手机上，且会自动执行

此处显示手机的
系统版本信息

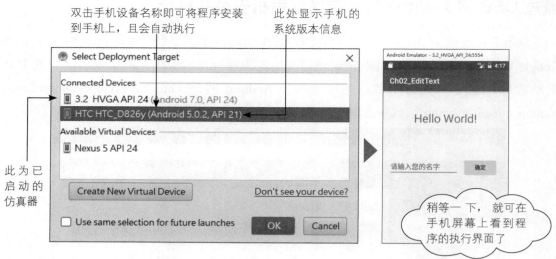

此为已
启动的
仿真器

稍等一下，就可在
手机屏幕上看到程
序的执行界面了

Android Studio 需要安装手机的 SDK 版本吗？

Android Studio 的 Instant Run 功能可加快将程序传送到手机执行的速度，但必须已安装和手机相同版本的 SDK 系统才行。因此在第一次将程序传到手机时，可能会出现以下对话框：

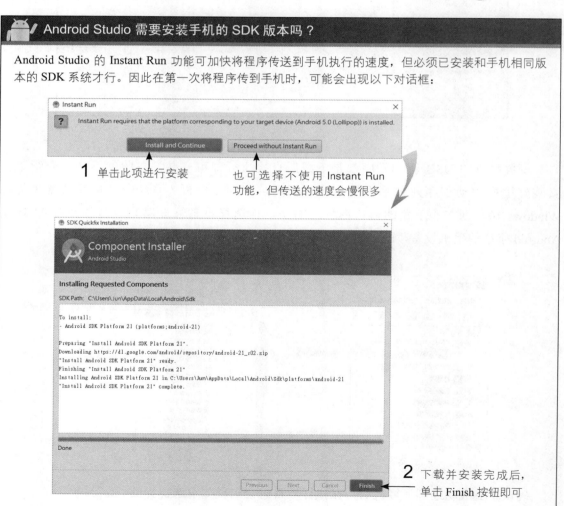

1 单击此项进行安装

也可选择不使用 Instant Run 功能，但传送的速度会慢很多

2 下载并安装完成后，单击 Finish 按钮即可

执行已安装的程序

安装好的程序和一般的 Android App 一样，会存在手机存储器中。可随时进入手机的应用程序列表，在手机已安装的程序中寻找项目的应用程序名称、图标，单击后即可执行。

2-8 修改项目的程序包名称和应用程序 ID

如果用户将第 2-5 节的 Ch02_Button 范例部署到手机上执行，然后又把第 2-6 节的范例 Ch02_EditText 部署到手机上执行，会发现手机的应用程序列表中只有 Ch02_ExitText，却没有 Ch02_Button。

在第 1 章曾经提过，程序包名称是 Android App 在手机上的身份证 ID，而 Ch02_ExitText 项目是从 Ch02_Button 复制而来的，它们的程序包名称相同（flag.com.ch02_button），因此后来部署到手机上的 Ch02_ExitText 会覆盖掉之前的 Ch02_Button。

其实在 Android Studio 的项目中，有 3 个地方和程序包名称有关。

1. Java 类程序的程序包名称

所有的 Java 程序（如 MainActivity 程序）都必须指定程序包名称，这是 Java 规定的，以便让每个类名称都是全世界唯一的。例如：

Java 程序一定要存储在以"程序包名称"为名的文件夹下（实际的路径还会以句点作为分割：com/flag/ch02_button/）

在程序代码的最前面，必须以 package 指定其所属的程序包名称

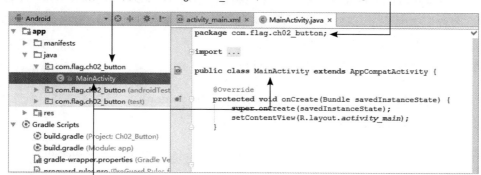

以类名称为文件名（此处省略了扩展名 .java）

2. 应用程序的程序包名称

这是用来作为 App 的身份证 ID 的。另外，项目的资源类（R.java）也会以此作为其所属的程序包名称。此名称定义在 AndroidManifest.xml 中。

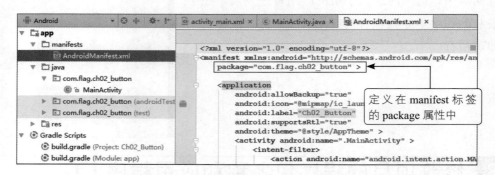

3. 在 Gradle 中设置的应用程序 ID（Application Id）

Android Studio 是使用 Gradle 系统构建（Build）程序的，由于同一个项目可以构建多种不同的 apk 程序（如免费版、专业版等），因此在 Gradle 中可以针对每种 apk 指定不同的"应用程序 ID"，以便在构建时取代 AndroidManifest.xml 中的程序包名称，而成为apk 最后的身份证 ID。

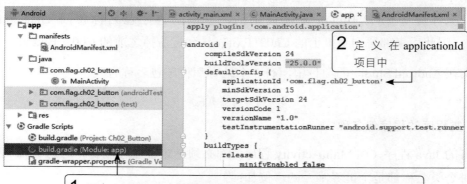

定义在 AndroidManifest.xml 中的程序包名称，由于在 build 时会被应用程序 ID 所覆盖，因此其功能只剩下作为资源类（R.java）的程序包名称了。用户可以把它看成 App 的对内程序包名称（用来识别内部资源），而应用程序 ID 为 App 的对外程序包名称（供其他程序识别 App 的身份证 ID）。

以上 3 种名称默认都会相同（如都是 com.flag.ch02_button），但其实并不一定要相同。除非的确有必要，否则还是保持一致比较好，这样才不会造成混淆。

下面示范如何修改 Ch02_EditText 项目的程序包名称，首先使用 Refactor（重构）功能快速修改前两项名称。

1 在程序的路径上右击，再依次单击
"Refactor/Rename..." 菜单选项

或在 AndroidManifest.xml 文件中要修改的程序包名称上
右击，再依次单击 "Refactor/Rename..." 菜单选项

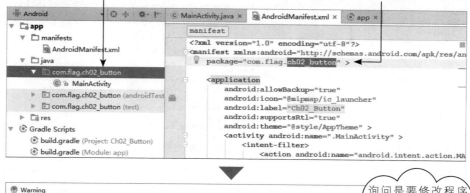

询问是要修改程序
包名称，还是只修
改程序文件的路径
（directory）

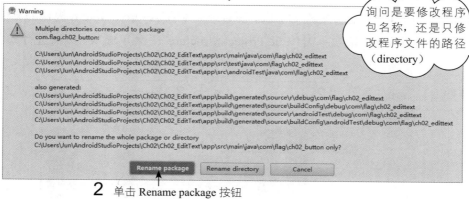

2 单击 Rename package 按钮

3 输入要修改的新程序包名称

单击此按钮可先预览
所有需要修改的项目，
然后进行修改

4 单击此按钮进行修改

如果单击 Refactor 按钮后并未修改，且下方出现 Find 窗格显示预览修改的内容，那
么单击 Do Refactor 按钮即可进行修改。

5 由于高速缓存中的数据未同步更改，因此单击此项进行同步

全部都自动修改好了（包含其他许多没看到的地方）

接下来修改应用程序 ID，虽然可以直接打开前述的 Gradle 文件进行修改，但为了避免改错或漏改，而且改完还要重建 Gradle，所以还是利用 Android Studio 提供的界面修改，这样比较直接而且安全。依次单击 "File/Project Structure..." 菜单选项，然后进行如下操作。

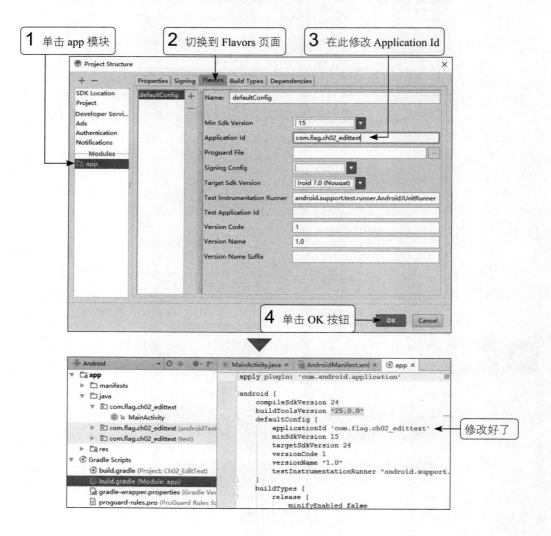

项目是由 Module（模块）所组成的，以上名为 app 的"应用程序 Module"是在新建项目时向导程序帮我们创建的。当我们要构建项目时，就是用其内容生成 apk 文件。

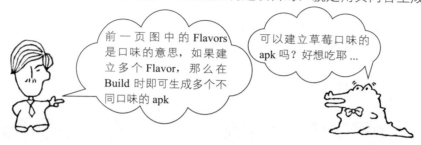

延伸阅读

（1）如果想查询各个组件有哪些属性、方法，或者想看更详细的说明，可连到 Android 开发者网站 (developer.android.com)，然后以组件或功能的名称进行搜索，例如：

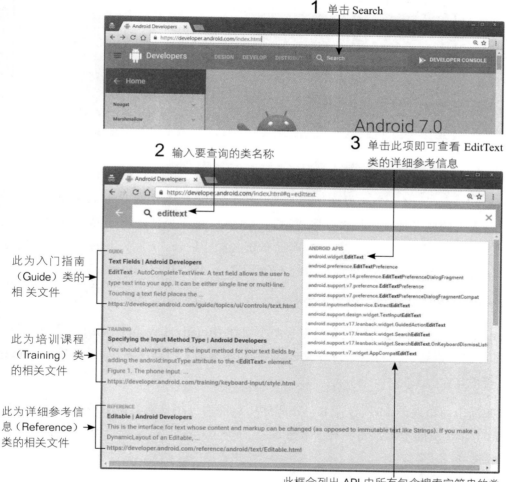

（2）有关 TextView、EditText、Button 的其他属性与方法，可到 Android 开发者网站分别以类名称进行搜索，以得到详细的说明。

（3）有关 Android layout 布局文件的 XML 编写格式，可到 Android 开发者网站以在线文件 Layout XML 进行搜索。

（4）有关 Application Id 和 Package Name 的详细解说，可到 Android 开发者网站以 Application Id 进行搜索。

此 为 Android Studio 类的相关说明

单击这个链接可查看 Application Id（含 Package Name）的详细说明

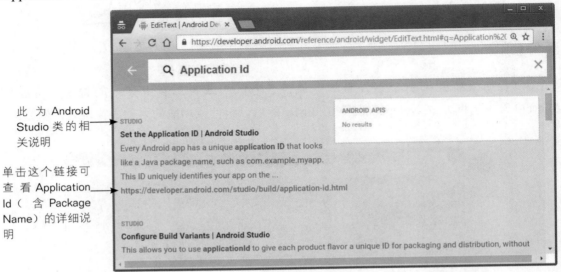

重点整理

*1. Android App 是由一个个界面所组成的，每一个界面都由各自的 Activity 负责。Activity 的组成可分成"视觉"与"程序逻辑"两部分：视觉也就是用户界面的设计，而程序逻辑是程序行为的设计。在项目中，视觉部分主要是在 res 文件夹下的界面布局文件和各种资源；而程序逻辑是 java 文件夹中的 Java 程序。

*2. Activity 的界面内容是用资源中的布局（Layout）文档定义的。

3. Android 项目向导创建的默认布局包含两个组件：RelativeLayout 布局组件是通过"相对（Relative）位置"规划组件的位置；TextView 组件是用来显示一段文字，如默认显示"Hello world!"字符串。

*4. 在布局中为组件的 id 属性命名，在程序中就能通过组件的资源 ID 存取组件。 在布局编辑器的 Text 页面中设置名称时，其格式为"@+id/(名称)"，在程序中存取时的资源 ID 就是"R.id. 名称"。

5. Android 支持多种尺寸单位，其中 sp、dp 是建议使用的逻辑单位，它会随手机屏幕的实际大小、分辨率而调整。sp 还会随手机设置居中的字号调整，所以比较适用于组件的 textSize 属性。

6. 在复制旧项目来使用时，由于 Android App 是以程序包名称分辨程序的，因此在复制后需更改程序包名称，才会被识别为不同的应用程序。不过在实际构建（Build）项目时，会以 Gradle 中设置的应用程序 ID 覆盖掉 apk 的程序包名称，因此也要一并修改应用程序 ID 才行。

*7. 当用户执行 Android App 时，系统会先找出要先启动的 Activity，并创建所要启动的 Activity 对象，再调用 onCreate() 方法。在此方法内加入自己的程序，当 Activity 被启动时（Android App 被执行时），就会执行用户的程序。

*8. 在 res 文件夹加入资源时，会自动在项目中创建代表该项资源的资源 ID。在程序中可用"R. 资源类 . 资源名称"的格式存取该资源。

*9. 以"R. 资源类 . 资源名称"为参数调用 findViewById() 会返回代表该组件的 View 类对象，使用时通常要将其转型为组件专用的类（如 TextView）。

10. 在编辑 Java 程序时，在有问题的地方按 Alt + Enter 键，可弹出选单快速修正 问题（如帮用户加入 import 语句导入所需的软件包）；在语法有误的地方按 Ctrl + Shift + Enter 键，可自动补上语句中缺少的部分，以符合语法规则。

11. TextView 类的 setText() 方法可设置显示的文字。

12. 按钮的 onClick 属性可指定为 Activity 类中 public 的方法名称，当用户单击按钮时，Android 就会调用该方法。若方法的定义不对、名称不符合，则用户单击按钮时会产生错误。

13. 若想将编写好的程序直接放在手机上执行，则可用手机附带的 USB 线把手机与计算机相连，再从 Android Studio 中直接将程序上传到手机中执行。

标记 * 的项目最重要！务必透彻理解。这将是你学习 Android 程序设计的任督二脉，打通了，路就开了……

习题

（1）Android App 是由一个个界面组成的，每个界面都由一个 _____ 负责。

（2）Android App 启动时，系统会根据设置找出要启动的 Activity，并调用它的 _____ 方法。要载入布局文件，可调用 Activity 类的 _____ 方法。

（3）说明以下文件的用途：

　① MainActivity.java　② activity_main.xml　③ strings.xml　④ ic_launcher.png

（4）假设有一组件的 id 属性设为 dog，那么其存储在 XML 文件中的 id 值会是

@_____/_____。若要在 XML 文件中指定此组件，则写法为 @_____/_____；若要在程序中存取此组件，那么要写成 R._____._____。

（5）说明 App 的"程序包名称"和"应用程序 ID"有何不同。

（6）创建一个新项目，在默认的 RelativeLayout 中，除原有的 TextView 外，再加入 1 个 TextView，并设为显示相同的"Hello World!"信息，但两个 TextView 的 id 属性分别设为 big、small，textSize 则分别为 30sp、20sp。

（7）创建一个新项目，在默认的 RelativeLayout 中加入 3 个按钮，单击 3 个按钮分别会在默认的 TextView 显示"早安""午安""晚安"。

（8）创建一个新项目，在默认的 RelativeLayout 中加入一个按钮和一个 EditText 字段，用户单击按钮时，程序会显示 EditText 中已输入的字符串长度。

 字符串长度可用 String 类内建的 length() 方法获取。

第 3 章 Android App 界面设计

3-1 View 与 ViewGroup（Layout）：组件与布局

Android 的屏幕显示界面以 View 和 ViewGroup 两种类为基础架构的树状系统。View 类为具体可见的视觉组件，在其内不能再置入其他组件。而 ViewGroup 类是不可见的容器组件，用来设置容器内 View 和 ViewGroup 组件的排列规则。要注意的是，ViewGroup 除了可以放入 View 组件外，还可以放入其他 ViewGroup 容器组件，因此可通过层层容器以树状结构构建出丰富的用户界面。

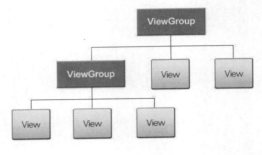

之前使用过的 TextView、Button、EditText 等视觉组件都属于 View 类，而 ViewGroup 类主要包含各种版面的布局（Layout）。

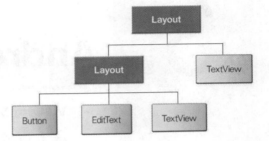

View：视觉组件

常用的 View 视觉组件如下图所示。

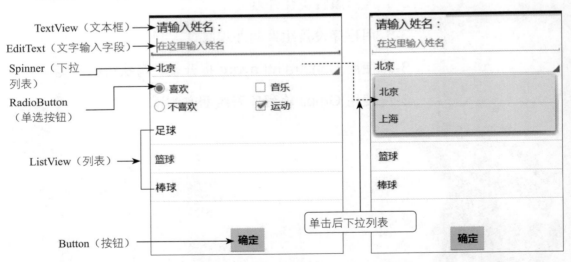

Android Studio 的图形化布局编辑器在 Palette 窗格中提供了各种常用的视觉组件，并分门别类地存放在各个文件夹中，只要把这些组件从 Palette 窗格加到编辑区，然后调整、设置各种属性，就可完成 App 的 UI（用户界面）设计。

Widgets 分类中有
这些组件可使用

其他各类组件都
分门别类地放在
各个分类中

Layouts 分类中有
各种 Layout 组件

属性（Properties）窗格

* 我怎么看不到这个界面？双击 Project 窗格的 res/
layout/activity_main.xml 文件就可以看到了

View 组件的属性与设置

在第 2-4 节中本书已介绍过组件的一些属性字段。各种属性字段的设置各有不同，如
直接填入数值 123 或"字符串"，也可以填入资源的引用位置 "@string/ 字符串名称"或"@
mipmap/ 图像文件名称"。这些属性的设置，除了在 Properties 窗格中填入外，还可以在
编辑区以 Android 规定的 XML 语言编写。如果你想学习如何编写这些 XML 设置，那么可
以在填完属性字段后，单击编辑区下方的 Text 标签，切换到文本编辑模式观察对比其内容，
这将有助于用户对 Android XML 的理解。

如果要查看特定组件的 XML 编码，那么在组件上右击，再单击 Go To Declaration 选项，
即可快速切换到 Text 模式，并标识出组件对应的 XML 编码，如 Hello World! 组件。

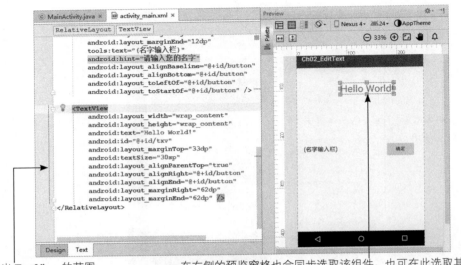

标识出 TextView 的范围

在右侧的预览窗格也会同步选取该组件。也可在此选取其 他组件或 Layout，左侧会标识出对应的 XML 编码供查看

如果是在组件属性中填入字符串引用的名称（如 @string/app_name），那么可再次打开 res/values 的 strings.xml，利用 XML 编辑器创建或修改字符串资源。

字符串名称　字符串值

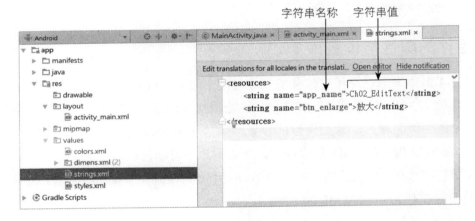

另外，还可以直接单击属性栏右侧的 ▢▢ 按钮，以打开 Resources 对话框选取、查看或新增资源，这在第 2 章的范例 2-1 已介绍过，可参考第 2-5 节中的说明。

再谈 id 属性

每个 View 组件的属性字段中都有 id 字段，可见其重要性。id 字段是用来为 View 组件命名的，其格式为 "@id+/ 组件名称"。注意，每个 View 组件在程序执行时都会转化为一个 Java 对象，所以等于是在为一个 Java 对象命名。命名后用户可以在 Java 程序中以 findViewById() 方法获取 "R.id. 组件名称" 的对象（注："R.id. 组件名称" 是嵌套（Nested）

的类定义，id 是定义在 R 类内的类，而"组件名称"是定义在 id 类中的常数。

除此之外，还会在组件中引用其他组件的名称，如在 button 组件的属性字段，为了对齐组件位置而需要填入某个名为 txv 的 TextView 组件时，字段内就会填入 "@id/txv" 之类的引用。

更仔细来看，"@+id/ 名称 XX" 的意思是说"如果"在 R.java（在第 2 章已经了解过）文件内的 id 类中找不到 "名称 XX" 这个常数，那就为此名称创建一个新的 id（定义新常数，用来代表此组件）。若"名称 XX"已存在，则直接使用它，不用在 R.java 的 id 类中再创建新的名称了。所以名为 txv 的 TextView 若已命名，则 button 引用它时写成 @+id/txv 或 @id/txv 都没关系。

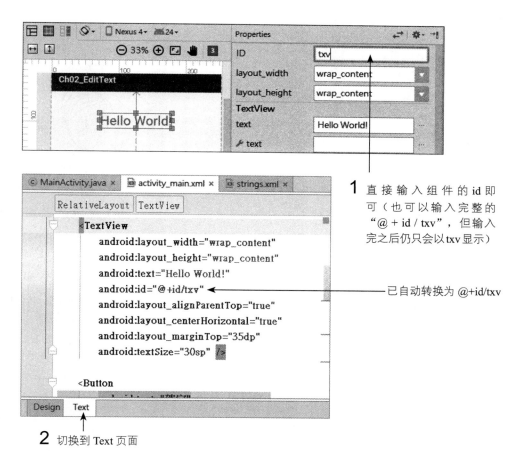

另外，当在属性栏设置"引用其他组件"的属性时，会自动列出可用的组件供选择，例如：

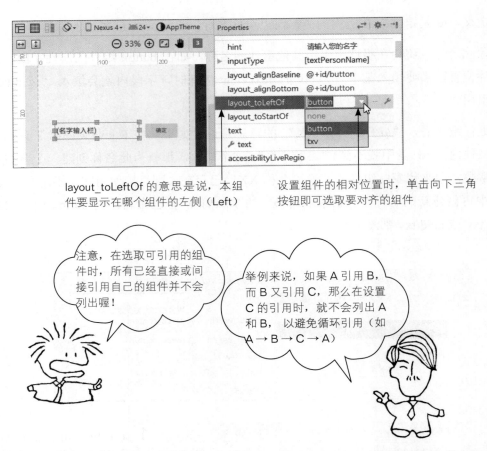

layout_toLeftOf 的意思是说，本组件要显示在哪个组件的左侧（Left）

设置组件的相对位置时，单击向下三角按钮即可选取要对齐的组件

注意，在选取可引用的组件时，所有已经直接或间接引用自己的组件并不会列出喔！

举例来说，如果 A 引用 B，而 B 又引用 C，那么在设置 C 的引用时，就不会列出 A 和 B，以避免循环引用（如 A→B→C→A）

技巧 在属性栏的右侧如果有工具图标，单击后就会显示同名的工具属性供用户进行设置。

单击此处可隐藏工具属性

1 单击工具图标

2 显示同名的工具属性（此属性只在编辑工具中有效并且优先采用，实际执行时会被忽略）

Layout：界面布局

常用的 Layout 包含以下几项。

- RelativeLayout（相对布局）：以组件与组件之间的相对关系安排布局，第 2 章的范例都是使用这种布局方式。
- LinearLayout（线性布局）：是从上到下或从左到右按序摆放组件的布局方式。

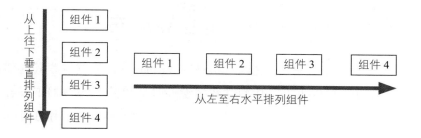

- ConstraintLayout（约束布局）：这是 Android Studio 2.2 版才开始支持的新布局，其功能和 RelativeLayout 类似，但更有弹性。它可以单独用来设计各种复杂的版面，而不必层层嵌套多个布局，让设计更简洁，并提升执行效率。
- TableLayout（表格布局）：是以表格方式将各个组件放置在指定单元格的布局方式。

	第 1 行	第 2 行	第 3 行
第 1 列	组件 1	组件 2	组件 3
第 1 列	组件 4	组件 5	组件 6

　　上述这些屏幕上常用的组件和布局，Android Studio 都已经准备好了，用户只要把它们拉进图形化布局编辑器放好位置并设置属性就可以使用了，完全不用花时间动手设计。

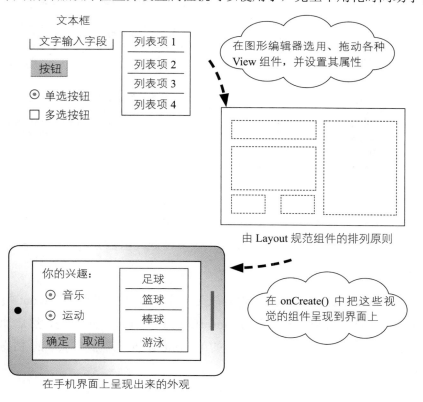

由 Layout 规范组件的排列原则

在手机界面上呈现出来的外观

3-2 使用 LinearLayout 建立界面布局

项目默认使用的 RelativeLayout 是以"相对"（Relative）位置设置其内部各项组件的位置。不过，当 RelativeLayout 布局中包含较多组件时，在布局编辑器中很容易因为拖动某一个组件的位置、修改其大小或修改属性等操作，而使各组件引用的相对关系消失或发生变动，最终导致组件位置大乱。

对初学阶段而言，建议使用较为直觉的 LinearLayout，再学习功能强大又容易使用的 ConstrainLayout。

LinearLayout：按序排列组件

LinearLayout 的特点是"Linear（线性的）"，即所有加到布局中的组件都会"按序直线排列"。其直线排列的方向可分为以下两种。

- LinearLayout（Horizontal）：将其内部的组件按水平方向排列，从左到右直线排列。
- LinearLayout（Vertical）：将其内部的组件按垂直方向排列，从上到下直线排列。

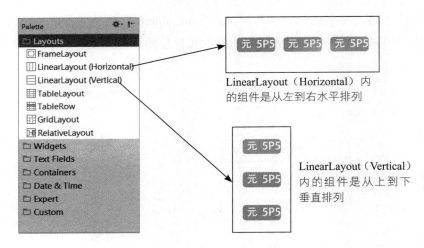

LinearLayout（Horizontal）内的组件是从左到右水平排列

LinearLayout（Vertical）内的组件是从上到下垂直排列

 LinearLayout（Horizontal）和 LinearLayout（Vertical）其实是同一个组件，前者的 orientation（方向）属性值为 horizontal 或不设置（留白），后者的 orientation 属性值为 vertical。

在 Android 布局中，Layout 本身可以当成是一个组件放到另一个 Layout 中。例如，使用 LinearLayout 时，通常会以"垂直"的 LinearLayout 当作界面主结构，然后加入多个"水平"的 LinearLayout，成为一行行从上到下的 Layout 版面，最后于水平的 LinearLayout 加入所需的组件。

最外层（最上层）是 LinearLayout（Vertical）

3 个 LinearLayout（Horizontal）

TextView 组件   EditText 组件

下层放 3 个水平的 LinearLayout

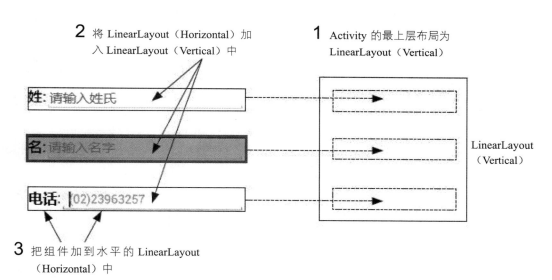

2 将 LinearLayout（Horizontal）加入 LinearLayout（Vertical）中

1 Activity 的最上层布局为 LinearLayout（Vertical）

LinearLayout（Vertical）

3 把组件加到水平的 LinearLayout（Horizontal）中

范例 3-1 在布局中使用 LinearLayout

创建新项目 "Ch03_LinearLayout"。由于默认使用 RelativeLayout，因此可用如下方式将它换成 LinearLayout (Vertical)。

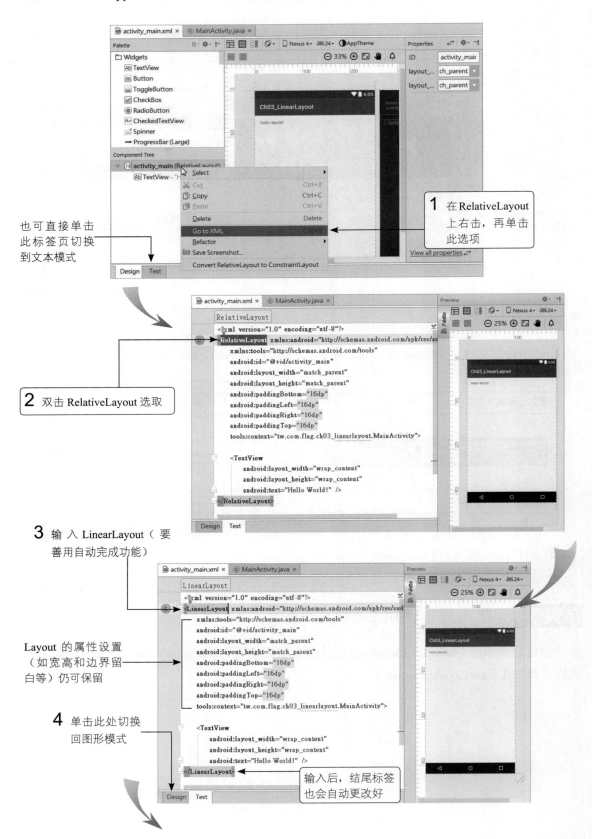

也可直接单击此标签页切换到文本模式

1 在 RelativeLayout 上右击，再单击此选项

2 双击 RelativeLayout 选取

3 输入 LinearLayout（要善用自动完成功能）

Layout 的属性设置（如宽高和边界留白等）仍可保留

4 单击此处切换回图形模式

输入后，结尾标签也会自动更改好

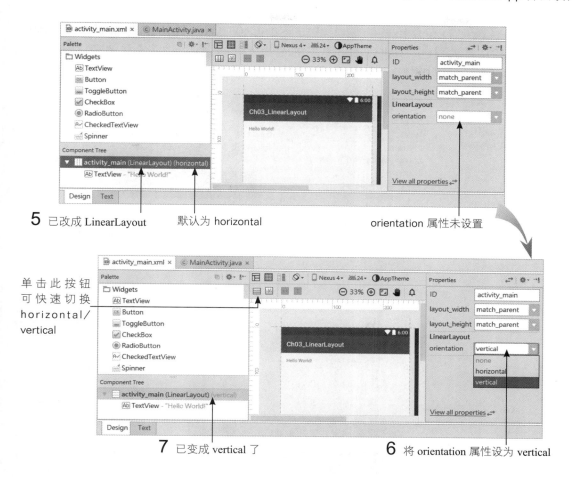

5 已改成 LinearLayout 默认为 horizontal

orientation 属性未设置

单击此按钮可快速切换 horizontal/vertical

7 已变成 vertical 了

6 将 orientation 属性设为 vertical

使用以上方法改变 Layout 组件后，仍会保留 Layout 中原有的组件，只不过那些组件会按照新 Layout 的特性重新排列而已。

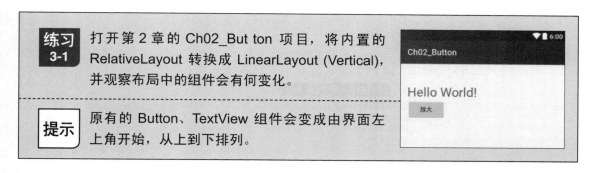

练习 3-1　打开第 2 章的 Ch02_Button 项目，将内置的 RelativeLayout 转换成 LinearLayout (Vertical)，并观察布局中的组件会有何变化。

提示　原有的 Button、TextView 组件会变成由界面左上角开始，从上到下排列。

Ch02_Button

Hello World!

放大

范例 3-2　使用 LinearLayout (Horizontal) 创建窗体

首先，我们将创建本章前几节展示的联系人输入窗体。这个范例会先完成姓名的部分，下一个范例再加上输入电话的特殊组件和互动效果的程序。

步骤 01 按照第 1-3 节介绍的方法，将先前的 Ch03_LinearLayout 项目复制为 Ch03_ LinearLayout2。首先单击"Hello world ！"这个组件，按 Del 键把界面清空，然后加入 LinearLayout (Horizontal) 组件。

1 将这两个分类
收合（或往下
滚 动 Layouts
分类）

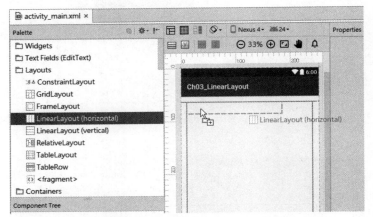

2 单击按住 LinearLayout (Horizontal) 不放，将它拖动
到空白处（也就是 LinearLayout（Vertical）的空间）
再放开

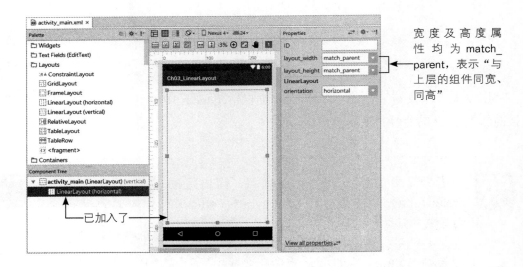

宽 度 及 高 度 属
性 均 为 match_
parent，表示"与
上层的组件同宽、
同高"

width 与 height 属性

前一页图中的 layout_width 与 layout_height（由于是与外部 Layout 有关的属性，因此名称前面会加"layout_"）是所有组件与 Layout 都可以使用的属性，用于控制组件的宽度与高度。设置为 match_parent 表示与上层的组件同宽或同高，例如：

将宽度设为 match_parent

宽度延伸为整个界面的宽度，但因为最外层 Layout 设置边界留白（详见第 3-4 节），所以只能扩展到留白区的内沿

若设置为 wrap_content，则是根据组件的内容自动调整为最小的宽度或高度。

将宽度设为 wrap_content

宽度缩小成内含的按钮宽度

 除了组件宽度（或高度）属性外，还有 layout_weight 属性，请看下一个说明框的介绍。

 凡是与外部 Layout 有关的属性，在属性名称前面都会加上"layout_"字样，但为避免占用篇幅，后文中有时会将"layout_"省略，读者要注意。

设计布局时，若操作错误，或者想尝试不同的效果，则可用 Ctrl + Z 键取消前一个操作（回退到前一步），用 Ctrl + Y 键恢复先前被取消的操作

使用 weight 属性控制组件的宽 / 高

在 LinearLayout 中如果有多个组件，有时希望能用比例分配其宽度（或高度），例如：

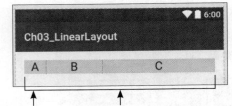

A 以固定宽度显示　　　　B、C 以 1:2 分配剩余的宽度

此时即可使用 layout_weight 属性设置 B、C 的分配比例。weight 属性只适用于 "放在 LinearLayout 中" 的组件，其功能是设置 "剩余空间的分配比例"，会按比例分配布局剩余的空间（剩余空间 = 全部空间 - 所有组件根据 width 属性所占用的空间）。

以上图来说，各个组件的 width 和 weight 属性可设置如下：

属性	A	B	C
layout_width	40dp	0dp	0dp
layout_weight	（未设置）	1	2

weight 属性若未设置，则其值为 0，因此 A、B、C 的剩余空间分配比例为 0:1:2，而剩余空间为：（全部空间 - 40dp - 0dp - 0dp）。各个组件最后的宽度计算如下：

组件	宽度计算	计算结果
A	40dp + 剩余空间*(0/3)	固定 40dp 宽
B	0dp + 剩余空间*(1/3)	(外层布局组件宽度-40dp)*1/3
C	0dp + 剩余空间*(2/3)	(外层布局组件宽度-40dp)*2/3

由于 weight 属性只是比例值，因此设计好的布局在不同大小的屏幕中，B、C 组件的宽度比例都能维持 1:2。

如果将 B 和 C 的 width 都改为 30dp，那么剩余空间会变成（全部空间 - 40dp - 30dp - 30dp），因此 B 和 C 的比例不会是 1:2，而会是 (30dp + 剩余空间 * 1/3) : (30dp + 剩余空间 *2/3)。

 weight 属性在水平的 LinearLayout 中用来设置组件宽度的剩余空间分配比例；在垂直的 LinearLayout 中则是设置组件高度的剩余空间分配比例。

另外要注意，在设置 weight 属性时，最好同时 "将 width (或 height) 属性设置 0dp"。如此一来，就相当于只用 weight 属性控制组件宽度，而省去了处理 width 属性的时间，因此可以提高程序的运行性能。

步骤 02 加入一个 TextView 组件。

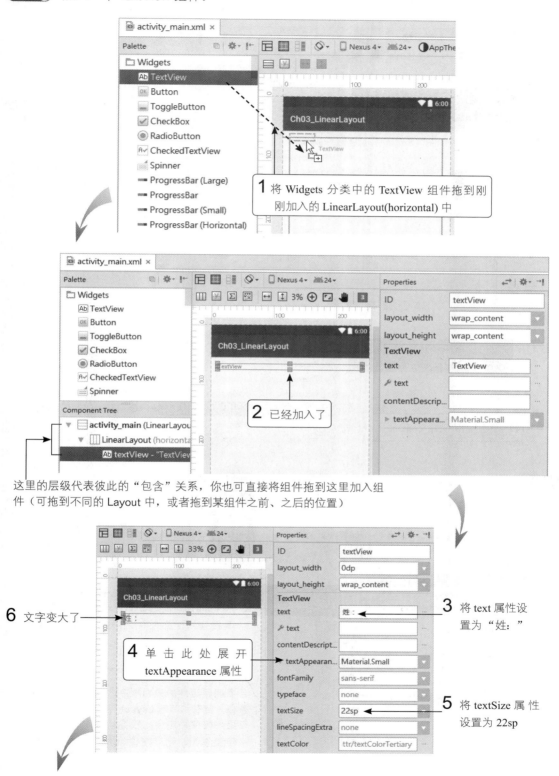

1 将 Widgets 分类中的 TextView 组件拖到刚刚加入的 LinearLayout(horizontal) 中

2 已经加入了

这里的层级代表彼此的"包含"关系，你也可直接将组件拖到这里加入组件（可拖到不同的 Layout 中，或者拖到某组件之前、之后的位置）

3 将 text 属性设置为"姓："

4 单击此处展开 textAppearance 属性

5 将 textSize 属性设置为 22sp

6 文字变大了

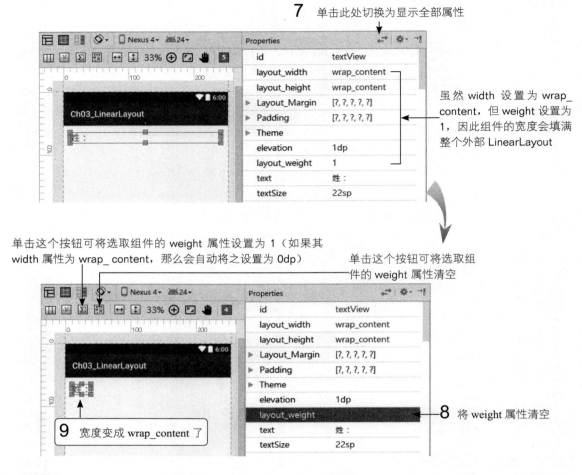

7 单击此处切换为显示全部属性

虽然 width 设置为 wrap_content，但 weight 设置为 1，因此组件的宽度会填满整个外部 LinearLayout

单击这个按钮可将选取组件的 weight 属性设置为 1（如果其 width 属性为 wrap_content，那么会自动将之设置为 0dp）

单击这个按钮可将选取组件的 weight 属性清空

8 将 weight 属性清空

9 宽度变成 wrap_content 了

步骤 03 加入 EditText 组件当成姓氏输入字段，并设置提示文字，将它设为只限单行（让用户输入时不能换行，因为姓氏不可能超过一行）。

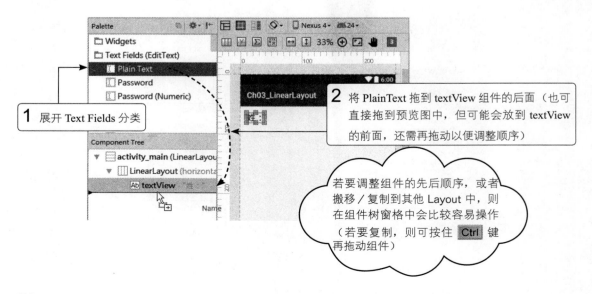

1 展开 Text Fields 分类

2 将 PlainText 拖到 textView 组件的后面（也可直接拖到预览图中，但可能会放到 textView 的前面，还需再拖动以便调整顺序）

若要调整组件的先后顺序，或者搬移／复制到其他 Layout 中，则在组件树窗格中会比较容易操作（若要复制，则可按住 Ctrl 键再拖动组件）

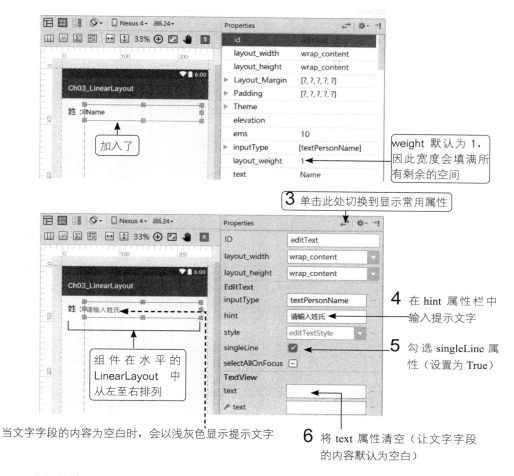

3 单击此处切换到显示常用属性

weight 默认为 1，因此宽度会填满所有剩余的空间

4 在 hint 属性栏中输入提示文字

5 勾选 singleLine 属性（设置为 True）

当文字字段的内容为空白时，会以浅灰色显示提示文字

6 将 text 属性清空（让文字字段的内容默认为空白）

步骤 04 由于之前加的外层 LinearLayout(horizontal) 高度默认为 match_ parent，因此会填满整个界面。若要在其下方增加其他组件，则必须缩减它的高度，才能让下方的组件显示出来。

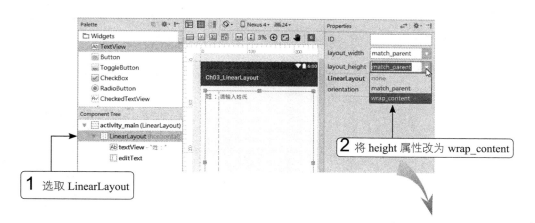

1 选取 LinearLayout

2 将 height 属性改为 wrap_content

单击这两个按钮也可以切换选取组件的宽
度、高度为 match_parent 或 wrap_content

练习
3-2

参考上面的步骤，在范例项目的
布局中加入第 2 行 LinearLayout
（Horizontal）组件，同样加入一
个 Large Text 和 EditText 组件，并
设置成如右图所示的内容。

imputType 属性：设置输入字段种类

前面拖动组件时，可看到 Text Fields 项中有多个组件可选，它们都代表 EditText 组件，只是 inputType 属性值不同。inputType 属性可控制 EditText 字段中可输入的内容，如电话号码、电子邮件地址、日期、时间、数字等，可参考以下范例。

范例 3-3　加入输入电话专用的 EditText

接着加入输入电话专用的组件，完成输入窗体的
设计，最后的结果如右图。

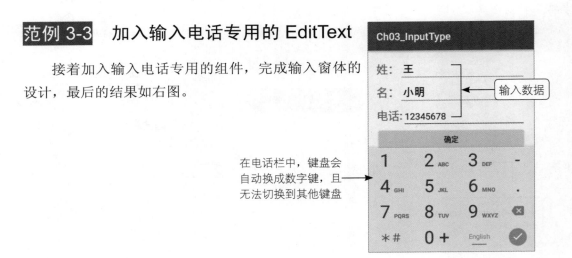

在电话栏中，键盘会
自动换成数字键，且
无法切换到其他键盘

步骤 01 用复制项目的方式，从 Ch03_LinearLayout2 复制出新项目 Ch03_InputType，然后将字符串资源中的 "app_name" 改为 "Ch03_InputType"。

步骤 02 打开 res/layout/activity_main.xml，若还未进行加入 "名：" 输入字段的练习，则先加入 "名：" 字段。

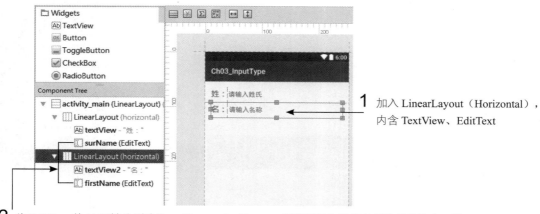

2 将 EditText 的 id 属性分别改为 surName、firstName。还记得吗？我们必须为组件取名（设置 id 属性值），才能从程序中存取到相对应的对象，然后通过其方法使用对象

步骤 03 加入另一行 LinearLayout（Horizontal），同样加入 TextView，并按右图加入适用于输入电话的 EditText。

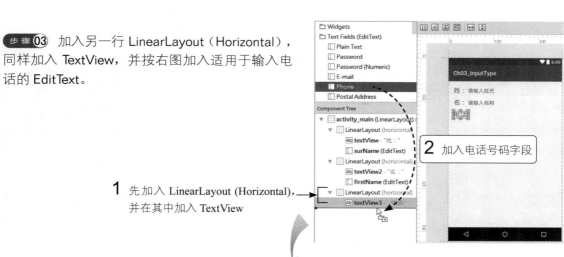

3 设置 id 为 phone，设了 id 之后才能在程序中使用 findViewById() 获取对象（见下页的程序 12~15 行）

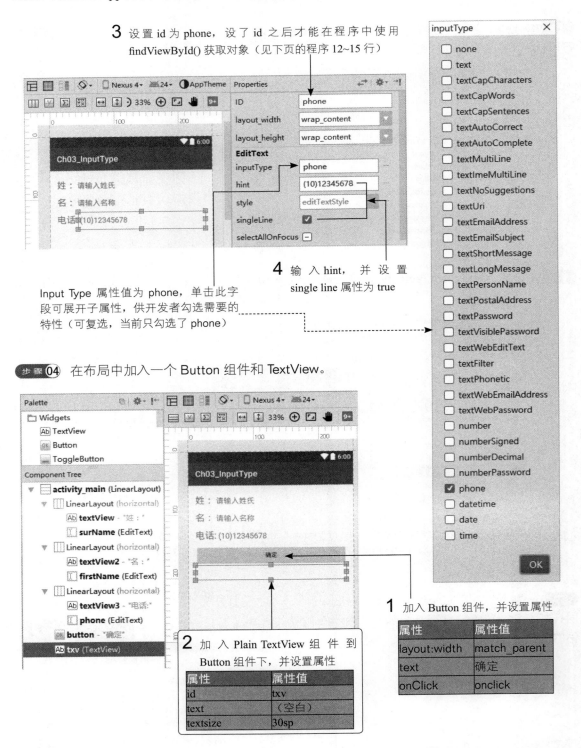

Input Type 属性值为 phone，单击此字段可展开子属性，供开发者勾选需要的特性（可复选，当前只勾选了 phone）

4 输入 hint，并设置 single line 属性为 true

步骤 **04** 在布局中加入一个 Button 组件和 TextView。

1 加入 Button 组件，并设置属性

属性	属性值
layout:width	match_parent
text	确定
onClick	onclick

2 加入 Plain TextView 组件到 Button 组件下，并设置属性

属性	属性值
id	txv
text	（空白）
textsize	30sp

步骤 **05** 打开 MainActivity.java 修改程序。这次要在 onCreate() 加入用 ndViewById() 获取组件对象的程序代码，并在类中声明存放 EditText、TextView 对象的变量，输入以下标识灰色的程序。

```
01 public class MainActivity extends AppCompatActivity {
02    // 声明代表 UI 组件的变量
03    EditText sname,fname,phone;
04    TextView txv;
05
06    @Override
07    protected void onCreate(Bundle savedInstanceState) {
08    super.onCreate(savedInstanceState);
09    setContentView(R.layout.activity_main);
10
11    // 初始化变量
12    sname = (EditText) findViewById(R.id.surName);
13    fname = (EditText) findViewById(R.id.firstName);
14    phone = (EditText) findViewById(R.id.phone);
15    txv = (TextView) findViewById(R.id.txv);
16    }
...
25    public void onclick(View v){
26    txv.setText(sname.getText().toString()+ ◄————获取姓
27    fname.getText()+                          ◄————获取名
28    "的电话是  "+ phone.getText());            ◄————获取电话
29    }
30 }
```

- 第 3 ～ 4 行声明用来存放代表 UI 组件的各项对象变量，因为它们会在不同方法中用到，所以需声明在类之内、方法之外。

- 第 12 ～ 15 行在 onCreate() 方法中用 findViewById() 获取代表 UI 组件的对象并赋值给前面声明的变量。因为 onCreate() 只会在 Activity 启动时被调用，表示此 findViewById() 只会被执行 1 次；若像第 2 章范例的按钮事件中的 findViewById() 一样，则每当用户单击按钮时都要重做一次，当组件数较多时，将会影响程序的性能。

- 第 25~29 行是当用户单击"确定"按钮时会执行的方法，方法中会将各输入值以 getText() 读取并用＋号串接起来，然后用 setText() 显示在最下面的 txv 组件中（这些在第 2 章都已介绍过了）。值得注意的是，getText() 会返回 Editable 类型的对象，因此要再调用 toString() 将其转换为字符串才行，不过只需转换第一个 (sname) 就好，后面两个 (fname、phone) 在用＋串接时会自动转换为字符串，因此 toString() 可以省略（当然，不省略也可以）。

再次提醒，findViewById() 的语句必须放在 setContentView() 后面。因为 setContentView() 会加载布局并创建屏幕界面，在这之后 findViewById() 才能找到相应组件

步骤 06 将程序部署到手机／仿真器上执行，测试输入字段的效果。以下是在手机上执行的结果（以方便输入中文进行测试）。

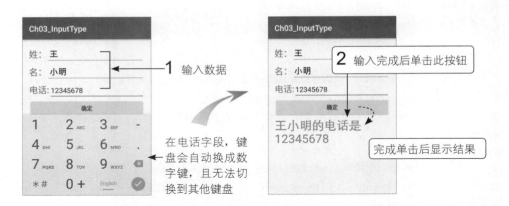

练习
3-3

在范例中创建第 4 排输入字段，新的 EditText 组件的 inputType 属性设为 textPassword，将其放到手机／仿真器上测试。请问在该字段 输入内容时，界面上会有什么效果？

提示

可以直接拖动 Password 或 Password（Numeric）组件，或拖动一般 EditText 后 再 将 InputType 设 为 textPassword（展开子属性并勾选）。在此类字段 输入内容时，会变成以 • 或 * 显示。

3-3 使用 weight 属性控制组件的宽／高

在建立类似前面窗体范例的布局时，有时会需要上、下字段"对齐"。例如，将范例中的"姓："、"名："都改成两个字的"姓氏："、"名字："，就能和下面的"电话："同宽，达到对齐的效果。但若遇到不方便对齐的情况（如使用的不是文本组件，不便随意增删字数等），则可利用 LinearLayout 提供的 weight 属性调整。

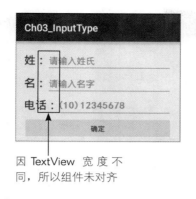
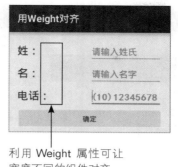

因 TextView 宽度不
同，所以组件未对齐

利用 Weight 属性可让
宽度不同的组件对齐

 凡是与外部 Layout 有关的属性，在属性名称前面都会加上 "layout_" 字样，但为了
避免占用篇幅，本书会将 "layout_" 省略，请读者注意。

范例 3-4　利用 weight 属性对齐组件

接着利用上述技巧改进前面的范例，使用 weight 属性让联系人输入窗体上 的字段
对齐。

步骤 01 为了与先前的范例区分，利用复制项目的技巧将 "Ch03_InputType" 范例复制为新项
目 "Ch03_LinearWeight"，再将 app_name 字符串改为 "用 Weight 对齐"，并打开 activity_
main.xml 进行演练。

步骤 02 调整第 1 行，然后调整第 2、3 行。

2 单击这个按钮设置选取组件的 weight 属性

单击此按钮可将
LinearLayout 中所有
组件都设为等宽（将
weight 设为 1），但
笔者在撰稿时此功能
尚无法正确运行

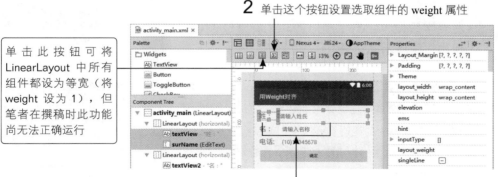

1 按住 Shift 键单击这两个组件

 在预览图中按住 Shift 键可用鼠标加选组件（或减选已选取组件）；在组件树窗格中
则要按住 Ctrl 键加（减）选，若按住 Shift 键，则可选取鼠标两次单击范围内的所有
组件。另外，还可以在预览图中从空白处拖曳出一个范围来选取所有被覆盖的组件（沾
到边都算）。

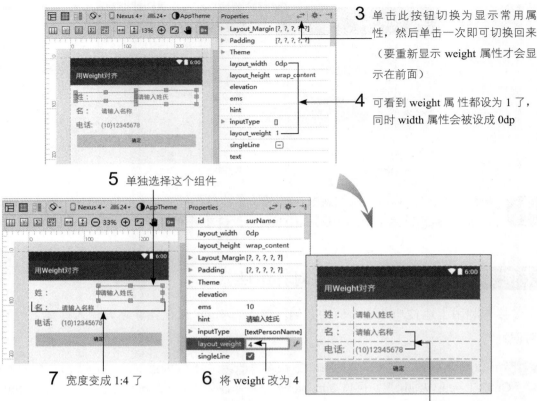

3 单击此按钮切换为显示常用属性，然后单击一次即可切换回来（要重新显示 weight 属性才会显示在前面）

4 可看到 weight 属性都设为 1 了，同时 width 属性会被设成 0dp

5 单独选择这个组件

7 宽度变成 1:4 了

6 将 weight 改为 4

8 用同样的方法，将第 2、3 行中的组件宽度都设为 1:4

 除了利用 weight 属性上下对齐外，还可以直接将左侧字段设为固定宽度对齐，试着修改设置，呈现如右图所示的结果。

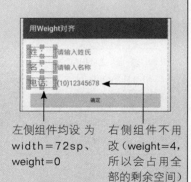

左侧组件均设为 width=72sp、weight=0

右侧组件不用改（weight=4，所以会占用全部的剩余空间）

 以 sp 为单位设置宽度的用意是，当用户设置手机以较大的字体显示时，组件的宽度也会同步变大。有关 sp、dp 的说明，可参见第 2 章相关的说明。不过我们通常会避免使用固定的尺寸，以避免未来因内容变多或变少（如翻译为其他语言）而导致无法正确显示。

提示 若要同时设置 3 个组件，可在预览图中按住 Shift 键选取左侧的 3 个 TextView 组件，然后将 layout_width 属性设为 72sp、layout_weight 属性设为 0（或清空）即可。

3-4 通过属性美化外观

前面介绍了 LinearLayout 布局用法，本节进一步介绍边界、颜色与"外观"相关的属性。下面介绍各种属性设置的原理，并将其应用到前面的窗体范例中。

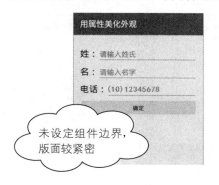

未设定组件边界，版面较紧密

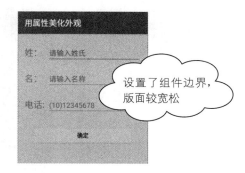

设置了组件边界，版面较宽松

组件的边界：margins 与 paddings

当组件被放到布局中时，在属性中可设置组件的 width（宽）、height（高）、weight 等，但组件中可用来显示内容的区域，在布局上占的空间还会受 padding、margin 两组属性的影响（两者默认值都是 0）。

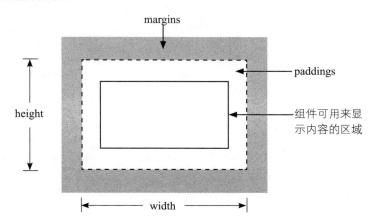

如上图所示，paddings 包含在 width/height 内，所以在 width/height 固定的情况下，指定 paddings 时会占用组件的空间，也就是会使组件可用来显示内容的区域"变小"。举例来说，若设置 Layout 的 paddings 属性让其边缘留白，则在 Layout 中加入组件时，组件将不能占用 paddings 留白的空间。

例如，之前我们用向导程序新建的项目，最外层的 Layout 默认设置了 paddings 属性。

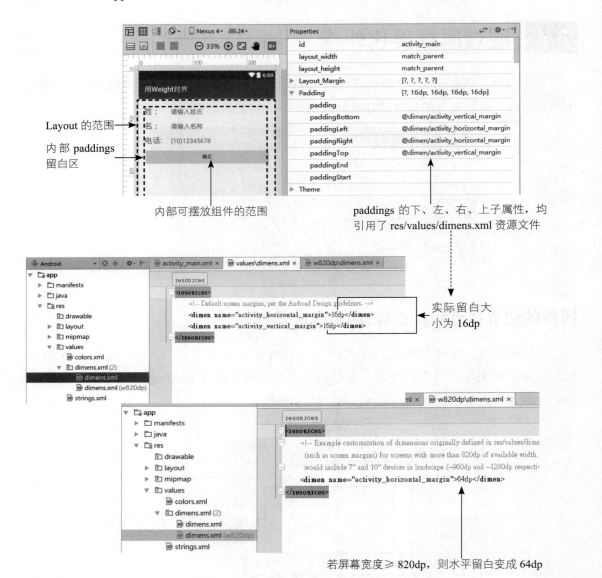

Layout 的范围
内部 paddings 留白区
内部可摆放组件的范围

paddings 的下、左、右、上子属性，均引用了 res/values/dimens.xml 资源文件

实际留白大小为 16dp

若屏幕宽度≥ 820dp，则水平留白变成 64dp

 最后的 paddingEnd 和 paddingStart 属性是针对从右到左书写顺序的系统所设计的，初学者可以暂时忽略它。

 至于 margins，则是在 width/height 外的留白，"原则上"不会影响组件大小，而是影响组件彼此间的距离。由于属于和布局有关的属性，因此属性名称前面会加上 layout_。

　　若设置 paddings 的 padding 子属性，则其值会成为其他所有属性的默认值（其他属性未设置时即使用该默认值），可省去上、下、左、右一一设置的麻烦。

由于手机屏幕界面有限，如果 margin 加上 width/height 超过界面大小，那么组件大小可能会被压缩，或者 margin 被压缩，实际情况视属性设置方式的不同而有不同的结果，在此就不详细探讨了。

layout_margin 的属性项目大致和 padding 的相同

范例 3-5　设置边界让输入窗体版面变宽松

下面练习将边界属性应用到先前创建的窗体中。

步骤 01 我们用范例 3-4 中的 **Ch03_LinearWeight** 为源项目，先复制出新项目 **Ch03_Beautify**，再将 app_name 字符串改为 "用属性美化外观"，并打开 activity_layout.xml 布局文件。

步骤 02 在原项目中，组件都集中在上方，下方一大块空白，看起来不太平衡，可以如下设置 layout:margins 属性。

1 选取 LinearLayout (Horizontal)　　　　**2** 展开 Layout-Margin 属性

4 这一行上下左右都空出一些空间了　　**3** 将上、下边界都设为 10dp（也可以只输入 10，会自动加上默认单位 dp）

 练习 3-5 将范例布局第 1、3 行的 LinearLayout（Horizontal）上、下边界也设置为 10dp，然后将 Button 的上、下、左、右边界设置为 20dp（只要设置 layout_margin 属性为 20dp 即可）。

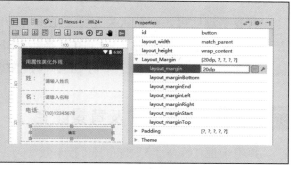

颜色：以 RGB 值设置文字或背景颜色

在设计界面时，可以设置颜色的属性有文字颜色（Text Color）和背景（Background）。

在 Android 项目中，设置颜色的方式有很多种，例如设置成主题中的现有样式、直接设置颜色值等。我们先介绍颜色值的设置方式，也就是以红、绿、蓝（RGB）三原色的值（以 16 进制数值表示）设置所要使用的颜色，语法为：

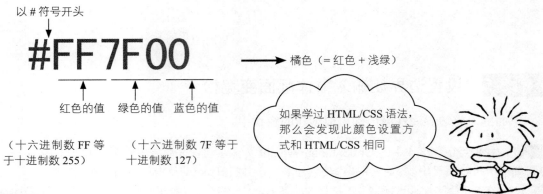

以 # 符号开头

#FF7F00 ────➤ 橘色（＝红色 + 浅绿）

红色的值　绿色的值　蓝色的值

（十六进制数 FF 等　（十六进制数 7F 等于
于十进制数 255）　十进制数 127）

如果学过 HTML/CSS 语法，那么会发现此颜色设置方式和 HTML/CSS 相同

 十六进制数值中的英文字大小写均可，如 #FF7F00 可写成 #ff7f00。

 样式就是多种属性设置（如字体、文字大小等）的集合。Android 内建了许多现成的样式以方便我们使用，并能设计出风格一致的界面。

在设置颜色属性时，除了设置 RGB 外，还可以在最前面加上透明度（Alpha）属性而变成 ARGB 格式。透明度同样可分为 0~255 个等级，0 表示完全透明，255（十六进制的数值为 FF）为完全不透明。例如，以下为半透明的橘色。

#7FFf7F00

半透明（十六进制数 7F 等于十进制 127）

若省略透明度，则默认为完全不透明（#FF）。另外，还可设置 4 或 3 位数的颜色值，表示每个数字都重复一次，如 #BFA 是指 #BBFFAA（浅绿色），由于省略了透明度（默认为不透明），因此颜色会和 #FBFA（#FFBBFFAA）完全相同。

范例 3-6　设置文字及背景颜色

接着前面"练习 3-5"的布局（若未做练习，则可打开本书范例的 Ch03_ Beautify2 项目），再来设置组件的文字及背景颜色。对于多个 TextView 组件，可用多选方式同时设置文字颜色。

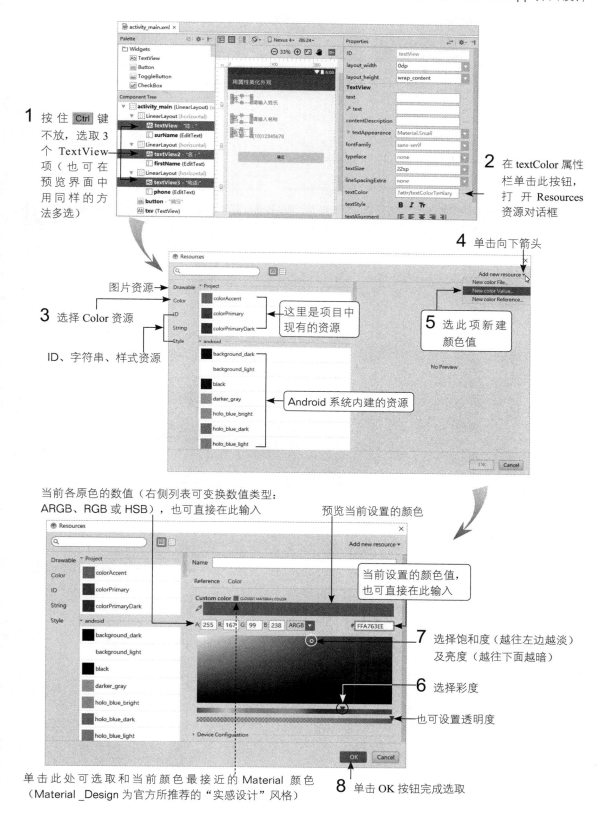

1 按住 Ctrl 键不放，选取 3 个 TextView 项（也可在预览界面中用同样的方法多选）

2 在 textColor 属性栏单击此按钮，打开 Resources 资源对话框

4 单击向下箭头

图片资源

3 选择 Color 资源

ID、字符串、样式资源

这里是项目中现有的资源

5 选此项新建颜色值

Android 系统内建的资源

当前各原色的数值（右侧列表可变换数值类型：ARGB、RGB 或 HSB），也可直接在此输入

预览当前设置的颜色

当前设置的颜色值，也可直接在此输入

7 选择饱和度（越往左边越淡）及亮度（越往下面越暗）

6 选择彩度

也可设置透明度

单击此处可选取和当前颜色最接近的 Material 颜色（Material _Design 为官方所推荐的"实感设计"风格）

8 单击 OK 按钮完成选取

9 设置完成，颜色值前面会显示色块

将颜色保存为资源

对于要重复使用的颜色，最好将其保存为资源，以后就可以直接使用，将来要统一更改颜色也会比较方便。

要将颜色保存为 Color 资源，在前面新建颜色的对话框中设置即可，例如：

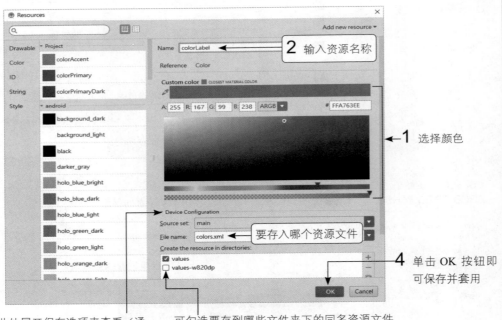

2 输入资源名称

1 选择颜色

4 单击 OK 按钮即可保存并套用

3 单击此处展开保存选项来查看（通常不用更改，使用默认值即可）

要存入哪个资源文件

可勾选要存到哪些文件夹下的同名资源文件中，若不够，则可单击右侧的 + 按钮增加

已自动设好新建资源的引用了

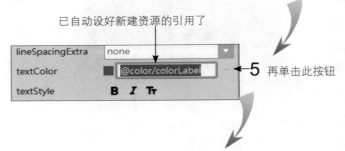

5 再单击此按钮

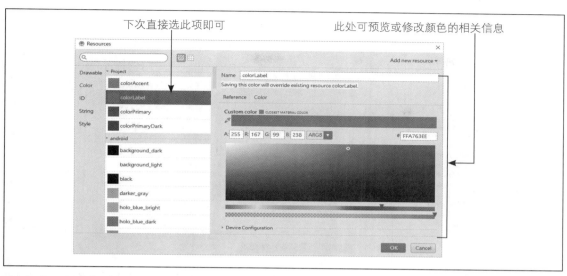

下次直接选此项即可

此处可预览或修改颜色的相关信息

Android 吸星大法：吸取屏幕上其他地方的颜色

在 Resources 对话框中设置颜色时，还可使用吸管吸取屏幕上其他地方的颜色使用。

1 在吸管上单击即可拿起吸管（若要放下，可右击或按 Esc 键）

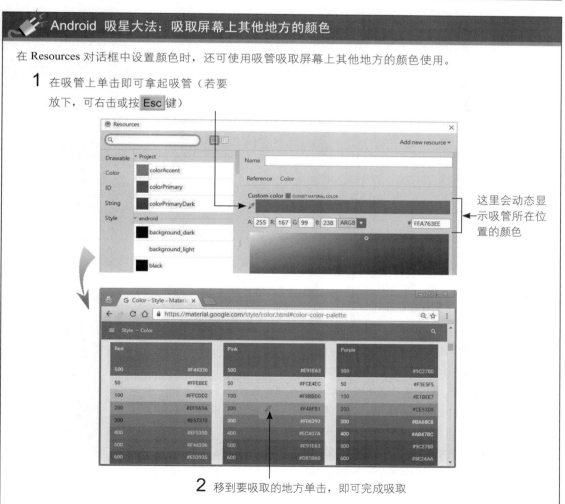

这里会动态显示吸管所在位置的颜色

2 移到要吸取的地方单击，即可完成吸取

1 选取最外层的 LinearLayout

3 界面背景变成浅绿色了（#BFA 就相当于 #FFBBFFAA）

2 在 background 栏直接输入 #BFA，然后按 Enter 键

 练习 3-6

练习将"确定"按钮的文字颜色设为蓝色，背景设为半透明的浅黄色，然后将最外层 LinearLayout 的背景设为程序的启动图标。

界面背景变为程序启动图标

确定按钮的背景呈现半透明的效果

提示

可将 button 的 textColor 属性设为"#00F"（或"#FF0000FF"），background 属性设为"#80feff79"，再将最外层 LinearLayout 的 background 属性设为"@mipmap/ic_launcher"。最后一项的图像设置可打开 Resource 对话框，在 Project 页面中选取最下面的 mipmap/ic_launcher 选项。

选择此项，再单击 ok 按钮　　可选择不同的尺寸预览

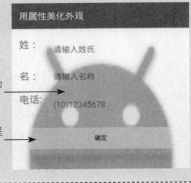

此处可预览内容

3-5 以程序设置组件的外观属性

在布局编辑器看到的众多属性，大部分在 Java 程序中都有对应的方法可设置其值（有些是继承自 View 类的方法，有些是各组件类自己的方法）。要使用这些方法，必须先用 findViewById() 获取对象，再调用方法设置（文字类的属性需将对象转成 TextView 类型对象才能使用对应的方法）。

属性名称	在程序中设置的方式
paddings	(View 类的对象).setPaddings(5,10,5,10); // 参数顺序为：左、上、右 //（顺时针）
textColor	(TextView 类的对象).setTextColor(Color.Red); // 将文字设为红色
background	(View 类的对象).setBackgroundColor(颜色值);
textSize	(TextView 类的对象).setTextSize(30) // 设置文字大小（单位为 sp)

setTextColor()：改变文字颜色

具备文字的组件可利用 setTextColor() 改变文字颜色，参数可以是 android.graphics. Color 类中定义的颜色名称，或者使用 Color 类本身的 rgb() 方法指定 RGB 值，也可以用 argb() 指定包含透明度的颜色。

```
TextView txv = (TextView) findViewById(R.id.txv);
// 以下 3 行都是将文字设为红色
txv.setTextColor(Color.Red);
txv.setTextColor(Color.rgb(255,0,0));          ←——— rgb() 三个参数分别是红、绿、蓝
                                                     三原色的强度，可为 0 ～ 255
txv.setTextColor(Color.argb(255,255,0,0));←——— agrb() 多了一个透明度参数
                                                （第 1 个参数，0~255）
// 以下两行都是将文字设为黄色
txv.setTextColor(Color.Yellow);
txv.setTextColor(Color.rgb(255,255,0));
```

如果想用十六进制格式，则需改用 parseColor() 方法。

```
// Color.rgb(255, 0, 255), 紫色
Color.parseColor("#FF00FF"); ←—— 参数必须以字符串表示
```

同样，若要设置 Layout 或组件的背景颜色，则可用 SetBackgroundColor ( ) 方法，参数同样可用 Color 类的内建颜色名称或用 rgb( )、parseColor() 方法产生，详见稍后的范例。

 如果要设置 background 属性的背景图案，那么可用 setBackgroundResource (int resid)，其中 resid 为资源 ID，如 R.mipmap.ic_launcher。

范例 3-7　变色龙——以随机数设置颜色属性

下面使用之前介绍的内容实践用按钮操作改变文字颜色的功能。在处理按钮操作的自定义方法中，使用 java.util.Random 类产生 0 ～ 255 的随机数，将其当成 R、G、B 颜色，所以每次单击按钮都会出现不同颜色。

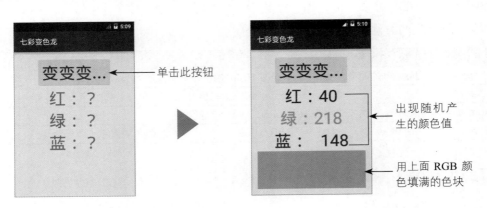

步骤 01　创建新项目"Ch03_RandomColor"，将 app_name 字符串改为"七彩变色龙"，接着如下设置界面。

修改 app_name 字符串即可更改应用程序的名称，详细的改法可参考第 2 章的相关章节。

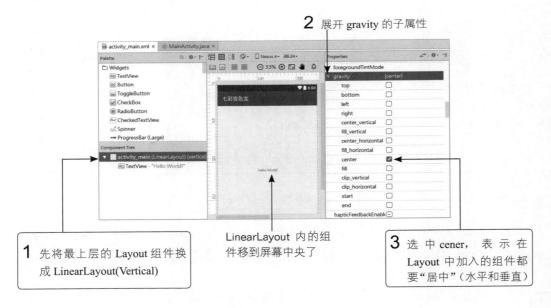

设置组件对外及对内的对齐方式：gravity 属性

gravity 是重力或地心引力的意思，其实就是用来设置对齐方式，可分为对外及对内两种属性。

- layout_ gravity：组件相对于外部容器的对齐方式，例如将其 center 子属性设为 both，那么该组件就会置于外部容器的正中央。

- gravity：组件内部数据的对齐方式，如前面范例中将 textView 的 gravity 设为（勾选）center，会使其内的文字居中对齐。

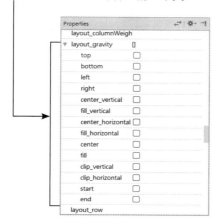

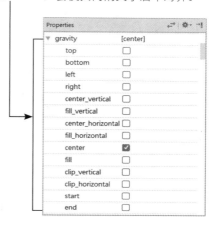

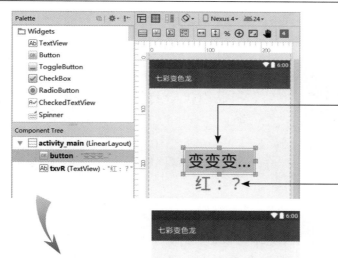

4 加入一个按钮组件

属性	值
text	变变变 ...
textSize	45sp
layout_ width	wrap_content

5 修改默认 "Hello world！" 组件的属性

属性	值
id	txvR
text	红：？
textSize	45sp

6 加入另一个 TextView

属性	值
id	txvG
text	绿：？
textSize	45sp
layout_ width	wrap_ content

7 再加第 3 个 TextView

属性	值
id	txvB
text	蓝：？
textSize	45sp
layout_ width	wrap_ content

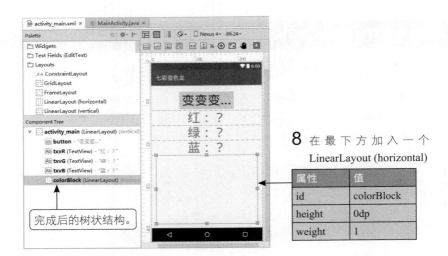

8 在最下方加入一个 LinearLayout (horizontal)

属性	值
id	colorBlock
height	0dp
weight	1

完成后的树状结构。

步骤 **02** 打开 java/ 套件名称 /MainActivity.java，在类开头加入 4 个对象变量声明，并在 onCreate() 中初始化。

```
01 public class MainActivity extends AppCompatActivity {
02     TextView txvR,txvG,txvB;
03     View colorBlock;
04     @Override
05     protected void onCreate(Bundle savedInstanceState) {
06     super.onCreate(savedInstanceState);
07     setContentView(R.layout.activity_main);
08
09     // 获取 3 个 TextView 的对象及界面最下方的   LinearLayout
10     txvR = (TextView) findViewById(R.id.txvR);
11     txvG= (TextView) findViewById(R.id.txvG);
12     txvB= (TextView) findViewById(R.id.txvB);
13     colorBlock = findViewById(R.id.colorBlock);
14     }
...
```

- 第 2、3 行声明程序要用到的 TextView 对象变量和 View 对象变量。
- 第 10 ~ 13 用 findViewById() 获取各项对象。第 13 行获取代表界面最下方的 LinearLayout 的 View 对象，不需要进行类型转换，因为后面在 changeColor() 自定义方法中调用的 setBackgroudColor() 方法是 View 类提供的，所以此处获取的 View 对象就可以用来直接调用 setBackgroudColor() 方法。

步骤 **03** 在 MainActivity 类中加入 changeColor() 自定义方法。

```
01 public void changeColor(View v){
02     // 获取随机数对象，产生 3 个随机数值（rgb 值）
03     Random x=new Random();
```

```
04      int red=x.nextInt(256);              ◄──取 0 ~ 255 之间的随机数
05      txvR.setText("红："+ red);            ◄──显示随机数值
06      txvR.setTextColor(Color.rgb(red,0,0)); ◄──将文字设为随机数颜色值（红）
07
08      int green=x.nextInt(256);
09      txvG.setText("绿："+ green);
10      txvG.setTextColor(Color.rgb(0,green,0)); ◄──将文字设为随机数颜色值（绿）
11
12      int blue=x.nextInt(256);
13      txvB.setText("蓝："+ blue);
14      txvB.setTextColor(Color.rgb(0,0,blue)); ◄──将文字设为随机数颜色值（蓝）
15
16      // 设置界面最下方的空白 LinearLayout 的背景颜色
17      colorBlock.setBackgroundColor(Color.rgb(red, green, blue)); 18 }
18      }
```

- 第 1 行是自定义方法的开头，如第 2 章所述，除了名称必须与按钮的 onClick 属性值相同，方法的签名（Signature）都需与此处所列的内容相同。

- 第 3 行获取 Random 随机数类对象 x，第 4、8、12 行调用 NextInt(256) 获取 3 个随机的整数作为 RGB 值，参数 256 表示让 NextInt() 返回 0 ~ 255 之间的任意整数。

- 5 行用 setText 将 "红：" 连同 red 的值设置给 TextView。例如，若 red 的值是 100，则文本框的文字会变成 "红：100"。

- 第 6 行先用 Color.rgb (red, 0, 0) 的方式获取红色的颜色值，再用 setTextColor() 将它设为文本框中的文字颜色。

- 第 9 ~ 10 行以相同的方式设置 "绿色：" 文本框对象；第 13 ~ 14 行以相同的方式设置 "蓝色：" 文本框对象。

- 第 17 行调用 setBackgroundColor() 将背景颜色设为 Color.rgb(red, green, blue) 返回的颜色。因为 red、green、blue 的值是随机的变量，所以每次单击按钮，都会在这个 "空白" LinearLayout 显示不同的颜色。

步骤 04 在仿真器或手机执行程序时，每单击一次按钮就会出现随机产生的颜色值和色块。

练习 3-7 修改程序，将原本设置给 LinearLayout 的背景颜色改成设置按钮的文字颜色。

提示 先声明一个 Button 变量 btn，然后在 onCreate() 中以 R.id.button 资源 ID 获取按钮对象：

```
public class MainActivity extends Activity {
    TextView txvR, txvG, txvB;
    Button btn;
    @Override
    protected void onCreate(Bundle savedInstanceState) {
        ...
        btn = (Button)findViewById(R.id.button);
    }
```

就可以在 changeColor() 中使用 Button 类的 setTextColor() 方法更改按钮上文字的颜色了。

```
public void changeColor(View v){
        ...
        btn.setTextColor(Color.rgb(red, green, blue));
    }
```

本章介绍了在图形化界面设置 Layout 和 View 组件属性的方法，并学习了如何使用过程控制组件的外观。另外，还通过 onClick 属性处理用户按钮的操作，配合 Java 的 Random 类实现了一些互动效果。不过，onClick 只能算是 Android "事件处理" 的初步，下一章会进一步介绍 Android 的事件处理机制。

3-6　使用 ConstraintLayout 提升设计与执行的性能

ConstraintLayout（约束布局）是 Android 最新推出的布局组件，它和 RelativeLayout 类似，都是使用组件与组件之间的相对关系设计布局的，不过具备更多弹性，而且更容易使用。特色是可以用扁平（单层）的结构设计复杂的版面，而不像 LinearLayout 必须垂直、水平嵌套好几层，因此可以提升执行时的布局和存取性能。

 ConstraintLayout 最低可向前兼容到 Android 2.3 版（API9），而开发工具是从 Android Studio 2.2 版才开始支持的。

ConstraintLayout 的运行原理

英文 Constraint 就是 "约束"（或限制）的意思，在 ConstraintLayout 中就是在组件的上、下、左、右方向设置约束，从而安排组件的位置及大小。

基本上，约束就是要定义组件"在某方向与其他组件（包括外层容器）的对齐或距离关系"，因此每个组件至少要设置两个约束（在水平与垂直方向各 1 个）才能控制其位置，不过通常都会设置更多约束，让组件可以按不同情况而调整显示的位置与大小。例如：

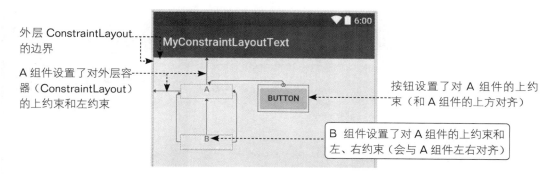

注意，如果组件在水平或垂直方向未设置约束，那么虽然在设计时组件会显示在我们摆放的位置（以方便操作），但在执行时会因为没有约束而向外层容器（ConstraintLayout）的左边界、上边界靠齐。例如，上图右边的按钮因未设置水平方向的约束，在执行时显示如下图所示。

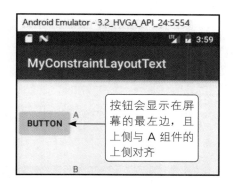

 当组件在水平或垂直方向未设置约束时，虽然仍可正常构建、执行，但布局编辑器会将其视为错误（因为执行时位置会跑偏）。单击编辑器右上角的 5 即可看到相关错误信息。

范例 3-8　学习 ConstraintLayout 的使用

接着我们以具体实现的方式学习 Constraint Layout 的各项使用技巧。由于 ConstraintLayout 属于外加的函数库，因此请按下面的说明检查是否已安装最新版本。

检查 ConstraintLayout 函数库的安装版本

依次选择"Tools/Android/SDK Manager"菜单选项（或单击工具栏的 ▲ 按钮），然后：

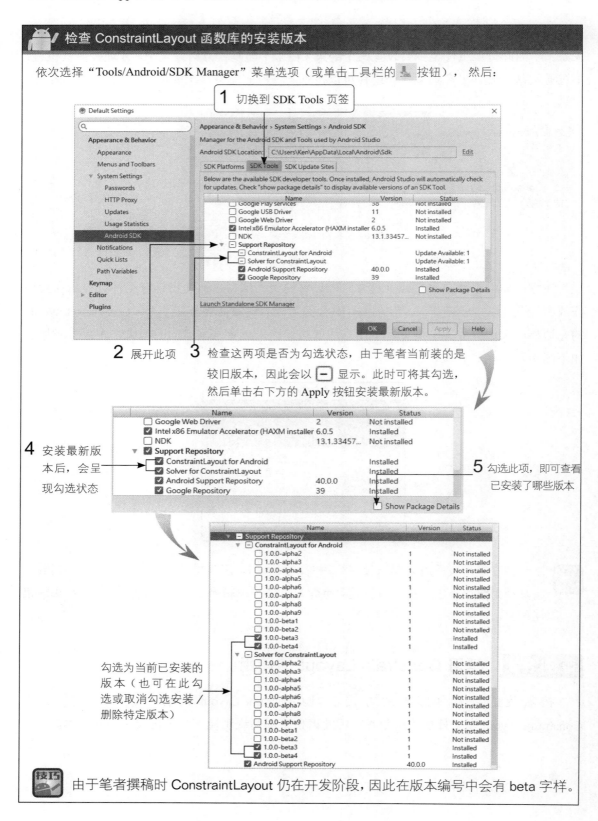

1 切换到 SDK Tools 页签

2 展开此项 **3** 检查这两项是否为勾选状态，由于笔者当前装的是较旧版本，因此会以 ⊟ 显示。此时可将其勾选，然后单击右下方的 Apply 按钮安装最新版本。

4 安装最新版本后，会呈现勾选状态

5 勾选此项，即可查看已安装了哪些版本

勾选为当前已安装的版本（也可在此勾选或取消勾选安装／删除特定版本）

技巧 由于笔者撰稿时 ConstraintLayout 仍在开发阶段，因此在版本编号中会有 beta 字样。

步骤 **01** 新建项目"Ch03_ConstraintLayout",然后打开 activity_main.xml 布局文件,如下操作:

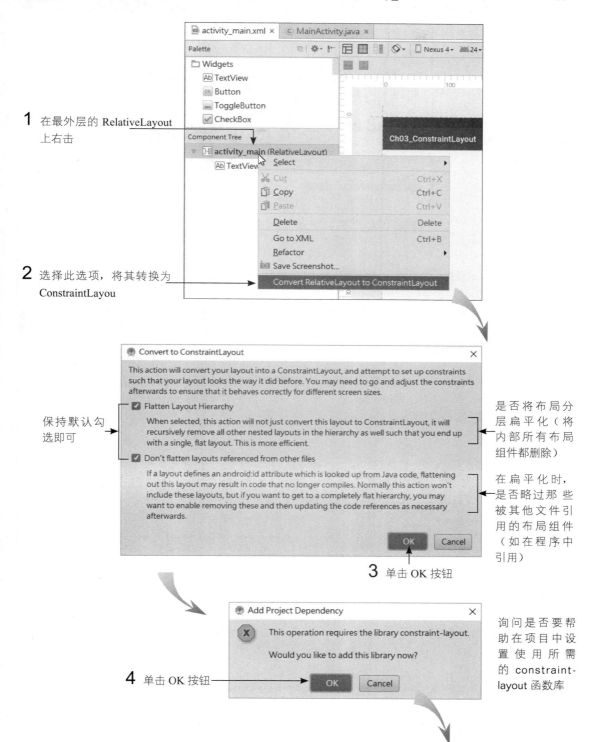

1 在最外层的 RelativeLayout 上右击

2 选择此选项,将其转换为 ConstraintLayou

保持默认勾选即可

是否将布局分层扁平化(将内部所有布局组件都删除)

在扁平化时,是否略过那些被其他文件引用的布局组件(如在程序中引用)

3 单击 OK 按钮

4 单击 OK 按钮

询问是否要帮助在项目中设置使用所需的 constraint-layout 函数库

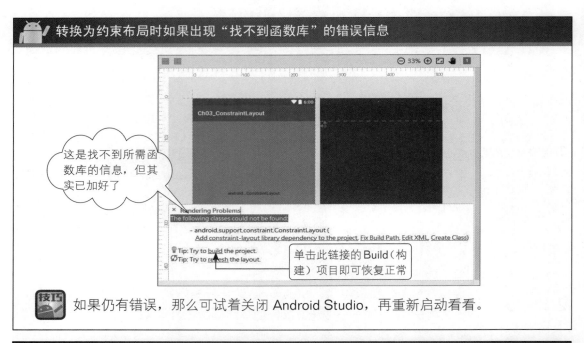

转换为约束布局时如果出现"找不到函数库"的错误信息

这是找不到所需函数库的信息，但其实已加好了

× Rendering Problems
The following classes could not be found:
   - android.support.constraint.ConstraintLayout (
     Add constraint-layout library dependency to the project, Fix Build Path, Edit XML, Create Class)

💡 Tip: Try to build the project.
🔄 Tip: Try to refresh the layout.

单击此链接的 Build（构建）项目即可恢复正常

技巧 如果仍有错误，那么可试着关闭 Android Studio，再重新启动看看。

设置项目要使用 ConstraintLayout 函数库

所谓使用函数库，就是在项目的 Gradle 文件中加入"编译（并使用）函数库"的设置。

1 单击 build.gradle（要选属于 appModule 的，而不是 Project 的）

2 设置在 dependencies 区域中，用 compile 指定

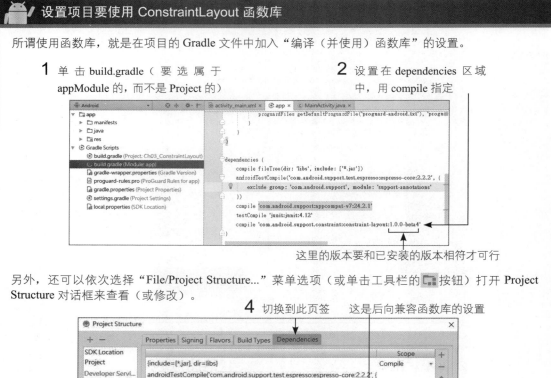

这里的版本要和已安装的版本相符才可行

另外，还可以依次选择"File/Project Structure..."菜单选项（或单击工具栏的 按钮）打开 Project Structure 对话框来查看（或修改）。

4 切换到此页签　　这是后向兼容函数库的设置

3 选 app 模块

这是 ConstraintLayout 函数库的设置

转换好了

在鼠标移开的状态下，预览图可供用户预览显示效果，蓝图可看到代表约束设置的箭头

技巧 蓝图主要是用来查看布局的结构，因此可看到比较多的布局设置信息。不过在这两种图中的操作都是一样的，下面我们以预览图的操作为主进行介绍。

5 将鼠标移到预览图中的组件上同样会显示约束设置

步骤 **02** 选取组件，并将显示比例放大一点。

16 表示与目标的距离固定为 16dp

四角的方形控制点可通过鼠标拖曳变更组件大小

四边的圆形控制点可通过鼠标拖曳设置约束

单击此按钮可放大显示比例

在属性窗格中也可看到 4 个方向的约束设置情况（只有在约束布局中的组件才有此区域）

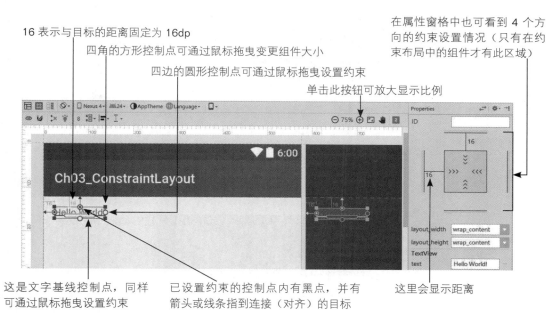

这是文字基线控制点，同样可通过鼠标拖曳设置约束

已设置约束的控制点内有黑点，并有箭头或线条指到连接（对齐）的目标

这里会显示距离

步骤 03 加入一个 Button 组件，并如下设置：

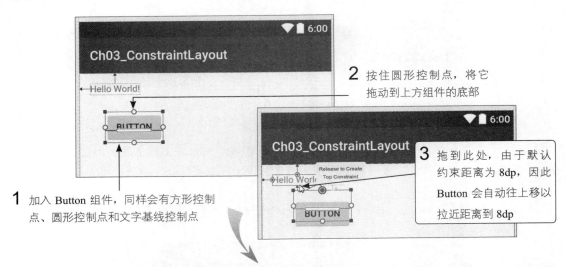

2 按住圆形控制点，将它拖动到上方组件的底部

3 拖到此处，由于默认约束距离为 8dp，因此 Button 会自动往上移以拉近距离到 8dp

1 加入 Button 组件，同样会有方形控制点、圆形控制点和文字基线控制点

技巧 可单击工具栏的 8 按钮更改默认的约束距离，更改后该按钮会显示出新的设置值，例如 16 表示 16dp。

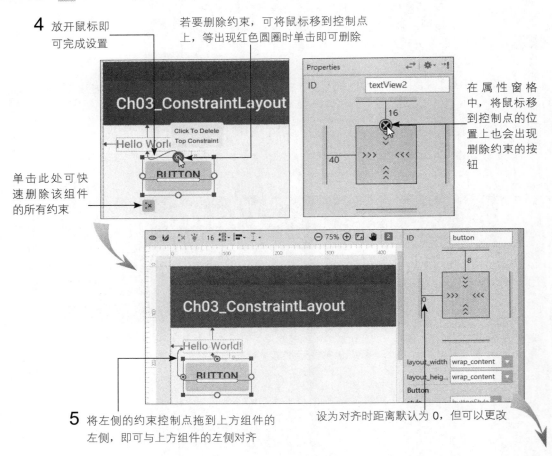

4 放开鼠标即可完成设置

若要删除约束，可将鼠标移到控制点上，等出现红色圆圈时单击即可删除

在属性窗格中，将鼠标移到控制点的位置上也会出现删除约束的按钮

单击此处可快速删除该组件的所有约束

5 将左侧的约束控制点拖到上方组件的左侧，即可与上方组件的左侧对齐

设为对齐时距离默认为 0，但可以更改

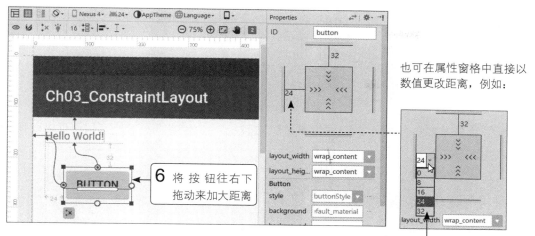

也可在属性窗格中直接以数值更改距离，例如：

可选取的距离会以 8 的倍数成长，但也可自行输入其他数值

 若要变更约束的连接对象，则先删除约束，然后重新建立。

步骤04 由于 ConstraintLayout 的设计方式都是直觉式的，因此下面我们以功能介绍为主，读者可使用本项目自行练习与测试。请善用 ⬅ 按钮进行还原操作，以便进行各种不同的测试。

约束的种类

每个约束控制点最多只能设置一个约束，并且只能连接到相同水平或垂直方向的约束，如左侧控制点只能连接到其他组件左侧或右侧的锚点（被连接的控制点称为锚点）。至于被连接的锚点，则没有约束数量的限制，如某锚点可以被任意数量的组件作为对齐目标。

约束的种类有以下 4 种：

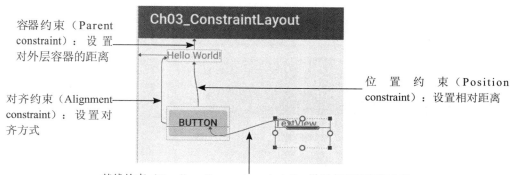

容器约束（Parent constraint）：设置对外层容器的距离

对齐约束（Alignment constraint）：设置对齐方式

位置约束（Position constraint）：设置相对距离

基线约束（Baseline alignment constraint）：设置文字基线的对齐

注意，文字基线控制点只能连接到其他组件的文字基线控制点上。在设置基线约束时，请将鼠标指针移到基线控制点上稍停一下。

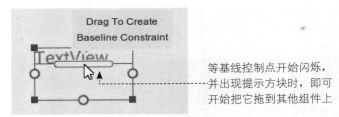

等基线控制点开始闪烁，
并出现提示方块时，即可
开始把它拖到其他组件上

若要删除基线控制点，同样是将鼠标移到控制点上稍停一下，等到出现红色圆圈时单击即可删除。

让组件可以动态重设大小与位置

如果希望组件的宽度可以动态占满整个布局剩余的空间，或者显示在某个区域的中央，那么都可利用"双向约束"实现，也就是在左、右（或上、下）两端都设置约束，此时会对组件产生双向的拉力。

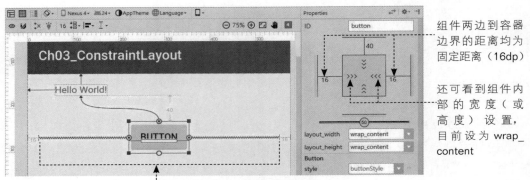

组件两边到容器边界的距离均为固定距离（16dp）

还可看到组件内部的宽度（或高度）设置，目前设为 wrap_content

左、右都有约束时，组件内部的空间则会按不同设置而动态调整

组件内部的宽度（或高度）设置有 3 种，在属性窗格中会以不同的图标显示，在图标上单击可循环切换这 3 种设置。

1. 符合内容大小（wrap_content）

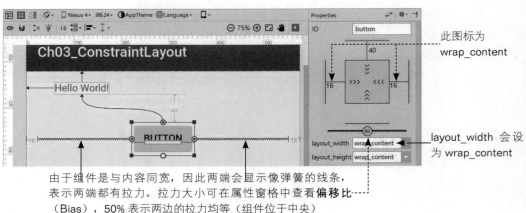

此图标为 wrap_content

layout_width 会设为 wrap_content

由于组件是与内容同宽，因此两端会显示像弹簧的线条，表示两端都有拉力。拉力大小可在属性窗格中查看**偏移比**（Bias），50% 表示两边的拉力均等（组件位于中央）

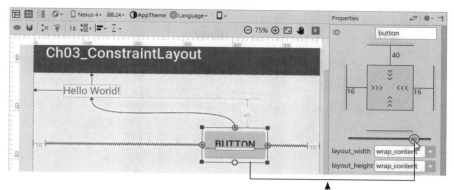

左右拖曳预览图中的组件和属性窗格中的圆钮都可以
调整偏移比（0% 会移到最左边，100% 则移到最右边）

2. 固定大小（Fixed）

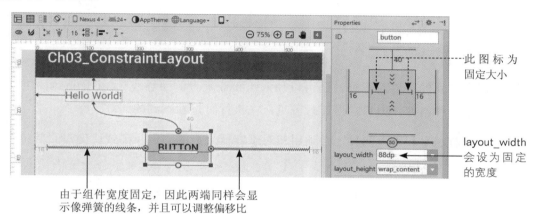

此 图 标 为
固定大小

layout_width
会 设 为 固 定
的 宽 度

由于组件宽度固定，因此两端同样会显
示像弹簧的线条，并且可以调整偏移比

3. 任何大小（Any Size）

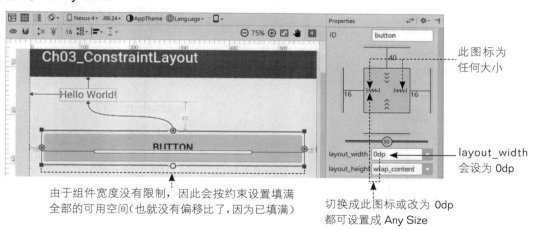

此图标为
任何大小

layout_width
会设为 0dp

由于组件宽度没有限制，因此会按约束设置填满
全部的可用空间（也就没有偏移比了，因为已填满）

切换成此图标或改为 0dp
都可设置成 Any Size

注意，在 ConstraintLayout 中应避免将 layout_width（或 layout_height）属性设为
match_parent，而应以 Any Size 的方式设置（此时 layout_width 要设为 0dp）。

如果在水平（或垂直）方向有两个以上的组件，那么将只有最右边（或最下面）的组件会动态调整，例如：

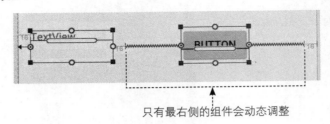

只有最右侧的组件会动态调整

 如果希望两个组件都能动态调整，那么可使用稍后介绍的引导线功能。

 以上是针对宽度做的示范，高度的设置完全相同，请读者自行练习试试看。

使用引导线

除了和容器的边界对齐外，还可以加入水平或垂直的引导线（Guideline）辅助对齐。引导线也是一种组件，但只在设计时可见，在执行时是看不到的。

引导线有水平和垂直两种，必须用相对于容器边界的固定距离或比例设置其位置。

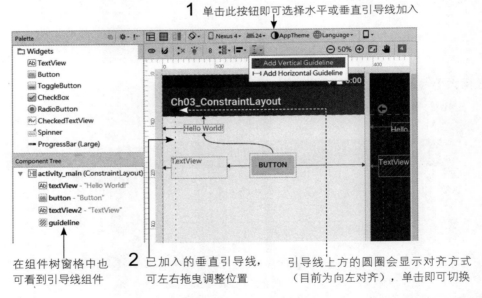

1 单击此按钮即可选择水平或垂直引导线加入

在组件树窗格中也可看到引导线组件

2 已加入的垂直引导线，可左右拖曳调整位置

引导线上方的圆圈会显示对齐方式（目前为向左对齐），单击即可切换

单击垂直引导线上方（或水平引导线左方）的圆圈图标，即可循环切换 ⬅、%、➡ 3 种对齐方式。

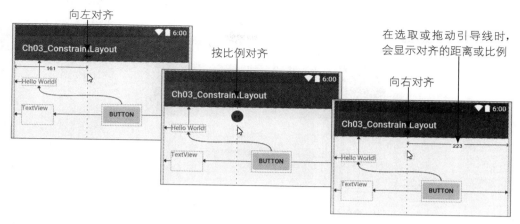

向左对齐

按比例对齐

在选取或拖动引导线时，会显示对齐的距离或比例

向右对齐

你可以加入多条引导线，也可以像组件一样将其删除。有了引导线，就可以把容器划分成许多虚拟的子空间以便让组件对齐，例如：

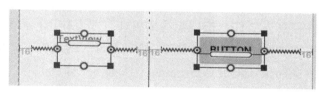

善用引导线来进行分隔，可让组件的布局更加方便、更有弹性

自动连接与推断约束

若启用自动连接（Autoconnect）功能，那么每当在布局中加入组件时就会自动设置约束。

自动连接功能默认为关闭（图标中加了一条斜线）

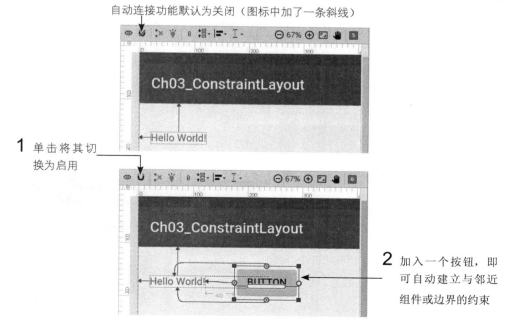

1 单击将其切换为启用

2 加入一个按钮，即可自动建立与邻近组件或边界的约束

加在不同的位置可能会建立不同的约束，如上图在加入按钮时，若放的稍微下面一点：

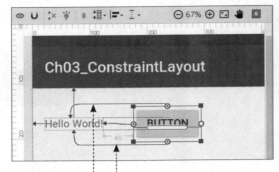

垂直方向的约束会改成上下都向左侧组件的上下边界对齐（由
于上下拉力默认为 50%，因此等同于向左侧组件水平居中对齐）

技巧 如果约束的种类或对象不是你想要的，那么可先将其删除，然后自己重建。

自动连接功能只在新加入组件或拖曳无约束组件时才有作用，而且必须放置在适合建立约束的位置才行。如果想将已加入但未设置（或已删除）约束的组件全部自动加上约束，那么可单击工具栏的推断约束（Infer Constraints）按钮，例如：

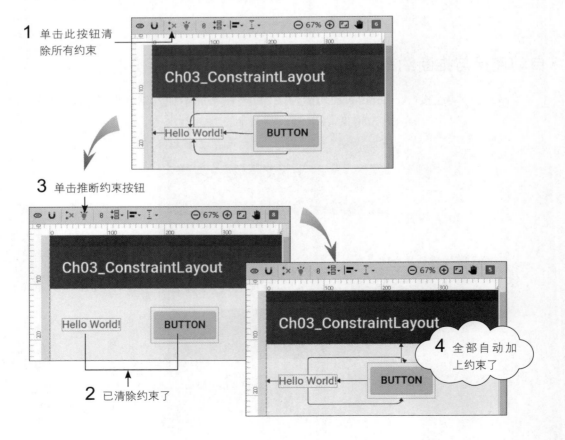

1 单击此按钮清除所有约束

3 单击推断约束按钮

2 已清除约束了

4 全部自动加上约束了

推断约束会努力建立具有最佳执行性能的布局，但未必是我们想要的布局，所以通常还需要再检查一下，将部分不适合的约束删除，然后改成我们想要的约束。

 自动连接在启用后会持续起作用，可以随时视需求将其启用或关闭。推断约束则是一次性的功能，没有开关切换。

 练习 3-8　将范例 3-6 完成的项目 Ch03_Beautify 复制一份，然后将新复制的项目改为使用 ConstraintLayout 布局，并显示出和原来类似的界面（如右图所示）。

> | 用属性美化外观 |
> | :--- |
> | 姓： 请输入姓氏 |
> | 名： 请输入名称 |
> | 电话: (10)12345678 |
> | 确定 |

提示　可先将最外层的 LinearLayout 转换为 ConstraintLayout，然后检查其中各个组件的 id 是否有更名错误的情况（只需检查程序或其他地方用到的 id 即可），接着单击工具栏的按钮清除所有约束，再重新建立约束如下：

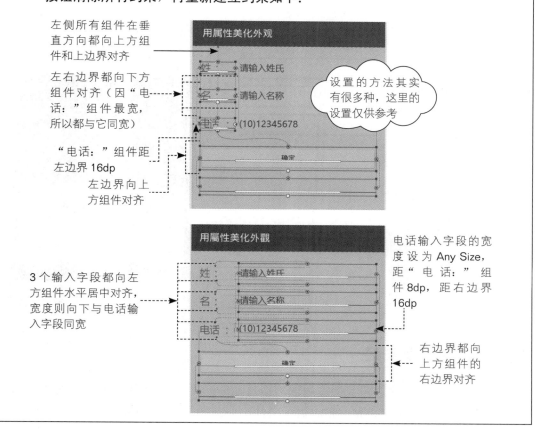

左侧所有组件在垂直方向都向上方组件和上边界对齐

左右边界都向下方组件对齐（因"电话："组件最宽，所以都与它同宽）

"电话："组件距左边界 16dp

左边界向上方组件对齐

设置的方法其实有很多种，这里的设置仅供参考

3 个输入字段都向左方组件水平居中对齐，宽度则向下与电话输入字段同宽

电话输入字段的宽度设为 Any Size，距"电话："组件 8dp，距右边界 16dp

右边界都向上方组件的右边界对齐

3-7 使用 Gmail 将程序寄给朋友测试

编写好的 Android App 除了自己进行测试以外，还可以请别人帮忙进行测试，这时候最方便的方法就是把构建好的程序文件通过 Gmail 寄给对方。由于 Gmail 是 Android 手机都具有的功能，因此对方一定可以收到，而且 Gmail 对于程序文件附件默认的操作就是安装到手机中，即使是不熟悉开发的朋友，也可以协助测试。

设置可以安装非 Google Play 商店下载的程序

要让朋友的手机可以测试所开发的程序，除了要能在手机上用 Gmail 接收邮件外，还必须先解除手机的程序安装限制，以便能够安装不是由 Google Play 商店下载的程序。进入朋友手机的设置界面，按照下面的步骤进行设置。

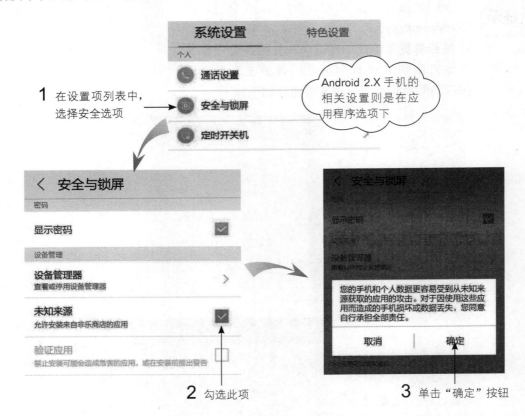

将程序寄给朋友安装

完成设置后，打开资源管理器切换到项目文件夹下的 app/build/outputs/apk/ 文件夹，即可找到文件名为 app-debug.apk 的执行文件，如前面的 Ch03_RandomColor 项目。

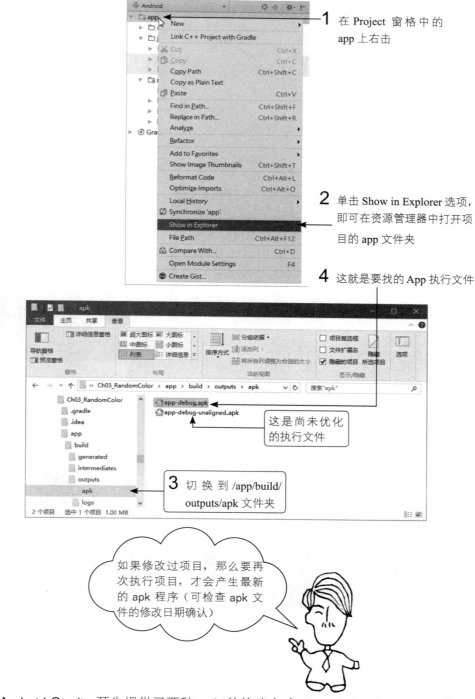

1 在 Project 窗格中的 app 上右击

2 单击 Show in Explorer 选项，即可在资源管理器中打开项目的 app 文件夹

4 这就是要找的 App 执行文件

这是尚未优化的执行文件

3 切换到 /app/build/outputs/apk 文件夹

如果修改过项目，那么要再次执行项目，才会产生最新的 apk 程序（可检查 apk 文件的修改日期确认）

技巧 Android Studio 预先提供了两种 apk 的构建方式（Build Type）：debug 和 release，默认为 debug，因此生成的 apk 在文件中有 debug 字样。若使用 release 方式，则生成的文件名为 app-release。

在构建 apk 时必须使用数字证书签署 apk，证明该 apk 是由我们所构建的（如在改版时可以证明是同一个人发行的）。不过为了方便测试，默认的 debug 方式会以一个测试专用的 Debug 数字证书（在安装 Android Studio 时会自动生成）签署 apk，省去准备数字证书的麻烦。

将此执行文件更名为有意义的文件名（如 RandomColor），然后以电子邮件附件的方式发送到手机的 Gmail 账号。发送后打开手机内置的 Gmail 程序收信箱， 打开信件后接着进行如下操作：

1 单击此按钮开始安装

若手机安装了杀毒软件等工具，则系统会询问打开文件的方式，选择"程序安装器"

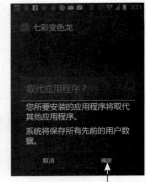

2 单击"确定"按钮（如果已安装过同一程序，如先前用 USB 上传，才会进入此界面）

3 单击"安装"按钮

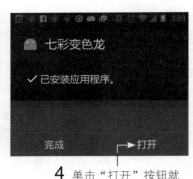

4 单击"打开"按钮就会启动 Android App

延伸阅读

（1）更多关于在布局中显示图像的说明可参考第 5 章，而设置图像为背景可参考联机帮助：http://developer.android.com/guide/topics/resources/drawable-resource.html。

（2）想在布局中使用更多组件，可参见第 5、6 章。

（3）关于设计用户界面的其他说明，可参考联机帮助：http://developer.android.com/guide/topics/ui/index.html。

（4）有关 ConstraintLayout 的更多说明，可参考联机帮助：http://developer.android.com/training/constraint-layout/index.htm（或在 Android 开发者网站用 ConstraintLayout 进行搜索）。

重点整理

（1）LinearLayout 的特点是让其内部的组件"按序直线排列"。LinearLayout (Horizontal) 是将其内部的组件按水平方向从左到右排列；LinearLayout (Vertical) 则是让组件按垂直方向从上到下排列。

（2）width/height 属性可指定 match_parent 表示"与上层组件同宽 / 高"，指定 wrap_content 表示"符合所含组件的宽 / 高"，或者直接指定尺寸。

（3）LinearLayout 中的组件可使用 weight 属性设置"剩余空间的分配加权值"。在布局中有许多组件时，可使用此属性"对齐"组件。比较有效率的做法是将组件宽、高设为 0dp，然后只用 weight 属性设置组件在布局中的宽、高占界面的比例。

（4）在设计界面时，可用 textColor 属性指定文字颜色，用 background 属性指定背景颜色。

（5）在属性栏可用 #RRGGBB 指定颜色值，RR、GG、BB 分别为红、绿、蓝三原色的十六进制数的强度值（00 ～ FF）。另外，还可在颜色值的最前面加上透明度而变成 #AARRGGBB（AA 为十六进制数的不透明值，数值范围 00~FF）。

（6）View 类的 setPaddings ( ) 方法可指定组件的 paddings 边界；setBackground() 可指定背景图像；setBackgroundColor() 可指定背景颜色。

（7）TextView 类的 setText() 可设置显示的文字；setTextColor() 可设置文字颜色；setTextSize() 可设置文字大小。

（8）ConstraintLayout（约束布局）的特色是可以用扁平的结构设计复杂版面，而不像 LinearLayout 必须嵌套好几层，因此可以提升执行效率（即提升运行性能）。

（9）基本上，约束就是在定义组件"在某方向与其他组件（或外层容器）的对齐或距离关系"，因此每个组件至少要设置两个约束（在水平与垂直方向各一个）才能控制其位置。

（10）约束有 4 种：容器约束（设置对外层容器的距离）、位置约束（设置相对距离）、对齐约束（设置对齐方式）和基线约束（设置文字基线的对齐）。

（11）如果想让组件能够动态重设大小与位置，那么可在约束布局中设置"双向约束"，也就是在左、右（或上、下）两端都设置约束，对组件产生双向的拉力。此时，组件内部的空间会按不同设置而动态调整。内部空间设置有 3 种：符合内容大小（Wrap Content）、固定大小（Fixed）和任何大小（Any Size）。

（12）在约束布局中可以加入水平或垂直的引导线（Guideline）辅助对齐。引导线也是一种组件，但只在设计时可见，在执行时是看不到的。

（13）执行项目时所生成的 apk 文件存放在项目的 /app/build/outputs/apk/ 文件夹中，文件名为 app-debug.apk。若要请朋友帮忙测试，则可将程序通过 Gmail 发送到朋友的手机中。

习题

（1）width/height 属性可设为 _____，表示要与上层的组件同宽或同高，也可以设为 _____，表示符合所含组件的宽 / 高或直接设置尺寸。

（2）要对齐组件，可以使用 _____ 属性分配布局中的剩余空间。

（3）创建一个新项目，并将默认的 RelativeLayout 改成 LinearLayout (Vertical)，且让原本的"Hello world!"信息显示在界面正中间，但文字需改为紫色，大小为 30sp。

（4）利用 LinearLayout 设计一个九宫格形式的键盘（含数字 0 ～ 9、#、*）。

（5）修改范例 Ch03_Beautify2，当用户单击界面中的"确定"按钮时，检查用户是否已输入姓、名、电话 3 个字段。只要有一个字段未输入，就以红色文字显示提示信息；若已全部输入，则将用户输入的内容以黑色文字显示。

（6）参考范例 Ch03_RandomColor 的随机数用法，设计一个 Android App 程序，布局中包含预先建立的"Hello world!"TextView 和一个按钮。用户每次单击按钮时，"Hello world!"的字号就会改变。且需避免因为随机数值为 0，使得字号变成 0 号字体 的情况。

（7）将上一题所生成的 apk 文件用 Gmail 的方式发送到自己的手机中，然后在手机上从邮件中安装程序并执行看看。

第4章 与用户互动——事件处理

4-1 事件处理的机制

当用户对手机进行各种操作时，就会产生对应的事件（Event）。例如，当用户单击按钮时，就会产生该按钮的 onClick 事件。我们通过编写各种事件的处理程序和用户进行互动。

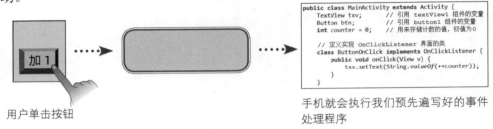

```
public class MainActivity extends Activity {
    TextView txv;         // 引用 textView1 组件的变量
    Button btn;           // 引用 button1 组件的变量
    int counter = 0;      // 用来存储计数的值，初值为0

    // 定义实现 OnClickListener 界面的类
    class ButtonOnClick implements OnClickListener {
        public void onClick(View v) {
            txv.setText(String.valueOf(++counter));
        }
    }
}
```

手机就会执行我们预先遍写好的事件处理程序

来源对象与监听对象

事件发生的来源（如某个按钮）称为该事件的来源对象。如果想要处理这个事件，就必须准备一个能处理该事件的监听对象（或称为监听器，Listener），然后将它登录到来源对象中，当来源对象有事件发生时，就会自动调用监听对象中对应该事件的处理方法进行处理。

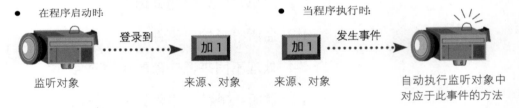

- 在程序启动时：

监听对象　　登录到　　来源、对象

- 当程序执行时：

来源、对象　　发生事件　　自动执行监听对象中对应于此事件的方法

Java 的接口

要成为特定事件的监听对象，首先必须符合该事件的规范。在 Android 中是以 Java 的接口（Interface）规范处理事件的。凡是要成为某类事件的监听对象，就需要提供符合其接口规定格式的方法。例如，刚刚提到的"单击"（onClick）事件，对应的规范就是 OnClickListener 接口，该接口规定了监听对象必须提供的 onClick（）方法的规格，必须按其规格编写 onClick（）的方法才能处理"单击"事件。当按钮被单击时，Android 系统就会调用监听对象的 onClick（）方法。

此接口非彼接口

这里的接口（Interface）是指 Java 程序设计语言中的接口，和显示在界面上供用户操作的用户界面（注：英文中都是 Interface，但是中文翻译根据语境而有所不同，可翻译成接口或界面）是不同的东西。对于 Java 接口不熟悉的读者，可参考附录 A 或本章末的延伸阅读与其他 Java 相关书籍。

监听对象类一开始必须声明要成为哪个事件的监听对象，才能登录为监听对象。这个声明的操作就称为"实现（implements）XX 接口"（XX 为接口的名称）。举例来说，若要让 MainActivity 对象成为"单击"（onClick）事件的监听对象，则在 Java 程序中定义 MainActivity 类时必须这样写：

```
public class MainActivity extends Activity
    implements OnClickListener {  ◄─── 明确声明要成为"单击"事件的监听对象
    ...
    public void OnClick(View v) {  ◄─── 然后在监听对象中按接口规格编写能够
                                        处理"单击"事件的方法
        ...
    }
}
```

其中，implementsOnClickListener 表示在类中要"实现"OnClickListener 接口，而 onClick() 是 OnClickListener 接口中规定必须编写的方法，让 MainActivity 具备可以处理"单击"事件的能力。

接口

接口其实就是方法（method）的"规格书"，它规定了方法的名称、参数和返回值，但不规定内容。因此程序设计人员只要按其规格编写程序，即符合 Interface 的规范即可，至于内容，则由我们自行安排。当类 C "实现"接口 I 时，代表类 C 声明自己"具有"接口 I 的功能。举例来说，刚才的 MainActivity 实现了 OnClickListener 接口，就声明 MainActivity 具备 OnClickListener 接口规格的方法，能够处理"单击"事件，所以 MainActivity 就能够登录成为"单击"事件的监听对象。

一个接口只代表一组功能，但一个类可以同时实现多个接口，让这个类拥有多组功能。在第 4-3 节中，我们就会看到让 MainActivity 实现多种监听接口处理不同事件的实例。

准备好监听对象后，接着登录到来源对象中。Android 已事先为各个常用的对象定义出许多登录监听对象的方法。举例来说，Button 就定义了 setOnClickListener() 方法，可以用来登录（set）"单击"事件的监听对象。

本书都是以 MainActivity 作为监听对象处理各种事件的。举例来说，要让 MainActivity 监听并处理按钮的"单击"事件，其声明、登录、监听、处理的过程如下：

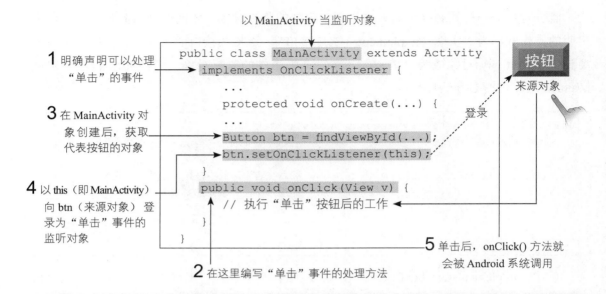

以 MainActivity 当监听对象

1 明确声明可以处理"单击"的事件

3 在 MainActivity 对象创建后，获取代表按钮的对象

4 以 this（即 MainActivity）向 btn（来源对象）登录为"单击"事件的监听对象

```
public class MainActivity extends Activity
  implements OnClickListener {
      ...
      protected void onCreate(...) {
      ...
      Button btn = findViewById(...);
      btn.setOnClickListener(this);
  }
  public void onClick(View v) {
      // 执行"单击"按钮后的工作
  }
}
```

按钮

来源对象

登录

5 单击后，onClick() 方法就会被 Android 系统调用

2 在这里编写"单击"事件的处理方法

什么是 this？

在类的方法中，我们可以用 this 代表"当前的对象"，也就是"目前执行中方法所属的对象"。例如：

```
class Student {
    ...
    void log() {
        register(this);  ◄——— this 代表 log() 执行时所属的 Student 对象
        ...
    }
}

Student joe = new Student("Joe"), sam = new Student("Sam");
...
joe.log();  ◄——— 此时在 log() 中的 this 是指 joe 对象
sam.log();  ◄——— 此时在 log() 中的 this 是指 sam 对象
```

上面的程序 setOnClickListener() 是在 onCreate() 方法内被执行的，因此 btn.setOnClick Listener(this) 中的 this 指的就是 onCreate() 方法所属的对象，也就是 MainActivity 对象本身。利用这个特性可以将 MainActivity 对象登录成按钮的监听器。

只要让 MainActivity 实现特定的接口，就可以处理对应的事件吗？

实现（Implement）接口其实只是一个声明而已，真正要做的是①编写符合该接口规格（方法名称、参数、返回值）的方法（method）和②向来源对象登录自己成为该事件的监听对象。还有，处理"单击"事件的方法名字为什么叫 onClick()？那是 OnClickListener 接口定义好的，因为是按接口实现，所以非叫这个名称不可！反之，若是不叫这个名称，不仅编译会错误，而且"单击"事件发生时，Android 也无法调用 onClick()！

在 4-2 节中，我们会用范例体验完整的事件处理流程。

4-2 "单击"事件的处理

本节我们设计一个能处理"单击"事件的"好用计数器"程序,执行时的屏幕显示界面如下。

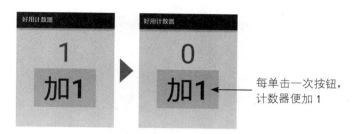

每单击一次按钮,
计数器便加 1

范例 4-1 每单击一次按钮,就让计数器加 1

步骤 01 新建一个名为 Ch04_EzCounter 的项目,将应用程序名称设置为"好用计数器"。

步骤 02 在屏幕界面设计的部分加入一个 Button 组件,并如下设置。

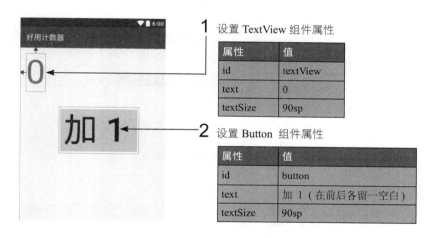

1 设置 TextView 组件属性

属性	值
id	textView
text	0
textSize	90sp

2 设置 Button 组件属性

属性	值
id	button
text	加 1(在前后各留一空白)
textSize	90sp

 在此例中,为了简化设置步骤,我们直接将 TextView 和 Button 组件的 text 属性设为"0"和"加 1",这是在正式开发程序时不建议的做法,因此在选取组件时左侧会显示 💡 的警告图标。比较正规的做法是将字符串值都放在 res/values 下的 strings. xml 文件中,然后从资源文件中读入给组件使用,这样才比较容易维护,并可支持多种语言。

步骤 03 来将按钮设为水平、垂直居中对齐。

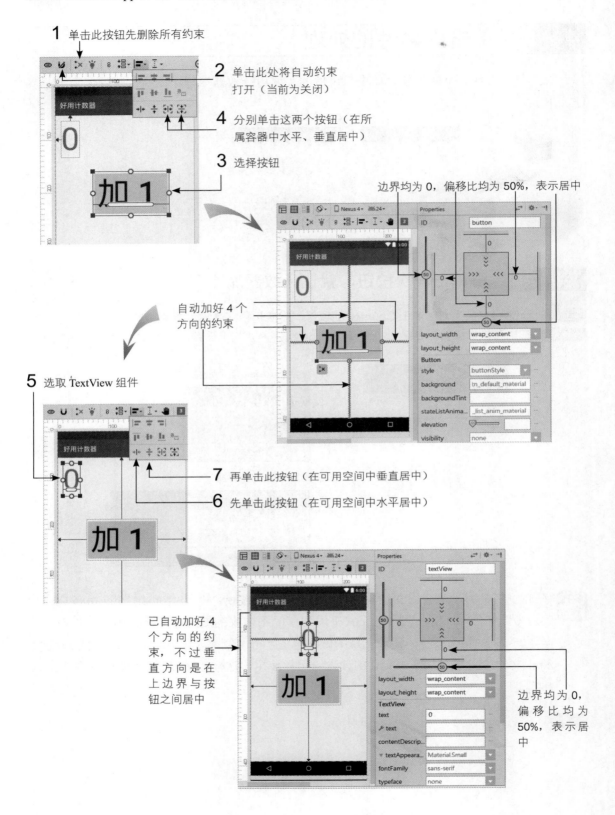

1 单击此按钮先删除所有约束

2 单击此处将自动约束
打开（当前为关闭）

4 分别单击这两个按钮（在所
属容器中水平、垂直居中）

3 选择按钮

边界均为 0，偏移比均为 50%，表示居中

自动加好 4 个
方向的约束

5 选取 TextView 组件

7 再单击此按钮（在可用空间中垂直居中）

6 先单击此按钮（在可用空间中水平居中）

已自动加好 4
个方向的约
束，不过垂
直方向是在
上边界与按
钮之间居中

边界均为 0，
偏移比均为
50%，表示居
中

步骤 04　修改 MainActivity.java 程序，先加入接口的声明。

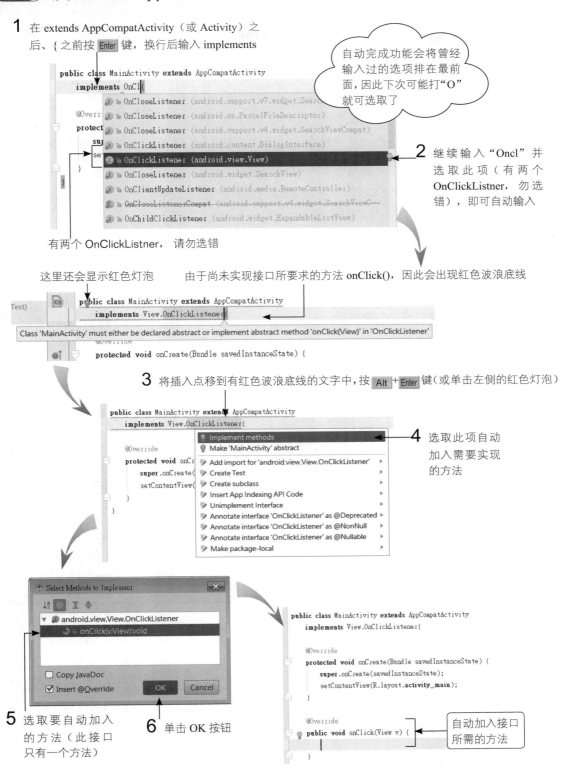

1　在 extends AppCompatActivity（或 Activity）之后、{ 之前按 Enter 键，换行后输入 implements

自动完成功能会将曾经输入过的选项排在最前面，因此下次可能打"O"就可选取了

2　继续输入"Oncl"并选取此项（有两个 OnClickListner，勿选错），即可自动输入

有两个 OnClickListner, 请勿选错

这里还会显示红色灯泡　　　由于尚未实现接口所要求的方法 onClick()，因此会出现红色波浪底线

3　将插入点移到有红色波浪底线的文字中，按 Alt + Enter 键（或单击左侧的红色灯泡）

4　选取此项自动加入需要实现的方法

5　选取要自动加入的方法（此接口只有一个方法）

6　单击 OK 按钮

自动加入接口所需的方法

不同程序包中的同名接口（或类）

由于在 android.view.View 和 android.content.DialogInterface 程序包中都有 OnClickListener 接口，因此前面在选取自动完成选项后，会自动加入 View.OnClickListener，以避免被误认为是 DialogInterface.OnClickListener。

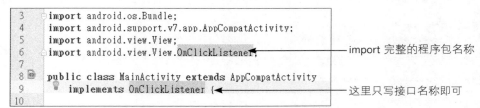

```
3   import android.os.Bundle;
4   import android.support.v7.app.AppCompatActivity;
5   import android.view.View;
6
7   public class MainActivity extends AppCompatActivity
8       implements View.OnClickListener {
9
```

与 import 配合即可组合出完整的程序包，名称为 android.view.View.OnClickListener

建议参照附录 B-5 的说明，让 Android Studio 全自动帮我们处理好 import 问题（如在修改程序后，可自动删除多余的 import 语句）。

View.OnClickListener 的写法比较明确、不易混淆，但名称比较长。如果想要名称精简一点，那么可改写成如下形式：

```
3   import android.os.Bundle;
4   import android.support.v7.app.AppCompatActivity;
5   import android.view.View;
6   import android.view.View.OnClickListener;
7
8   public class MainActivity extends AppCompatActivity
9       implements OnClickListener {
10
```

import 完整的程序包名称

这里只写接口名称即可

使用程序包的目的是为了避免类（或接口）的名称重复而造成混淆

import 的目的是要让我们在程序中可以少打几个字，而不用每次都打出程序包全名。import 越长的程序包名称，程序中就可以打越少的字！

步骤 05 加入所需的变量，并编写"单击"事件的计数功能。

```
01 package com.flag.ch04_ezcounter;
02
03 import ... 10
11   public class MainActivity extends AppCompatActivity
12       implements View.OnClickListener {
```

声明要实现 OnClickListener 接口成为监听对象

```
13      TextView txv;        ←——用来操作 textView1 组件的变量
14      Button btn;          ←——用来操作 button1 组件的变量
15      int counter = 0;  ←——用来存储计数的值，初值为 0
16
17      @Override
18      protected void onCreate(Bundle savedInstanceState) {
19      super.onCreate(savedInstanceState);
20      setContentView(R.layout.activity_main);
21
22      txv = (TextView) findViewById(R.id.textView); ←
                                            找出要操作的对象
23      btn = (Button) findViewById(R.id.button); ←——找出要操作的对象
24
25      btn.setOnClickListener(this);        登录（set）监听对象，
                                             this 表示 MainActivity 对象本身
26      }
27
28      @Override
29      public void onClick(View v) {←—— 在这里编写监听器接口中定义的 onClick 方法
30      txv.setText(String.valueOf(++counter)); ←——将计数值加 1，然后
                                                  转成字符串显示出来
31      }
32 }
```

- 第 12 行声明 MainActivity 类将会实现 OnClickListener 监听器接口。

- 在第 13~15 行声明了 txv、btn 及 counter 三个变量，注意这 3 个变量必须声明在最外层的类中，不可声明在第 18 行的 onCreate() 方法内，否则将只能在 onCreate() 方法的内部使用，而无法在第 29 行的 onClick() 方法中使用（如第 30 行使用了 txv），这是 Java 语言的基本常识，不要忘了。

- 在 onCreate() 方法内的第 25 行，利用 btn (button) 的 setOnClickListener() 方法代表 MainActivity 本身的 this 登录为监听对象。

- 在第 29~31 行，按照 OnClickListener 接口所要求的规格实现了 onClick() 方法，此方法会将计数值加 1 并显示在 textView 组件上。

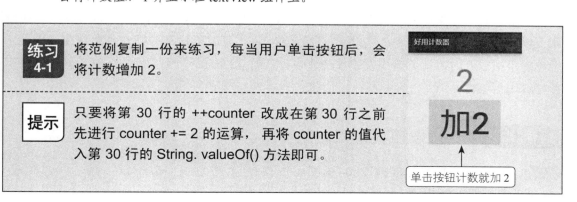

练习 4-1　将范例复制一份来练习，每当用户单击按钮后，会将计数增加 2。

提示　只要将第 30 行的 ++counter 改成在第 30 行之前先进行 counter += 2 的运算，再将 counter 的值代入第 30 行的 String. valueOf() 方法即可。

好用计数器

2

加2

单击按钮计数就加 2

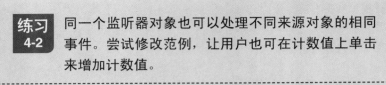

练习
4-2
同一个监听器对象也可以处理不同来源对象的相同事件。尝试修改范例，让用户也可在计数值上单击来增加计数值。

提示
只要如同原范例中第 25 行一样使用 txv.setOnClickListener() 将 MainActivity 对象登录为 xv "单击"事件的监听器即可。

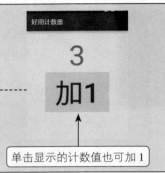

单击显示的计数值也可加 1

4-3 监听 "长按" 事件

前面的 "好用计数器" 只有加 1 的功能，下面增加在按钮上 "长按"（按住不放约 1 秒）时可以将计数器归零的功能。

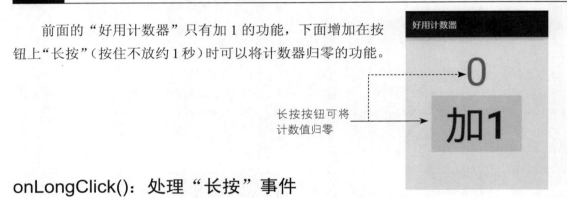

长按按钮可将计数值归零

onLongClick()：处理 "长按" 事件

要处理长按事件，必须准备一个实现 OnLongClickListener 接口的监听对象，并且实现接口定义的 onLongClick() 方法。

```
public boolean onLongClick(View v) {
...
}
```

4-2 节介绍的 onClick() 不需要返回任何值，但 onLongClick() 必须返回一个布尔值，表示只要引发 "长按" 事件还是需要在之后手指放开时引发 "单击" 事件。这是因为 "长按" 一定包含在 "单击" 的过程中，因此必须依靠返回值告诉系统只要引发 "长按" 事件就可以了，还是要引发 "单击" 事件。若返回 true，则表示这次的操作到此结束，因此当用户的手指放开时，就不会引发 "单击" 事件；若返回 false，则在用户放开手指时立刻引发 "单击" 事件。

范例 4-2 长按按钮将计数值归零

步骤 01 将前面的项目复制为 Ch04_EzCounter2 使用，然后让 MainActivity 类多实现一个 OnLongClickListener 接口，并登录到 button 的长按事件上。

...

```
11
12  public class MainActivity extends AppCompatActivity                    实现两个接口
13          implements View.OnClickListener, View.OnLongClickListener
            {
14      TextView txv;          ◀——用来操作 textView 组件的变量
15      Button btn;            ◀——用来操作 button1 组件的变量
16      int counter = 0;       ◀——用来存储计数的值，初值为 0
17
18      @Override
19      protected void onCreate(Bundle savedInstanceState) {
20              super.onCreate(savedInstanceState);
21              setContentView(R.layout.activity_main);
22
23              txv = (TextView) findViewById(R.id.textView);   ◀——找出要操作的对象
24              btn = (Button) findViewById(R.id.button);        ◀——找出要操作的对象
25
26              btn.setOnClickListener(this);  ◀——登录监听对象 , this 表示活动对象本身
27              btn.setOnLongClickListener(this); ◀—
                        将 MainActivity 对象登录为按钮的长按监听器
28      }
29
30      @Override
31      public void onClick(View v) {◀——实现监听器接口中定义的 onClick 方法
32      txv.setText(String.valueOf(++counter));  ◀—
                        将计数值加 1，然后转成字符串显示出来
33          }
34
35      @Override                    实现长按 (OnLongClickListener) 接口定义的方法
36      public boolean onLongClick(View v) {◀—

37              counter = 0;
38              txv.setText( "0" );
39              return true;
40          }
41  }
```

- 在第 13 行除了前一个范例实现的 OnClickListener 接口外，还增加实现了
  OnLongClickListener 接口，以便让 MainActivity 对象可以作为长按事件的监听器。

- 在第 36 行实现的 onLongClick() 方法中，除了将计数值归零外，因为本例要利用长按
  将计数值归零，长按后不应该再引发"单击"事件，因此最后返回 true 表示事件已处
  理完毕。如果改为返回 false，计数值就会在归零后立即加 1，这样程序行为就会出现
  错误。

> **练习 4-3** 尝试将 MainActivity 对象也登录为显示计数值 TextView 组件的长按事件监听器，用户可以在计数值上长按后归零。
>
> ------
>
> **提示** 只要以 this 为参数调用 txv.setOnLongClick-Listener() 方法，就可以把 MainActivity 对象登录为 txv 的长按事件监听器。当用户在计数值上长按时，就会调用 MainActivity 类中定义的 onLongClick() 方法，将计数值归零。

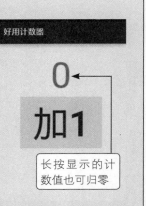

长按显示的计数值也可归零

4-4 处理不同来源对象的相同事件

在开发程序时，常会需要处理来自不同组件的同类事件。举例来说，如果希望"好用计数器"可以在长按按钮时将计数值加 2，但若是在计数值上长按，则将计数值归零。也就是对不同对象长按会有不同的结果，这时就必须在事件处理的方法中分辨事件的来源对象，并根据来源进行不同的操作。

getId()：判断事件的来源对象

在前两节的范例中，无论是处理"单击"事件的 onClick() 方法，还是处理"长按"事件的 onLongClick() 方法，都有一个没有使用到的参数 v。

```
public void onClick(View v) {
    ...
}

public boolean onLongClick(View v) {
    ...
}
```

这个参数 v 就是事件的来源对象，由于它是 View 类的对象，因此可以使用 getId() 方法获取来源对象的资源 ID，通过资源 ID 就可以区别引发事件的组件了。举例来说，要根据长按的组件进行不同的处理时，可以这样编写程序：

```
public boolean onLongClick(View v) {
    if(v.getId() == R.id.textView) {
        // 用户在显示计数值的 txv 上长按, 将计数归零
    }
```

```
        else {
            // 用户在按钮上长按，将计数值加 2
        }
}
```

利用简单的比较运算就可以知道来源对象 v 是否是 textView，如此就可以判别来源对象并进行对应的操作了。

范例 4-3 长按按钮计数加 2，长按计数值归零

步骤 01 将前面的项目复制为 Ch04_EzCounter3，然后按下面的程序修改 MainActivity.java：

好用计数器

长按计数
值会归零 ➞ **2**

长按按钮将
计数值加 2 ➞ **加1**

```
01 public class MainActivity extends AppCompatActivity
02         implements View.OnClickListener, View.OnLongClickListener {
                    实现 OnLongClickListener 接口 ↰
03     TextView txv;          ⟵ 用来操作 textView1 组件的变量
04     Button btn;            ⟵ 用来操作 button1 组件的变量
05     int counter = 0;       ⟵ 用来存储计数的值，初值为 0
06
07     @Override
08      protected void onCreate(Bundle savedInstanceState) {
09         super.onCreate(savedInstanceState);
10         setContentView(R.layout.activity_main);
11
12         txv = (TextView) findViewById(R.id.textView);   ⟵ 找出要操作的对象
13         btn = (Button) findViewById(R.id.button);       ⟵ 找出要操作的对象
14
15         btn.setOnClickListener(this);   ⟵ 登录监听对象，this 表示
                                              MainActivity 对象本身
16         btn.setOnLongClickListener(this); ⟵ 将 MainActivity 对象
                                              登录为按钮的长按监听器
17         txv.setOnLongClickListener(this); ⟵ 将 MainActivity 对象
                                              登录为文字标签的长按监听器
18 }
19
...
25     @Override            实现长按 (OnLongClickListener 接口 ) 的方法
26     public boolean onLongClick(View v) { ↰
27         if(v.getId() == R.id.textView) { ⟵ 判断来源对象是否为显示计数值的
                                              TextView，若是则将计数归零
28             counter = 0;
```

```
29          txv.setText("0");
30      }
31      else {        ←————来源对象为按钮，将计数值加 2
32        counter += 2;
33              txv.setText(String.valueOf(counter));
34      }
35      return true;
36  }
37 }
```

- 先在第 17 行将 MainActivity 对象登录为 txv 的长按事件监听器。
- 接着在第 27 行处理长按事件的 onLongClick() 方法中，加上 if 判断参数 v 是否为显示计数值的 TextView 对象，若是则将计数值归零，否则把计数值加 2。

步骤 02　修改完后执行看看，确认在按钮与计数值上长按的程序处理是否正确。

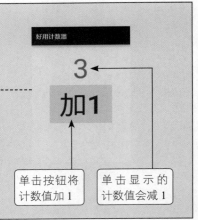

练习 4-4　按照此范例的做法，让用户可以在计数值上单击将计数值减 1，但若单击按钮，则将计数值加 1。

提示　先把 MainActivity 对象登录为 txv 的"单击"事件监听器，然后在处理"单击"事件的 onClick() 方法中使用 if 判断参数 v，就可以分辨用户是在按钮还是在计数值上单击，并分别进行对应的操作即可。

好用计数器

3

加1

单击按钮将计数值加 1

单击显示的计数值会减 1

使用"匿名类"创建事件的监听对象

为了简化学习的复杂度，以上我们都是直接用"活动对象"作为各种事件的监听对象的。不过，在实际开发程序时，一般都会另外创建专用的监听对象，以增加程序的可读性，并方便维护（因为可以不用把一堆事件的方法都写成活动类的方法）。

要另外创建监听对象，可先定义一个实现监听接口的类，然后用它新建所需的对象。例如，下面的程序先定义一个 MyOnClickListener 类，然后用它新建一个 myListener 对象作为按钮的监听对象：

```
09 public class MainActivity extends AppCompatActivity {
10     TextView txv;          ←——用来引用 textView 组件的变量
11     Button btn; 用来引     ←——用来引用 button 组件的变量
12     int counter = 0;        ←——用来存储计数的值，初值为 0
13                             ┌——定义一个实现监听接口的类
14     class MyOnClickListener implements View.OnClickListener {
15         public void onClick(View v) {
16             txv.setText(String.valueOf(++counter));
17         }
18     }
                             ┌——建立监听对象
19     View.OnClickListener myListener = new MyOnClickListener();
20
21     @Override
22     protected void onCreate(Bundle savedInstanceState) {
23         super.onCreate(savedInstanceState);
24         setContentView(R.layout.activity_main);
25
26         txv = (TextView) findViewById(R.id.textView);←——找出要引用的对象
27         btn = (Button) findViewById(R.id.button);   ←——找出要引用的对象
28
29         btn.setOnClickListener(myListener); ←——登录监听对象
30     }
31 }
```

不过以上的写法有点累赘，因为我们只是需要一个监听对象，类 MyOnClickListener 和对象 myListener 的 "名称" 其实是多余的（因为用完就不再需要了）。因此，如果监听对象只需要使用一次（设置给单一事件），那么就可改用 "匿名类" 的写法（匿名就是省略名称的意思），例如：

```
...
09  public class MainActivity extends AppCompatActivity {
10     TextView txv;       ←——用来引用 textView 组件的变量
11     Button btn;         ←——用来引用 button 组件的变量
12     int counter = 0;    ←——用来存储计数的值，初值为 0
13
14     @Override
15     protected void onCreate(Bundle savedInstanceState) {
16         super.onCreate(savedInstanceState);
17         setContentView(R.layout.activity_main);
18
19         txv = (TextView) findViewById(R.id.textView);←——找出要引用的对象
20         btn = (Button) findViewById(R.id.button);   ←——找出要引用的对象
21                             ┌——动态创建对象登录为监听对象
22         btn.setOnClickListener(new View.OnClickListener(){
```

```
23              @Override
24              public void onClick(View v) {
25                      txv.setText(String.valueOf(++counter));
26              }
27          });
28      }
29 }
```

以上 22~27 行的写法，就是直接 new 一个"现做的匿名类"对象，作为 setOnClickListener() 的参数。第 23~26 行则是匿名类的内容，实现了 OnClickListener 接口所需的方法（以上两种写法的实现可参见 Ch04_EzCounter4 范例项目，可以从下载的范例程序文件夹中找到）。

在 Android Studio 中要使用匿名类其实很容易，只要在 setOnXxxListener() 的括号中输入"new O"（大写的 O）就会出现选单供我们选取。

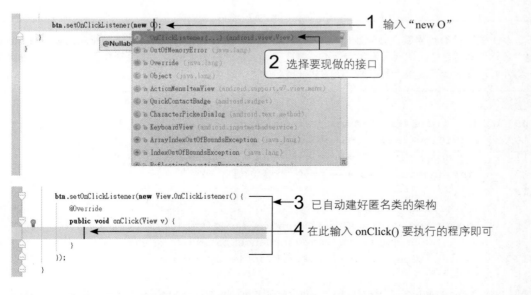

此外，当单击左边的 ![icon] 将程序区块收合，或者重新打开程序文件时，都会以"(v) → { onClick() 的内容 }"显示匿名类。

以上 "(v) → { onClick() 的内容 }" 的写法称为 Lambda 表达式。不过以上只有显示功能，而无法直接以 Lambda 的语法输入。

 若想直接以 Lambda 的语法输入，则必须先做一些额外的设置。另外，Java 也要使用 8 以上的版本才行，限于篇幅就不多做介绍了。有兴趣的读者可参考 Android 开发者网站的指南（https://developer.android.com/guide/platform/j8-jack.html），或用 Lambda 进行搜索。若想了解 Lambda 表达式的语法，则可参考 Java 联机帮助（https://docs.oracle.com/javase/tutorial/java/javaOO/lambdaexpressions.html）。

4-5 监听"触控"事件让手机震动

前面介绍的"单击"其实是"按下"然后"放开"的动作，而"长按"事件是"按下"约 1 秒不"放开"。如果想分别检测"按下"与"放开"的动作，那么可使用"触控"（onTouch）事件，所使用的接口为 OnTouchListener。本节设计一个程序检测触控事件，当用户按住屏幕时手机就会开始震动，直到放开或震动 5 秒为止。

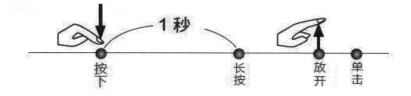

onTouch()：触控事件的处理

OnTouchListener 接口中定义了 onTouch() 方法，语句如下：

```
public boolean onTouch(View v, MotionEvent e) {
    ...
}
```

其中，参数 v 是事件来源对象，而 e 是存储有触控信息的对象，通过调用 e 的方法可以获取各项信息。例如，e.getAction() 方法可以获取触控的动作种类，若返回值为 MotionEvent.ACTION_DOWN，则表示手指触碰到屏幕，若为 MotionEvent.ACTION_ UP，则表示手指离开屏幕。

onTouch() 必须返回一个布尔值，表示是否要处理后续的触控事件。如果返回 false，则表示一直到用户手指放开为止，都不会再处理后续的触控事件。

如何让手机震动

要让手机震动，可执行 getSystemService(Context.VIBRATOR_SERVICE) 获取 Vibrator 震动对象，此对象有两个常用的方法，下面用程序进行说明。

 Context.VIBRATOR_SERVICE 为 Context 类中所定义的字符串常数，代表震动服务。

```
// 获取震动对象
Vibrator vb = (Vibrator) getSystemService(Context.VIBRATOR_SERVICE);

// 震动与停止
vb.vibrate(5000);      ◄————震动 5 秒（5000ms）
vb.cancel();           ◄————停止震动
```

 要使用手机的震动功能，还必须先在程序中登记"震动"的权限才行，方法详见下面的范例。

范例 4-4　监听 TextView 的触控事件

步骤 01　新建一个名为 Ch04_Massager 的项目，并将应用程序名称设为"舒筋按摩器"。然后将外层 RelativeLayout 换成 ConstraintLayout，再修改界面如右图。

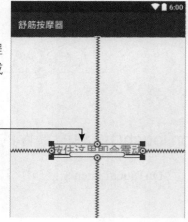

将预建的 TextView 组件居中对齐，然后按下表修改：

属性	值
id	txv
text	按住文字即会震动
textSize	25sp

步骤 02 打开 MainActivity.java 程序，修改如下：

```
01 package com.flag.ch04_massager;
...
11 public class MainActivity extends AppCompatActivity
12                         implements View.OnTouchListener {
13
14    @Override
15    protected void onCreate(Bundle savedInstanceState) {
16        super.onCreate(savedInstanceState);
17        setContentView(R.layout.activity_main);
18
19        TextView txv = (TextView) findViewById(R.id.txv);
20        txv.setOnTouchListener(this);        ← 登录触控监听对象
21    }
22
23    @Override
24    public boolean onTouch(View v, MotionEvent event) { ←
                        实现 OnTouchListener 触控监听器接口的方法
25        Vibrator vb = (Vibrator) getSystemService(
            Context.VIBRATOR_SERVICE);
26        if(event.getAction() == MotionEvent.ACTION_DOWN) {
                                    ↑ 按住屏幕中间的文字
27            vb.vibrate(5000);      ← 震动 5 秒
28        }
29        else if(event.getAction() == MotionEvent.ACTION_UP){
                                    ↑ 放开屏幕中间的文字
30            vb.cancel();           ← 停止震动
31        }
32        return true;
33    }
34 }
```

- 在第 24 行的 onTouch() 方法中，利用 MotionEvent 参数的 getAction() 获取触控动作的种类（按下或放开），以便进行不同的操作。
- 要特别留意第 32 行返回 true，表示要处理后续的触控事件，这样才能收到手指放开的触控事件，并实时停止震动。

程序编写好之后，还要登记"震动"的权限，继续按照下文操作。

在程序中登记"震动"的权限

步骤 03 因为使用到手机的震动功能，所以必须在程序中登记"震动"的权限才行。打开项目根目录中的 AndroidManifest.xml，然后进行如下操作：

Android App 开发入门：使用 Android Studio 2.X 开发环境（第 2 版）

在程序中，凡是使用会影响用户操作体验（如震动）或安全性（如联网、存取文件系统等）的功能，都必须在 AndroidManifest.xml 中登记权限才行（否则程序在执行时会因错误而终止）。当用户在安装程序时，系统会询问用户是否同意授予这些权限给程序，同意后才能进行安装。

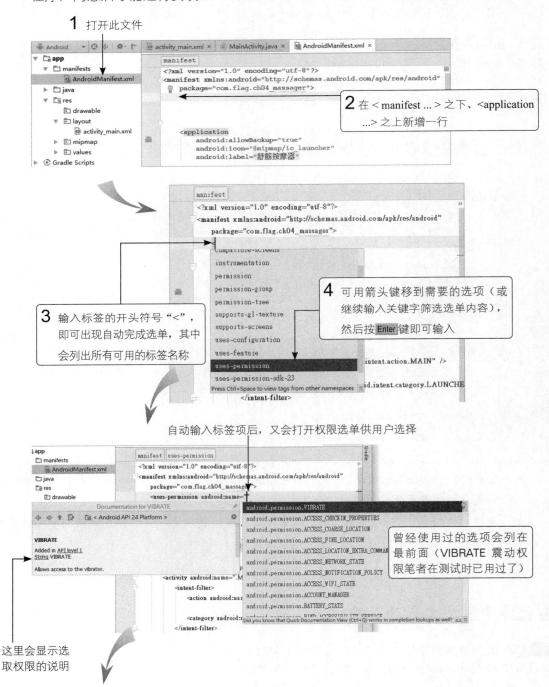

1 打开此文件

2 在 < manifest ... > 之下、<application ...> 之上新增一行

3 输入标签的开头符号 "<"，即可出现自动完成选单，其中会列出所有可用的标签名称

4 可用箭头键移到需要的选项（或继续输入关键字筛选选单内容），然后按 Enter 键即可输入

自动输入标签项后，又会打开权限选单供用户选择

曾经使用过的选项会列在最前面（VIBRATE 震动权限笔者在测试时已用过了）

这里会显示选取权限的说明

5 直接输入关键词 vib 进行筛选（也可用向
上、下键寻找），找到后按 Enter 键

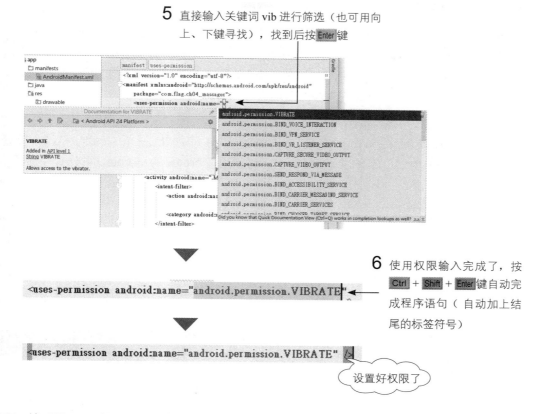

6 使用权限输入完成了，按
Ctrl + Shift + Enter 键自动完
成程序语句（自动加上结
尾的标签符号）

`<uses-permission android:name="android.permission.VIBRATE"`

`<uses-permission android:name="android.permission.VIBRATE"`

设置好权限了

技巧 按 Ctrl + Shift + Enter 键可自动帮用户完成符合语法的程序语句，如在 Java 程序中帮用户加结尾的分号，或者在 XML 中加结尾的标签符号。

技巧 之前介绍过的 Alt + Enter 键是用来快速修复错误的，如帮助用户 import 缺少的程序包。若有多种修复方案，则还会列出列表供用户选择。

步骤 04 完成之后，把程序加载到手机中进行测试（因为仿真器没有震动的能力）。

按住文字就会震动，直到
放开或过了 5 秒才停止

练习 4-5 在 MotionEvent.getAction() 返回的触控类型中，有一个 MotionEvent. ACTION_MOVE 会在手指按住后且有移动时发生。由于手指在按住时多少都会有些移动，因此利用这个触控事件让刚才的范例在手指未放开之前持续震动，而不是 5 秒后就会停止震动。

提示 只要为范例中 onTouch() 方法内的 if 语句再加上一个 else if，当判断是 MotionEvent.ACTION_MOVE 时，一样调用 Vibrator 的 vibrate() 方法让手机震动就可以了。

```
...
else if(e.getAction() == MotionEvent.ACTION_MOVE) {
    vb.vibrate(5000); // 震动 5 秒
}
...
```

监听整个屏幕的触控事件和高级的震动手机方法

上述范例是侦测 TextView 组件的触控事件，如果想要监听整个屏幕的触控事件，那么监听的对象应改为 Activity 对象（即由 MainActivity 类所产生的对象）。不过 MainActivity 类继承自 Activity（或 AppCompatActivity）类，而此类本身已经内建了触控监听功能，当触控事件发生时会调用其内建的 onTouchEvent() 方法，因此不需要再另外创建或登录监听对象。

```
public boolean onTouchEvent(MotionEvent e) {
    ...
}
```

参数 e 的意义与用法和 onTouch() 方法中的参数 e 一样。

另外，Vibrator 的 vibrate() 方法也可以指定周期性的震动，例如：

```
// 震动样式数组：{ 停止时间, 震动时间, 停止时间, 震动时间, ...}



long[] pattern = { 0, 100, 2000, 300 };        // 单位是 ms(1000ms = 1 秒)
vb.vibrate(pattern, 2);


// 震动样式    指定在震动一轮后，要从第几个元素开始不断重复
```

以上 vibrate() 的第 1 个参数是用一个样式数组定义如何震动的，第 2 个参数是指定要从样式数组的第几个元素（由 0 算起）开始不断重复，若设为 -1，则表示不重复。以上程序的执行效果为：

```
停 0 秒  →  震 0.1 秒  →  停 2 秒 →  震 0.3 秒  →  停 2 秒  →  震 0.3 秒  → ...
```

以上粗体的部分会不断重复。参考以下程序（范例 **Ch04_Massager2**），进一步了解如何监听整个屏幕的触控事件，以及高级的震动手机方法。

```
01 package tw.com.flag.ch04_massager;
   ...
09 public class MainActivity extends AppCompatActivity {
10
11     @Override
12     protected void onCreate(Bundle savedInstanceState) {
13             super.onCreate(savedInstanceState);
14             setContentView(R.layout.activity_main);
15     }
16
17     // 修改继承自 Activity （ 或  AppCompatActivity) 的 onTouchEvent
          触控监听方法
18     @Override
19     public boolean onTouchEvent(MotionEvent e) {
20             Vibrator vb = (Vibrator) getSystemService(Context.
                VIBRATOR_SERVICE);
21             if(e.getAction() == MotionEvent.ACTION_DOWN){   ←—按下屏幕
22                     vb.vibrate(new long[]{0,100,1000,100}, 2); ←—
                                                    每秒震动 0.1 秒, 不断重复
23             }
24             else if(e.getAction() == MotionEvent.ACTION_UP){ ←—
                                                    放开屏幕
25                     vb.cancel();        ←—停止震动
26             }
27             return true;
28     }
29 }
```

延伸阅读

（1）有关事件处理的机制，可参考 Android Developer 网站上的 API Guide 文件（http://developer.android.com/guide/topics/ui/ui-events.html），或用 ui event 搜索。

（2）有关 this 的其他用法，可参考 Oracle 网站上 Java 程序设计语言教学文件（http://docs.oracle.com/javase/tutorial/java/javaOO/thiskey.html）。

（3）有关 Interface 的高级说明，可参考 Oracle 网站上 Java 程序设计语言教学文件（http://docs.oracle.com/javase/tutorial/java/IandI/createinterface.html）。

重点整理

（1）当用户对手机进行各种操作时，就会产生对应的事件（Event）。我们就是通过编写各种事件的处理程序和用户进行互动的。

（2）事件发生的来源称为该事件的来源对象。我们可先创建一个能处理该事件的监听对象（监听器，Listener），然后将它登录到来源对象中，当事件发生时自动执行监听对象中的方法。

（3）接口（Interface）和类很像，但是它只定义功能的架构而无实质内容。在 Android 的类库中已经提供了各种监听器接口，以供用户实现监听类并用来生成监听对象。

（4）实现接口和继承类很类似，只不过实现接口时用 implements 关键词，而继承类时用 extends。

（5）实现接口时，必须在类中实现接口中所定义的方法。下表列出常用了事件的接口、方法以及注册方式。

事件	监听器接口	接口中的方法	注册到来源对象的方法
单击	OnClickListener	onClick()	setOnClickListener()
长按	OnLongClickListener	onLongClick()	setOnLongClickListener()
触控	OnTouchListener	onTouch()	setOnTouchListener()

（6）用户可以使用现成的 Activity 类（即 MainActivity）实现监听器接口，这样就完全不用增加新的监听类了。

（7）要让手机震动，可执行 getSystemService(Context.VIBR ATOR_SERVICE) 获取 Vibrator 震动对象，然后用 vibrate() 方法产生震动。另外，还必须先在 AndroidManifest.xml 中登记 android.permission.VIBR ATE 权限才行。

（8）如果要监听整个屏幕的触控事件，那么只要修改由 Activity（或 AppCompatActivity）类继承而来的 onTouchEvent() 方法即可。

习题

（1）说明什么是"事件""事件的来源对象"和"事件的监听对象"。

（2）列举 3 种常见的事件。

（3）说明接口的用途，并比较在定义子类时，"实现（implements）某接口"与"继承（extends）某类"的使用时机和差异。

（4）要用 MainActivity 类对象监听按钮的"单击"事件，需在 MainActivity 类定义中实现 _____ 接口及实现此接口的 _____ 方法。然后还要调用按钮对象的 _____ 方法将 MainActivity 类对象设为监听对象。

（5）请继续第 4 节的好用计数器范例，再增加"减 1"和"结束"按钮，如下图所示。

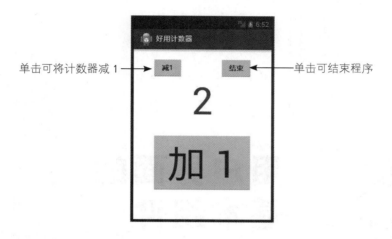

在 Activity 中可以调用 finish() 结束程序。

第 5 章

5 用户界面的基本组件

前面的章节已经使用过按钮（Button）、文本框（TextView）、文本输入字段（TextEdit）等组件。Android 还提供了许多不同的组件，本章将介绍另外 3 种常用的组件：单选按钮（RadioButton）、复选框（CheckButton）和可显示图像的 ImageView。

5-1　多选一的单选按钮

一般所说的"单选按钮（RadioButton）"，是指用户每次只能选择一个选项的组件。然而 RadioButton 本身其实并不提供"单选"的机制，也就是说只放几个 RadioButton 在布局中，程序执行时，用户可以选取多个 RadioButton，这样无法达到单选的目的。

RadioButton 与 RadioGroup 组件

要让一组 RadioButton "每次只有一个能被选取"，必须将它们放在 RadioGroup 组件中。RadioGroup 负责控制其内 RadioButton 的状态，当用户选取任意一个选项时，就会取消其他 RadioButton 的选取状态，保持同时间只有一个 RadioButton 被选取的情况。

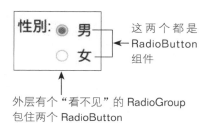

这两个都是 RadioButton 组件

外层有个"看不见"的 RadioGroup 包住两个 RadioButton

getCheckedRadioButtonId()：读取单选按钮状态

由于 RadioButton 通常组合在 RadioGroup 下，因此在程序中要判断用户选择了哪一个 RadioButton，可通过 RadioGroup 的 getCheckedRadioButtonId() 方法获取被选取 RadioButton 的资源 ID。接着利用 if/else 语句就可以决定程序的走向了，例如：

```
// 获取 RadioGroup 的对象
RadioGroup sex = (RadioGroup) findViewById(...);
...
// 判断选择的项目资源 ID 是不是"男"选项的资源 ID
if (sex.getCheckedRadioButtonId() == R.id.male) {
    // 选"男"时要执行的程序片段
    ...
}
// 因为是二选一，所以不是选"男"就是选"女"
else {
    // 选"女"时要执行的程序片段
    ...
}
```

若有两个以上的 RadioButton，则可在后面加 else if 或用 switch/case 的方式判断。另外，如果都没有选取，getCheckedRadioButtonId() 就会返回 -1。用户也可指定一个默认已选取的选项，只需将 RadioButton 组件的 checked 属性设为 true 即可（如此可避免未选取的状况）；另外，也可改用 RadioGroup 的 checkedButton 属性指定默认选取的选项 ID，此方法具有较高的优先权。。

范例 5-1   读取 RadioGroup 选取的选项

第 1 个范例先练习创建含有 3 个 RadioButton 的 RadioGroup，并用程序读取用户选取的选项。

步骤 01 创 建 新 项 目 "Ch05_BuyTicket"， 进 入 布局编辑器后， 先 将 活 动 的 RelativeLayout 换 成 ConstraintLayout（转换方法参见第 3-6 节），然后关闭自动约束并清除所有约束，接着加入一个 Button 组件并如下设置属性及位置（位置先大概放好，稍后再加约束）：

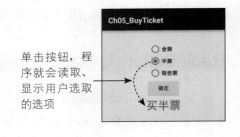

单击按钮，程序就会读取、显示用户选取的选项

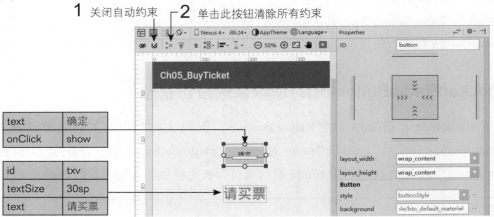

步骤 02 加入 RadioGroup 组件，然后放入 3 个 RadioButton 组件，——设置各个 RadioButton 的属性。

4 将 3 个 Widgets 区 的 RadioButton 组件拖动到 RadioGroup 中（如果觉得不好拖动，那么可改为拖到组件树窗格内的 RadioGroup 中）

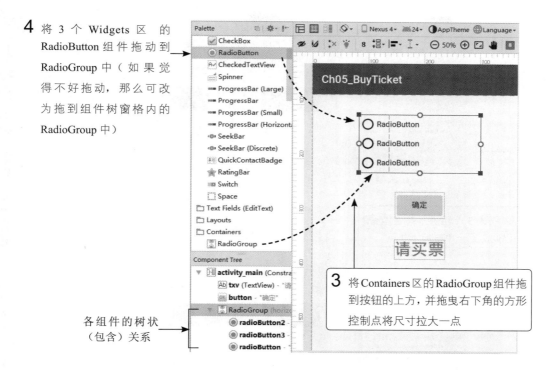

各组件的树状（包含）关系

3 将 Containers 区的 RadioGroup 组件拖到按钮的上方，并拖曳右下角的方形控制点将尺寸拉大一点

5 将 RadioGroup 的 id 设置为 ticketType，宽高均设为 wrap_content

6 修改 3 个 RadioButton 的属性：

id	adult
text	全票

id	child
text	半票

id	senior
text	敬老票

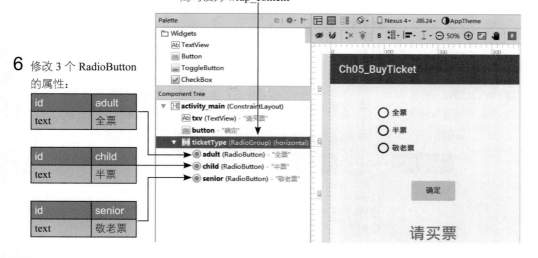

步骤 03 设置约束，如下操作：

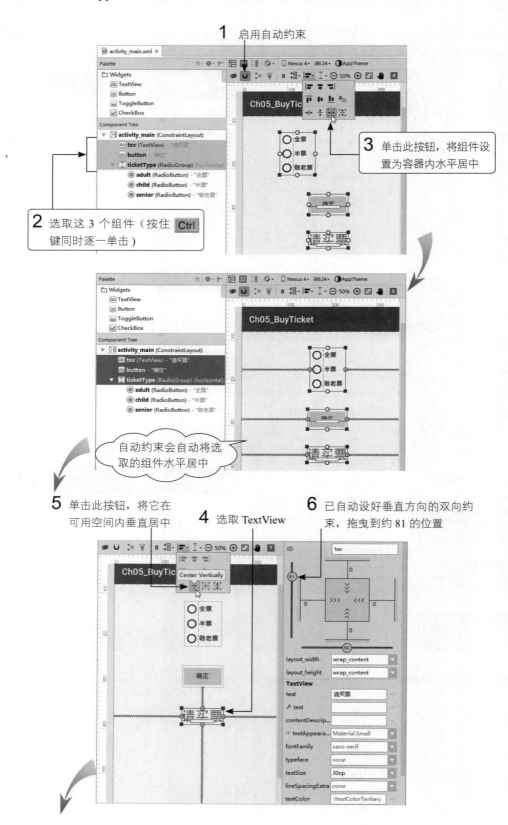

1 启用自动约束

3 单击此按钮，将组件设置为容器内水平居中

2 选取这 3 个组件（按住 Ctrl 键同时逐一单击）

自动约束会自动将选取的组件水平居中

5 单击此按钮，将它在可用空间内垂直居中

4 选取 TextView

6 已自动设好垂直方向的双向约束，拖曳到约 81 的位置

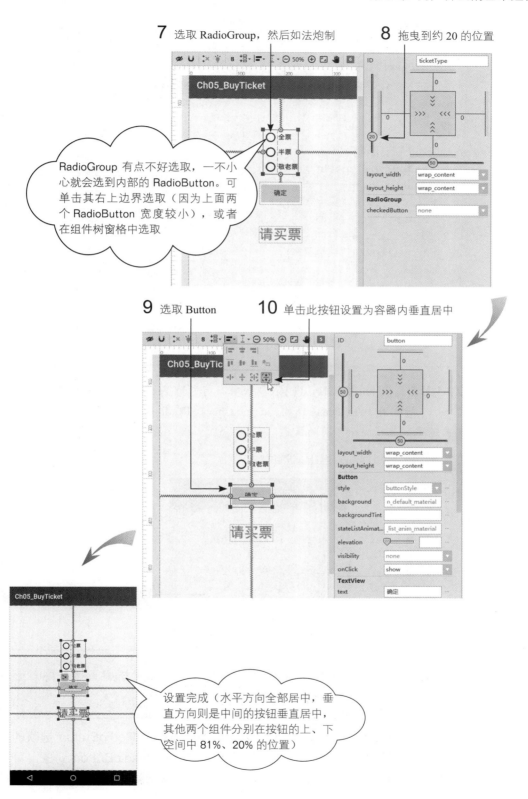

7 选取 RadioGroup，然后如法炮制

8 拖曳到约 20 的位置

RadioGroup 有点不好选取，一不小心就会选到内部的 RadioButton。可单击其右上边界选取（因为上面两个 RadioButton 宽度较小），或者在组件树窗格中选取

9 选取 Button

10 单击此按钮设置为容器内垂直居中

设置完成（水平方向全部居中，垂直方向则是中间的按钮垂直居中，其他两个组件分别在按钮的上、下空间中 81%、20% 的位置）

步骤 04 打开 MainActivity.java 程序文件，加入按钮 onClick 属性所对应的 show() 方法。

```
01  public void show(View v){
02      TextView txv=(TextView)findViewById(R.id.txv);
03      RadioGroup ticketType =
04                  (RadioGroup) findViewById(R.id.ticketType);
05
06      // 按选取的选项显示不同信息
07      switch(ticketType.getCheckedRadioButtonId()){
08      case R.id.adult:              选全票
09          txv.setText("买全票");
10          break;
11      case R.id.child:             选半票
12          txv.setText("买半票");
13          break;
14      case R.id.senior:            选敬老票
15          txv.setText("买敬老票");
16          break;
17      }
18  }
```

> 别忘了，R.id.XXX 都是在 R.java 中以 final 声明的常数，其值是固定不变的，因此可在 switch 语句中用来区别选取的单选按钮

- 第 2、3 行分别用 findViewById ( ) 获取代表布局中的 TextView 和 RadioGroup 的对象。
- 第 7 ~ 17 行利用 switch/case 结构判断 getCheckedRadioButtonId() 方法的返回值，并根据用户选取的选项显示不同的信息。

步骤 05 将程序部署到手机或仿真器上，测试如下：

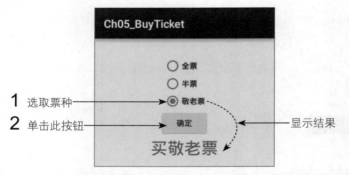

练习 5-1 上述范例不使用 switch/case 或 if/else 结构也可以，试着直接从用户选取的 RadioButton 选项中获取要输出的文字。

提示 因为 getCheckedRadioButtonId() 方法的返回值就是 RadioButton 选项的资源 ID，所以可用它调用 findViewById() 获取被选取的 RadioButton 对象，再用后者调用 getText() 方法获取文字。show() 方法可简化如下：

```
01  public void show(View v){
02      TextView txv=(TextView)findViewById(R.id.txv);
03      RadioGroup ticketType =
04      (RadioGroup) findViewById(R.id.ticketType);
05
06      int id=ticketType.getCheckedRadioButtonId();
07      RadioButton select = (RadioButton)findViewById(id);
08      txv.setText(" 买 "+select.getText());  ◄──── 输出选取选项的文字
09  }
```

练习 5-2 在范例程序中加入另一组 RadioGroup，提供买 1、2、3、4 张票等选项，用户单击按钮时，程序会显示选择的票种和张数。另外，将全票和 1 张设为默认选项（在程序启动时就是已选取状态）。

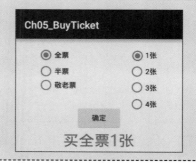

提示 可先关闭自动约束，然后取消 ticketType RadioGroup 的所有约束（选取后单击左下角的 ▣），接着加入一个新的 RadioGroup，并将 id 设置为 ticketNumber，再如下操作：

1 加入一个 LinearLayout(horizontal)，并将两个 RadioGroup 拉进来（层级如图）

4 将这两个 Radio Button 的 checked 属性设置为 true

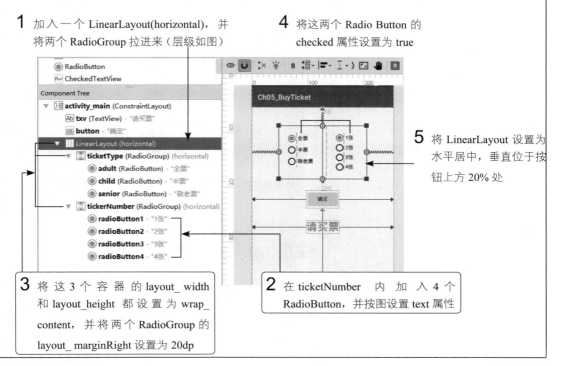

5 将 LinearLayout 设置为水平居中，垂直位于按钮上方 20% 处

3 将这 3 个容器的 layout_width 和 layout_height 都设置为 wrap_content，并将两个 RadioGroup 的 layout_marginRight 设置为 20dp

2 在 ticketNumber 内加入 4 个 RadioButton，并按图设置 text 属性

使用 LinearLayout 只是图个方便，读者也可改用约束或其他方法设置。

接着打开 MainActivity.java，如下修改按钮事件的 show() 方法：

```
01  public void show(View v){
02      TextView txv=(TextView)findViewById(R.id.txv);
03      RadioGroup ticketType =
04          (RadioGroup) findViewById(R.id.ticketType);
05      RadioGroup ticketNumber =
06          (RadioGroup) findViewById(R.id.ticketNumber);
07
08    RadioButton type= (RadioButton)findViewById(
09          ticketType.getCheckedRadioButtonId());    ◄—— 票种
10    RadioButton number= (RadioButton)findViewById(
11          ticketNumber.getCheckedRadioButtonId());  ◄—— 张数
12    txv.setText(" 买 " + type.getText() + " " + number.getText());
13  }
```

 以上第 8~9 行是用 findViewById() 找出 ticketType 中被选取的单选按钮，然后在第 12 行中以单选按钮的 getText() 取得其 text 属性值（如"全票"）。第 10~11 行也是一样的用法。

onCheckedChanged()：选项改变的事件

前一章介绍了按钮"单击"的 onClick 等事件和监听对象的用法。对于按钮以外的组件，要处理的就不一定是单击的操作，如对 RadioButton / RadioGroup 组件，比较重要的是用户"改变选项"的事件。

 各种组件要处理的事件各有不同，但事件处理的架构都与第 4 章介绍的单击、长按等事件相同，都需实现监听对象的事件处理方法，并对来源对象注册监听对象。

"改变选项"事件的监听对象需实现 RadioGroup.OnCheckedChangeListener 接口，并只需实现一个方法。

通常会用到第 2 个参数 checkedId，也就是被选取的 RadioButton 的资源 ID，第 1 个参数是 RadioGroup 组件本身。和按钮事件一样，我们必须在来源对象 RadioGroup 注册"改变选项"事件的监听对象，注册的方式是调用 setOnCheckedChangeListener()，参见下面的范例。

范例 5-2　利用 RadioButton 选择温度转换单位

下面利用刚刚介绍的内容，用单选按钮实现一个简单的温度转换程序，程序提供 2 个选项，可选择要输入摄氏或华氏温度，让程序进行换算。除了单选按钮功能，此范例还会使用另一个技巧：实现文本输入栏的输入事件（TextWatcher 接口）的监听对象，让程序可在用户输入数值时立即进行换算。

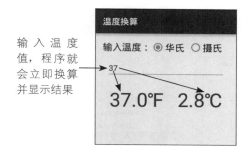

步骤 01　创建新项目"Ch05_TempConversion"，将 App 名称设为"温度换算"。在界面中需显示 ℃、℉ 温度符号，一种方式是使用 Unicode 特殊字符，另一种方式是用图案。此处选用第一种，并将其创建为字符串资源。打开项目中的 res/values/strings.xml，如下创建字符串项并输入 Unicode。

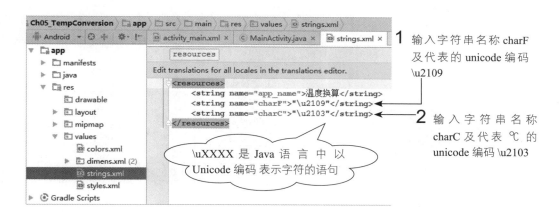

步骤 02　进入 Layout 设计界面后，将最上层的 Layout 换成 ConstraintLayout，然后关闭自动约束，再加入以下组件：

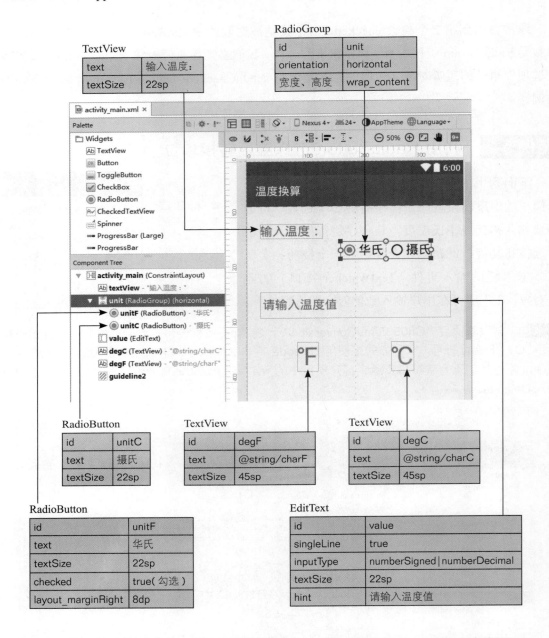

说明：本书往后若不特别说明，则以 id 代表组件的 id 属性或其设置值，以 ID 代表资源 ID。

步骤 03 设置布局约束，先启用自动约束，然后如下操作（使用自动约束比较省力，若加错了，则可先删除约束再手动设置）：

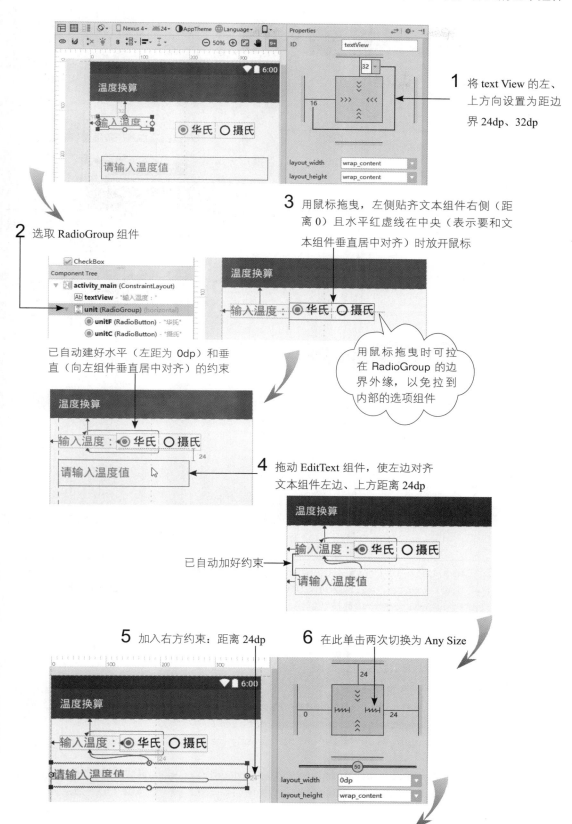

1 将 text View 的左、上方向设置为距边界 24dp、32dp

2 选取 RadioGroup 组件

已自动建好水平（左距为 0dp）和垂直（向左组件垂直居中对齐）的约束

3 用鼠标拖曳，左侧贴齐文本组件右侧（距离 0）且水平红虚线在中央（表示要和文本组件垂直居中对齐）时放开鼠标

用鼠标拖曳时可拉在 RadioGroup 的边界外缘，以免拉到内部的选项组件

4 拖动 EditText 组件，使左边对齐文本组件左边、上方距离 24dp

已自动加好约束

5 加入右方约束：距离 24dp

6 在此单击两次切换为 Any Size

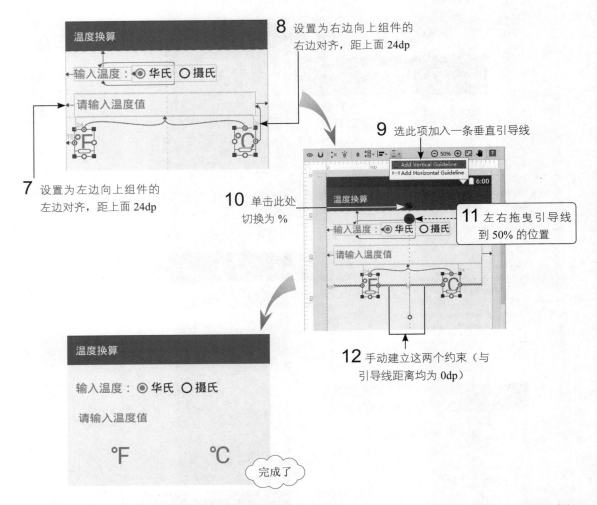

8 设置为右边向上组件的
右边对齐，距上面 24dp

9 选此项加入一条垂直引导线

7 设置为左边向上组件的
左边对齐，距上面 24dp

10 单击此处
切换为 %

11 左右拖曳引导线
到 50% 的位置

12 手动建立这两个约束（与
引导线距离均为 0dp）

完成了

步骤 04 设计好用户界面并存盘后，打开 MainActivit y.java 文件。先在 MainActivity 类开头加入如下变量声明，并于 onCreate() 方法中设置初值。

```
01  public class MainActivity extends AppCompatActivity
02          implements RadioGroup.OnCheckedChangeListener, TextWatcher {
03      RadioGroup unit;   ◀——单选按钮群组
04      EditText value;    ◀——输入字段
05      TextView degF;     ◀——文本框
06      TextView degC;     ◀——文本框
07
08      @Override
09      protected void onCreate(Bundle savedInstanceState) {
10          super.onCreate(savedInstanceState);
11          setContentView(R.layout.activity_main);
12
13          unit = (RadioGroup)findViewById(R.id.unit);   ◀—— 获取 "单位" 单选按钮群组
14          unit.setOnCheckedChangeListener(this);   ◀—— 设置 this 为监听器
```

```
15
16            value = (EditText) findViewById(R.id.value);      ◄────获取输入字段
17            value.addTextChangedListener(this);   ◄──── 设置 this 为监听器
18
19            degF = (TextView) findViewById(R.id.degF);   ◄──── 获取文本框
20            degC = (TextView) findViewById(R.id.degC);   ◄──── 获取文本框
21    }
```

- 第 2 行声明实现 RadioGroup.OnCheckedChangeListener 和 TextWatcher 接口后，编辑器会在 MainActivity 下方显示红色波浪线，表示还未实现接口中定义的方法。稍后实现这些方法后，红色波浪线就会消失。

- 第 14 行是用前面介绍的 setOnCheckedChangeListener() 方法，将 this 设置为选项变动事件的监听器。

- 第 17 行是用 addTextChangedListener() 方法，将 this 设置为 EditText 文字变动事件的监听器。

🖊 可针对文字变动事件进行处理的 TextWatcher 接口

当用户想针对 EditText 组件中文字变动的事件进行实时处理时，可实现 TextWatcher 接口，并用 EditText 组件调用 addTextChangedListener() 注册 TextWatcher 的监听器（如上面程序第 14 行）。

TextWatcher 接口有 3 个方法，按照被调用的顺序分别是：

方法名称	被调用时机
beforeTextChanged()	在文字即将变动之前
onTextChanged()	在文字刚变动完成时
afterTextChanged()	在文字变动完成后

在范例中只需获取变动后的文字内容，只需用到 afterTextChanged() 方法。注意，实现接口时必须完整实现接口的所有方法，另外两个方法虽然用不到，但仍需在程序中列出，方法中可以没有任何程序（参见范例的程序片段）。

我还以为监听器的接口都只有一种方法

每种接口的方法数并非固定，实现接口时，一定要将该接口定义的所有方法都列出，但可选择只使用其中一部分，不会用到的空着即可

步骤 05　实现 RadioGroup.OnCheckedChangeListener 接口的 onCheckedChanged() 方法，以及 TextWatcher 接口的 3 个方法。将插入点移到下面程序第 1 行有红色波浪线的地方，然后按 `Alt` + `Enter` 键自动加入各接口所需的方法。

在 onCheckedChanged() 与 afterTextChanged() 中要做的事情都是进行温度换算的操作，所以在此将实际的换算操作另外独立成自定义的 calc() 方法（稍后加入），在监听的方法中只加入调用 calc() 的语句。

```
01 public void beforeTextChanged(CharSequence arg0, int arg1, int arg2,
02               int arg3) {
03    // TextWatcher 接口的方法，此处不会用到
04 }
05
06 public void onTextChanged(CharSequence arg0, int arg1, int arg2, int arg3) {
07    // TextWatcher 接口的方法，此处不会用到
08 }
09
10 public void afterTextChanged(Editable arg0) {
11    calc();
12 }
13
14 public void onCheckedChanged(RadioGroup arg0, int arg1) {
15    calc();
16 }
```

- 第 10 ~ 12 行是我们要用到的 afterTextChanged()，从名称可看出，此方法在文字改变"之后"才会被系统调用。TextWatcher 接口定义的另外两个方法在本范例中不会用到。
- 第 11、15 行调用自定义方法 calc()，下一步就会实现此方法的内容。

步骤 06 实际进行单位换算的程序都放在自定义方法 calc() 中，所以前述的事件处理方法都只需要调用 calc()，就可在适当时机（用户选取不同单位、改变数字时）立即进行换算。在刚才输入的程序后面继续输入如下自定义方法 calc()：

```
01 protected void calc() {
02    double val, f, c;                          ◄──── 存储温度值换算结果
03    String str = value.getText().toString();   ◄──── 读取输入数据并转为字符串
04    try { // 如果下面程序执行时发生错误，就会跳到 catch() 中执行
05         val = Double.parseDouble(str);        ◄──── 将输入数据转为 Double 数值
06    } catch (Exception e) {
07         val = 0;
08    }
09    if(unit.getCheckedRadioButtonId()==R.id.unitF){ ◄──── 若选择华氏温度
10         f = val;
11         c = (f-32)*5/9;     ◄──── 华氏 => 摄氏
12    } else{     ◄──── 若选择摄氏温度
13         c = val;
14         f = c*9/5+32;       ◄──── 摄氏 => 华氏
15    }
16
17    degC.setText(String.format("%.1f",c) +     ◄──── 只显示到小数点后 1 位
18         getResources().getString(R.string.charC)); ◄──── 加载字符串资源℃符号
19    degF.setText(String.format("%.1f",f) +     ◄──── 只显示到小数点后 1 位
20         getResources().getString(R.string.charF)); ◄──── 加载字符串资源 ⁰F 符号
21 }
```

- 第 3 行先取得用户输入的数据，并转换为字符串。
- 第 4~8 行将输入数据转为 Double 数值，由于转换可能有误（如输入 "-" "+" 或 "."时），因此加上了 try...catch... 的错误处理机制（详见后面的说明框），以免程序因发生错误而中止。当有错误发生时，会改为执行 catch() 中的程序，也就是将 val 设置为 0。
- 第 9~15 行根据用户选择摄氏或华氏时进行不同的计算。第 9 行调用 getCheckedRadioButtonId() 获取当前被选取的 RadioButton 的资源 ID 值，并与 R.id.unitF 对比：若相等，则用输入的华氏温度值算出摄氏温度；若不等，则用输入的摄氏温度值算出华氏温度。
- 第 17、19 行用 setText() 设置要输出的温度值字符串。温度值字符串由温度值和温度符号相连而成。因为换算的结果可能有好几位小数，为避免字数过多，此处使用 String.format() 将数值格式化成只有一位小数的字符串（String.format() 参数的说明参见后面的说明框）。
- 第 18、20 行是加载字符串资源的方法，getResources() 是 Activity 内建的方法，它会返

回 Resource 类的对象，通过此对象可访问应用程序本身的资源。例如，使用字符串的资源 ID 为参数调用此对象的 getString() 方法，就会返回该字符串的内容。

使用 try/catch 处理例外情况

以上第 5 行是将输入数据转为 Double 数值，但若只输入非数字的字符（如 "-"），则会发生执行错误，这在 Java 中称为例外（Exception）。要避免因发生例外而导致程序意外结束，最好的方法就是将那些可能发生例外的程序代码全都包在 try 区块中，并用 catch 区块拦截并处理例外情况。

以本例来说，当执行 val = Double.parseDouble(str); 发生例外时，会自动跳到 catch 的区块执行，因此将 val 设置为 0。catch(Exception e) 的参数 e 是例外对象，我们可以由 e.toString() 获取发生例外的原因说明。

注意，如果在 try 中没有发生例外，就不会执行 catch 中的程序，而会跳到 try/ catch 之后的程序继续执行。若发生例外，则会跳到 catch 中执行，然后执行 try/ catch 之后的程序。

使用 String.format() 方法进行格式化输出

当用户需要将整数、浮点数等数据转成字符串的形式输出时，虽然可使用对应的 Integer、Double 等类的 toString() 方法，不过如果需要指定输出的格式（如不显示小数、最多只能显示两位小数、开头要加正负号等），那么使用 "格式化输出" 功能比较方便。

要进行 "格式化输出"，可以通过 String.format() 方法，此方法第一个参数是格式化字符串，字符串中可包含一般字符串内容和格式化参数。以先前范例程序用到的 "%.1f" 字符串为例，其中的 %.1f 就是格式化参数，意思是说此处要转换为字符串的是浮点数（f），而格式为限制最多显示小数点后一位（.1），至于要被转换的浮点数，就放在格式化字符串后。

转换完成后，返回转换后的字符串

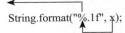

String.format("%.1f", x);

x 的值代入格式化参数，并转成指定的格式

例：

```
String.format("%.1f", 3.14159);  ──────▶ 返回字符串 "3.1"
String.format("%d 是质数", 17);  ──────▶ 返回字符串 "17 是质数"
                    └──── %d 代表要转换的是整数
```

如果字符串中要格式化多个变量，那么可在格式化字符串中列出各变量的格式化参数，而各个变量也可一一列在 format() 方法的参数行中。

步骤 **07** 执行程序，测试单选按钮的功能。

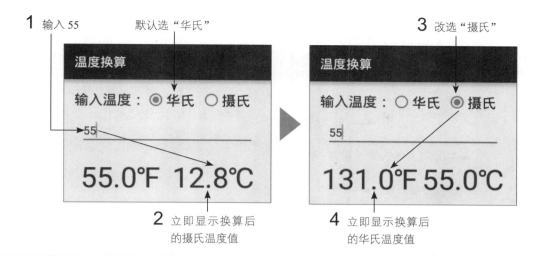

1 输入 55 　　默认选 "华氏"　　**3** 改选 "摄氏"

2 立即显示换算后的摄氏温度值

4 立即显示换算后的华氏温度值

练习 5-3

改进范例，加上第 3 个选项 "绝对温度"，让用户可输入绝对温度值进行换算，同时将输出部分改为可同时输出华氏、摄氏、绝对温度 3 个值（"绝对温度＝摄氏温度＋273.15"）。要显示到小数点后两位。

提示

在 RadioGroup 加入第 3 个单选按钮，id 属性值设为 unitK。由于宽度不足，因此把 RadioGroup 与输入温度的 EditText 位置交换。然后加入显示绝对温度的 TextView，id 属性值设为 degK。为了美化版面，可让 3 个 TextView 上下排列。

可复选的复选框（CheckBox）

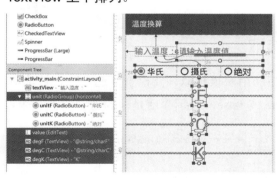

另外，在 calc() 中加入另一个判断，区分华氏与绝对温度的选项：

```
double f, c, k; ←── 增加变量 k

if(unit.getChckedRadioButtonId() == R.id.unitF) {
    ...
```

```
        k = c + 273.15; ←── 计算绝对温度
}
else if (unit.getChckedRadioButtonId() == R.id.unitC) {←
                                            若选择输入摄氏温度

        ...
        k = c + 273.15; ←── 计算绝对温度
}
else {  ←── 若选择输入绝对温度
        k = val;
        c = k - 273.15; ←── 绝对    -> 摄氏
        f = c * 9/5 +32;←── 摄氏    -> 华氏
}
```

在 calc() 最后也要加上以含有小数点后 2 位的格式显示绝对温度的程序：

```
degK.setText(String.format("%.2fK", k));
```

5-2 可复选的复选框

复选框（Checkbox）也是一种提供选择的接口组件，但不同于单选按钮（RadioButton/ RadioGroup）一次只能选取一项，复选框的用途就是提供可复选的选择组件。

复选框（Checkbox）组件用打勾符号表示选取状态

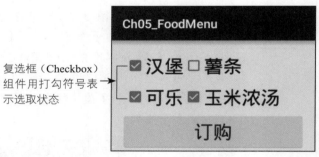

isChecked()：检查是否被选取

复选框（Checkbox）和单选按钮的用法很相似，要检查复选框是否被选取，用其对象调用 isChecked() 方法，它会返回 true 或 false，表示当前是被勾选或取消（未被选中）。

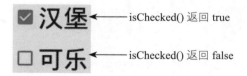

isChecked() 返回 true

isChecked() 返回 false

范例 5-3 以复选框创建餐点选单

下面就用复选框和 isChecked() 方法创建一个简单的菜单范例，用户可任意选取所要的选项，单击"订购"按钮时，程序会列出所点的餐点项。

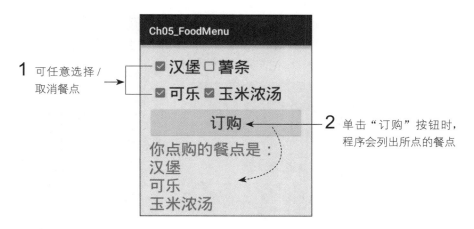

步骤 01 创建新项目 "Ch05_FoodMenu"。

步骤 02 进入图形化编辑器后，先清除预建内容，改用 LinearLayout (Vertical)，并加入如下选项：

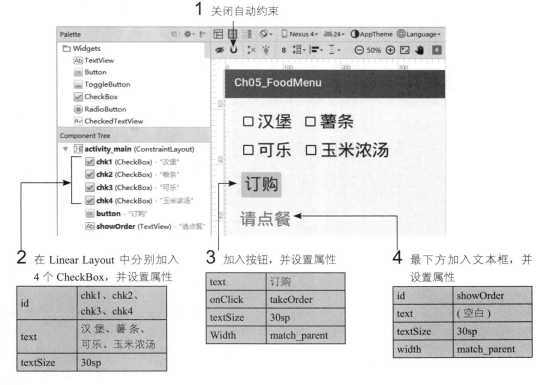

2 在 Linear Layout 中分别加入
4 个 CheckBox，并设置属性

id	chk1、chk2、chk3、chk4
text	汉堡、薯条、可乐、玉米浓汤
textSize	30sp

3 加入按钮，并设置属性

text	订购
onClick	takeOrder
textSize	30sp
Width	match_parent

4 最下方加入文本框，并设置属性

id	showOrder
text	（空白）
textSize	30sp
width	match_parent

步骤 03 设置约束，先依照上图摆好各组件的位置，然后单击推断约束按钮。

1 单击推断约束按钮

4 将按钮的右边界距离设置为 24dp

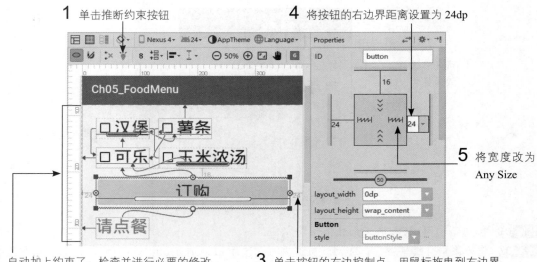

5 将宽度改为 Any Size

2 自动加上约束了，检查并进行必要的修改

3 单击按钮的右边控制点，用鼠标拖曳到右边界

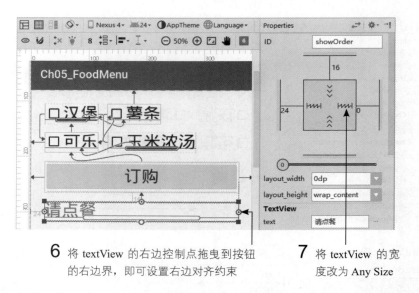

6 将 textView 的右边控制点拖曳到按钮的右边界，即可设置右边对齐约束

7 将 textView 的宽度改为 Any Size

步骤 04 打开 MainActivity.java，我们要编写的程序仅有处理按钮事件的 **takeOrder()** 方法。在此方法中以循环逐一调用各个复选框的 isChecked() 方法，若已被选取，则将其文字加到文本框中显示。在 onCreate() 方法之后的空白处（必须在 MainActivity 的大括号内）加入如下程序：

```
01 public void takeOrder(View v) {
02    CheckBox chk;
03    String msg="";        ← 存放要显示在界面上的文字信息
04                              // 用数组存放所有 CheckBox 组件的 ID
05    int[] id={R.id.chk1, R.id.chk2, R.id.chk3, R.id.chk4};
06
07    for(int i:id){  ← 以循环逐一查看各个 CheckBox 是否被选取
08        chk = (CheckBox) findViewById(i);
```

```
09              if(chk.isChecked())          ◀────── 若被选取
10                  msg+="\n"+chk.getText();  ◀────── 将换行字符和选项文字
11          }                                          附加到 msg 字符串后面
12
13      if(msg.length()>0)         ◀────── 点餐了（字符串长度大于 0）
14          msg =" 你点购的餐点是: "+msg;
15      else
16          msg =" 请点餐 !";
17
18      // 在文本框中显示点购的选项
19      ((TextView) findViewById(R.id.showOrder)).setText(msg);
20  }
```

- 第 5 行声明一个整数数组，其内容就是每个复选框的资源 ID。
- 第 7～11 行以 for 循环逐一用数组中的资源 ID 调用 findViewById() 获取复选框对象，并调用 isChecked() 方法查看它是否被选取。若被选取，则调用 getText() 方法获取其文字（餐点名称），连同换行字符 "\n" 一起附加到 msg 字符串中。所以显示 msg 字符串时，每个餐点名称会列在单独一行（参见后面的执行结果）。
- 第 13 行判断 msg 字符串长度是否大于 0（若大于 0，则表示循环已添加内容到字符串，也就是点餐了），并根据结果设置信息字符串。
- 第 19 行获取文本框对象并显示信息。

步骤 05 将程序放到仿真器 / 手机上执行，并测试结果。

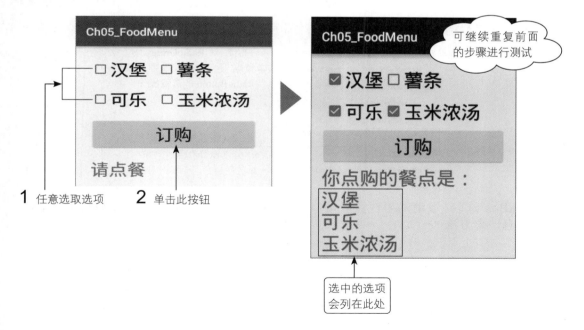

1 任意选取选项　　2 单击此按钮

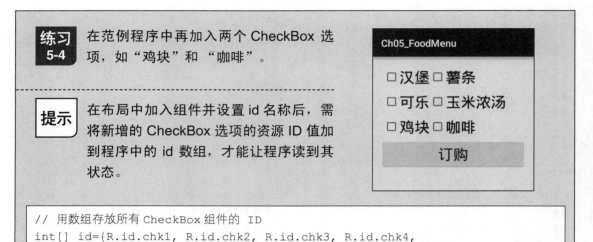

练习 5-4	在范例程序中再加入两个 CheckBox 选项，如"鸡块"和"咖啡"。

提示	在布局中加入组件并设置 id 名称后，需将新增的 CheckBox 选项的资源 ID 值加到程序中的 id 数组，才能让程序读到其状态。

```
// 用数组存放所有 CheckBox 组件的 ID
int[] id={R.id.chk1, R.id.chk2, R.id.chk3, R.id.chk4,
    R.id.chk5, R.id.chk6};  ←————加入新增复选框的资源 ID
```

onCheckedChanged(): 选取 / 取消复选框的事件

前一个例子只使用 isChecked() 检查复选框状态，本节继续使用 setOnCheckedChange Listener() 方法设置复选框被选取 / 取消的事件监听对象。

使用单选按钮时，只要用 RadioGroup 对象设置好监听对象，就可以监控同一组或几个 RadioButton 的选取事件。但是复选框可独立被选取 / 取消，因此我们需要分别为每个复选框设置监听对象。

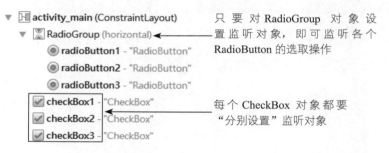

CheckBox 选取 / 取消的事件监听接口为 CompoundButton.OnCheckedChangeListener，此接口只有一个方法：

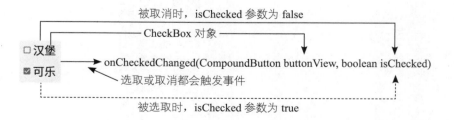

范例 5-4　利用选取事件实时修改订单

在此我们继续沿用前一个范例，不过将程序改成每次用户选取 / 取消餐点时，即时记录已选取的选项，在按钮事件中只单纯显示结果，不再用 isChecked() 方法逐一检查。

读者可以想象一下，当程序中有好几个 CheckBox 组件要设置监听对象时，虽然可用剪切和粘贴的方式复制好几段 findViewById( )、setOnCheckedChangeListener() 等语句，但程序会变得冗长而不易阅读。在此要使用类似前一个范例的小技巧：将对象的资源 ID 放在数组中，再用循环逐一执行 findViewById()、setOnCheckedChangeListener() 语句。

步骤 01 复制 "Ch05_FoodMenu" 项目为 "Ch05_FoodMenuEvent"，然后将 app_name 字符串改为 "FoodMenu 事件处理 "。

步骤 02 打开 res/layout/main_activity.xml，加入 4 个新的选项。

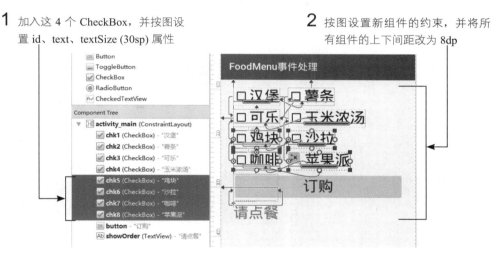

1 加入这 4 个 CheckBox，并按图设置 id、text、textSize (30sp) 属性

2 按图设置新组件的约束，并将所有组件的上下间距改为 8dp

要修改约束时，先删除旧约束再设置新约束，必要时可先关闭自动约束，待有需要时再启用。

步骤 03 仍按照前一个范例的做法，在 TextView 中列出用户点的餐点。由于这次加入了多个餐点选项，在屏幕界面较 "短" 的手机上，可能会使选项列表超出屏幕的界面范围，因此要用 ScrollView 组件包住（Wrap） TextView，让用户可滚动 TextView 的内容，操作方式如下：

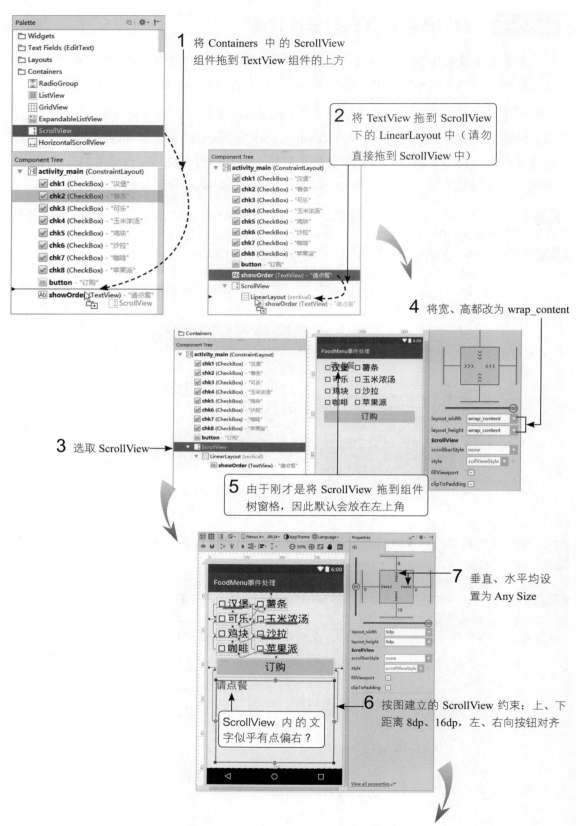

1 将 Containers 中的 ScrollView 组件拖到 TextView 组件的上方

2 将 TextView 拖到 ScrollView 下的 LinearLayout 中（请勿直接拖到 ScrollView 中）

4 将宽、高都改为 wrap_content

3 选取 ScrollView

5 由于刚才是将 ScrollView 拖到组件树窗格，因此默认会放在左上角

7 垂直、水平均设置为 Any Size

ScrollView 内的文字似乎有点偏右？

6 按图建立的 ScrollView 约束：上、下距离 8dp、16dp，左、右向按钮对齐

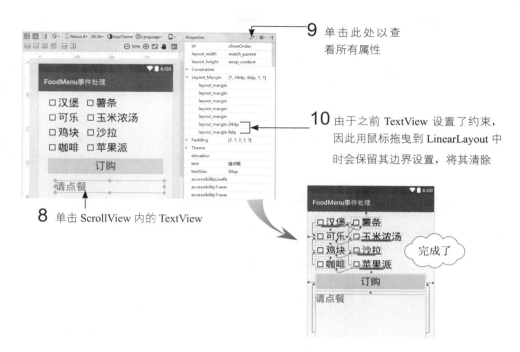

9 单击此处以查
看所有属性

8 单击 ScrollView 内的 TextView

10 由于之前 TextView 设置了约束，
因此用鼠标拖曳到 LinearLayout 中
时会保留其边界设置，将其清除

完成了

将 TextView 包在提供滚动功能的 ScrollView 中。如此一来，当 TextView 显示行数超过 屏幕大小时，用户将可滚动 TextView 的内容（参见后面的执行结果）。

步骤 04 打 开 MainActivity.java， 在 类 加 入 "implementsCompoundButton.OnChecked ChangeListener"声明（注意别选错，不是单选按钮的 RadioGroup.OnCheckedChangeListener），接着在声明上（会有红色波浪线）按 Alt + Enter 键加入接口所需的方法，然后在 onCreate() 中 将 this 注册为所有 CheckBox 的监听器。

```
01 public class MainActivity extends AppCompatActivity
            implements CompoundButton.OnCheckedChangeListener    {
02
03   @Override
04   protected void onCreate(Bundle savedInstanceState) {
05      super.onCreate(savedInstanceState);
06      setContentView(R.layout.activity_main);
07
08         // 所有复选框 ID 的数组
09         int[] chk_id={R.id.chk1, R.id.chk2, R.id.chk3, R.id.chk4,
10                    R.id.chk5, R.id.chk6, R.id.chk7, R.id.chk8};
11
12         for(int id:chk_id){ ←——用循环为所有复选框注册监听对象
13            CheckBox chk=(CheckBox) findViewById(id);
14            chk.setOnCheckedChangeListener(this);
15         }
16   }
...
```

- 第 1 行声明实现 OnCheckedChangeListener 接口，由于有同名的接口，因此要选用 CompoundButton.OnCheckedChangeListener。
- 第 9 ～ 10 行仿照前一个范例，声明一个包含所有 CheckBox 的资源 ID 值的整数数组。
- 第 12 ～ 15 行利用 for 循环，逐一用数组中的资源 ID 值获取 CheckBox 对象，并注册其监听对象为 Activity 本身。

步骤 05 通过 onCheckedChanged() 的参数就能得知用户点什么餐点或取消了什么餐点，并在程序中记录下来。在此我们要使用 Java 语言内建的集合对象 ArrayList 存放当前选取的 CheckBox 对象。

```
01 // 用来存储已选取选项的集合对象
02 ArrayList<CompoundButton> selected=new ArrayList<>();
03
04 public void onCheckedChanged(CompoundButton buttonView, boolean isChecked) {
05
06     if (isChecked)                         ←——若选项被选取
07             selected.add(buttonView);      ←——加到集合中
08     else                                   ←——若选项被取消
09             selected.remove(buttonView);   ←——从集合中删除
10 }
```

- 第 2 行在 MainActivity 类中加入一个 ArrayList，在选取事件的方法和按钮事件方法时都会用到它，所以将它声明于方法外。<...> 是声明此集合对象所存放的数据类型，此处的 ArrayList<CompoundButton> 表示这个集合用于存放 CompoundButton（CheckBox 的父类）对象。

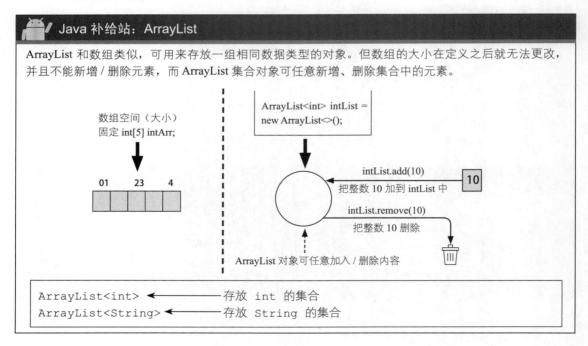

Java 补给站：ArrayList

ArrayList 和数组类似，可用来存放一组相同数据类型的对象。但数组的大小在定义之后就无法更改，并且不能新增 / 删除元素，而 ArrayList 集合对象可任意新增、删除集合中的元素。

数组空间（大小）
固定 int[5] intArr;

01   23   4

```
ArrayList<int> intList =
new ArrayList<>();
```

intList.add(10)
把整数 10 加到 intList 中   10

intList.remove(10)
把整数 10 删除

ArrayList 对象可任意加入 / 删除内容

```
ArrayList<int>    ←——— 存放 int 的集合
ArrayList<String> ←——— 存放 String 的集合
```

- 第 4 行使用 onCheckedChanged() 方法。在此可看到方法的第 1 个参数是 CompoundButton 类型，CompoundButton 为 CheckBox 的父类，这是第 2 行声明 ArrayList<CompoundButton> 的原因，如此在方法中就能直接将参数对象加入 ArrayList 中。如果将 ArrayList 对象声明为 ArrayList<CheckBox>，那么在此方法中，要先将 CompoundButton 对象强制转型为 CheckBox 对象，才能将它加到 ArrayList 对象中。

- 第 6 行先判断传入的参数 isChecked：若是 true，则表示用户选取了该 CheckBox，所以在第 7 行用 add() 方法将它加到集合中；若是 false，则表示被取消，所以在第 9 行用 remove() 方法将它从集合中删除。

步骤 06 调整按钮事件方法 takeOrder() 的内容，前一版是逐一用选中方块调用 isChecked() 方法查看其是否被选取。现在这项工作已在先前的选取事件方法 onCheckedChanged() 中做完了，所以 takeOrder() 中只需把 ArrayList 中的每个对象的文字取出并显示即可。

```
01 public void takeOrder(View v) {
02      String msg="";        ◀──── 存储信息的字符串
03
04      for(CompoundButton chk:selected) ┐  以循环逐一将换行字符及
05         msg += "\n"+chk.getText();   ┘  选项文字附加到 msg 字符串后面
06
07      if(msg.length()>0)             ◀──── 点餐了
08         msg ="你点购的餐点是："+msg;
09      else
10         msg ="请点餐！";
11
12      // 在文本框中显示点购的项目
13      ((TextView) findViewById(R.id.showOrder)).setText(msg);
14 }
```

- 第 4 行利用 for 循环读取 selected 集合中的所有 CompoundButton(CheckBox)，因为只有已被选取的选项会加到集合中，所以此处直接用 getText() 获取其文字，并连同换行字符附加到 msg 字符串后。此部分的处理及后续显示的操作都和前一个范例相同。

步骤 07 将程序部署到仿真器或手机上执行，测试监听对象和 ScrollView 的效果。

1 选取餐点

2 单击此按钮

3 若内容超出屏幕界面范围，则可按住文字方块上下滚动

练习 5-5 在范例程序中加入 1 个 CheckBox 选项用来控制 TextView 的字号，如选中时可将 TextView 字体缩小，取消时恢复为原设置。

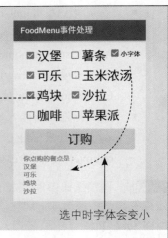

提示 可在 onCheckChanged() 方法中用第 1 个参数调用 getID() 方法获取触发事件的组件资源 ID，再判断是否为控制字号的 CheckBox，若是，则进一步检查第 2 个参数，从而决定字体大小。

选中时字体会变小

```
01 protected void onCreate(Bundle savedInstanceState) {
...
05    // 所有复选框的资源 ID 的数组
06        int[] chk_id={R.id.chk1,R.id.chk2,R.id.chk3,R.id.chk4,
07            R.id.chk5,R.id.chk6,R.id.chk7,R.id.chk8,R.id.small};
08
09    for(int id:chk_id){ 用循环为所有复选框加上监听对象
10        CheckBox chk=(CheckBox) findViewById(id);
11        chk.setOnCheckedChangeListener(this);
12    }
...
39 public void onCheckedChanged(CompoundButton buttonView,
                                 boolean isChecked) {
41    // 检查异动选项的 ID 是否为 "小字体" 的 ID
42    if(buttonView.getId()==R.id.small){
43      TextView txv=(TextView) findViewById(R.id.showOrder);
44      if(isChecked)              ←——被选取
45          txv.setTextSize(15);
46      else                       ←——被取消
47          txv.setTextSize(30);
48      return;                    ←——处理完即返回，所以 "小字体" 选项
49    }                              不会被加到点菜的 ArrayList
...
```

- 第 7 行将新增的 "小字体" CheckBox 的资源 ID 加到数组中，如此在第 11 行的程序才会为它设置选取事件的监听器。
- 第 42 行在选取异动事件中，先获取触发事件的组件的资源 ID，再对比是否等于 "小字体" CheckBox 的资源 ID。
- 第 44 行检查方法参数 isChecked 是否为 true（被选取），若是，则将字体设为 15sp。
- 第 46、47 行是在为 false（被取消）时设置字体为 30sp。

5-3 显示图像的 ImageView

到目前为止，所使用的组件都是以文字为主，本节要介绍可在 Layout 置入图像的 ImageView 组件。用法相当简单，将 ImageView 组件拖到布局中，再把该组件的 Src 属性设为图像资源即可。图像资源有两个来源，分别是 Android 系统本身内建的图像资源和项目的图像资源，下面分别说明其用法。

 ImageView 的 src 属性只能指定位图，而 srcCompat 属性可指定位图或向量图，因此建议全部用 srcCompat 属性设置。

使用 Android 系统内建的图像资源

在 Android 系统中已内建许多图像资源，用资源管理器查看 Android SDK 所在文件夹（C:\Users\(用户账号)\AppData\Local\Android\sdk）下的 "\platforms\android-(SDK 版本)\data\res\drawable-hdpi" 文件夹，就可看到系统内建的图像（大多是图标）。

本 例 查 看 的 是 android-24 中的资源（你的计算机可能会看到其他 SD 版本的文件夹名称）

在 ImageView 组件中的 Src 属性，使用 "@android:drawable/ 图像文件的主文件名" 的格式指定图像文件，即可显示这些内建的图像。

范例 5-5 显示系统内建图像

在此先示范如何在布局中加入 ImageView 组件，并设置使用内建的图像资源，结果如右图所示。

加入电话图标 →

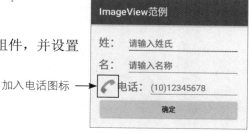

先 将 第 3 章 的 Ch03_LinearWeight 项目 复制成 "Ch05_ImageView" 项目，再将 app_name 字符串改为 "ImageView 范例"，然后打开 layout/activity_main.xml，我们要在原有的 TextView 前加上 ImageView 图标。

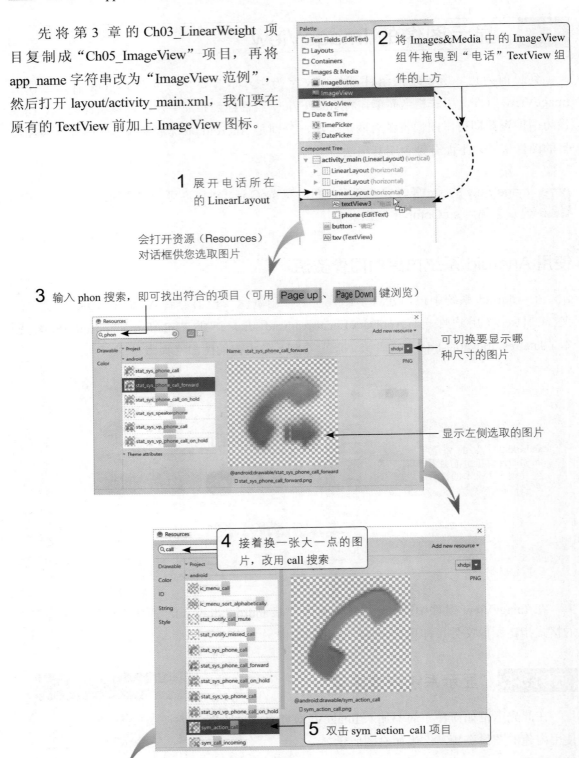

2 将 Images&Media 中的 ImageView 组件拖曳到 "电话" TextView 组件的上方

1 展开电话所在的 LinearLayout

会打开资源（Resources）对话框供您选取图片

3 输入 phon 搜索，即可找出符合的项目（可用 Page up 、 Page Down 键浏览）

可切换要显示哪种尺寸的图片

显示左侧选取的图片

4 接着换一张大一点的图片，改用 call 搜索

5 双击 sym_action_call 项目

内建图像／图片资源是用 "@android:drawable/" 开头的格式指定的

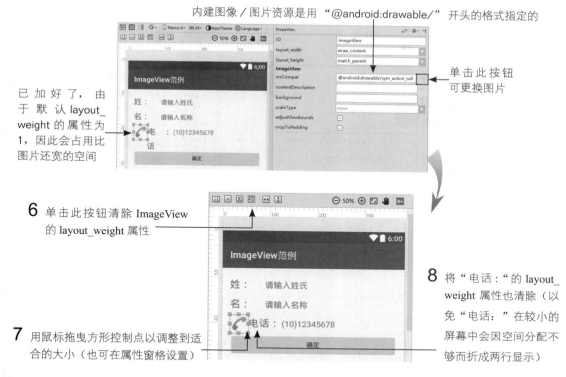

已加好了，由于默认 layout_weight 的属性为 1，因此会占用比图片还宽的空间

单击此按钮可更换图片

6 单击此按钮清除 ImageView 的 layout_weight 属性

8 将 "电话：" 的 layout_weight 属性也清除（以免 "电话：" 在较小的屏幕中会因空间分配不够而折成两行显示）

7 用鼠标拖曳方形控制点以调整到适合的大小（也可在属性窗格设置）

技巧 Google 建议使用 ImageView 组件时，应为 contentDescription 属性提供文字说明（以方便视障者阅读），所以会有警告。为方便初学练习，本书暂且忽略此警告。

练习 5-6 在 "姓" "名" 前都加入一个 ImageView，并分别设为内建资源中的 star_big_on、star_on。

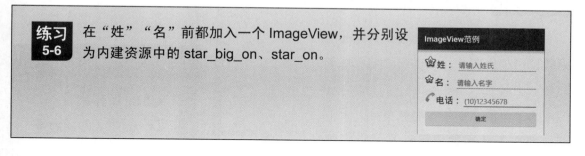

技巧 读者可能会发现，在 Resources 对话框中不会列出在资源管理器看到的 "全部" 图像名称，这是因为有部分图像被归类为非公开（non-public）。若仍想使用这些图像，则可参考下一节的方式，将图像文件加入项目中成为项目本身的资源。

使用自行提供的图像资源

只要将图像放到项目 res/drawable（或 res/drawable-XXX, XXX=mdpi、hdpi、xdpi...）文件夹中（步骤见下页范例），再将组件的 src 属性设置为 "@drawable/ 图像文件的主文件名"，组件中就会出现该图像文件的内容（注意，图像文件的主文件名不可为中文）。

可使用 gif、jpg、png 格式的文件

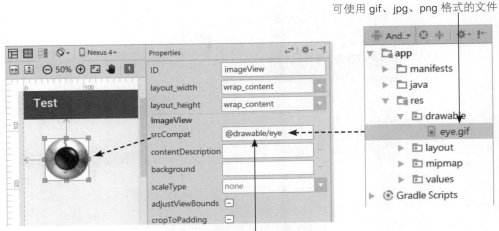

src 的属性值设为 "@drawable/ 图像文件主文件名"

 还记得吗？使用系统内建的图像资源时，格式为 "@android:drawable/ 图像文件主文件名"，而使用自行提供的图像文件时，格式为 "@drawable/ 图像文件主文件名"。

 若想为自己的 Android App 找一些图像使用，则可到 http://search.creativecommons.org/ 网站搜索，但找到中意的图像后，要详细阅读其授权范围。

范例 5-6　为选单加上图片

在此我们利用 ImageView 为先前的点餐范例加上图片，并以图片呈现点餐结果。

除了以图片显示点餐结果外，本范例也改成不使用按钮组件显示点餐结果，而是直接利用 onCheckedChanged() 方法在用户选取 / 取消餐点时显示 / 隐藏餐点的图片。

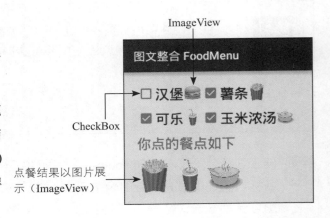

ImageView

CheckBox

点餐结果以图片展示（ImageView）

步骤 01　先将 Ch05_FoodMenu 项目复制成 Ch05_FoodImgMenu，并将 app_name 字符串改为 "图文整合 FoodMenu"。

步骤 02　设计界面前需先备妥所要使用的图片、图像文件，在资源管理器中复制图像文件，再粘贴到项目中。

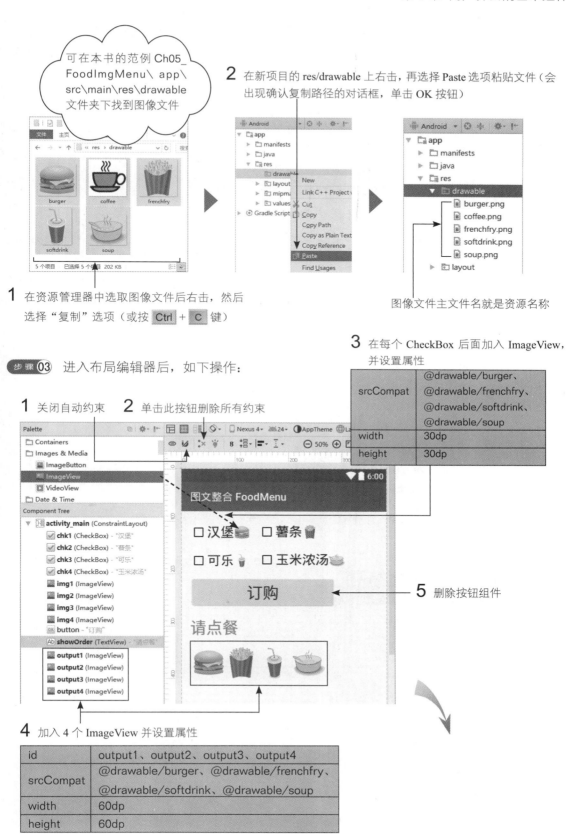

可在本书的范例 Ch05_FoodImgMenu\ app\ src\main\res\drawable 文件夹下找到图像文件

2 在新项目的 res/drawable 上右击,再选择 Paste 选项粘贴文件(会出现确认复制路径的对话框,单击 OK 按钮)

1 在资源管理器中选取图像文件后右击,然后选择"复制"选项(或按 Ctrl + C 键)

图像文件主文件名就是资源名称

3 在每个 CheckBox 后面加入 ImageView,并设置属性

srcCompat	@drawable/burger、@drawable/frenchfry、@drawable/softdrink、@drawable/soup
width	30dp
height	30dp

步骤 **03** 进入布局编辑器后,如下操作:

1 关闭自动约束 **2** 单击此按钮删除所有约束

5 删除按钮组件

4 加入 4 个 ImageView 并设置属性

id	output1、output2、output3、output4
srcCompat	@drawable/burger、@drawable/frenchfry、@drawable/softdrink、@drawable/soup
width	60dp
height	60dp

技巧 在组件树窗格中，可按住 `Ctrl` 键拖曳 ImageView 组件到其他位置进行复制。复制出的新组件在预览图中会和原始组件重叠，接着将其搬移位置，再更改 id 和图片内容即可。

7 将宽、高设置为 wrap_content，并按图调整位置

8 按图调整各组件的位置

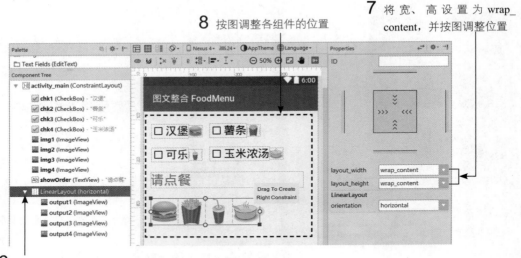

6 加入 LinearLayout(horizontal)，并将 4 个大图拖曳到其内

步骤 04 设置约束，如下操作：

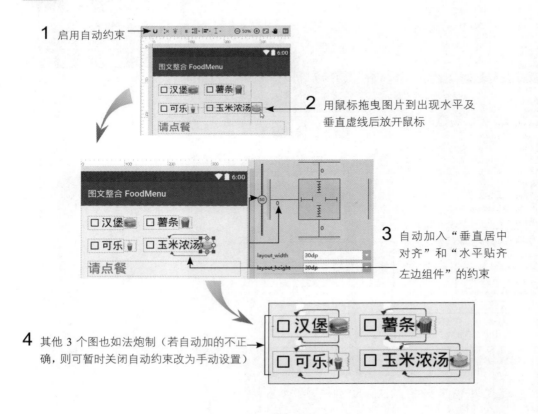

1 启用自动约束

2 用鼠标拖曳图片到出现水平及垂直虚线后放开鼠标

3 自动加入"垂直居中对齐"和"水平贴齐左边组件"的约束

4 其他 3 个图也如法炮制（若自动加的不正确，则可暂时关闭自动约束改为手动设置）

5　单击这个按钮将所有未设置约束的方向都自动补加约束

6　都加好了，检查一下并进行必要的修正（如果测试的手机屏幕宽度较窄，那么可将多选钮的字体都缩小一点，如用 25sp）

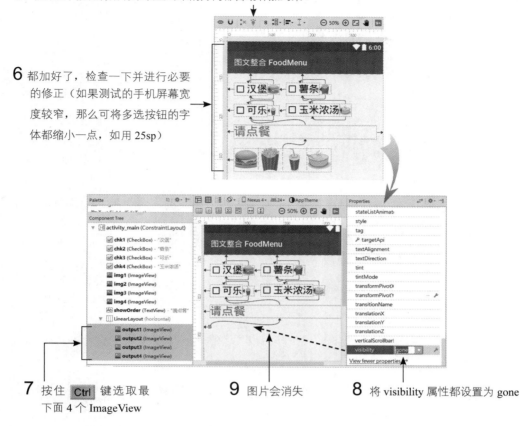

7　按住 Ctrl 键选取最下面 4 个 ImageView

9　图片会消失

8　将 visibility 属性都设置为 gone

步骤 05　因为要用 onCheckedChanged( ) 方法控制显示／隐藏餐点图片的操作，所以同样先在 MainActivity 加上实现 CompoundButton.OnCheckedChangeListener 接口和相关方法的实现，在 onCreate() 方法中需为 CheckBox 注册监听对象。

```
01 public class MainActivity extends AppCompatActivity
02                implements CompoundButton.OnCheckedChangeListener {
03   @Override
04   protected void onCreate(Bundle savedInstanceState) {
05       super.onCreate(savedInstanceState);
06       setContentView(R.layout.activity_main);
07
08       int[] chk_id={R.id.chk1,R.id.chk2,R.id.chk3,R.id.chk4};
09       for (int id:chk_id) ◄——————为每个 CheckBox 注册监听对象
10           ((CheckBox)findViewById(id)).setOnCheckedChangeListener(this);
11   }
12
13   int items=0;◄——记录当前选取餐点的数量
14   public void onCheckedChanged(CompoundButton chk,
                                   boolean isChecked) {
```

```
15        int visible;     ◄────CheckBox 显示状态
16        if(isChecked){ ◄────被选取时
17            items++;   ◄────数量加 1
18            visible=View.VISIBLE; ◄──┐
                    应使用的 visibility 属性值为 VISIBLE（可见）
19        }
20        else{      ◄────被取消时
21            items--; ◄────数量减 1
22            visible=View.GONE; ◄──┐
                    应使用的 visibility 属性值为 GONE（不可见）
23    }
24
25        switch (chk.getId()){ ◄────按选取选项的资源 ID，决定要更改的 ImageView
26        case R.id.chk1:
27            findViewById(R.id.output1).setVisibility(visible);
28            break;
29        case R.id.chk2:
30            findViewById(R.id.output2).setVisibility(visible);
31            break;
32        case R.id.chk3:
33            findViewById(R.id.output3).setVisibility(visible);
34            break;
35        case R.id.chk4:
36            findViewById(R.id.output4).setVisibility(visible);
37            break;
38        }
39
40        String msg;
41        if(items>0) ◄────选取项大于 0，显示有点餐的信息
42            msg= "你点的餐点如下 :";
43        else          ◄────否则显示请点餐的信息
44            msg= "请点餐 !";
45        ((TextView)findViewById(R.id.showOrder)).setText(msg);
46    }
47 ...
```

- 第 2 行在 MainActivity 类实现 CompoundButton.OnCheckedChangeListener 接口，实现接口的 onCheckedChanged() 方法是在第 14 行。
- 第 8 行声明包含 4 个 CheckBox 的资源 ID 的 int 数组，第 9、10 行用循环为每个 CheckBox 注册监听对象。
- 第 13 行声明一个 int 变量 items，用来记录当前有几个 CheckBox 被选取，初始值 0 表示没有 CheckBox 被选取。
- 第 14 ～ 46 行为 CheckBox 事件处理方法。方法中会利用 View 类的 setVisibility() 方法设置是否显示 ImageView 组件。setVisibility() 参数可为下列 3 个常数之一。

setVisibility() 参数值	visibility 属性值	说明
VIEW.VISIBLE	visible	默认值,表示组件会正常显示
VIEW.INVISIBLE	invisible	组件看不到,但会占用布局空间,如3个ImageView排在一起,若中间的被设置为 VIEW.INVISIBLE,则其前后的ImageView 之间将留白
VIEW.GONE	gone	组件看不到,也"不占用"布局空间,同样 3 个 ImageView 排列的情况,若中间的被设置为 VIEW.GONE,则其前后的 ImageView 将会变成相邻的组件

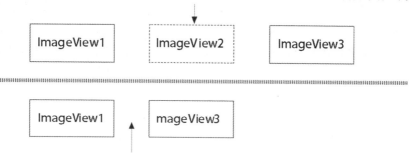

ImageView2 的 visibility 属性为 INVISIBLE,组件会隐藏但会占用原有空间

ImageView2 的 Visibility 属性为 GONE,组件会隐藏且不占用空间

- 第 16 ~ 23 行根据参数 isChecked 进行不同的处理:若是"选取"事件,则将 items 数值加 1 并设置显示状态值为 VI EW.VISIBLE;若"取消"事件,则将 items 数值减 1 并设置显示状态值为 VIEW.GONE。
- 第 25 ~ 38 行利用 switch/case 判断当前被选取(或取消)的 CheckBox 是哪一个,并将该项对应的 ImageView 设为显示或隐藏。
- 第 40 ~ 45 行检查 items(当前选取的选项总数)是否大于 0,并根据结果在 TextView 显示不同的信息。此处直接将字符串放在程序中,用户可自行改用字符串资源的方式处理。

步骤 06 将程序部署到手机或仿真器上执行测试效果。

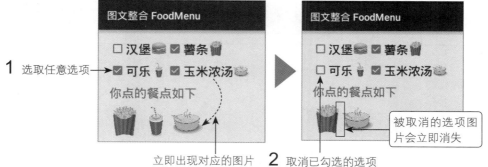

1 选取任意选项

立即出现对应的图片

2 取消已勾选的选项

被取消的选项图片会立即消失

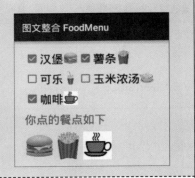

练习 5-7 在范例项目的 res 文件夹中还有一个咖啡 coffee.png 图标，在范例中加入"咖啡"CheckBox 和图片，并以图片表示选取的状态。

提示 除了在布局中加入选项、ImageView 外，还要记得将新选项的资源 ID 及代表点餐结果的图标加到 onCreate()、onCheckedChange() 中处理（若咖啡的 CheckBox id 属性值为 chk5，则代表选择咖啡的图标 id 属性值为 output5）。

```
...
protected void onCreate(Bundle savedInstanceState) {
    ...
    int[] chk_id={R.id.chk1,R.id.chk2,R.id.chk3,R.id.chk4,R.id.chk5};
...
}

public void onCheckedChanged(CompoundButton chk, boolean isChecked) {
    ....
    switch (chk.getId()){ 按选项 ID，决定要更改的 ImageView ID
    ...
    case R.id.chk5:
        findViewById(R.id.output5).setVisibility(visible);
        break;
    }
.   ...
}
```

你也可以自行拍摄或上网找照片作为餐点的图片哦！

用程序设置 ImageView 显示的图像

若要在程序中设置 ImageView 显示的图像，则可使用 ImageView 的对象调用其 setImageResource() 方法。如果要使用内建的图像资源，那么可以如下编写程序：

```
ImageView img=(ImageView)findViewById(R.id.img);  ←—— 获取 ImageView 组件
img.setImageResource(android.R.drawable.sym_action_call); ←┐
                                                    显示内建的电话图标
```

如果要使用的是项目中的图像资源，那么可以如下编写程序：

```
ImageView img=(ImageView)findViewById(R.id.img);  ←—— 获取 ImageView 组件
img.setImageResource(R.drawable.hamburger);  ←—— 使用项目资源中的图像
```

setImageResource() 方法的参数就是要显示的图像资源。另外，若想显示手机相册中的照片，则需使用 setImageBitmap() 方法并搭配使用 BitmapFactory 类，详细介绍参见第 10 章 "拍照与显示照片"。

 注意 ID 在 Java 与 XML 中的表达方法

资源 ID 在 Java 程序内与程序外（通常是 XML 文件中）的写法是不一样的，在 Java 中是以类的方式表达的；在程序外（通常是 XML 文件中）则是以 @ 开头（@ 就是 at 的意思）。若要存取系统内建的资源，则前面要多加 "android." 或 "android:"。

资源位置	在 Java 程序中	在程序外（XML 文件）
项目中的资源	R.id.img	@id/img（或@+id/img，表示若无此id，则新增一个）
	R.drawable.soup	@drawable/soup
系统内建资源	android.R.drawable/star_on	@android:drawable/star_on

图像的缩放控制

将图片指定给 ImageView 时，图片显示的大小默认取决于两个因素：组件的宽高（Width、Height）设置和图片本身的大小（像素）。

- 若 ImageView 组件宽高设置为 wrap_content，则在图片大小不超过布局本身的限制下，会以原尺寸的方式显示图片内容。
- 若组件宽高设置为 wrap_content，但图片大小超过布局本身大小的限制（如图片比屏幕界面还大，或布局中有其他组件已占用一些空间），则图片会缩放到符合其可显示空间的大小。
- 若组件宽高设置为 match_parent 或特定的尺寸（如 100dp 等），则图片会缩放至符合组件宽高的大小。

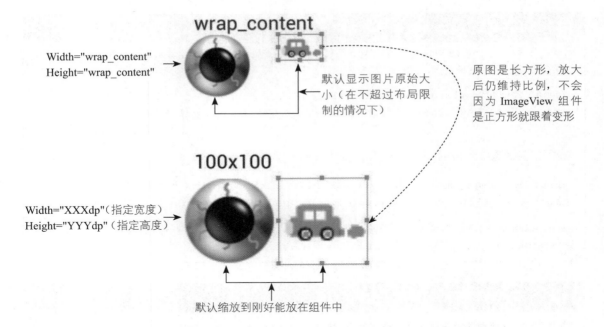

上述缩放图片的情况默认都是以不改变原图比例的方式缩放。例如，若图片的宽高比为 5:3（长方形），而组件大小是正方形（1:1），则图片缩放后仍会维持长方形，只会填满正方形组件的一部分，而使组件上下（或左右）留空。若想改变缩放的方式（如不留空），则需进一步在 ImageView 的 scaleType 属性指定缩放方式，可使用的属性值参见以下说明。

改变 ImageView 中图片的缩放方式

ImageView 的 scaleType 属性可指定图片的缩放方式，在某些情况下也会改变图片在组件中的位置（对齐方式）和是否裁剪图片，此属性可设置的值如下表所示。

属性值	缩放方式	对齐位置	是否裁剪
matrix	原图尺寸	对齐组件左上	若图片比组件还大，则会被裁剪
center	原图尺寸	居中	若图片比组件还大，则会被裁剪
centerCrop	以符合组件宽或高（取较大者）的方式缩放	居中	若图片宽高比与组件宽高比不同，则会被裁剪
centerInside	原图尺寸比组件小时不缩放，否则同 FitCenter	居中	否
fitXY	以符合组件宽高的方式缩放（若图片宽高比与组件不同，则图片会变形）	居中	否
fitStart	以符合组件宽或高（取较小者）的方式缩放	对齐组件左上	否
fitCenter（默认值）	以符合组件宽或高（取较小者）的方式缩放	居中	否
fitEnd	以符合组件宽或高（取较小者）的方式缩放	对齐组件右下	否

延伸阅读

（1）有关格式化参数、format() 的详细语法和相关的应用，可参考 java.lang.Formatter 类的说明文件（http://developer.android.com/reference/java/util/Formatter.html）。

（2）有关 ArrayList 的详细说明，可参考 Java 说明文件（http://docs.oracle.com/javase/6/docs/api/java/util/ArrayList.html）。

（3）有关使用 for 循环处理数组与集合中所有元素的语法，可参考 Java 说明文件（http:// docs.oracle.com/javase/1.5.0/docs/guide/language/foreach.html）。

重点整理

（1）将多个 RadioButton 放在 RadioGroup 组件中，就会让这些 RadioButton 具有单选的功能，只要用户选取了其中一个 RadioButton，就会取消其他 RadioButton 的选取状态。

（2）对于 RadioGroup 组件，可调用其 getCheckedRadioButtonId() 方法获取当前被选取 RadioButton 的资源 ID。

（3）要设置 RadioGroup 组件的"选项改变事件"的监听对象，需调用 setOnCheckedChangeListener() 方法。至于监听对象，则需实现 RadioGroup.OnCheckedChangeListener 接口，此接口只有一个 onCheckedChanged(RadioGroup group, int checkedId) 方法。

（4）使用 String.format() 方法可进行格式化输出，如指定变量输出时是否显示小数、可显示几位小数、开头要加正负号等。

（5）复选框（Checkbox）的用途是提供可复选的选择组件。要检查复选框是否被选取，可用复选框的对象调用 isChecked() 方法，返回值 true/false 表示当前是被选中 / 取消（未被选中）的。

（6）要设置 Checkbox 组件的"选项改变事件"的监听对象，需调用 setOnChecked ChangeListener() 方法。至于监听对象，则需实现 CompoundButton.OnChecked ChangeListener 接口，此接口只有一个 onCheckedChanged(CompoundButton buttonView, boolean isChecked) 方法。

（7）Android 系统内建许多图像可用 ImageView 组件显示，设置方式是在 ImageView 组件的 src 属性指定内建图像资源的名称，指定的格式为"@android:drawable/ 内建图像资源名称"。

（8）要用 ImageView 显示自定义的图像，最简单的用法是将图像文件放到项目 res/drawable（或 res/drawable-XXX，XXX=mdpi、hdpi、xdpi 等）文件夹中，再以"@ drawable/ 图像文件的主文件名"的格式设置 ImageView 组件的 src 属性，组件中就会显示该图文件的内容。

（9）若 ImageView 组件宽高设置为 wrap_content，则在不超过布局本身的限制下，会以原尺寸的方式显示图片内容；若超过布局本身的限制、组件宽高设置为 match_parent 或自定义大小，则图片会缩放到符合其可显示空间的大小。

（10）布局中的组件都可使用 visibility 属性设置是否显示、占用布局空间：默认为 visible 表示要显示，invisible 表示不显示，gone 表示不显示且不占布局空间。若要用程序控制可调用 setVisibility()，参数可为 VIEW.VISIBLE、VIEW.INVISIBLE、VIEW.GONE 等常数值。

习题

（1）对 RadioGroup 组件调用 _____ 方法，可以获取当前被选取的 RadioButton 的资源 ID。

（2）以 ImageView 组件显示内建图像时指定 src 属性的格式为 _____。

（3）对 CheckBox 组件调用 _____ 方法，可以检查是否被选中。

（4）裁剪一个简单的窗体，用 RadioButton 创建的性别、学历选项，并用程序读取、显示用户选取的结果。

（5）请使用单选按钮设计一个背景颜色选择功能，让用户可通过单选按钮选择预先设置的背景颜色（如红、绿、蓝、黄等）。用户选取时，程序要将结果立即应用到 Layout 组件。

（6）某自助餐店选 3 样菜 50 元、4 样菜 60 元，用 CheckBox 列出一组菜色，模拟选菜动作，必须选 3 样或 4 样菜时才能结账，结账时要显示正确的金额；选太少或太多菜则显示提示信息。

（7）在"sdk\platforms\（版本名称）\data\res\drawable-mdpi"可看到几个文件名以 emo 开头的表情图像（如 emo_im_happy），试选用其中一种，拖到项目的 res/drawable 文件夹中，并显示在程序中。

第6章 高级 UI 组件：Spinner 与 ListView

6-1　Spinner 选单组件

在 Android 中的 Spinner 选单组件以下拉菜单或对话框列出选项，供用户选取。

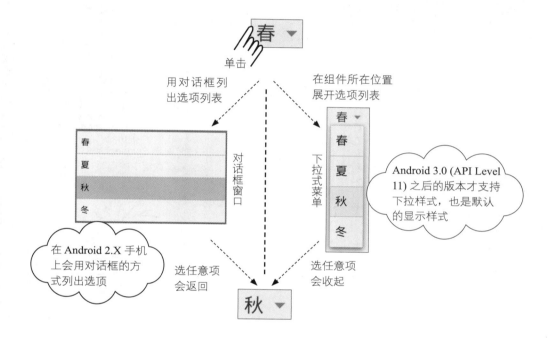

 在 Android 3.0 以上的系统，将 Spinner 组件的 spinnerMode 属性设为 dialog（默认为 dropdown），也可改为以对话框方式呈现。

Spinner 组件的属性设置

创建 Spinner 组件时，只需设置一项 entries 属性即可使用，此属性设置要放在列表中的文字内容，不过在此不能像 TextView 的 text 属性直接指定要显示的字符串，而是必须先在 values/strings.xml 中创建字符串数组（创建方式参见稍后的范例），再将数组名指定给 entries 属性，当程序执行时 Spinner 会列出数组内容。

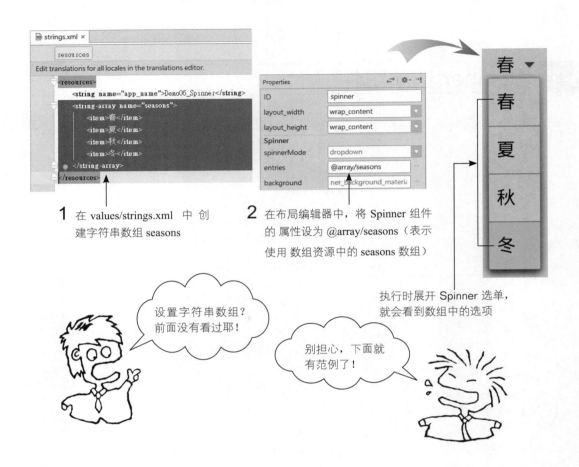

1 在 values/strings.xml 中创建字符串数组 seasons

2 在布局编辑器中，将 Spinner 组件的属性设为 @array/seasons（表示使用 数组资源中的 seasons 数组）

执行时展开 Spinner 选单，就会看到数组中的选项

设置字符串数组？前面没有看过耶！

别担心，下面就有范例了！

用 getSelectedItemPosition() 读取 Spinner 组件的选项

要在程序中获取用户在 Spinner 组件中选取的选项，可使用 getSelectedItemPosition() 方法获取该选项的索引编号（从 0 开始）。

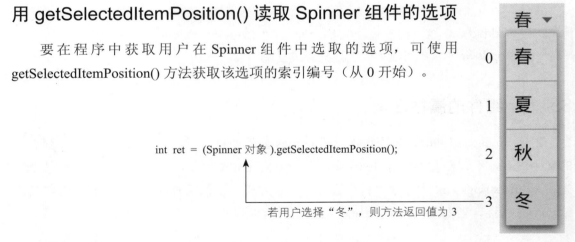

int ret = (Spinner 对象).getSelectedItemPosition();

若用户选择"冬"，则方法返回值为 3

通过这种方式就能得知用户的选择，并在程序中做进一步处理。

范例 6-1　使用 Spinner 设计购票程序

在本例中将用 Spinner 让用户选择所要订票的电影院，并示范如何在字符串资源中创建 Spinner 所要使用的字符串数组。

步骤 01 新建项目 "Ch06_TicketSpinner"。

步骤 02 进入项目后，打开 res/values/strings.xml，如下创建字符串数组（String Array）：

1 输入 1 个 string-array 标签，名称为 cinemas（善用自动完成功能）

2 输入 5 个 item 子标签

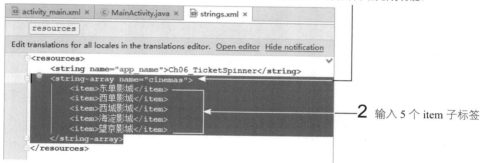

步骤 03 回到布局编辑器，将活动的 RelativeLayout 换成 ConstraintLayout，然后如下操作：

1 启用自动约束

2 单击此按钮清除所有约束

4 将 Button 拖到 txv 正上方 24dp 处于水平居中，并设置属性

text	订票
onClick	order

3 修改内建 TextView 属性并将它拖到界面正中央，以建立垂直居中和水平居中约束

id	txv
text	未订票
textSize	30sp

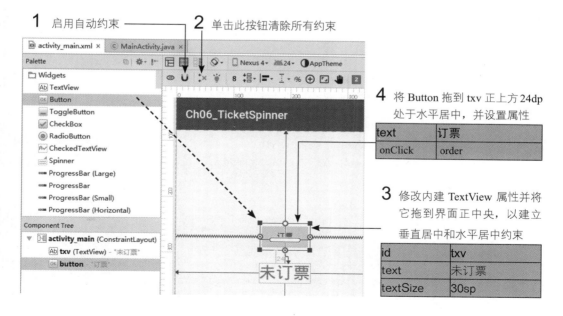

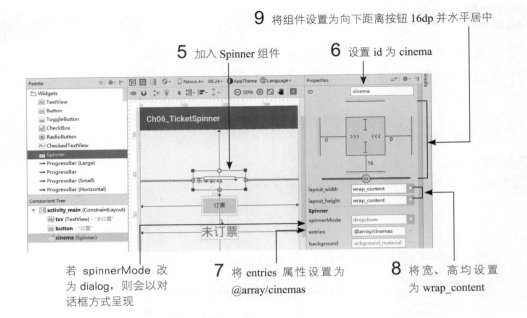

9 将组件设置为向下距离按钮 16dp 并水平居中

5 加入 Spinner 组件　　**6** 设置 id 为 cinema

若 spinnerMode 改为 dialog，则会以对话框方式呈现

7 将 entries 属性设置为 @array/cinemas

8 将宽、高均设置为 wrap_content

在 XML 文件中存取字符串数组的写法为 "@array/ 数组名"，在程序中存取字符串数组的写法为 "R.array. 数组名"。

步骤 04 打开 MainActivity.java，加入按钮的 order() 方法：

```
01 public class MainActivity extends AppCompatActivity {
02    TextView txv;
03    Spinner cinema;        ←——显示影城列表的 Spinner 对象
04    @Override
05    protected void onCreate(Bundle savedInstanceState) {
06        super.onCreate(savedInstanceState);
07        setContentView(R.layout.activity_main);
08
09        txv = (TextView)findViewById(R.id.txv);        ←——获取 TextView 对象
10        cinema = (Spinner) findViewById(R.id.cinema);  ←——获取 Spinner 对象
11    }
...
20    public void order(View v){
21        String[] cinemas=getResources().        ←——获取字符串资源中的字符串数组
22                getStringArray(R.array.cinemas);
23                                                获取 Spinner 中
24        int index=cinema.getSelectedItemPosition();  ←——被选取选项的位置
25        txv.setText(" 订 "+cinemas[index]+" 的票 ");  ←——显示选取的选项
26    }
27 }
```

- 第 2、3 行在类中声明所要用到的对象变量，并在第 9、10 行用 findViewById() 获取对象设置变量初值。
- 第 21、22 行通过程序获取资源中的 cinemas 字符串数组。只要使用 Activity 类的 getResources() 方法，即可返回可读取资源的 Resources 类对象。通过 Resources 类定义的 getStringArray() 方法可以获取指定资源 ID 的字符串数组。

getResources() 方法

getResources() 方法返回的 Resources 对象提供了许多方法，可用于读取各种资源。除了前面程序中使用的 getStringArray() 外，常用的还有 getString()，可读取指定资源 ID 的字符串，getDrawable() 则可获取放置在 drawable-XXX 文件夹下的图像资源。

- 第 24 行调用 Spinner 对象的 getSelectedItemPosition() 方法，获取被选取选项的"位置"，也就是其在数组中从 0 算起的索引值。
- 第 25 行用前面获取的索引值从字符串数组中取出对应的字符串，并显示在 TextView 中。

步骤 05 将程序部署到手机 / 仿真器上测试结果。

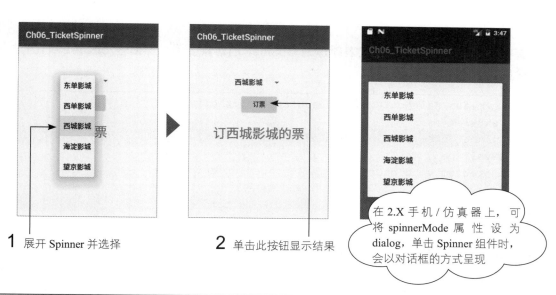

1 展开 Spinner 并选择

2 单击此按钮显示结果

在 2.X 手机 / 仿真器上，可将 spinnerMode 属性设为 dialog，单击 Spinner 组件时，会以对话框的方式呈现

练习 6-1 将范例布局改成 LinearLayout (Vertical)，并加入一个 Spinner 组件，以提供场次的选择。

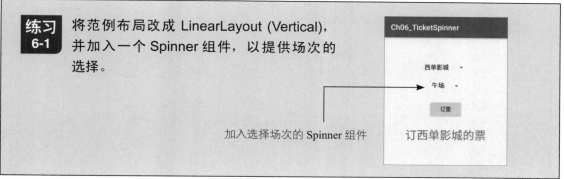

加入选择场次的 Spinner 组件

订西单影城的票

> **提示** 先在资源中新建场次的字符串数组（如"早场""午场""晚场"），然后指定给布局中新加入的 Spinner 组件 Entries 属性。

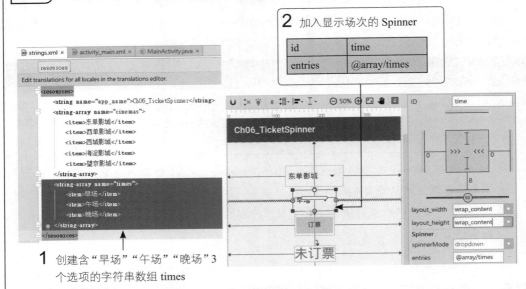

2 加入显示场次的 Spinner

id	time
entries	@array/times

1 创建含"早场""午场""晚场"3 个选项的字符串数组 times

接着在 MainActivity 中声明代表新建的 Spinner 的对象变量，然后在 onCreate() 方法中设置初值。

```
public class MainActivity extends AppCompatActivity {
    TextView txv;
    Spinner cinema, time; // 戏院、场次列表对象
    @Override
    protected void onCreate(Bundle savedInstanceState) {
        ...
        time = (Spinner) findViewById(R.id.time);
}
```

最后修改 order() 方法，获取选取的场次后连同戏院数据一起显示。

```
public void order(View v){
    String[] cinemas=getResources().        ← 获取戏院字符串数组
                    getStringArray(R.array.cinemas);

    String[] times=getResources().        ← 获取场次字符串数组
                    getStringArray(R.array.times);

    int idxCinema=cinema.getSelectedItemPosition(); ← 选取的戏院
    int idxTime    =time.getSelectedItemPosition(); ← 选取的场次

    txv.setText("订 "+cinemas[idxCinema]+times[idxTime]+" 的票 ");
}
```

onItemSelected()：Spinner 组件的选择事件

若要在用户开始选取选项时就进行对应的操作，则可用 setOnItemSelectedListener() 方法设置实现 OnItemSelectedListener 接口的监听对象。此接口有两个方法。

- onItemSelected()：当用户选择列表中的选项时会调用此方法。此方法有 4 个参数，最常用的是第 3 个参数，也就是选取选项的编号。

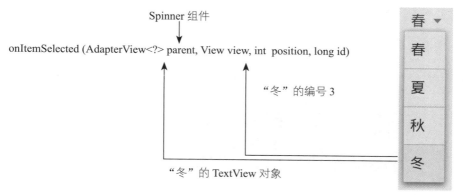

最后一个 id 参数，在使用字符串数组的 Spinner 中，其值会和 position 相同。

- onNothingSelected()：当用户"拉下菜单但没有选取选项"（如按手机的返回按钮）时会调用此方法。通常都不处理此操作，但因实现接口时要定义接口中所有的方法，所以定义监听器时仍要列出一个没有内容的 onNothingSelected() 方法（参见后面的范例）。

范例 6-2　运动能量消耗计算器

在此用 Spinner 实现运动能量消耗计算器。用户从 Spinner 选择运动类型，再输入体重、运动时间，即可算出此项运动预估消耗的热量。

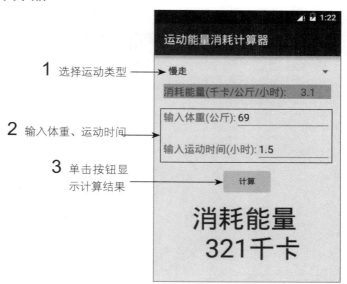

为了练习前面介绍的内容，范例程序设计成当用户选择不同运动项目时，会利用 onItemSelected() 方法实时显示该项运动消耗的能量（千卡 / 公斤 / 小时），而单击"计算"按钮时会用 getSelectedItemPosition() 获取 Spinner 中当前选取的选项，然后按照输入的体重和运动时间算出实际的消耗能量。

步骤 **01** 新建项目"Ch06_EnergyCalculator"。

步骤 **02** 打开 res/values/strings.xml，将 App 名称设为"运动能量消耗计算器"，然后加入运动选项的字符串数组。

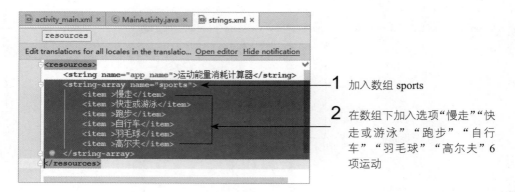

1 加入数组 sports

2 在数组下加入选项"慢走""快走或游泳""跑步""自行车""羽毛球""高尔夫"6 项运动

步骤 **03** 进入布局编辑器，删除预建的"Hello world"组件，并转换布局为 LinearLayout (Vertical)，如下设计界面：

1 加入 Widgets 分类中的 Spinner 组件

2 把 id 设置为 sports

3 按图设置约束（距上边界 24dp、左右边界 16dp，宽度为 Any Size，高度为 wrap_content）

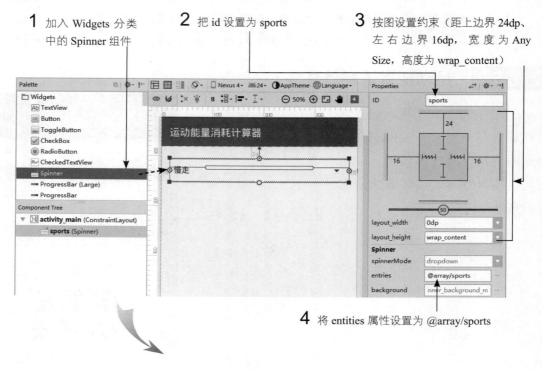

4 将 entities 属性设置为 @array/sports

5 加入 3 个 TextView 并按图设置 Text 属性

6 设置约束：距左边界 16dp，距上方组件分别为 16dp、24dp、24dp

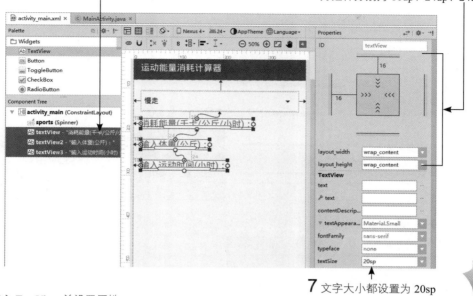

7 文字大小都设置为 20sp

8 加入 TextView 并设置属性

id	txvRate
text	（空白）
textSize	20sp

10 按图设置 3 个组件的属性（距左组件 0dp 且 baseline 对齐，距右边界 16dp，宽为 Any Size）

9 加入两个 Text Fields 分类中的 Number(Decimal) 并设置属性

id	weight、timeSpan
inputType	numberDecimal（表示可输入含有小数点的数字）

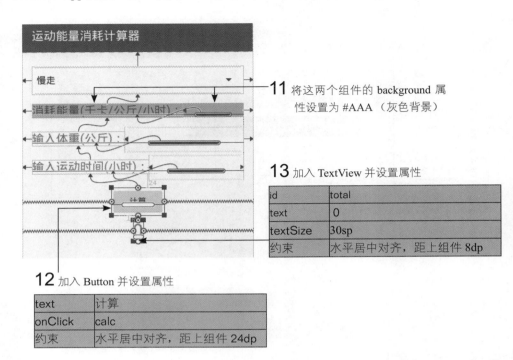

11 将这两个组件的 background 属性设置为 #AAA（灰色背景）

13 加入 TextView 并设置属性

id	total
text	0
textSize	30sp
约束	水平居中对齐，距上组件 8dp

12 加入 Button 并设置属性

text	计算
onClick	calc
约束	水平居中对齐，距上组件 24dp

步骤 **04** 打开 MainActivity.java 进行编辑，对 MainActivity 类要实现 AdapterView.OnItemSelectedListener 接口，在 onCreate() 方法中要将 Spinner 的选取事件监听器注册为 this。

```
01 public class MainActivity extends AppCompatActivity
                  implements AdapterView.OnItemSelectedListener {
02                      // 字符串数组中各项运动的能量消耗率："千卡 / 公斤 / 小时"
03    double[] energyRate={3.1, 4.4,    13.2, 9.7, 5.1, 3.7};
04    EditText weight,time;     ←—— 体重和运动时间字段
05    TextView total,txvRate;  ←—— 显示能量消耗率、计算结果的 TextView
06    Spinner sports;          ←—— 运动选项列表
07
08    @Override
09    protected void onCreate(Bundle savedInstanceState) {
10        super.onCreate(savedInstanceState);
11        setContentView(R.layout.activity_main);
12        // 设置变量初值
13        weight= (EditText)findViewById(R.id.weight);
14        time= (EditText)findViewById(R.id.timeSpan);
15        total= (TextView)findViewById(R.id.total);
16        txvRate= (TextView)findViewById(R.id.txvRate);
17        sports=(Spinner) findViewById(R.id.sports);
18        sports.setOnItemSelectedListener(this);  ←—— 注册监听器
```

```
19      }
20
21      public void onItemSelected(AdapterView<?> parent, View view,
                                   int position, long id) {
22
23          // 显示选取的运动选项的基本能量消耗率
24          txvRate.setText(String.valueOf(energyRate[position]));
25      }
26
27      public void onNothingSelected(AdapterView<?> parent) {
28          // 此事件方法不会用到，但仍需定义一个没有内容的方法
29      }
...
```

- 第 3 行的 energyRate 数组存放各项运动的能量消耗率（不包括基础代谢率），其数值
  单位为"千卡（大卡）/ 公斤 / 小时"，如体重 60 公斤、走路 1 小时所消耗的能量是
  60*1*3.1=186 千卡。

- 第 4~6 行声明屏幕界面上各组件的对象变量，以便在 MainActivity 中的所有方法都可
  以存取。

- 第 11~17 行在 onCreate() 中调用 setContentView() 创建的各个组件之后，设置对应的对
  象变量初值。

- 第 18 行将 Spinner 选取事件的监听器设为 this（就是 MainActivity 本身）。

- 第 21 ～ 25 行是 onItemSelected() 方法，此方法会在用户选任意一项运动时被调用，在
  此只需用到第 3 个参数 position（选项在列表中的编号）。程序会在用户选取任意一个
  运动项目时，将其能量消耗率显示出来，此处就利用 position 为索引直接到 energyRate
  数组取出该数值并显示到 TextView。

- 第 27 行是必须要实现的 onNothingSelected() 方法（用户"未"选取运动项目时被调用），
  由于不需对"未"选取的操作进行处理，因此此处保持空白方法内容。

步骤 05 继续在类中加入按钮 onClick 事件的处理方法 calc()。

```
01  public void calc(View v){
02    String w = weight.getText().toString();      ←── 获取用户输入的体重
03    String t = time.getText().toString();        ←── 获取用户输入的运动时间长度
04    if(w.isEmpty() || w.equals(".") || t.isEmpty() ||
                   t.equals(".")) {                ←── 如果输入空白或 "." 就不计算
05         total.setText("请输入体重及运动时间");       ←── 显示提示信息
06         return;
07    }
08
09    int pos = sports.getSelectedItemPosition();  ←── 获取当前选取项目的索引
10
11    // 计算消耗能量 = 能量消耗率 * 体重 * 运动时间长度
12    long kcal = Math.round( energyRate[pos]
13                  * Double.parseDouble(w) * Double.parseDouble(t));
14
15    total.setText(String.format("消耗能量 %d 千卡", kcal));  ←──显示计算结果
16  }
```

- 第 2~7 行获取用户输入的体重及运动时间，并检查是否输入错误（为空白或 "."）。

 你也可以改用 try/catch 的方式防止因输入非数值的数据而发生转换错误，从而导致程序中止。

- 第 9 行获取 Spinner 中用户当前所选取的运动项目索引值，在第 12 行用此索引值从 energyRate 数组获取该项运动的能量消耗率。
- 第 13 行用 Double 类的 parseDouble() 方法将用户输入的体重及运动时间转成浮点数，以便计算消耗能量。
- 第 12~13 行将 "能量消耗率" "体重" "运动时间" 相乘，得到消耗的能量值，由于算出来的是浮点数，因此此处利用 Java 的 Math.round() 方法将数值四舍五入后获取整数。
- 第 15 行将计算结果显示出来。

步骤 06 将项目部署到仿真器或手机上执行，并测试其效果。

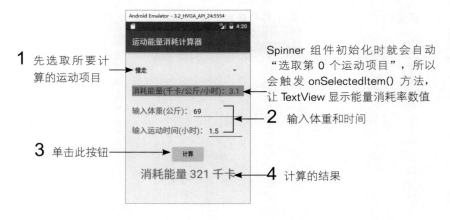

1 先选取所要计算的运动项目

Spinner 组件初始化时就会自动 "选取第 0 个运动项目"，所以会触发 onSelectedItem() 方法，让 TextView 显示能量消耗率数值

2 输入体重和时间

3 单击此按钮

4 计算的结果

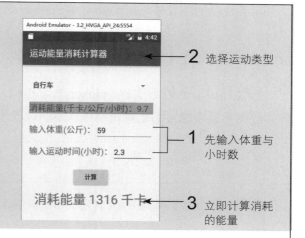

练习 6-2 试着修改程序，让用户在 Spinner 改选运动项目的同时，实时算出消耗的能量。

2 选择运动类型

1 先输入体重与小时数

3 立即计算消耗的能量

提示 只要在 onItemSelected() 中调用 calc()，就可以在用户选择运动类型时立刻算出并显示消耗的能量。要注意的是，调用 calc() 需要传入一个 View 类的参数，不过因为这个参数在 calc() 中并不会用到，传入任何 View 类的对象都没关系，所以只要传入 onItemSelected() 本身的第 2 个参数即可符合要求。

```
public void onItemSelected(AdapterView<?> parent, View view, int
                 position, long id) {
    // 显示选取的运动项目, 其基本的能量消耗率
    txvRate.setText(String.valueOf(energyRate[position]));
    calc(view);              ←── 调用按钮 onClick 属性所指的方法
}
```

6-2 ListView 列表框

ListView（列表框）是以列表的方式显示数据的组件，其用法和 Spinner 类似，只要将要列出的选项先创建成字符串数组资源，再赋值给 entries 属性，程序执行时 ListView 就会为我们自动列出数组内容。

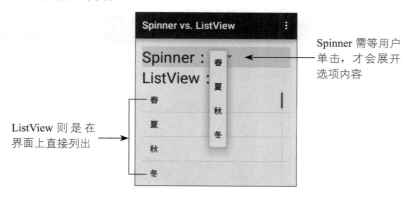

Spinner 需等用户单击，才会展开选项内容

ListView 则是在界面上直接列出

除了外观的差异外，ListView 和 Spinner 选取事件监听器所使用的接口也不同。

onItemClick(): ListView 的单击事件

虽然 ListView 的用法和 Spinner 非常相似，但 ListView 的默认行为没有选取事件。用户单击列表选项触发的是单击事件，而非选取事件。要监听此事件，必须用如下方法设置：

```
// 设置单击事件的监听对象
setOnItemClickListener(...)
```

监听对象参数需实现的接口为 OnItemClickListener，必须实现的方法只有一个：

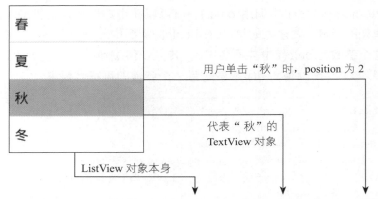

```
onItemClick(AdapterView<?> parent, View view, int position, long id)
```

 ListView 和 Spinner 都是继承自 AdapterView 类，各种事件的设置方法也都是继承自 AdapterView。选取、单击事件方法的第 1 个参数都是 AdapterView 类型，代表对象本身。

范例 6-3　使用 ListView 创建选单

此处利用字符串资源创建 ListView 列表，并实现 OnItemClickListener 监听对象设计和前一章类似的点餐程序。程序设计成"单击"作为选取，若再次"单击"，则取消选取。

单击 ListView 中的餐点名称，该选项就会加到上方的信息字符串中（再次单击则会删除）

步骤 01 创建新项目 "Ch06_ListMenu"，参考本章第 1 节的范例，先在 res/values/strings. xml 中创建字符串数组，并在其中输入餐点名称。

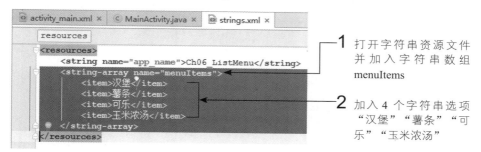

1 打开字符串资源文件并加入字符串数组 menuItems

2 加入 4 个字符串选项 "汉堡" "薯条" "可乐" "玉米浓汤"

步骤 02 进入布局编辑器后，将默认的 RelativeLayout 换成 ConstraintLayout，并如下加入 ListView 组件：

1 设置原有的 TextView 组件属性

id	msgTxv
textSize	22sp
text	请点餐！

2 加入 Containers 下的 ListView 组件并设置属性

id	lv
entries	@array/menuItems

3 设置 ListView 的约束：距上面的组件 24dp，距左右边界 16dp 且宽度为 Any Size

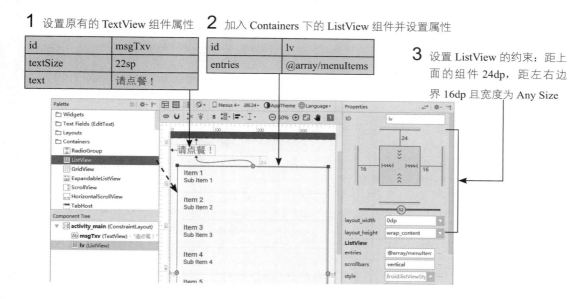

步骤 03 打开 MainActivity.java，为 MainActivity 类实现 OnItemClickListener 监听器的接口，并在 onCreate() 方法中输入以下标识的程序内容。

```
01 public class MainActivity extends AppCompatActivity implements
                              AdapterView.OnItemClickListener {
02
03     @Override
04     protected void onCreate(Bundle savedInstanceState) {
05     super.onCreate(savedInstanceState);
06     setContentView(R.layout.activity_main);
07
08         // 获取 ListView 对象，并设置单击动作的监听器
09         ListView lv=(ListView) findViewById(R.id.lv);
10         lv.setOnItemClickListener(this);
11     }
...
```

- 第 9 行获取 ListView 对象，接着在第 10 行设置 this 为单击事件的监听对象。

步骤 04 在 MainActivity 类中的 onCreate() 方法之后加入实现接口的方法。

```
01  ArrayList<String> selected=new ArrayList<>();
02                                             ————————— 存储已选取的选项（餐点）名称字符串
03     @Override
04     public void onItemClick(AdapterView<?> parent, View view,
                              int position,long id) {
05         TextView txv = (TextView) view;←
                                          将被单击的 View 对象转成 TextView 对象
06         String item=txv.getText().toString();  ←    获取选项中的文字
07
08         if(selected.contains(item))   ←  若 selected 中已有同名选项
09             selected.remove(item);  ←  则将它删除
10         else                          ←  若 selected 没有同名选项
11             selected.add(item);     ←  则将它加到 selected 中，
12                                            成为已选取选项的一员
13         String msg;
14         if(selected.size()>0){        ←  若 selected 中的选项数大于 0
15             msg=" 你点了 :";
16             for(String str:selected)
17                 msg+=" "+str;        ←  每个选项（餐点）名称前空一格，
18         }                                 并附加到信息字符串后面
19         else                          ←  若 selected 中的选项数等于 0
20             msg=" 请点餐 !";
21
22         TextView msgTxv=(TextView) findViewById(R.id.msgTxv);
23         msgTxv.setText(msg);          ←  显示信息字符串
24     }
```

- 第 1 行在类中声明一个存放字符串的 ArrayList 对象，稍后程序会利用它存放已选取选项的餐点名称。
- 第 5、6 行由单击事件方法的参数 View view 获取被单击的选项（是一个 TextView）内的字符串值（也就是餐点名称）。
- 第 8 ～ 11 行是处理 "选取" 餐点、"取消" 餐点的部分。程序先检查被单击的选项是否已存在于 ArrayList 中，若不存在，则将其加入；若已存在，则将其删除。因此程序执行时，用户单击任意一个选项，就相当于 "选取"；再次单击则是取消。
- 第 14~23 行负责显示已选取的信息，或者在没有选项被选取时显示 "请点餐 !"。

此范例显示信息的逻辑和前一章范例 Ch05_FoodMenu 相似，此处就不重复说明了

步骤 05 将程序部署到手
机／仿真器上测试。

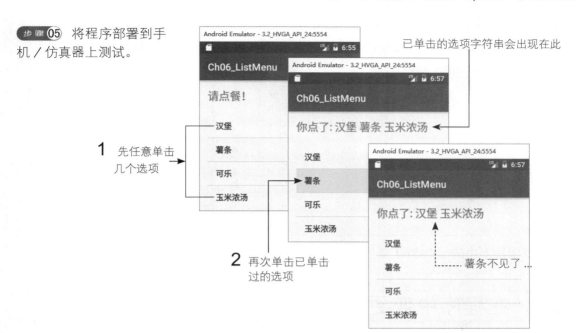

已单击的选项字符串会出现在此

1 先任意单击
几个选项

2 再次单击已单击
过的选项

薯条不见了

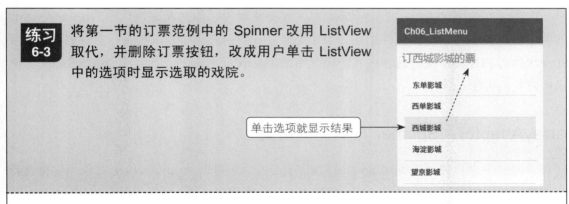

练习 6-3 将第一节的订票范例中的 Spinner 改用 ListView
取代，并删除订票按钮，改成用户单击 ListView
中的选项时显示选取的戏院。

单击选项就显示结果

提示 用户可直接复制本节
的 Ch06_ListMenu
项目进行练习。首先
要 将 menuItems 字
符串数组的内容改为
"东单影城""西单
影城""西城影城""海
淀影城""望京影城"
这 5 个选项。

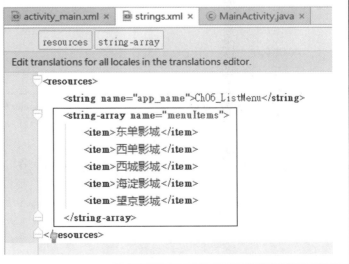

接着只要修改 onItemClickListener() 方法，在用户单击订票的影城时，将订票信息显示在上方的 TextView 即可。

```
        @Override
public void onItemClick(AdapterView<?> parent, View view,
                        int position, long id) {
       TextView txv = (TextView) view;  ←
                    将被单击的 View 对象转成 TextView
       TextView msgTxv=(TextView) findViewById(R.id.msgTxv);
       msgTxv.setText("订" + txv.getText() + "的票");  ←显示信息字符串
}
```

原来范例程序中的 selected 变量不会使用到，所以可以删除。

6-3 在程序中变更 Spinner 的显示选项

前两节在使用 Spinner 或 ListView 时，都是将要显示的列表选项预先列在 strings.xml 的数组中，再通过 entries 属性指定。但如果要显示的列表选项无法在执行前确定，或者要在程序执行的过程中变更选项内容，前两节的做法就行不通了。下面我们以 Spinner 为例说明解决的方法。

ArrayAdapter：Spinner 与数据的桥梁

要在程序执行的时候变动 Spinner 的显示选项必须借助 ArrayAdapter 对象，它会从指定的数据源中取出每一项数据，再提供给 Spinner 组件显示。

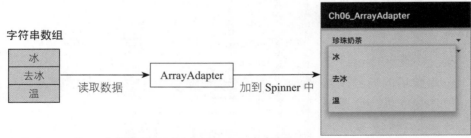

ArrayAdapter()：创建 ArrayAdapter 对象

使用 ArrayAdapter 的第一个步骤就是创建 ArrayAdapter 的对象，只要使用 new 运算符即可。例如：

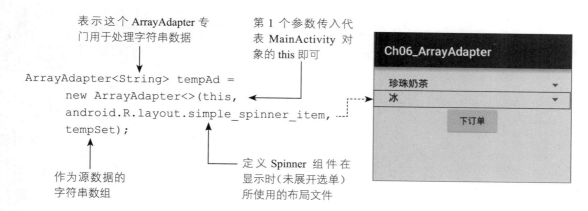

第 2 个参数通常都是使用系统提供的 android.R.layout.simple_spinner_item 布局，这个布局文件中只有一个 TextView 组件。ArrayAdapter 会使用此布局文件为模板，将当前选取的选项显示在 Spinner 中。

 ArrayAdapter 创建的组件也就是在处理 Spinner 的选取事件时，传入 onItemSelected() 的第 2 个参数（或者 ListView 选取事件 onItemClick() 的第 2 个参数），因此在第 6-2 节的范例 6-3 和练习 6-3 程序中，可以将该参数强制转型为 TextView 来使用。

setDropDownViewResource()：设置选单选项的显示样式

刚刚在创建 ArrayAdapter 对象时，指定了显示当前选取选项的布局文件。不过 Spinner 会在用户单击后以选单显示所有选项，因此必须为选单指定显示时所使用的布局文件，这必须调用 ArrayAdapter 类的 setDropDownViewResource() 方法。

调用时通常都是传入系统提供的 android.R.layout.simple_spinner_dropdown_item 布局资源（这也是只有一个 TextView 的布局，但是设置了适当的字体大小、背景颜色与边界，让用户容易选择显示的选项）。

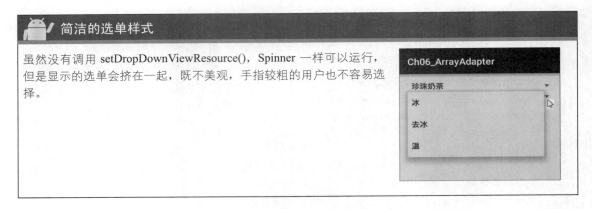

简洁的选单样式

虽然没有调用 setDropDownViewResource()，Spinner 一样可以运行，但是显示的选单会挤在一起，既不美观，手指较粗的用户也不容易选择。

setAdapter()：将 ArrayAdapter 与 Spinner 绑在一起

最后，还要将创建的 ArrayAdapter 对象当成参数，调用 Spinner 类的 setAdapter() 方法，设置 Spinner 要使用的 ArrayAdapter 对象。设置后 Spinner 会根据创建 ArrayAdapter 时指定的数据源和布局显示选项和选单。

```
ArrayAdapter<String> tempAd = ...;                ← 1. 创建 Adapter
tempAd.setDropDownViewResource(...);              ← 2. 设置下拉时的选项布局
Spinner sp = (Spinner) findViewById(...);
sp.setAdapter(tempAd);                            ← 3. 指定使用 Adapter
```

范例 6-4 **使用 Spinner 制作饮料订单**

接着利用以上的说明设计一个饮料订单的范例。先选择饮料品项，然后选择冰、去冰或温热的选项。不过像柠檬汁这样的饮料，应该没有人点温的，所以会更改温度的选项，只提供加冰与去冰。程序的执行结果如下：

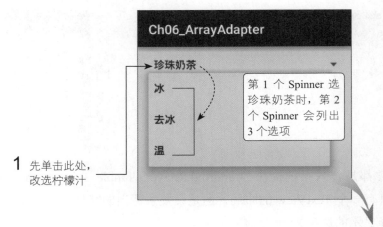

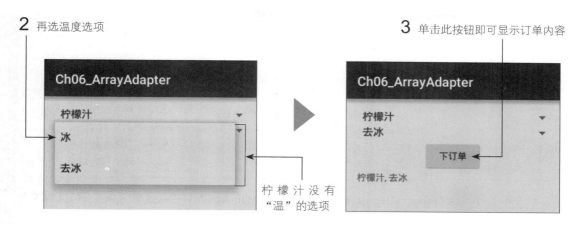

2 再选温度选项

3 单击此按钮即可显示订单内容

柠檬汁没有"温"的选项

步骤 **01** 创建一个新项目，项目名称为 Ch06_ArrayAdapter。

步骤 **02** 打开 strings.xml 文件，创建一个 drinkname 的字符串数组，数组内容为右表中的饮料类别：------------

珍珠奶茶
波霸奶茶
仙草冻奶茶
柠檬汁

步骤 **03** 打 开 activity_main.xml 布 局 文 件， 将 默 认 的 RelativeLayout 换 成 LinearLayout(Vertical)，然后将默认显示"Hello World!"的 TextView 删除。

步骤 **04** 如下设计饮料订单的布局：

1 显示饮料类别的 Spinner

id	temp
约束	距上／左／右边界 0dp/16dp/16dp，水平居中且宽度 Any Size

2 显示温度选项的 Spinner

id	drink
entries	@array/drinkname
约束	距上／左／右边界均 16dp，水平居中且宽度 Any Size

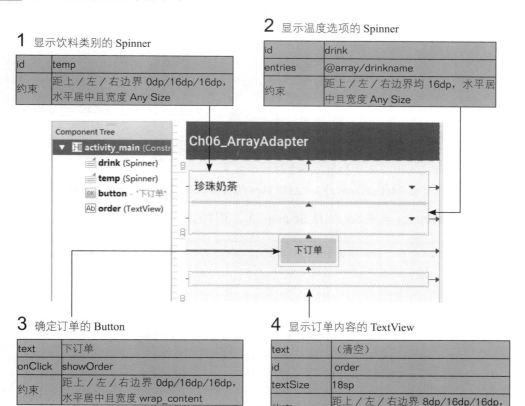

3 确定订单的 Button

text	下订单
onClick	showOrder
约束	距上／左／右边界 0dp/16dp/16dp，水平居中且宽度 wrap_content

4 显示订单内容的 TextView

text	（清空）
id	order
textSize	18sp
约束	距上／左／右边界 8dp/16dp/16dp，水平居中且宽度 Any Size

步骤 **05** 打开 MainActivity.java，声明各方法中需要用到的变量。

```
01              public class MainActivity extends AppCompatActivity
02                  implements AdapterView.OnItemSelectedListener {
03
04              Spinner drink, temp;  ◄──── 显示饮品选项与温度选项的 Spinner
05              TextView txv;  ◄──── 显示订单内容的 TextView
06  String[] tempSet1 = { "冰 ", " 去冰 ", " 温 " };  ◄── 三种温度
07  String[] tempSet2 = { "冰 ", " 去冰 " };        ◄── 两种温度
```

- 第 2 行实现 OnItemSelectedListener 接口，让 MainActivity 可以监听 Spinner 的选取事件，以便在选取不同饮料时变更温度选项。
- 第 6、7 行的数组就是温度的选项，稍后会按饮料类别项而选用不同的数组创建 ArrayAdapter 对象。

步骤 **06** 修改 onCreate() 方法。

```
01  protected void onCreate(Bundle savedInstanceState) {
02  super.onCreate(savedInstanceState);
03  setContentView(R.layout.activity_main);
04
05  txv = (TextView) findViewById(R.id.order);
06  temp = (Spinner) findViewById(R.id.temp);  ◄────── 获取显示温度的 Spinner
07  drink = (Spinner) findViewById(R.id.drink);  ◄── 获取显示饮品项的 Spinner
08  drink.setOnItemSelectedListener(this);  ◄──
                            设置饮料类别 Spinner 选取事件的监听器
09  }
```

- 第 5~7 行是找出对应于界面上各个组件的对象。
- 第 8 行设置让 MainActivity 对象监听显示饮料类别的 Spinner 的选取事件。

步骤 **07** 在 MainActivity 类中加入处理 Spinner 选取事件的方法。

```
01  public void onItemSelected(AdapterView<?> parent, View view,
02          int position, long id) {
03
04      String[] tempSet;
05      if (position == 3)  ◄──── 若选取柠檬汁（列表中第 4 个选项）
06          tempSet = tempSet2;  ◄──── 温度选项没有 "温"
07      else
08          tempSet = tempSet1;
09      ArrayAdapter<String> tempAd =  ◄──── 根据温度选项创建 ArrayAdapter
10          new ArrayAdapter<>(this,                    选单未打开时的
11          android.R.layout.simple_spinner_item,  ◄── 显示样式
12          tempSet);  ◄──── 温度选项
```

```
13                tempAd.setDropDownViewResource(         ◀── 设置下拉选单的选项样式
14                    android.R.layout.simple_spinner_dropdown_item);
15                temp.setAdapter(tempAd);               ◀── 设置使用 Adapter 对象
16        }
17
18        @Override
19        public void onNothingSelected(AdapterView<?> parent) {   ◀── 不处理
20
21        }
```

- 第 5~8 行是根据选取选项的位置索引判断是否为柠檬汁，据此取用不同的温度数据数组。
- 第 9~12 行使用第 5~8 行获取的数组创建 ArrayAdapter 对象，同时设置当前选取选项的显示样式。
- 第 13、14 行设置选单选项的显示样式。
- 第 15 行设置让温度选单使用刚创建的 ArrayAdapter 对象，如此就可根据饮料品项设置不同的温度选项了。
- 第 19~21 行是 OnItemSelectedListener 接口规定要实现的方法，范例中虽然不会用到，但还是要加入这个方法。

步骤 08 单击按钮时会调用的 showOrder() 方法。

```
01            public void showOrder(View v) {
02                    // 将饮料名称和温度选择组成一个字符串
03                String msg = drink.getSelectedItem() + ", " +   ◀── 获取饮料名称
04                    temp.getSelectedItem();        ◀── 获取甜度选项
05
06                    // 将订单内容显示在文本框中
07                    txv.setText(msg);
08            }
```

- 3、4 行取出选取的饮品和温度选项串接在一起。Spinner 对象的 getSelectedItem() 可返回选取的选项，本例为选取的字符串。
- 第 7 行把串接好的字符串显示在界面下方的 TextView 中。

步骤 09 执行程序测试，确认执行结果。

在程序中设置 ListView 使用的 ArrayAdapter 对象

本节介绍的 ArrayAdapter 用法也适用于 ListView 组件，而且不用像 Spinner 要另外调用 setDropDownViewResource() 设置下拉的布局资源。不过在 ArrayAdapter() 构建方法中要改用 android. R.layout.simple_list_item_1 为选项的布局资源，所以在 ListView 组件使用 ArrayAdapter<String> 的方式如下：

```
                              ❶创建 Adapter
ArrayAdapter<String> tempAd = new ArrayAdapter<>(this,
                     android.R.layout.simple_list_item_1,
                     new String[] {"春", "夏", "秋", "冬"});
ListView lv = (ListView) findViewById(...);
lv.setAdapter(tempAd);  ←  ❷指定使用 Adapter
```

下一章第 1 个范例就会示范此用法。

练习 6-4 把范例中显示饮料品项的 Spinner 也改为利用 ArrayAdapter 对象设置数据源与显示样式。

提示 只要新增 drinks 数组如下：

```
String[] tempSet1 = { "冰", "去冰", "温" };    ←  三种温度
String[] tempSet2 = { "冰", "去冰" };          ←  两种温度
String[] drinks = {"珍珠奶茶", "波霸奶茶", "仙草冻奶茶", "柠檬汁"}; ←
                                                        饮料
```

再修改 onCreate() 新建 ArrayAdapter 对象的程序即可：

```
    protected void onCreate(Bundle savedInstanceState) {
        ...
        drink = (Spinner) findViewById(R.id.drink); ←
                                         找出显示饮料类别的 Spinner
        ArrayAdapter<String> drinkAd = ← 创建饮料品项的 ArrayAdapter
            new ArrayAdapter<>(this,
            android.R.layout.simple_spinner_item,
            drinks);                     ←  饮料类别
        drinkAd.setDropDownViewResource(  ←  选单选项的样式
            android.R.layout.simple_spinner_dropdown_item);
        drink.setAdapter(drinkAd);        ←  设置使用 Adapter 对象

        drink.setOnItemSelectedListener(this);  ←设置监听选取事件
    }
```

延伸阅读

（1）从 getResources() 获取的 Resources 对象也可用来获取项目中的图像文件、字符串等其他资源，关于 Resources 类的说明可参见：http://developer.android.com/reference/

android/content/res/Resources.html。

（2）若想对 Spinner、ListView 进行更多控制（如自定义组件列出选项的外观），则需配合使用 Adapter 对象，相关说明可参见：http://developer.android.com/reference/ android/ widget/Adapter.html。

重点整理

（1）Spinner 列表组件会用列表的方式显示 Entries 属性所指的字符串数组内容。Android 3.0 以前的系统仅支持使用对话框样式显示，Android 3.0 及以后的系统默认为下拉式列表样式。

（2）以 Spinner 对象调用 getSelectedItemPosition() 可获取用户选取选项的索引编号（从 0 开始）。

（3）要在用户选取选项时就进行处理，需用 setOnItemSelectedListener() 设置实现 AdapterView.OnItemSelectedListener 接口的监听对象。此接口的方法有以下两个。

- onItemSelected()：表示用户选择了列表中的选项，此方法有 4 个参数，最常用的是第 3 个参数，也就是选取选项的编号。
- onNothingSelected()：表示用户按返回键而"没有选取选项"，通常不需要处理此操作。

（4）ListView 和 Spinner 都是继承自 AdapterView 类，功能和用法也很类似，它们都是以列表方式显示数据项的组件。两者的不同之处在于 Spinner 组件是用户单击后才会列出选项列表，而 ListView 是直接列出列表内容，用户可直接选取，省去了展开列表的操作。

（5）利用 ListView 的 Entries 属性可设置选项内容，当用户单击选项时会触发单击事件，单击事件的监听对象可用 setOnItemClickListener() 方法设置。

（6）Spinner 与 ListView 都可以通过 ArrayAdapter 在程序执行时设置要显示的选项内容，也可随时更换选项内容。

习题

（1）要实时处理 Spinner 组件的选取选项事件，需用 setOnItem_____Listener() 方法设置实现 AdapterView.OnItem_____Listener 接口的监听对象；要实时处理 ListView 组件的选取选项事件，需用 setOnItem_____Listener() 方法设置实现 AdapterView.OnItem_____Listener 接口的监听对象。

（2）用 Spinner 创建一个交通工具选单，用户可选择其通勤方式，程序要读取和显示用户选择的结果。

（3）将上一题的选单改用 ListView 创建。

（4）用 Spinner 创建一个饮料选单，如包含"咖啡""红茶""奶茶"等，再用另一个 Spinner 让用户选择几杯。程序要显示用户选择的结果和金额小计。

（5）将上一题的饮料选单改用 ListView 创建，杯数改用 EditText 组件让用户输入。

（6）修改 6-1 节的订票范例程序，将原本使用字符串资源和 Entries 属性设置的选项文字改成在程序中声明字符串数组，并创建 ArrayAdapter 对象供 Spinner 组件使用。

第7章 即时消息与对话框

7-1 使用 Toast 显示即时消息

使用 Toast 功能可在屏幕上显示一小段即时消息，并在几秒钟后自动消失；而使用对话框功能（见下一节）可在屏幕最上层显示信息框并拦截所有输入，用户必须在做出回应并关闭对话框后才能继续原来的操作。

Toast 即时消息

Alert 对话框

Toast 信息和对话框的外观会因 Android 系统版本而有所不同

在不同版本的 Android 系统上执行时，对话框的外观和按钮位置可能不一样（不过功能是一样的），在 Android 4.4.2 版上执行的效果如右图所示。

录音功能已启用

Toast 即时消息

Alert 对话框

本节先介绍 Toast 功能，它在显示信息的时候，用户仍能继续操作，例如：

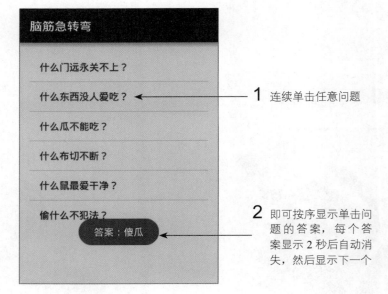

1 连续单击任意问题

2 即可按序显示单击问题的答案，每个答案显示 2 秒后自动消失，然后显示下一个

Toast 类

Toast 提供了便利的 makeText() 方法，可按照指定的显示信息和时间长短创建一个 Toast 对象，我们调用这个对象的 show() 方法即可显示信息，例如：

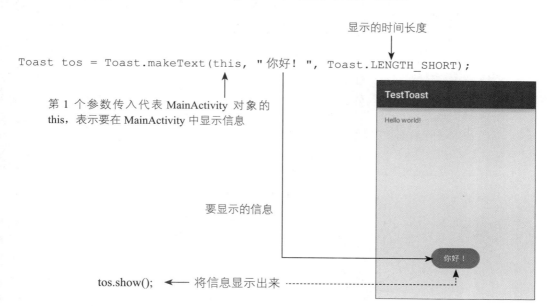

其中，显示时间指定 Toast.LENGTH_SHORT 为 2 秒，若指定为 Toast.LENGTH_LONG，则为 3.5 秒。

Toast.makeText() 可以生成新对象并设置好内容和显示时间，然后将此新对象返回。由于 makeText() 会返回 Toast 对象，因此也可用 "." 串接调用 show()：

```
Toast.makeText(this, "你好！", Toast.LENGTH_SHORT).show();
```

 Toast 类和前几章使用的 UI 组件 Button、EditText、Spinner 等类一样，都属于 android.
widget 程序包。

范例 7-1　脑筋急转弯—用 Toast 显示答案

接着我们编写一个"脑筋急转弯"程序，程序中会用上一章介绍的 ArrayAdapter 创建含脑筋急转弯题目的 ListView，用户单击任意一题，程序就会用 Toast 显示答案。

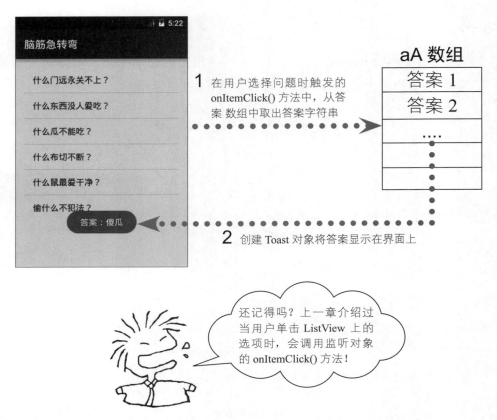

步骤 **01** 新建一个 Ch07_BrainTeaser 项目，并将应用程序名称设为 "脑筋急转弯"。

步骤 **02** 将布局中原有的 "Hello world!" 组件删除，再加入一个 Containers 中的 ListView 组件。

将 ListView 拖动到布局左上角（默认会填满界面），并设置 id 属性值为 lv

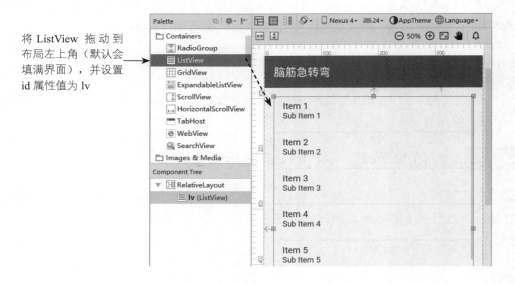

步骤 **03** 接着编写程序如下：

```
01   public class MainActivity extends AppCompatActivity
02                   implements OnItemClickListener {
03                                                               创建问题数组
04       String[] queArr = {"什么门永远关不上？","什么东西没人爱吃？",
05                           "什么瓜不能吃？","什么布切不断？",
06                           "什么鼠最爱干净？","偷什么不犯法？"};
07       String[] ansArr = { "球门", "亏",   ←── 创建答案数组
08                           "傻瓜","瀑布",
09                           " 环保局","偷笑" };
10
11       @Override
12       protected void onCreate(Bundle savedInstanceState) {
13               super.onCreate(savedInstanceState);
14               setContentView(R.layout.activity_main);
15                       创建供 ListView 使用的 ArrayAdapter 对象
16
17       ArrayAdapter<String> adapter = new ArrayAdapter<>(
18               this,                           使用内建的布局资源
19               android.R.layout.simple_list_item_1,  ←──
20               queArr);  ←── 以 queArr 数组当数据源
21                                               获取 ListView
22       ListView lv = (ListView)findViewById(R.id.lv);  ←──
23               lv.setAdapter(adapter); ←──设置 ListView 使用的 Adapter
24               lv.setOnItemClickListener(this); ←──设置 ListView 选项
25       }                                       被单击时的事件监听器
26
27       @Override
28       public void onItemClick(AdapterView<?> parent, View view,
29                               int position, long id) {
30               Toast.makeText(this,
31                 "答案:" + ansArr[position], ←──从 ansArr 数组取得答案
32                 Toast.LENGTH_SHORT).show();
33   }
...
```

- 第 4 ～ 9 行创建了两个字符串数组，第 4 行的 queArr 数组用来存储问题，第 7 行的 ansArr 数组用来存储答案。
- 第 17 行创建供 ListView 使用的 ArrayAdapter<String> 对象，第 19 行构建方法第 2 个参数设置的 android.R.layout.simple_list_item_1 是 Android 内建用来显示单一项目的布局资源 ID，第 20 行设置数据源为 queArr 问题的字符串数组。
- 第 23、24 行替 ListView 设置 Adapter 和选项被单击事件的监听器。
- 第 28 ～ 33 行为选项被单击的 onItemClick() 事件方法，用户单击某个问题时，参数

position 就是该选项的位置，利用此位置当索引可从答案数组找到对应的答案，接着就用 Toast 对象显示答案内容。

步骤 04 将程序部署到手机 / 仿真器上测试效果。

单击题目，就会出现对应的答案

Toast 信息约 2 秒后会消失（程序中设置 Toast. LENGTH_SHORT）

有一点要特别注意，如果连续有多个 Toast 对象要显示时，会等第一个显示完才显示第二个，以此类推。因此，若在以上程序中快速选取多个选项，则答案并不会跟着快速显示，而会等上一个显示完后才显示下一个。

练习 7-1 多加一个问题"厕所要放什么花？"，然后在用户选取这题时显示答案"五月花"。

提示 在程序中的 queArr 数组多加一个选项："厕所要放什么花？"，并在 ansArr 数组中多加一个"五月花"选项，原来的程序就可以自动处理新增题目的问答了。

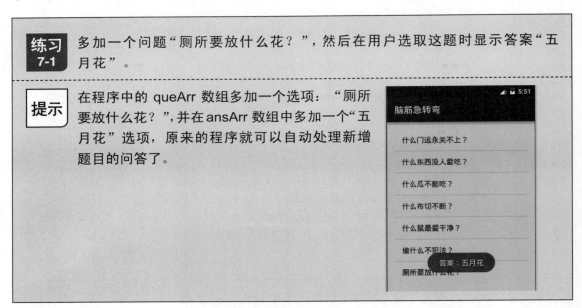

Toast 信息的取消显示与更新显示

我们可以执行 Toast 对象的 cancel() 取消显示，或用 setText() 更改信息内容。另外，同一个 Toast 对象在连续执行 show() 时，均会立即重新显示而不等待（只有不同的 Toast 对象连续显示时才需要排队）。

范例 7-2　**实时显示答案的脑筋急转弯**

下面我们修改前面的范例，让用户在连续选择多个问题时均能立即显示最后选择的答案。

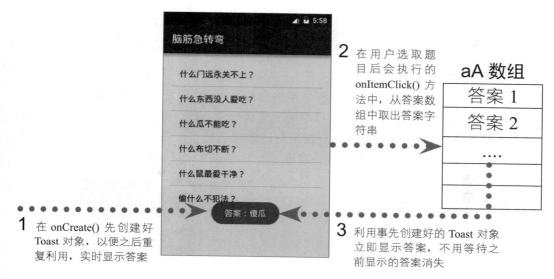

步骤 01 将前一个范例 Ch07_BrainTeaser 复制为新项目 Ch07_BrainTeaser2（也可直接修改原项目）。

步骤 02 打开程序文件 MainActivity.java，并如下修改程序。

```
01 public class MainActivity extends AppCompatActivity
...
07          // 创建答案数组
08          String[] ansArr = { " 球门 ", " 亏 ",
09                              " 傻瓜 "," 瀑布 ",
10                              " 环保署 "," 偷笑 "};
11          Toast tos;  ←── 声明 Toast 对象
12
13          @Override
14          protected void onCreate(Bundle savedInstanceState) {
                 ...                                           创建 Toast 对象
27              tos = Toast.makeText(this, "", Toast.LENGTH_SHORT); ←┘
28          }
29
30          @Override
31          public void onItemClick(AdapterView<?> parent, View view,
32                                  int position, long id) {
33              tos.setText(" 答案: "+ansArr[position]); ←── 更改 Toast 对象
34              tos.show();        ←── 立即重新显示        的文字内容
35          }
36     }
```

- 程序第 11 行是在 MainActivity 内声明中选一个 "可重复使用的 Toast"，并在第 27 行使用 makeText() 创建对象。
- 每当用户单击问题时，即可引发第 31 行的 onItemClick() 方法，然后将新的答案设给 tos 对象，并立即重新显示出来。

步骤 03 将程序部署到手机／仿真器上，可测试 "连续单击不同问题时，都能立即显示答案" 的效果。

练习 7-2 除了可以使用 setText() 更改显示内容外，Toast 还提供了 setDuration() 方法用于更改显示的时间长度。这个方法只有一个参数，可传入的值和 makeText() 的第 3 个参数一样。试试看在用户选取单数题时，将显示时间设置为 Toast. LENGTH_SHORT，而双数题时设置为 Toast.LENGTH_LONG。

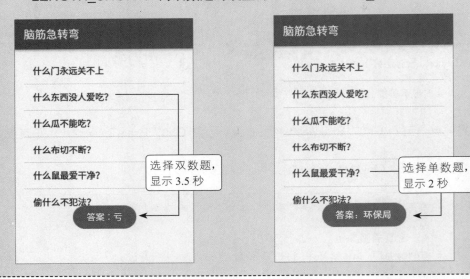

提示 只要在 onItemClick() 中调用 tos.show() 之前加入的程序即可，加入的程序如下：

```
if(position % 2 == 0)
     tos.setDuration(Toast.LENGTH_SHORT);
else
     tos.setDuration(Toast.LENGTH_LONG);
```

要注意的是，% 是取余数的运算，若 position 除以 2 的余数是 0，则表示 position 为偶数，但因为 position 是从 0 开始算起的，所以 position 为偶数时代表的是单数题。

改变 Toast 的显示位置

如果想改变 Toast 的显示位置，那么可使用 setGravity(int gravity, int xOffset, int yOffset) 方法，其中 gravity 参数用来指定对齐位置，第 2、3 个参数可指定要在水平和垂直位移多少距离。例如，我们想将信息显示在右上角（向右上对齐）且距离顶端 **50dp** 的位置（向下移 50dp），那么可以在前面程序第 27 行的下方插入程序代码：

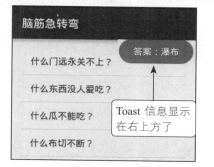

Toast 信息显示在右上方了

```
tos.setGravity(Gravity.TOP | Gravity.
RIGHT, 0, 50);  ← 显示在右上角且向下移 50 dp
```

技巧 如果是向右对齐，那么 xOffset 设置要向左移多少位移距离，反之，如果是向左对齐，那么 xOffset 设置要向右移多少位移距离；若是向中对齐，则 xOffset 为负值就向左、为正值就向右位移。同理，yOffset 的效果同样会按向上、向下或向中对齐而有不同。

7-2 使用 Snackbar 显示即时信息

显示 Toast 信息时，可能会发生用户已经离开 App 了，但是信息还遗留在界面上的情况：

不知道是哪一个 App 显示的 Toast 信息

为了改善这个问题，Android 5.x 提供了一个新的 Snackbar 功能，Snackbar 只有在 App 显示时才会出现，一旦离开 App 后便不会再显示信息。

Snackbar 显示的信息 →

Snackbar 的使用方法与 Toast 类似：

```
Snackbar.make(view, "信息", Snackbar.LENGTH_SHORT).show();
```

Snackbar 的第一个参数传入 Activity 中的布局组件后，Snackbar 即可在此布局组件内显示信息，一旦离开 Activity，Snackbar 也会跟着消失。

范例 7-3　脑筋急转弯 —— 用 Snackbar 显示答案

我们将修改前面的范例，让脑筋急转弯的答案改用 Snackbar 显示。

步骤 01 将前一个范例 Ch07_BrainTeaser2 复制为新项目 Ch07_BrainTeaser3（也可直接修改原项目）。

步骤 02 依次选择 "File/Project Structure" 菜单选项，如下加入必要的函数库：

8 单击 OK 按钮回到上一个对话框，再单击 OK 按钮即可完成添加

部分 Activity 会自动加入 com.android.support:design:xx.x.x 函数库，所以若在 Dependencies 页面已经看到该函数库，则不需要再另行添加了。

步骤 03 打开布局文件，如右操作：

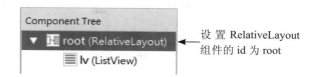

设置 RelativeLayout 组件的 id 为 root

步骤 04 打开程序文件 MainActivity.java，然后如下修改程序：

```
01 public class MainActivity extends AppCompatActivity
...
30    @Override
31    public void onItemClick(AdapterView<?> parent, View view,
32                            int position, long id) {
33    //tos.setText(" 答案: "+ansArr[position]);      ←── 删除或注释这两行
34    //tos.show();
35    Snackbar.make(findViewById(R.id.root),
36            " 答案: "+ansArr[position],              ←── 改用 Snackbar 显示答案
37            Snackbar.LENGTH_SHORT).show();
38    }
```

 如果连续单击选择题目，Snackbar 就会立即关闭旧的信息再显示新的，并且会有转场的动画效果。

步骤 05 将程序部署到手机／仿真器上可测试 Snackbar 的效果。

练习 7-3 改成 7-2 节的方法，先创建固定的 Snackbar 对象，然后在单击题目时用 setText() 设置答案并显示出来。

提示 可如下修改程序：

```
...
Snackbar sbar;    ←── 声明 Snackbar 对象
@Override
protected void onCreate(Bundle savedInstanceState) {
...
    sbar = Snackbar.make(fi ndViewById(R.id.root),
        " ", Snackbar.LENGTH_SHORT);        ←── 创建 Snackbar 对象
}

@Override
public void onItemClick(AdapterView<?> parent,
        View, int position, long id) {
    sbar.setText(ansArr[position]);    ←── 设置答案
    sbar.show();    ←── 显示信息
}
```

 用此方法在连续单击选择题目时，只会立即更新答案，不会有转场的动画效果。

7-3 使用 Alert 对话框

"对话框"（Dialog）可以用来显示一段信息，并要求用户输入一些信息，如单击确定或取消按钮、输入账号及密码、显示列表框让用户选择等。此时输入焦点会集中在对话框上，必须等对话框关闭后，用户才能进行其他操作。

Android 提供了以下 3 种对话框供用户使用。

AlertDialog

DatePickerDialog

TimePickerDialog

对话框的外观会因 Android 系统版本而有所不同

在不同版本的 Android 系统上执行时，对话框的外观和按钮位置都可能不一样（不过功能是一样的）。以下是在 Android 4.4.2 版上执行的效果：

AlertDialog   DatePickerDialog   TimePickerDialog

AlertDialog 类

本节先介绍 AlertDialog 类，此对话框可按需要而显示出以下几个选项。

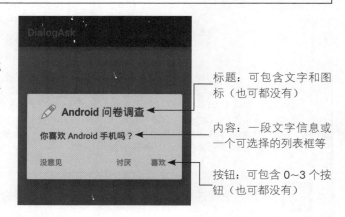

标题：可包含文字和图标（也可都没有）

内容：一段文字信息或一个可选择的列表框等

按钮：可包含 0~3 个按钮（也可都没有）

AlertDialog.Builder：设置与创建 Alert 对话框

要显示 Alert 对话框，就要先使用特制的类 AlertDialog.Builder 创建 AlertDialog.Builder 对象，然后用此对象设置对话框所需的元素和属性，再生成实际的 AlertDialog 对象并显示出来。例如：

```
AlertDialog.Builder bdr = new AlertDialog.Builder(this);
bdr.setMessage(" 对话框示范教学！ ");
bdr.setTitle(" 欢迎 ");
bdr.setIcon(android.R.drawable.presence_away);
```

可以创建对话框，各个方法的作用如下图所示。

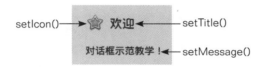

其中，setIcon() 方法必须传入图标的资源 ID，可以如上例使用系统内建的图标或自己准备的图标。

 AlertDialog 所属的程序包为 android.app。

setCancelable()：设置按返回键关闭对话框

AlertDialog.Builder 还有一个 setCancelable() 方法，若传入 true，则调用此方法，表示用户可按手机的返回键（或在对话框以外的区域单击）关闭对话框；如果传入 false，对话框上就必须提供取消按钮，否则用户将无法关闭对话框。系统默认为 true。

show()：创建并显示对话框

用 AlertDialog.Builder 设置好对话框所需的元素与属性后，即可调用 AlertDialog.Builder 的 show() 方法创建 AlertDialog 对象，此方法会自动调用 AlertDialog 的 show() 方法显示对话框。

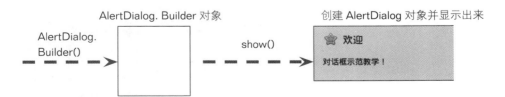

在 Android 中，有许多功能都会像 AlertDialog 一样设计有 Builder 类协助创建对象。为了避免混淆，在程序中会连同 AlertDialog 类名称一起写出来，表示使用 AlertDialog 中的 Builder 类。

创建 Alert 对话框的简洁写法

由于 AlertDialog.Builder 中的方法都会返回 AlertDialog.Builder 对象自己，因此可以直接将多个方法用 "." 运算符串接起来，例如：

```
AlertDialog.Builder bdr = new AlertDialog.Builder(this);
bdr.setMessage(" 对话框示范教学！ )
   .setTitle(" 欢迎 ");
   .setIcon(android.R.drawable.presence_away)
   .show;
```

其至可以直接串接 new 运算的结果对象，省掉声明变量的写法，变成：

```
new AlertDialog.Builder(this).
   .setMessage(" 对话框示范教学！ )
   .setTitle(" 欢迎 ");
   .setIcon(android.R.drawable.presence_away)
   .show();
```

这样的写法真得清爽多了，又容易理解，赞 !!!

通常由于程序中都不需要保留 AlertDialog.Builder 对象，因此常采用上述简洁的写法。

范例 7-4 **显示欢迎信息的对话框**

接着实现显示对话框的范例，执行结果如右图所示。

按手机的返回键（或在对话框以外的区域单击）结束对话框，关闭对话框后可再按一次返回键结束程序

标题图标 —— 欢迎 —— 标题文字

对话框示范教学！
请按返回键关闭对话框 —— 文字信息

步骤 01　新建名为 Ch07_ DialogShow 的项目，并将应用程序名称设为 DialogShow。

步骤 02　将默认的 TextView 组件拖到屏幕正中央，然后修改属性。

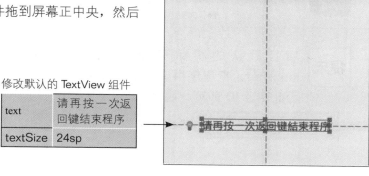

修改默认的 TextView 组件

text	请再按一次返回键结束程序
textSize	24sp

步骤 03　修改程序中的 onCreate() 方法如下：

```
01  protected void onCreate(Bundle savedInstanceState) {
02      super.onCreate(savedInstanceState);
03      setContentView(R.layout.activity_main);
04
05      AlertDialog.Builder bdr = new AlertDialog.Builder(this);
06      bdr.setMessage(" 对话框示范教学！ \n"  ◀——加入文字信息
07                  + " 请按返回键关闭对话框 ");
08      bdr.setTitle(" 欢迎 ");  ◀——加入标题
09      bdr.setIcon(android.R.drawable.btn_star_big_on);  ◀——加入图标
10      bdr.setCancelable(true);  ◀——允许按返回键关闭对话框
11      bdr.show();
12  }
```

- 第 9 行加入的对话框图标为 Android 的系统图标（android.R.drawable.btn_star_big_on），用户也可改为自己准备的图标。在程序中指定图像资源后，编辑器的左侧会以小图显示该图像，以方便用户查看。

以小图显示程序中 ▶ 指定的图像资源

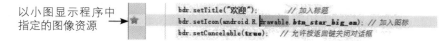

- 第 10 行设置了"允许使用返回键关闭对话框"。

步骤 04　将程序部署到手机／仿真器上，可看到程序执行时显示对话框（参见上页执行结果图）。

🔧 **获取系统的图标**

Android 系统默认有许多可用的图标，这些图标的资源 ID 都定义在 android. R.drawable 类中。如果想知道各个图标的样子，可以参考第 5-3 节在安装 Android SDK 的文件夹下 \sdk\platforms\ 平台版本 \data\res\drawable-mdpi 中找到与资源 ID 同名的图像文件，挑选适用的图标。

练习 7-4 将对话框的图标改为使用项目默认的 App 图标。

提示 项目默认的图标资源 ID 为 R.mipmap.ic_ launcher，把程序中调用 setIcon() 的参数修改为此资源 ID 即可。

在对话框中加入按钮

在 Alert 对话框中最多可以加入 3 个按钮，分别代表否（Negative）、中性（Neutral）以及是（Positive）。加入的方法为 setXxxButton()，其中的 Xxx = Negative、Neutral 或 Positive。例如，串接调用的代码如下：

```
new AlertDialog.Builder(this)
    .setMessage(" 你好吗？ ")
    .setNegativeButton(" 不好 ",null)
    .setPositiveButton(" 很好 ",null);
```

以上方法的第 1 个参数为按钮中要显示的字符串，第二个参数必须传入实现 DialogInterface.OnClickListener 接口的对象，作为单击该按钮时的 onClick 监听器。若设为 null，则表示不处理这个按钮事件。

 DialogInterface.OnClickListener 是定义在 android.content.DialogInterface 类内的接口，所以使用时要先导入 android.content.DialogInterface 类。

举例来说，若要让 MainActivity 监听对话框中按钮的事件，则要先让 MainActivity 实现 DialogInterface.OnClickListener 接口：

```
public class MainActivity extends AppCompatActivity
            implements DialogInterface.OnClickListener {
```

DialogInterface.OnClickListener 接口中只定义了一个 onClick() 方法：

```
public void onClick(DialogInterface dialog, int which) {
     if(which == DialogInterface.BUTTON_POSITIVE) {
          ... // 单击 "是" 按钮时的处理
     }
     else if(which == DialogInterface.BUTTON_NEGATIVE) {
          ... // 单击 "否" 按钮时的处理
     }
}
```

onClick() 方法的第一个参数是指向对话框的对象。第二个参数是引发事件按钮的 ID，可通过与 DialogInterface 接口中定义的常数比较。

代表按钮的常数

常数名称	意义
BUTTON_NEGATIVE	单击代表 "否" 的按钮
BUTTON_NEUTRAL	单击代表 "中性" 的按钮
BUTTON_POSITIVE	单击代表 "是" 的按钮

这样就可以根据不同的按钮进行各自的操作。

 对话框上的按钮每一种最多只能显示一个，所以最多有 3 个按钮，而且会以 "中（靠左）、否、是（靠右）" 或 "否、中、是（从左到右）" 的顺序显示（按照程序所应用的样式而有所不同）。

 OnClickListener 接口在许多程序包和类中都有，它们都是不同的接口。此处是 android. content.DialogInterface 类中的接口，和一般按钮（Button）在 android.view.View 类中的接口不同，不要弄混了。

范例 7-5　Android 问卷调查

接着实现一个范例，程序执行后会带对话框询问用户对 Android 手机的喜好程度，并在用户单击按钮选择后关闭对话框，在界面上显示选取的结果。

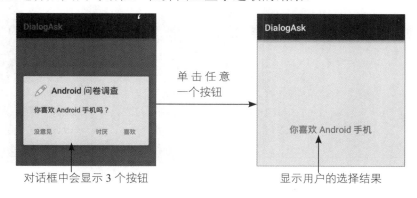

步骤 01　新建一个名为 Ch07_DialogAsk 项目，并将项目名称设为 DialogAsk。

步骤 02　在 layout 版面中如下设置：

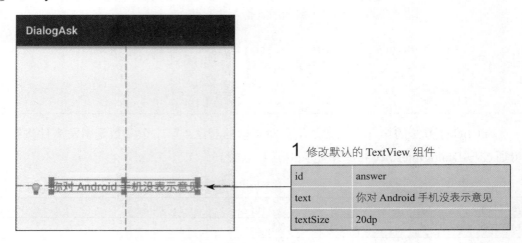

1 修改默认的 TextView 组件

id	answer
text	你对 Android 手机没表示意见
textSize	20dp

步骤 03　修改程序中的 onCreate() 方法和加入按钮事件的方法：

```
01    package tw.com.flag.ch07_dialogask;
02
03    import android.os.Bundle;
04    import android.app.Activity;
05    import android.app.AlertDialog;
06    import android.content.DialogInterface;
07    import android.view.Menu;
08    import android.widget.TextView;
09
10    protected class MainActivity extends AppCompatActivity
11            implements DialogInterface.OnClickListener {      ◀── 实现监听接口
12
13        TextView txv;      ◀──记录默认的 TextView 组件
14
15        @Override
16        public void onCreate(Bundle savedInstanceState) {
17            super.onCreate(savedInstanceState);
18            setContentView(R.layout.activity_main);
19
20            txv = (TextView)findViewById(R.id.answer); ◀──┐
                                              找出预设的 TextView
21        new AlertDialog.Builder(this)              ◀── 创建 Builder 对象
22            .setMessage(" 你喜欢  Android 手机吗？ ") ◀── 设置显示信息
23            .setCancelable(false)   ◀── 禁用返回键关闭对话框
24            .setIcon(android.R.drawable.ic_menu_edit)◀──采用内建的图标
25            .setTitle("Android 问卷调查 ")        ◀── 设置对话框的标题
26            .setPositiveButton(" 喜欢 ", this)◀── 加入肯定按钮并监听事件
```

```
27                  .setNegativeButton(" 讨厌 ", this) ←── 加入否定按钮并监听事件
28                  .setNeutralButton(" 没意见 ", null)←── 不监听中性按钮
29                  .show();  ←── 显示对话框
30          }
31
32          @Override1
33          public void onClick(DialogInterface dialog, int which) {←─┐
                                                            实现监听接口定义的方法
34              if(which == DialogInterface.BUTTON_POSITIVE) { ←──┐
                                                        如果单击肯定的"喜欢"
35                  txv.setText(" 你喜欢  Android 手机 ");
36              }                                       如果单击否定的"讨厌"
37              else if(which == DialogInterface.BUTTON_NEGATIVE) { ←──┘
38                  txv.setText(" 你讨厌  Android 手机 ");
39              }
40      }
```

- 第 11 行让 MainActivity 实现 DialogInterface.OnClickListener 界面，以便处理对话框上按钮的事件。

- 第 26~28 行加入了 3 个按钮，让用户可以选择对 Android 手机的喜爱程度。

- 第 33~40 行实现了 onClick() 方法，并根据单击的按钮更改界面上 TextView 组件显示的文字。

步骤 04 将程序部署到手机／仿真器上，测试对话框中不同按键的效果。

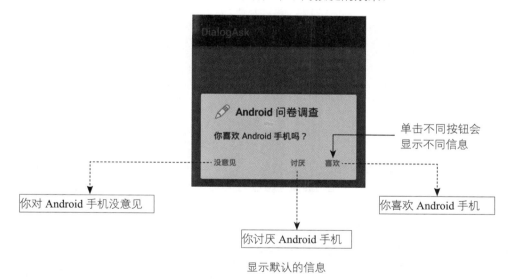

单击不同按钮会
显示不同信息

你对 Android 手机没意见

你讨厌 Android 手机

你喜欢 Android 手机

显示默认的信息

练习 7-5 在用户单击"没意见"按钮时，将屏幕上显示的字符串改为"要不要试用看看 Android 手机呢？"。

1 单击"没意见"

2 显示建议试用的信息

提示 在原范例的 onClick() 后再加一个 else if 的判断，若 which 的值是 DialogInterface.BUTTON_NEUTRAL，则用 setText() 方法设置屏幕上显示的文字。最后要记得修改创建对话框时调用的 setNeutralButton() 方法的内容，把"没意见"按钮的监听对象设为 this，由 MainActivity 处理按钮事件。

```
    new AlertDialog.Builder(this)  ◄——创建 Builder 对象
        ...
        .setNeutralButton(" 没意见 ", this)  ◄——加入"没意见"按钮
...

public void onClick(DialogInterface dialog, int which) {  ◄
                                        实现监听接口定义的方法
    ...
    else if(which == DialogInterface.BUTTON_NEUTRAL) {
            txv.setText(" 要不要试用看看 Android 手机呢？ ");
    }
```

7-4 使用日期、时间对话框

日期、时间对话框可让用户以选取的方式输入日期和时间，以确保输入数据的正确性。

DatePickerDialog 与 TimePickerDialog 类

用户可以用 DatePickerDialog 和 TimePickerDialog 类创建日期、时间对话框。下面是以串接方式执行 show() 的例子。

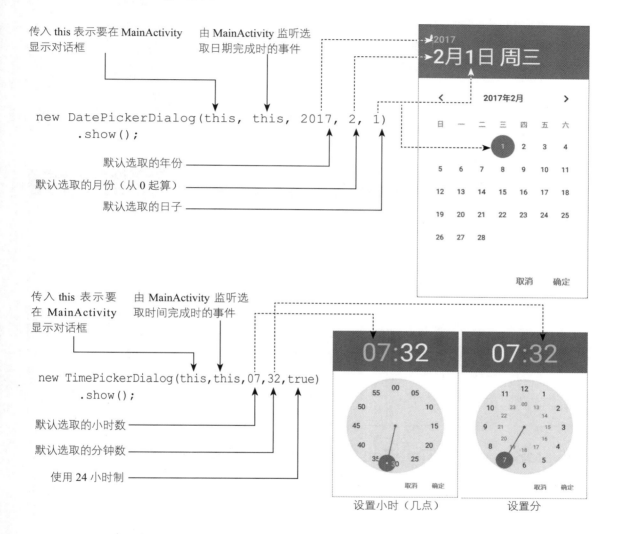

设置小时（几点）　　　设置分

注意，参数"月"从 0 开始算起；而参数"使用 24 小时制"若设为 false，则对话框中会多出"上午 / 下午"的选择。

 如果仿真器的"设置 / 语言与输入 / 语言"（Settings/language & Input/Language）选项设为 English，那么对话框中的文字也会是英文的，如 Cancel、OK 按钮和 AM、PM 等。用户可改为"中文 (简体)"以显示中文。

如果仿真器的时间不对，那么要到"设置 / 日 期 与 时 间 /"（Settings/Date & time）中取消"自动判断时区"（Automatic time zone），然后在"选 择 时 区"（Select time zone）选项中选择"北京标准时间 GMT+08:00"（Beijing GMT+08:00）。

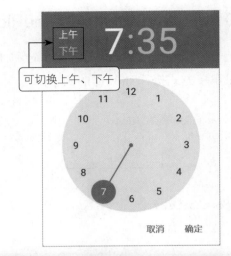

对话框的外观会因 Android 系统版本而有所不同

在不同版本的 Android 系统上执行时，对话框的外观和按钮位置都可能不一样。以下是在 Android 4.4.2 版仿真器中执行的结果。

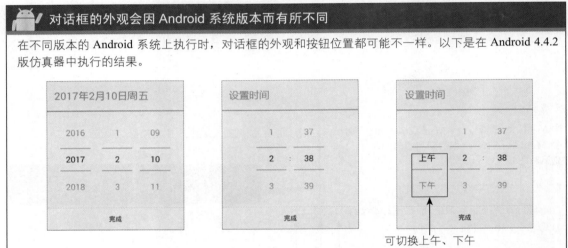

onDateSet() 与 onTimeSet()：获取选取的日期与时间

如果是 DatePickerDialog，监听对象就必须实现 DatePickerDialog.OnDateSetListener 接口中定义的 onDateSet() 方法：

```
public void onDateSet(DatePicker v, int y, int mon, int d) {
    ...
}
```

参数 v 是日期对话框对象，而 mon 参数是从 0 起算的月份，参数 y 与 d 是选取的年份与日子。

如果是 TimePickerDialog，监听对象就必须实现 TimePickerDialog.OnTimeSetListener 接口中定义的 onTimeSet() 方法：

```
public void onTimeSet(TimePicker v, int h, int m) {
    ...
}
```
参数 h 与 m 分别是
用户选取的时与分

范例 7-6　日期时间选择器

接着练习用本节介绍的内容设计一个可显示日期、时间对话框的程序，程序也会将用户选取的日期、时间显示在 TextView 中。

若仿真器的分辨率使用 320x480，则会因为界面太小而看不到日期对话框下方的日期，修改仿真器改用 480×800 以上的分辨率。

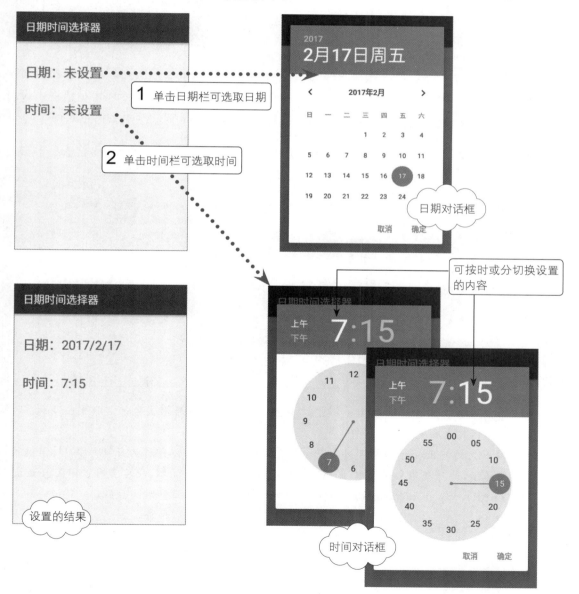

步骤 01 新建一个 Ch07_DateTimePicker 项目，并将应用程序名称设为"日期时间选择器"。

步骤 02 将布局中原有的"Hello World!"组件删除，然后按照如下修改：

在程序的部分，主要是设置界面中两个 TextView 的 OnClick 监听对象，并在监听对象的 onClick 方法中打开日期、时间对话框供用户设置。当用户在日期、时间对话框中设置好并单击确定按钮时，通知其监听对象将所设置的日期、时间显示在 TextView 中。

步骤 03 下面分 3 段介绍，首先声明程序需要用到的对象：

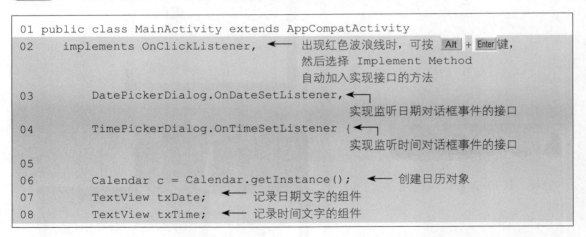

- 第 2~4 行先让 MainActivity 实现监听接口，以便能够处理单击事件，以及在日期、时间对话框选取完成时的事件。
- 第 6 行的 Calendar 对象可用来查询当前的日期和时间，以便作为日期 / 时间对话框的默认值，此对象为系统资源，必须用 Calendar.getInstance() 获取。稍后会用 c.get(Calendar.YEAR)、c.get(Calendar.MONTH) 等获取当前的年、月、日和时间数据。

步骤 04 在 onCreate() 方法中设置变量的初值：

```
01    protected void onCreate(Bundle savedInstanceState) {
02         super.onCreate(savedInstanceState);
03         setContentView(R.layout.activity_main);
04
05         txDate = (TextView)findViewById(R.id.textView1);◄──┐
                                             获取用来显示日期的   TextView
06         txTime = (TextView)findViewById(R.id.textView2);◄──┐
                                             获取用来显示时间的   TextView
07
08         txDate.setOnClickListener(this);  ◄── 设置单击日期文字时的监听对象
09         txTime.setOnClickListener(this);  ◄── 设置单击时间文字时的监听对象
10    }
```

- 第 8~9 行设置由 MainActivity 对象监听日期与时间文字的单击事件，以便显示日期与时间的对话框。

步骤 05 编写处理 OnClick 事件的方法：

```
01    public void onClick(View v) {
02        if(v == txDate) {  ◄── 单击的是日期文字
03            // 创建日期选择对话框，并传入设置完成时的监听对象
04            new DatePickerDialog(this, this,◄── 由 MainActivity 对象监听事件
05                c.get(Calendar.YEAR),  ◄── 由 Calendar 对象获取当前的公元年
06                c.get(Calendar.MONTH), ◄── 获取当前月（从 0 算起）
07                c.get(Calendar.DAY_OF_MONTH))◄── 获取当前日
08                .show();  ◄── 显示对话框
09        }
10        else if(v == txTime) {        ◄── 单击的是时间文字
11            // 创建时间选择对话框，并传入设置完成时的监听对象
12            new TimePickerDialog(this, this,◄── 由 MainActivity 监听事件
13                c.get(Calendar.HOUR_OF_DAY),◄── 获取当前的小时（24 小时制）
14                c.get(Calendar.MINUTE),    ◄── 获取当前的分
15                true)  ◄── 使用 24 小时制
16            .show();    ◄── 显示对话框
17        }
18    }
```

- 第 2 行、第 10 行分别判断发生单击事件的是日期文字还是时间文字。
- 第 4~8 行创建日期对话框，由 Calendar 对象获取当前的日期作为初始选取值，并设置由 MainActivity 当监听对象。
- 第 11~16 行创建时间对话框，由 Calendar 对象获取当前的时间作为初始选取值，设置由 MainActivity 当监听对象。

步骤 06 编写处理日期、时间选取完成时的方法：

```
01    public void onDateSet(DatePicker v, int y, int m, int d) {
                                            ←── 选定日期后的处理方法
02    txDate.setText("日期: " + y + "/" + (m+1) + "/" + d);
                                            ←── 将选定日期显示在屏幕上
03    }
04
                                            选定时间后的处理方法
05    @Override
06    public void onTimeSet(TimePicker v, int h, int m) { ←──
07    txTime.setText("时间: " + h + ":" + m);   ←── 将选定的时间显示在屏幕上
08    }
```

- 第 2 行根据参数显示选取的日期，要注意第 3 个参数 m 是从 0 算起的月份，所以显示时要多加 1。
- 第 7 行根据参数显示选取的时间。

步骤 07 将程序部署到手机／仿真器上，即可测试日期、时间对话框的功效。

练习 7-6 修改范例，当选取的日期是教师节（9 月 10 日）时，在屏幕上显示：跟老师说声"老师好！"，否则显示选取的日期。

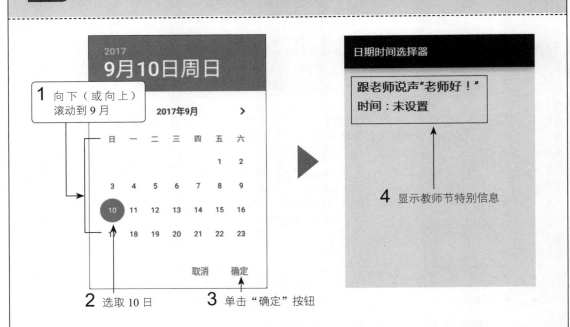

提示 只要在 onDateSet() 中检查第 3 与第 4 个参数是否为 9 月 10 日即可，重点在于第 3 个参数的月份是从 0 开始，因此 9 月是 8，而不是 9。

```
public void onDateSet(DatePicker v, int y, int m, int d) {
    if(m == 8 && d == 10) ←————判断日期是否为 9 月 10 日
        txDate.setText(" 跟老师说声"老师好！"");
    else
        txDate.setText(" 日期："  + y + "/" + (m+1) + "/" + d);
}
```

延伸阅读

（1）有关使用 Alert 对话框显示单选按钮列表或多选按钮列表，可参考 Android 在线文件（http://developer.android.com/guide/topics/ui/dialogs.html#AddingAList）。

（2）想要自定义 Alert 对话框的布局显示定制的内容，可参考 Android 在线文件（http://developer.android.com/guide/topics/ui/dialogs.html#CustomLayout）。

重点整理

（1）使用 Toast 可在屏幕上显示一小段即时消息，并在几秒钟后自动消失；而对话框可在屏幕最上层显示信息框并拦截所有输入，用户必须做出回应后才能继续原来的操作。

（2）用户通常会串接执行 Toast.makeText(...).show() 创建并显示 Toast 即时信息。

（3）Toast 对象的 setText() 方法可更改信息内容，setGravity() 方法可指定显示位置，cancel() 方法可取消显示。

（4）如果连续有多个 Toast 对象要显示，会等第一个显示完才显示第二个，以此类推。若要实时显示最新的信息，则应使用同一个 Toast 对象搭配 setText() 方法及 show() 方法更新显示。

（5）Snackbar 的用途与 Toast 类似，可以在界面的底部显示即时消息，但是与 Toast 的不同之处在于当 App 关闭时，Toast 信息可能还会遗留在界面上，而 Snackbar 只有在 App 显示时才会出现，一旦离开 App 后便不会再显示信息。

（6）Android 主要提供了 3 种对话框类供用户使用：AlertDialog、DatePickerDialog 和 TimePickerDialog。

（7）AlertDialog 可按需要显示标题（可包含文字和图标）、内容（一段文字信息或列表框等）和 1 ～ 3 个按钮。

（8）要显示 Alert 对话框，可先用 AlertDialog.Builder 创建 Builder 对象，然后设置

对话框所需的元素和属性，最后生成实际的 AlertDialog 对象并显示出来。一般会用串接执行的方法实现，如 New AlertDialog.Builder(this).setTitle（"Hi"）.setMessage（"Hello"）.show()。

（9）Alert 对话框中最多可有 3 个按钮，分别代表否（Negative）、中性（Neutral）和是（Positive）。在加入按钮时还可指定其 onClick 监听器。

（10）以 DatePickerDialog 类对象调用 show() 方法可显示选择日期的对话框。要获取用户在对话框中选择的日期，需实现 DatePickerDialog.OnDateSetListener 接口，在接口的 onDateSet() 方法中，可由参数获取用户选取的年、月、日。

（11）以 TimePickerDialog 类对象调用 show() 方法可显示选择时间的对话框。要获取用户在对话框中选的时间，需实现 TimePickerDialog.OnTimeSetListener 接口，在接口的 onTimeSet() 方法中，可由参数获取用户选取的时、分、秒。

（12）Java 语言内建的 java.util.Calendar 类的 getInstance() 方法可获取代表当前日期时间的 Calendar 对象，再用此对象调用 get() 方法，并以日期时间字段名常数为参数，获取对应的日期时间字段值。

习题

（1）说明 Toast、Snackbar 和对话框的用途，以及三者的差别。

（2）写出几种对话框的类名称：Alert 对话框 _____，日期对话框 _____，时间对话框 _____。

（3）说明 Calendar 类的用途是什么？

（4）编写一个程序，可显示内含标题、自定义图标和两个按钮的 Alert 对话框。

（5）编写程序，使用 ListView 显示 5 种饮料，让用户选取后以 Toast 显示饮料名称在界面上。

（6）将上题改用 Snackbar 显示。

第 8 章

用 Intent 启动程序中的其他Activity

8-1　在程序中新增 Activity

第 2 章曾经说明过 Android App 通常是由 Activity 组成的，每一 1 个 Activity 就代表一个界面，也是一个可执行的独立单元。

程序中如果需要多个界面，那么可以创建多个 Activity。下面的范例先创建项目，然后新增一个 Activity。

范例 8-1　在项目中新增 Activity

步骤 **01**　创建一个 Ch08_MultiActivity 项目。

步骤 **02**　在 Project 窗格的 app 模块上右击，依次单击 "New/Activity/Empty Activity"。

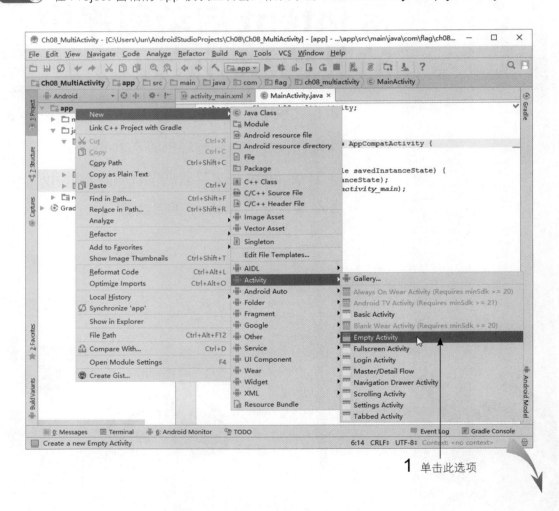

1 单击此选项

不要选中此项，否则这个 Activity
会成为程序的另一个启动入口

2 输入新 Activity 的类名称，
布局文件会自动更名

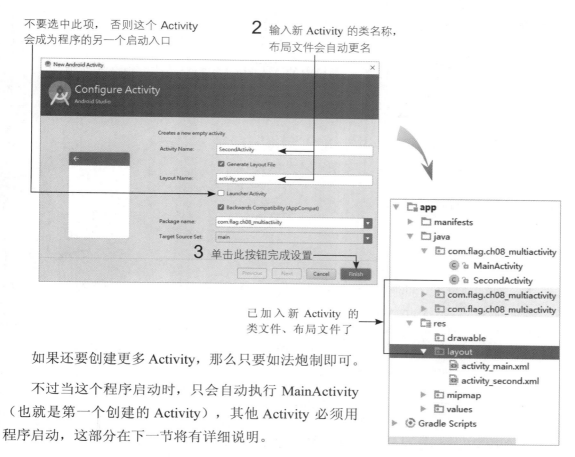

3 单击此按钮完成设置

已加入新 Activity 的
类文件、布局文件了

如果还要创建更多 Activity，那么只要如法炮制即可。

不过当这个程序启动时，只会自动执行 MainActivity
（也就是第一个创建的 Activity），其他 Activity 必须用
程序启动，这部分在下一节将有详细说明。

练习 8-1　按照范例新增 Activity 的方法新增第 3 个 Activity，类名称为 ThirdActivity，并将
Activity 的标题设为"动 3"。

提示　根据范例执行步骤，在 Activity Name 填入 ThirdActivity，并在 Title 填入"活
动 3"。

8-2 用 Intent 启动程序中的 Activity

用户可以用 Intent（意图）启动手机中的 Activity，按照启动方式可分为两类。

- 显式 Intent（Explicit Intent）：就是直接以"类名称"指定要启动哪一个 Activity，通常用来启动自己程序中的 Activity，如上一节所新增的 SecondActivity。
- 隐式 Intent（Implicit Intent）：所谓隐式，就是只在 Intent 中指出想要进行的操作（如拨号、显示、编辑、搜索等）和数据（如电话号码、E-mail 地址、网址等），让系统帮我们找出适合的 Activity 执行相关操作。

本章先介绍显式 Intent，下一章再介绍隐式 Intent。

startActivity()：用显式 Intent 启动 Activity

显式 Intent 的用法如下（假设要启动同一个程序中类名称为 Act2 的 Activity）：

```
Intent it = new Intent();              ←── 创建 Intent 对象
it.setClass(this, Act2.class);         ←── 设置要启动的 Activity 类
startActivity(it);                     ←── 启动目标 Activity
```

以上 setClass() 的第一个参数要传入当前所在的 Activity 对象，而第二个参数传入要启动的类（在类名称之后加 .class 代表类本身）。

以上 1、2 行也可以合并如下（在创建 Intent 对象时一次完成）。

```
Intent it = new Intent(this, Act2.class);←──
                                创建 Intent 对象并设置要启动的 Activity 类
startActivity(it);             ←── 启动目标 Activity
```

以上程序还可再简化如下，让程序更加精简。

```
startActivity(new Intent(this, Act2.class));   ←── 就地创建 Intent 对象来启动
```

finish()：结束 Activity

startActivity(Intent) 可以启动新的 Activity，而 finish() 可结束当前的 Activity。当启动新的 Activity 时，新的 Activity 会在前台执行，而原来的 Activity 被推到后台暂停执行；当新的 Activity 结束时，在后台的 Activity 又会被提到前台执行。

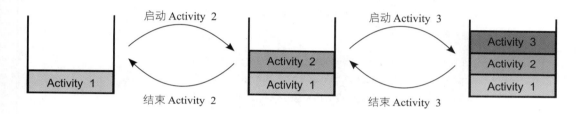

技巧 按手机上的返回（Back）键也可以结束当前 Activity，而回到上一个 Activity，效果等同于 finish()。

注意，startActivity(Intent) 和 finish() 都是继承自 Activity 类的方法，因此可以在 Activity 类中直接调用。

范例 8-2　用 Intent 启动 Activity

接着来体验使用 Intent 启动 Activity 的功能，所要实现的范例如下：

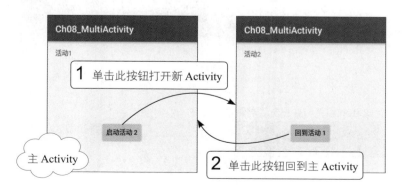

步骤 01 从 Ch08_MultiActivity 项目复制出新项目，项目名称设为 Ch08_MultiActivity2。

步骤 02 打开主 Activity 的布局文件（activity_main.xml），然后如下设置：

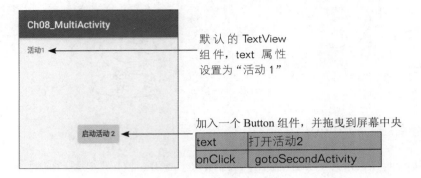

步骤 03 打开主 Activity 的类文件（MainActivity.java），加入 onClick() 方法如下：

```
01 public class MainActivity extends AppCompatActivity {
02
03    @Override
04    protected void onCreate(Bundle savedInstanceState) {
05          super.onCreate(savedInstanceState);
06          setContentView(R.layout.activity_main);
07    }
08
09    public void gotoSecondActivity(View v) {
10          Intent it = new Intent(this, SecondActivity.class);
                                创建 Intent 并设置目标 Activity
11          startActivity(it);   ←── 启动 Intent 中的目标 Activity
12    }
13
14 }
```

步骤 04 打开第 2 个 Activity 的布局文件（activity_second.xml），然后如下操作：

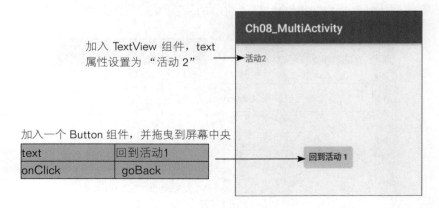

步骤 **05** 打开新 Activity 的类文件（SecondActivity.java），加入 goBack() 方法如下：

```
01    public void goBack(View v) {
02            finish();  ◀── 结束 Activity，即可回到前一个 Activity
03    }
```

修改好之后执行程序测试。

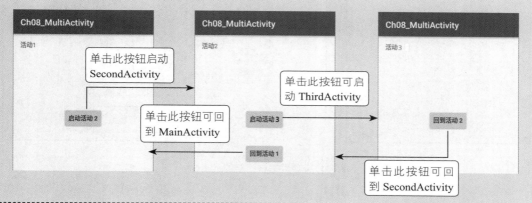

练习 **8-2** 新增第 3 个 Activity，类名称为 ThirdActivity，标题设为"活动 3"， 并在布局上放置一个"回到活动 2"按钮，单击之后结束 ThirdActivity。 接着在 SecondActivty 的布局中新增一个"打开活动 3"按钮，单击之后可打开 ThirdActivity。最后程序可如下执行：

提示 先按照范例 8-1 的方式新增 Activity，在 Activity Name 中填入 ThirdActivity，并在 Title 中填入"活动 3"。接着打开 activity_third.xml 布局文件，删除默认的 TextView 组件，加入一个新的按钮，标题设为"回到活动 3"，OnClick 属性为 goBack。保存文件后打开 ThirdActivity.java 文件，加入以下的 goBack() 方法：

```
public void goBack(View v) {
finish();  ◀──单击按钮就结束 ThirdActivity
}
```

保存文件后打开 activity_second.xml 布局文件，加入一个新的按钮，标题设为"打开活动 3"， OnClick 属性设为 gotoThirdActivity。保存文件后打开 SecondActivity.ava，加入以下的 gotoThirdActivity() 方法：

```
public void gotoThirdActivity(View v) {
    startActivity(new Intent(this, ThirdActivity.class));
}
```

8-3 在 Intent 中夹带数据传给新的 Activity

当用户利用 Intent 启动新 Activity 时，也可以将数据放入 Intent 中传送给新 Activity 。例如下面将图片的"说明"和"编号"由" Activity 1"传给"Activity 2"。

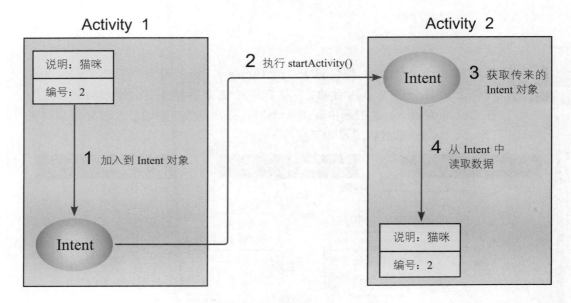

图 8-1 夹带数据传给新的 Activity

putExtra()：附加数据到 Intent 中

用户可以使用 Intent 的 putExtra（数据名称，数据）方法将数据附加到 Intent 中，其参数说明如下：

- 第 1 个参数要传入字符串类型的数据名称（或称为键值），以便稍后以此名称读出数据。
- 第 2 个参数为要实际附加的数据，其类型可以是 byte、char、int、short、 long、float、double、boolean、String 等常用类型，或者是这些类型的数组。

例如：

```
String favor[] = { "鱼肉","小鱼干","猫饼干" };
Intent it = new Intent(this, Act2.class);
it.putExtra("编号", 2);         ←——加入名称为 "编号" 的 2（Int 类型）
it.putExtra("说明", "猫咪");←——加入名称为 "说明" 的 "猫咪"（String 类型）
it.putExtra("爱吃", favor);  ←——加入名称为 "爱吃" 的 String 数组类型
startActivity(it);           ←——启动新 Activity Act2
```

getIntent() 与 getXxxExtra()：从 Intent 中取出数据

在新 Activity 中，可用 getIntent() 获取传入的 Intent 对象，然后用 Intent 的 getXxxExtra(数据名称 , 默认值) 方法读取数据。其中 Xxx 为数据的类型名称，如 Int、String 等；而第 2 个参数是默认值，当 Intent 中找不到指定名称的数据时，就会将此默认值返回。如果存入的是数组，就要用 getXxxArrayExtra(数据名称) 读取。

例如，在 Act2 类中要读取前面传入的数据：

```
Intent it = getIntent();        ◀——— 获取传入的 Intent 对象
int no = it.getIntExtra("编号",0); ◀—
                        读出名为"编号"的 Int 数据, 若没有则返回 0
String da = it.getStringExtra("说明"); ◀—
                        读出名为"说明"的 String 数据, 若没有则返回 null
String a[] = it.getStringArrayExtra("爱吃"); ◀—
                        读出名为"爱吃"的 String[] 数据, 若没有则返回 null
```

注意，getStringExtra() 和 getXxxArrayExtra() 都只能传入一个参数，若无此数据，则返回 null 值。

范例 8-3　在启动新 Activity 时传送数据

接着写一个"迷你备忘录"程序，界面操作如下：

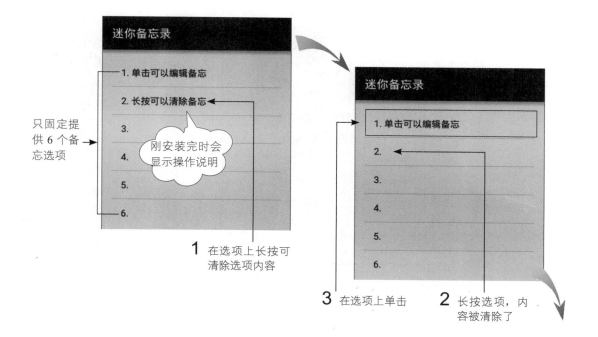

只固定提供 6 个备忘选项

刚安装完时会显示操作说明

1 在选项上长按可清除选项内容

3 在选项上单击

2 长按选项，内容被清除了

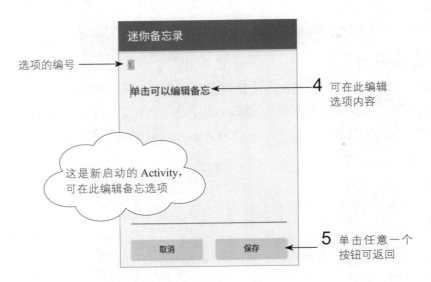

选项的编号 →

4 可在此编辑
选项内容

这是新启动的 Activity，
可在此编辑备忘选项

5 单击任意一个
按钮可返回

第 3 步在选项上单击时，会启动新的 Activity 编辑选项内容，编辑完之后单击"存储"或"取消"按钮即可返回。不过，当前新的 Activity 还无法将编辑后的数据返回给 MainActivity，因此无法显示和保存在新 Activity 中修改的数据，这部分留到下一节再来实现。

步骤 01 新建一个 Ch08_Memo 项目，并将程序名称设为"迷你备忘录"。

步骤 02 将布局文件中的"Hello Word!"组件删除，然后加入一个 ListView 组件。

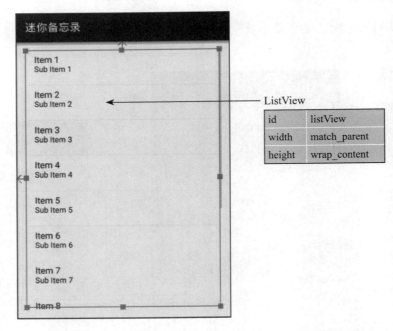

ListView	
id	listView
width	match_parent
height	wrap_content

步骤 03 在 Project 窗格的 app 模块右击，依次单击"New/Activity/BlankActivity"菜单选项，创建用来编辑备忘内容的 Activity。

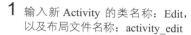

1 输入新 Activity 的类名称：Edit，
以及布局文件名称：activity_edit

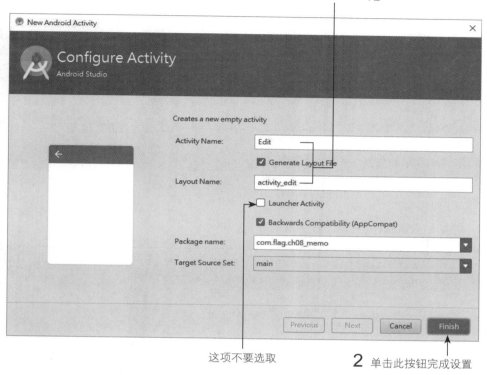

这项不要选取

2 单击此按钮完成设置

步骤 **04**　在新 Activity 的布局文件（activity_edit.xml）中，将 "Hello World!" 组件删除，然后将 Layout 换成 ConstraintLayout，再设计如下：

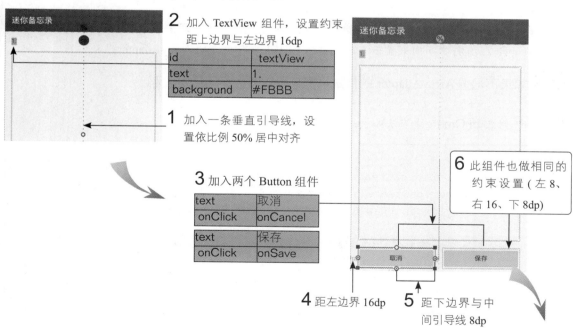

2 加入 TextView 组件，设置约束
距上边界与左边界 16dp

id	textView
text	1.
background	#FBBB

1 加入一条垂直引导线，设
置依比例 50% 居中对齐

6 此组件也做相同的
约束设置 (左 8、
右 16、下 8dp)

3 加入两个 Button 组件

text	取消
onClick	onCancel

text	保存
onClick	onSave

4 距左边界 16dp

5 距下边界与中
间引导线 8dp

283

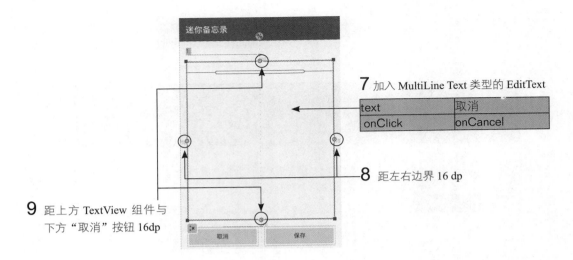

7 加入 MultiLine Text 类型的 EditText

text	取消
onClick	onCancel

8 距左右边界 16 dp

9 距上方 TextView 组件与下方"取消"按钮 16dp

步骤 05 打开 MainActivity.java，首先声明变量：

```
01  public class MainActivity extends AppCompatActivity
02    implements OnItemClickListener, OnItemLongClickListener{
03
04    String[] aMemo = {          ← 默认的备忘内容
05        "1. 单击可以编辑备忘",
06        "2. 长按可以清除备忘", "3.", "4.", "5.", "6." };
07    ListView lv;                ← 显示备忘录的 ListView
08    ArrayAdapter<String> aa;    ← ListView 与备忘数据 aMemo 的桥梁
09
```

- 第 2 行让 MainActivity 可以监听 ListView 的单击与长按事件。
- 第 4 行声明用来存储备忘数据的数组，并预先放入提示用法的内容。
- 第 7、8 行声明用来显示备忘数据的 ListView 与中介的 ArrayAdapter。

 如果不记得 ArrayAdapter 的用法，那么可以回头参考第 6-3 节。

步骤 06 修改 onCreate() 方法如下：

```
01    @Override
02    protected void onCreate(Bundle savedInstanceState) {
03        super.onCreate(savedInstanceState);
04        setContentView(R.layout.activity_main);
05
06        lv = (ListView)findViewById(R.id.listView);
07        aa = new ArrayAdapter<>(this,
08            android.R.layout.simple_list_item_1, aMemo);
09
10        lv.setAdapter(aa);          ← 设置 listView1 的内容
```

```
11
12              // 设置 listView1 被单击的监听器
13              lv.setOnItemClickListener(this);
14              // 设置 listView1 被长按的监听器
15              lv.setOnItemLongClickListener(this);
16        }
```

- 第 6~10 行设置显示备忘选项的 ListView 组件。
- 第 13、15 行设置让 MainActivity 监听 ListView 的单击与长按事件。

步骤 07　加入处理 ListView 单击与长按的事件处理方法：

```
01    public void onItemClick(AdapterView<?> a,
02                            View v, int pos, long id) {
03        Intent it = new Intent(this, Edit.class);
04        it.putExtra("编号", pos+1);            ←—— 附加编号
05        it.putExtra("备忘", aMemo[pos]);       ←—— 附加备忘选项的内容
06        startActivity(it);                    ←—— 启动 Edit 活动
07    }
08
09    public boolean onItemLongClick(AdapterView<?> a,
10              View v, int pos, long id) {
11        aMemo[pos] = (pos+1) + ".";           ←—— 将内容清除（只剩编号）
12        aa.notifyDataSetChanged();            ←—— 通知 ListView 要更新显示的内容
13        return true;                          ←—— 返回 true 表示此事件已处理
14    }
```

- 第 1 和 9 行分别编写"单击"和"长按"列表选项时的事件处理方法。
- 第 3 ~ 6 行声明 Intent 对象并附加被单击选项的相关数据，然后启动新 Activity 。由于传入的 pos 参数是从 0 算起的，所以要先加 1 才是编号值。
- 第 11~13 行将长按选项重设为编号加句点（如"1."）。注意，在 11 行更改字符串数组内容后，还要执行 notifyDataSetChanged() 通知 ListView 对象更新其显示的内容（见下页的说明框）。

步骤 08　打开新 Activity 的 Edit.java 程序，修改 onCreate() 方法，然后加入两个单击事件的处理方法如下：

```
01    protected void onCreate(Bundle savedInstanceState) {
02        super.onCreate(savedInstanceState);
03        setContentView(R.layout.activity_edit);
04
05        Intent it = getIntent();              ←—— 获取传入的 Intent 对象
06        int no = it.getIntExtra("编号", 0);  ←—┐
                    读出名为"编号"的 Int 数据，若没有则返回 0
```

```
07          String s = it.getStringExtra(" 备忘 ");  ←
                          读出名为 "备忘" 的 String 数据
08
09          TextView txv = (TextView)findViewById(R.id.textView);
10          txv.setText(no + ".");     ← 在界面左上角显示编号
11          EditText edt = (EditText)findViewById(R.id.editText);
12          if(s.length() > 3)
13              edt.setText(s.substring(3));  ←
                  将传来的备忘数据去除前 3 个字符，然后填入 EditText 组件中
14  }
15
16  public void onCancel(View v) {  ← 单击取消按钮时
17          finish();       ← 结束 Activity
18  }
19  public void onSave(View v) {  ← 单击存储按钮时
20          finish();       ← 结束 Activity
21  }
```

- 第 5~7 行获取主 Activity 传来的 Intent 对象并读取其中的数据，然后在 10 和 13 行将数据填入界面的组件中。注意，只有当传来备忘字符串的长度大于 3 时，才截取第 3 个字符之后的数据放入 EditText 组件中，如传来 "2. 长按 ..." 时，截取 "长按 ..." 放入 EditText 组件中。

- 第 16、19 行是取消按钮和存储按钮的事件处理方法，此处只用 finish() 结束 Activity。（在下一节中会改写，以便将修改后的数据返回主 Activity 中。）

Java 补给站：用 substring() 截取子字符串

String 对象的 substring() 方法可用来截取子字符串，有以下两种用法。

- substring(int start)：截取从 start 位置（从 0 算起）开始到字符串结束的所有字符。例如，"abcde".substring(1) 的结果为 "bcde"。

- substring(int start, int end)：截取从 start 到 (end-1) 之间的字符。例如，"abcde".substring(1,3) 的结果为 "bc"。

notifyDataSetChanged()：更新显示选项

在第 6 章介绍过 ArrayAdapter，除了直接更换 ArrayAdapter 对象更改显示的选项外，还可以如同本例中的做法，直接修改作为 ArrayAdapter 对象数据源的数组内容，再调用 ArrayAdapter 的 notifyDataSetChanged() 方法，Spinner 或 ListView 就会更新其显示的内容。

练习
8-3

修改范例程序，传入当前日期时间给 Edit，并将 Edit 中的内容显示在 EditText 中。

迷你备忘录

1

单击可以编辑备忘
Tue Jan 10 18:31:50 GMT+08:00
2017

↑
显示传来的日期时间

提示　只要修改 MainActivity.java 的 onItemClick() 方法，使用 java.util.Date 类创建对象，即可用 toString() 方法获取当前日期时间的字符串：

```
public void onItemClick(AdapterView<?> a, View v, int pos, long id) {
    ...
    it.putExtra(" 日期 ", new Date().toString());      ← 获取日期时间
    startActivity(it);        ← 启动 Edit 活动
}
```

在 Edit.java 类中可以通过 getStringExtra() 取出来显示：

```
protected void onCreate(Bundle savedInstanceState) {
    ...
    String ds = it.getStringExtra(" 日期 ");
    if(s.length() > 3)
        edt.setText(s.substring(3) + "\n" + ds);   ←
                                      加上收到的日期时间字符串
}
```

8-4　要求新的 Activity 返回数据

当用户用 Intent 启动新的 Activity 时，让新的 Activity 返回数据的步骤如下：

步骤 01　在主 Activity 中改用 startActivityForResult() 启动新 Activity：

```
startActivityForResult(Intent it, int 标识符 )
```

标识符为一个自定义的数值，当新 Activity 返回数据时，也会一并返回此标识符以供辨别。

步骤 02　新 Activity 在结束前使用 setResult() 返回执行的结果与数据：

```
setResult(int 结果码 , Intent it)
```

结果码可以设置为 Activity 类中定义的 RESULT_OK 或 RESULT_CANCELED 常数；it 为 Intent 对象，可用来夹带数据，但若不需要，则可以设为 null。

步骤 03 在主 Activity 中加入 onActivityResult() 方法接收返回的数据：

```
onActivityResult(int 标识符 , int 结果码 , Intent it)
```

在这个方法中应检查标识符是否与步骤 1 的相符，然后按结果码而进行不同的处理，并由 it 中读取返回的数据。

以下是整个执行流程的示意图。

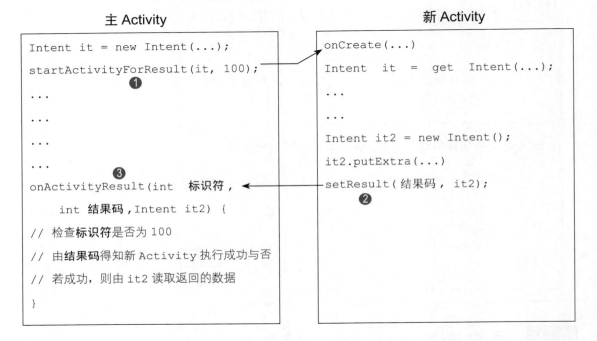

| 主 Activity | 新 Activity |

范例 8-4　在新 Activity 结束时将数据返回

接着修改前面的范例，以便让新 Activity 中修改的备忘内容能返回主 Activity 中。

由于启动新 Activity 时多了一个标识符参数可用，因此我们改用此标识符传送编辑选项的位置（从 0 算起），而不再将选项编号附加到 Intent 对象中了；当新 Activity 返回数据时，也会自动返回此标识符。

步骤 01 将 Ch08_Memo 项目复制一份，并命名为 Ch08_Memo2。

步骤 02 打开主 Activity 的 MainActivity.java 程序文件，修改 onItemClick() 方法如下：

```
01    public void onItemClick(AdapterView<?> a, View v,
02                int pos, long id) {
03          Intent it = new Intent(this, Edit.class);
04          it.putExtra(" 备忘 ", aMemo[pos]);
                        只附加备忘选项的内容（而不用再附加编号）
05          startActivityForResult(it, pos);
                        启动 Edit 并以选项位置为标识符
06    }
```

- 第 5 行将原来的 startActivity(it) 改为 startActivityForResult(it, pos)，以便让新 Activity 可以返回数据。第 1 个参数为夹带数据的 Intent 对象；第 2 个参数为标识符，此处是传入要编辑选项的位置（从 0 算起）。

步骤 03 新增 onActivityResult() 方法如下：

```
01    protected void onActivityResult(int requestCode,
02                int resultCode, Intent it) {
03          if(resultCode == RESULT_OK) {
04                aMemo[requestCode] = it.getStringExtra(" 备忘 ");
                              使用返回的数据更新数组内容
05                aa.notifyDataSetChanged();    通知 Adapter 数组内容有更新
06          }
07    }
```

- 第 1 个参数（requestCode）是标识符（代表编辑选项的位置），第 2 个参数可用来在第 3 行判断编辑是否成功，第 3 个参数为夹带数据的 Intent 对象。
- 第 4 行从 Intent 对象中取出编辑后的备忘数据，然后存到第 requestCode 位置的备忘选项中。第 5 行通知 ListView 要更新显示的内容。

步骤 04 打开新 Activity 的 Edit.java 程序文件，修改如下：

```
01    public class Edit extends AppCompatActivity {
02      TextView txv;              将 12、14 行的变量声明移到此处
03      EditText edt;
04
05      @Override
06      protected    void onCreate(Bundle savedInstanceState) {
07          super.onCreate(savedInstanceState);
08          setContentView(R.layout.activity_edit);
09
10          Intent it = getIntent();         获取传入的 Intent 对象
11          String s = it.getStringExtra(" 备忘 ");
                        读出名为 "备忘" 的 String 数据（而不用读取编号数据）
12          txv = (TextView)findViewById(R.id.textView);
                              将 txv 改在第 2 行声明
13          txv.setText(s.substring(0, 2));     将编号显示在界面左上角
```

```
14              edt = (EditText)findViewById(R.id.editText);
15              if(s.length() > 3)          ←── 将 edt 改在第 3 行声明
16                  edt.setText(s.substring(3));←┐
                                        将备忘数据去除前 3 个字符，再填入编辑组件中
17          }
18
19          public void onCancel(View v) {      ←── 单击取消按钮时
20                  setResult(RESULT_CANCELED);  ←── 返回取消信息
21                  finish();  ←── 结束 Activity
22          }
23          public void onSave(View v) {        ←── 单击存储按钮时
24                  Intent it2 = new Intent();
25                  it2.putExtra("备忘", txv.getText() + " "
                          + edt.getText());  ←── 附加选项编号与修改后的内容
26                  setResult(RESULT_OK, it2);  ←── 返回成功选项及修改后的数据
27                  finish();                   ←── 结束 Activity
28          }
...
```

- 第 13 行直接从传来的备忘数据中截取前两个字符（选项编号）显示在左上角的 TextView 中。
- 第 20 行为单击取消按钮时，将取消的结果码（RESULT_CANCELED）返回主 Activity。
- 第 25 行为单击存储按钮时，将"TextView 中的选项编号"与"EditText 中的修改内容"中间加一空白合并起来，然后附加到 Intent 对象中，再于第 26 行将成功的结果码（RESULT_OK）与 Intent 对象一起返回主 Activity。

步骤 05　执行程序看看，如果要输入中文，那么建议在实体机上测试比较方便。

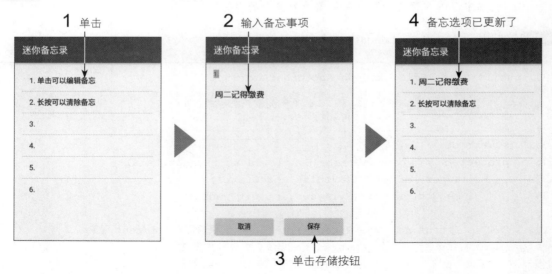

练习 8-4 将单击存储按钮时的日期时间返回给 MainActivity，并在 MainActivity 中以 Toast 显示修改时间。

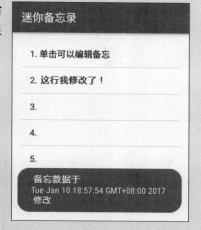

提示 在 Edit.java 的 onSave() 方法中将当前时间存入 Intent：

```
public void onSave(View v) {          ←——单击存储按钮时
    ...
    it2.putExtra("日期", new Date().toString());  ←—— 附加修改日期时间
    setResult(RESULT_OK, it2);  ←—— 返回代表成功的结果码和修改的数据
    finish();  ←——结束活动
}
```

可以在 MainActivity 的 onActivityResult() 中获取修改日期，并以 Toast 显示：

```
protected void onActivityResult(int requestCode,
    ...
    Toast.makeText(this,
        "备忘数据于 \n" + it.getStringExtra("日期") + "\n 修改 ",
        Toast.LENGTH_LONG)
        .show();
    }
}
```

延伸阅读

（1）有关 Intent 的完整说明，可参考 Android 在线文件（http://developer.android.com/guide/components/intents-filters.html）。

（2）Intent 除了可以用来启动新的 Activity 外，还可以启动 Service，相关内容可参考

Android 说明文件（http://developer.android.com/guide/components/services.html）。

重点整理

（1）一个 Activity 代表一个界面，也是程序中的一个执行单元。

（2）一个程序中可以包含多个 Activity，每个 Activity 都必须：

- 设计一个继承 Activity 或 AppCompatActivity（要兼容旧版 API 时使用）的子类，并保存成同名的类文件（类名称 .java）。
- 设计一个布局文件（.xml），以作为 Activity 要显示的界面。

（3）Intent 可用来启动手机中的各种 Activity，按照启动方式可分为以下两类。

- 显式 Intent（Explicit Intent）：直接以 "类名称" 指定要启动哪个 Activity，通常用来启动自己程序中的 Activity。
- 隐式 Intent（Implicit Intent）：只在 Intent 中指出想要进行的操作和数据，让系统帮我们找出适合的程序执行相关操作。

（4）我们可以在构建 Intent 对象时直接指定要启动的 Activity 类，或者用 Intent 的 setClass() 方法设置。

（5）startActivity(Intent) 可以启动新 Activity，而 finish() 可结束当前的 Activity。

（6）当启动新 Activity 时，新 Activity 会在前台执行，而旧 Activity 会被推到后台暂停执行；当新 Activity 结束时，下层的旧 Activity 又会被提到前台执行。

（7）在启动新 Activity 时，可以用 putExtra(数据名称，数据) 方法将各种数据放入 Intent 中传送给新 Activity。

（8）在新 Activity 中，可用 getIntent() 获取传入的 Intent 对象，然后用 getXxxExtra (数据名称，默认值) 读取数据，其中 Xxx 为数据的类型名称。如果存入的是数组，那么要改用 getXxxArrayExtra(数据名称) 读取。

（9）如果想让新 Activity 返回数据，那么要改用 startActivityForResult(Intent it, int 标识符) 启动新 Activity。

（10）在新 Activity 中要结束前，可使用 setResult(结果码 , Intent) 返回执行的结果与数据。

（11）在原 Activity 中可编写 onActivityResult(标识符 , 结果码 , Intent) 接收新 Activity 返回的数据。在此方法中应检查标识符是否正确，然后根据结果码进行不同的处理，并从

Intent 参数中读取返回的数据。

习题

（1）在项目中的每一个 Activity 都必须有一个继承 _____ 的子类，并设计一个 _____ 文件以作为 Activity 要显示的界面，其扩展名为 _____。

（2）用户可以用 _____ 启动手机中的各种 Activity。

（3）Intent 可分为 _____ 和 _____ 两类。

（4）说明 startActivity()、finish() 和 startActivityForResult() 的功能是什么？

（5）写一个包含 3 个 Activity 的程序，每个 Activity 的功能如下：

- 在 Activity 1 中可以启动 Activity 2 或结束 Activity 。
- 在 Activity 2 中可以启动 Activity 3 或结束 Activity 。
- 在 Activity 3 中可以启动 Activity 1 或结束 Activity 。

在转移 Activity 时必须传递数据以记录移动的路径，并在每一个 Activity 中都能显示最新的操作路径，如 1 → 2 → 3 → 2 → 3 → 1 → 3 → 2 → 1。

第 **9** 章

用 Intent 启动手机内的各种程序

9-1 使用 Intent 启动程序的方式

Intent 有显式 Intent（Explicit Intent）和隐式 Intent（Implicit Intent）两种。显式 Intent 在上一章已经介绍过了，本章将说明隐式 Intent 的各种用法。

所谓隐式 Intent，就是只在 Intent 中设置要进行的动作（如拨号、编辑、搜索等）和数据（如电话号码、E-mail 地址、网址等），然后让系统自动找出适合的程序执行。

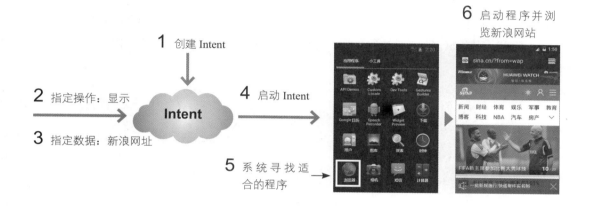

此外，如果手机中有多个适合的程序，那么还会弹出列表供用户选择，例如：

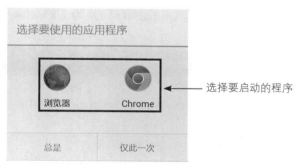

隐式 Intent 可使用的动作有很多，例如：

动作（或操作）	说明
ACTION_VIEW	显示数据
ACTION_EDIT	编辑数据
ACTION_PICK	挑选数据
ACTION_GET_CONTENT	获取内容
ACTION_DIAL	启动拨号程序
ACTION_CALL	直接拨出电话

（续表）

动作（或操作）	说明
ACTION_SEND	发送数据
ACTION_SENDTO	发送到数据所指定的对象
ACTION_SEARCH	搜索数据
ACTION_WEB_SEARCH	搜索 Web 数据

setAction() 和 setData()：加入动作和数据到 Intent 中

Intent 本身其实是一个"包含启动信息"的对象，以隐式 Intent 来说，可以用 setAction() 和 setData() 填入要执行的动作和数据，然后用 startActivity() 启动适合的程序，例如：

```
Intent it = new Intent();                        ← 创建 Intent 对象
it.setAction(Intent.ACTION_VIEW);                ← 设置动作：显示
Uri uri = Uri.parse("http://www.sina.com.cn");  ← 将网址字符串转换为 Uri 对象
it.setData(uri);                                 ← 设置数据：内含新浪网址的 Uri 对象
startActivity(it);                               ← 启动适合 Intent 的 Activity
```

Uri：Intent 的数据

动作 Intent.ACTION_VIEW 代表要"显示"特定数据，这是最常用的动作；而数据要以 URI 格式呈现（如"http://..."），并用 Uri.parse() 转换为 URI 对象作为 setData() 的参数。

什么是 URI？

URI 是 Uniform Resource Identifier 的首字母缩写，用来指出对象的位置，实际的格式会按对象的种类而不同。大家最熟悉用来浏览网络的 URL（http://www.sina.com.cn/）就是 URI 的一种，专门用来指出网络上网页、图片等的地址。

将动作和数据搭配起来，系统便会自动寻找并启动适合的程序，并将数据带入程序中执行。例如，将动作 Intent.ACTION_VIEW 搭配以下数据：

数据种类	URI格式	启动的程序	执行结果
网址	http://www.sina.com.cn	浏览器	浏览网页
电话号码	tel:800	拨号程序	将 800 填入号码栏

> **在创建 Intent 时直接指定动作和数据**
>
> 在创建 Intent 时也可直接指定动作，或同时指定动作和数据：
>
> ```
> // 创建 Intent 对象并指定动作
> Intent it = new Intent(Intent.ACTION_VIEW);
>
> // 创建 Intent 对象并指定动作和数据
> Intent it = new Intent(Intent.ACTION_VIEW, Uri.parse("tel:800"));
> ```

范例 9-1　快速拨号程序

下面的范例使用 Intent 启动系统内建的拨号程序，并将要拨打的电话号码自动填入拨号栏中。

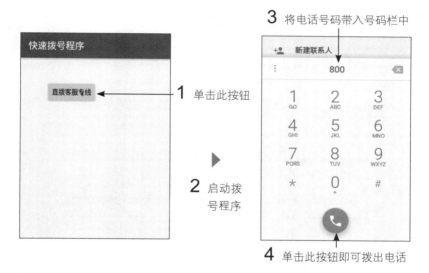

以上 800 是电信的免费服务电话，可将程序中的号码换成你所属公司的免费服务电话。

> **技巧** 如果是国际号码，那么最前面要多加一个 + 号及国际码或地区码，如 tel:+86-10-23963257（就是把区域号码或手机号码前的 0 换成 "+ 国际码"，如中国为 +86）。

步骤 01 新建一个 Ch09_FastDialer 项目，并将程序名称设为"快速拨号程序"。

步骤 02 在 Layout 界面中将默认的"Hello World!"组件删除，然后修改如下：

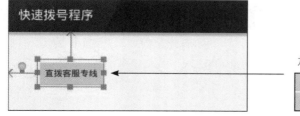

加入一个 Button 组件

text	直拨客服专线
onClick	onClick

步骤 03 在 MainActivity 类中加入 onClick() 方法如下：

```
01 public class MainActivity extends AppCompatActivity {
02
03     public void onClick(View v) {                      ← 新建 Intent 对象
04         Intent it = new Intent();
05         it.setAction(Intent.ACTION_VIEW);              ← 设置动作：显示数据
06         it.setData(Uri.parse("tel:800"));    ←
                                                    设置数据：用 URI 指定电话号码
07         startActivity(it);                             ← 启动适合 Intent 的 Activity
08     }
   ...
23 }
```

- 第 6 行直接调用 Uri.parse() 生成 Uri 对象，并作为 setData() 的参数。

直接拨出电话

本例中的 ACTION_VIEW 也可换成 ACTION_DIAL，效果是一样的。若换成 ACTION_CALL，则可以直接拨出电话，不过此时必须在 AndroidManifest.xml 中加上"拨打电话"的权限 "android.permission.CALL_PHONE" 才行。

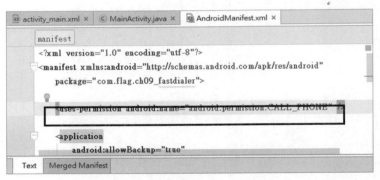

```
activity_main.xml ×    MainActivity.java ×    AndroidManifest.xml ×

manifest
<?xml version="1.0" encoding="utf-8"?>
<manifest xmlns:android="http://schemas.android.com/apk/res/android"
        package="com.flag.ch09_fastdialer">

    <uses-permission android:name="android.permission.CALL_PHONE" />

    <application
        android:allowBackup="true"

Text    Merged Manifest
```

注意，CALL_PHONE 直接拨出电话会产生费用，所以被归类于有危险风险的权限，若 App 要相容于 Android 6.x 以上的系统，则必须参考 10-2 节的说明，使用 ActivityCompat.requestPermissions() 向用户请求授予权限。

忘记怎么设置权限了……

可参考第 4-5 节的介绍喔！

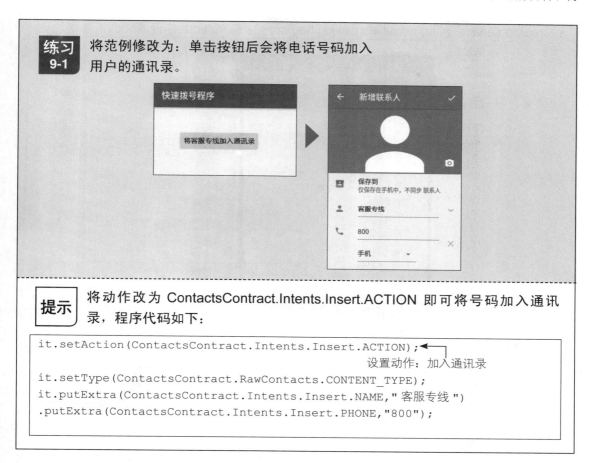

练习 9-1 将范例修改为：单击按钮后会将电话号码加入用户的通讯录。

提示 将动作改为 ContactsContract.Intents.Insert.ACTION 即可将号码加入通讯录，程序代码如下：

```
it.setAction(ContactsContract.Intents.Insert.ACTION);
                                        设置动作：加入通讯录
it.setType(ContactsContract.RawContacts.CONTENT_TYPE);
it.putExtra(ContactsContract.Intents.Insert.NAME," 客服专线 ")
.putExtra(ContactsContract.Intents.Insert.PHONE,"800");
```

9-2 使用 Intent 启动电子邮件、短信、浏览器、地图与 Web 搜索

若上一节范例的 "tel:800" 换成各种不同类型的 URI，则可启动各种不同的应用程序处理数据，如电子邮件地址、短信、网址、经纬度坐标值等，下面分别进行说明。

电子邮件地址

URI 的格式为 "mailto: 电子邮件地址"，如 "mailto:test@flag.com.tw"。另外，还可以将副本收件人、主题、内容等数据一并附加在 URI 之后，例如：

mailto:service@flag.com.tw?cc=kk@flag.com.tw&subject= 你好 &body= 谢谢！

附加的格式要以"?"开头，然后用"名称 = 数据"的格式附加，而各项之间要以"&"隔开。可用的各项名称有：cc（副本收件人）、bcc（密件抄送收件人）、subject（主题）以及 body（邮件内容）。

此外，也可改用 Intent 的 putExtra（类型，数据）指定额外信息，包括 EXTRA_CC（副本收件人）、EXTRA_BCC（密件抄送收件人）、EXTRA_SUBJECT（主题）、EXTRA_TEXT（邮件内容）等，例如：

```
Intent it = new Intent(Intent.ACTION_VIEW);          ←── 创建 Intent 并指定默认动作
it.setData(Uri.parse("mailto:service@flag.com.tw")); it.putExtra(Intent.
EXTRA_CC,
new String[] {"kk@flag.tw"});                        ←── 设置一个或多个副本收件人
it.putExtra(Intent.EXTRA_SUBJECT, "资料已收到");       ←── 设置主题
it.putExtra(Intent.EXTRA_TEXT, "您好,\n 已收到，谢谢！");  ←── 设置内容
```

注意，副本和密件抄送收件人的数据必须为"字符串数组"，如此才可以指定多个收件人。

在启动电子邮件时，也可将 Intent.ACTION_VIEW 动作改为 Intent.ACTION_ SENDTO，效果相同。但是由于 ACTION_SENDTO 的意思更为明确，因此建议读者在实际编写程序时优先采用。

短信

URI 的格式为 "sms: 电话号码"，如 "sms:0999-123456"。若要附加短信内容，则可写成：

```
"sms:0999-123456?body= 短信内容 "
```

此外，也可和 E-mial 一样，改用 putExtra() 附加短信内容，例如：

```
it.putExtra("sms_body"," 您好！ ");
```

网址

URI 的格式为 "http:// 网址"，如 "http://sina.cn/?from=wap"。

经纬度坐标值

URI 的格式为 "geo: 纬度 , 经度"，如 "geo:39.896068, 161.151147" 就是北京西站火车站的位置。经纬度坐标值的 URI 默认会开启地图显示指定的位置。

搜索 Web 数据

前面几项都是以 ACTION_VIEW 动作启动相关程序的，若要搜索 Web 资料，则必须将动作改为 ACTION_WEB_SEARCH，并直接用 putExtra(SearchManager.QUERY, "关键词") 指定搜索关键词，例如：

```
it.putExtra(SearchManager.QUERY, "新浪网站");
```

此功能不需要使用 setData() 设置搜索网站，系统会自动开启 http://www.google.com 搜索。

范例 9-2　使用 Intent 启动电子邮件、短信、浏览器、
　　　　　地图与 Web 搜索

本节我们要写一个 App 启动器，可以用来启动电子邮件、短信、浏览器、地图及 Web 搜索。建议读者在实体机上测试，否则必须按后面的说明设置仿真器。

启动短信程序，并自动填入发送目标电话号码和短信内容

启动 E-mail 程序并自动填入收件人、副本收件人、主题、内容

启动浏览器显示北京西站的地图

启动浏览器搜索资料

启动浏览器显示新浪网站

技巧 在启动新 Activity 后，可按返回键回到原 Activity 中。另外，在浏览器中双击可以放大 / 缩小网页内容。

步骤 01 新建一个 Ch09_IntentStarter 项目，并将程序名称设为 "App 启动器"。

步骤 02 将 Layout 界面中的 "Hello world!" 组件删除，然后将默认的 RelativeLayout 换成 ConstraintLayout，并加入以下组件：

加入 5 个按钮

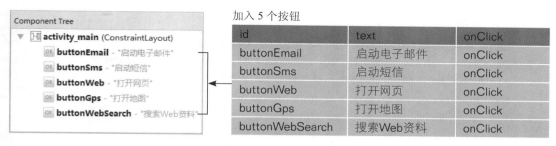

id	text	onClick
buttonEmail	启动电子邮件	onClick
buttonSms	启动短信	onClick
buttonWeb	打开网页	onClick
buttonGps	打开地图	onClick
buttonWebSearch	搜索Web资料	onClick

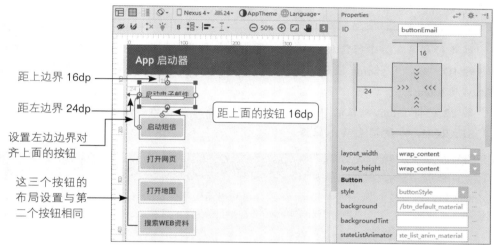

步骤 03 修改程序，由于已经将 5 个按钮的 onClick 属性均设为 onClick，因此只需在 MainActivity 类中加入 onClick() 方法，然后按照按钮的资源 ID 分别处理即可。

```
01    public void onClick(View v) {
02    Intent it = new Intent(Intent.ACTION_VIEW);  ◀── 创建 Intent 并指定默认动作
03
04    switch(v.getId()) {    ◀── 读取按钮的资源 ID 进行相关处理
05    case R.id.buttonEmail: ◀── 指定 E-mail 地址
06    it.setData(Uri.parse("mailto:service@flag.com.tw"));
07    it.putExtra(Intent.EXTRA_CC,  ◀── 设置副本收件人
08    new String[] {"test@flag.com.tw"});
09    it.putExtra(Intent.EXTRA_SUBJECT, "数据已收到");  ◀── 设置主题
10    it.putExtra(Intent.EXTRA_TEXT, "您好，\n 已收到，谢谢！");◀── 设置内容
11    break;
12    case R.id.buttonSms:   ◀── 指定短信的发送对象和内容
13    it.setData(Uri.parse("sms:0999-123456?body= 您好！"));
14    break;                      ↑── 换成适当的号码
15    case R.id.buttonWeb:   ◀── 指定网址
16    it.setData(Uri.parse("http://sina.cn/?from=wap"));
17    break;
18    case R.id.buttonGps:   ◀── 指定 GPS 坐标：北京西站火车站
```

```
19      it.setData(Uri.parse("geo:39.896068,116.151147"));
20      break;
21      case R.id.buttonWebSearch:        ←── 搜索 Web 数据
22      it.setAction(Intent.ACTION_WEB_SEARCH);   ←── 将动作改为搜索
23      it.putExtra(SearchManager.QUERY, " 新浪网站 ");
24      break;
25      }
26      startActivity(it);       ←── 启动适合 Intent 的程序

27      }
```

- 第 4 行利用在第 1 行传入的 View 对象 v，执行其 v.getId() 方法获取被单击的按钮的资源 ID，然后用 switch 按照资源 ID 进行不同的处理。最后在第 26 行执行 startActivity() 启动 Intent。
- 第 22 行将 Intent 默认的 ACTION_VIEW 动作（在第 2 行设置）改为 ACTION_WEB_SEARCH，以便搜索 Web 数据。

当有多个适合启动 Intent 的程序时

在启动 Intent 时，若有多个适合的程序，系统则会自动显示程序列表供用户选择。例如，手机中装了两个浏览器，在启动内含网址或搜索 Web 的 Intent 时，会出现以下选项：

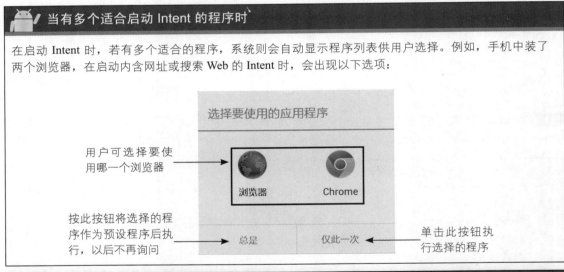

ACTION_SEARCH：通用的搜索功能

若将前例中的 Web 搜索从 ACTION_WEB_SEARCH 改为 ACTION_SEARCH，则会列出系统中所有支持搜索功能的程序供用户选择。

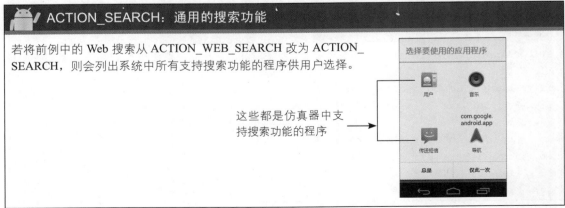

练习 9-2 修改范例，增加一个"搜索"按钮，并在单击这个按钮时，以 ACTION_SEARCH 动作搜索"颐和园"。当出现选择程序的对话框时，选取地图，可以直接用地名搜索地图。

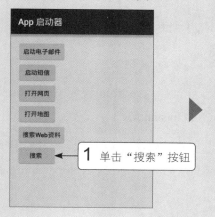

1 单击"搜索"按钮

2 地图显示颐和园

提示 先在布局中加入一个按钮：

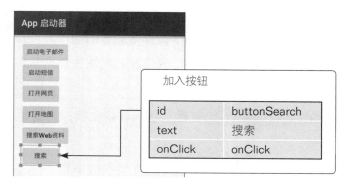

加入按钮

id	buttonSearch
text	搜索
onClick	onClick

存盘后修改 onClick() 方法如下：

```
public void onClick(View v) {
    ...
    switch(v.getId()) {        ← 读取按钮的资源 ID 进行相关处理
    ...
    case R.id.buttonSe:        ← 搜索数据
        it.setAction(Intent.ACTION_SEARCH);    ← 将动作改为搜索
        it.putExtra(SearchManager.QUERY," 颐和园 ");
        break;
    }
    startActivity(it);        ← 启动适合意图的程序
}
```

存盘后执行程序就可以了。

从启动的程序返回数据

从启动的程序也可以返回数据，启动与接收的步骤都与上一章从启动的 Activity 返回数据一样，详细的做法可参考下一章实际应用的范例。

延伸阅读

（1）有关 Intent 可指定动作的完整列表，请参考 Android 说明文件（http:// developer. android.com/reference/android/content/Intent.html#constants）。

（2）除了启动其他程序外，Intent 还可以用来启动在后台执行不被用户操作中断的 Service（服务）。此主题可参考 Android 说明文件（http://developer.android.com/ guide/ components/services.html）。

重点整理

（1）所谓隐式 Intent，就是只在 Intent 中设置要进行的动作或操作（如拨号、编辑、搜索等）和数据（如电话号码、E-mail 地址、网址等），然后让系统自动找出适合的程序来执行。

（2）动作 Intent.ACTION_VIEW 代表要"显示"特定数据，这是最常用的动作，而数据要以 URI 格式呈现。

（3）在程序中若要直接拨出电话，则必须在 AndroidManifest.xml 中加入 android. permission.CALL_PHONE 的用户授权。同理，若要查询联系人的资料，则要加入 android. permission.READ_CONTACTS 的用户授权许可。

（4）在 Uri 字符串中可以附加额外信息，如 Email 的 Uri："mailto:srv@flag. com?cc=kk@flag.com&subject=你好&body=谢谢！"。附加的格式要以"?"开头，然后用"名称＝数据"的格式附加，而各项之间要以＆隔开。

（5）我们也可以用 Intent 的 putExtra(类型,数据)指定额外信息，如 it.putExtra(Intent.EXTR A_CC, new String[] {"kk@flag.com"});。

（6）短信的 URI 格式为"sms: 电话号码"，如"sms:0999-123456"。若要附加短信内容，则可写成"sms:0999-123456?body=您好！"，或写成 it.putExtra("sms_body"," 您好！ ");。

（7）网址的 URI 格式为"http:// 网址"，如"http://www.flag.com"。后面同样可以用"?"附加额外数据，但其内容要按网站的要求设置。

（8）经纬度坐标的 URI 格式为"geo: 经纬度坐标值"，如"geo:39.896068, 116.151147"。

（9）用 Intent 搜索 Web 数据时，动作要设置为 ACTION_WEB_SEARCH，并直接用 putExtra(SearchManager.QUERY, 关键词) 指定搜索关键词。

习题

（1）说明"隐式 Intent"和"显式 Intent"有何不同，并举例。

（2）写出以下 5 种隐式 Intent 动作的意义。

　　　　Intent.ACTION_VIEW：＿＿＿＿＿＿＿＿＿＿＿＿＿＿＿

　　　　Intent.ACTION_EDIT：＿＿＿＿＿＿＿＿＿＿＿＿＿＿＿

　　　　Intent.ACTION_PICK：＿＿＿＿＿＿＿＿＿＿＿＿＿＿＿

　　　　Intent.ACTION_DIAL：＿＿＿＿＿＿＿＿＿＿＿＿＿＿＿

　　　　Intent.ACTION_CALL：＿＿＿＿＿＿＿＿＿＿＿＿＿＿＿

（3）写出 Email 的 URI，收件人为 abc@flag.com，副本收件人为 d1@flag.com，主题为"请教问题"，内容为"什么是 Uri ？"。

（4）问 android.permission.CALL_PHONE 的功能是什么？

（5）写一个程序，可以让用户输入关键词，然后通过网络搜索输入的关键词。

第 **10** 章 拍照与显示照片

10-1 使用 Intent 启动系统的相机程序

几乎所有的 Android 手机都具备相机功能，如果在程序中需要拍照，那么最简单的方法就是用 Intent 启动系统的 "相机" 程序，让它帮助我们拍照。

例如，下面的程序代码就可以启动相机程序，并在拍照后将照片的压缩图返回程序中：

```
Intent it = new Intent(MediaStore.ACTION_IMAGE_CAPTURE);   ← 创建 Intent
startActivityForResult(it, 100);   ← 用 Intent 启动程序，并要求返回数据
```

Intent 的 "动作" 要设为 MediaStore.ACTION_IMAGE_CAPTURE，然后用 startActivityForResult() 启动 Intent，此方法的第 2 个参数 100 是我们自定义的标识符（也可以设置其他值），当相机程序在拍完照后将数据返回时，可用于识别，例如：

```
protected void onActivityResult(int reqCode, int resCode, Intent data) {
    super.onActivityResult(reqCode, resCode, data);
    if(resCode == Activity.RESULT_OK && reqCode==100) {   ← 拍到照片时
        // 处理返回的数据
    }
    else {   ← 没拍到照片时
        Toast.makeText(this, "没有拍到照片", Toast.LENGTH_LONG).show();
    }
}
```

利用 Bundle 取出 Intent 中附带的 Bitmap 对象

用 Intent 启动的相机程序在拍照后，默认会将照片的压缩图打包成 Bitmap 对象放在 Intent 中返回，因此我们可以从 Intent 中取出 Bitmap 数据来显示。不过，由于 Intent 并未提供直接取出 "对象"（如 Bitmap）的方法，因此要先将 Intent 的附加数据转成 Bundle 对象，再用 Bundle 的 get() 取出。

```
protected void onActivityResult(int reqCode, int resCode, Intent data) {
    super.onActivityResult(reqCode, resCode, data);
    if(resCode == Activity.RESULT_OK && reqCode==100) {   ◄── 拍到照片时
        Bundle bdl = data.getExtras();   ◄── 将 Intent 的附加数据转为 Bundle 对象
        Bitmap bmp = (Bitmap) bdl.get("data");
                             从 Bundle 取出名为 data 的 Bitmap 数据
                    ImageView imv = (ImageView)findViewById(R.id.imageView1);
        imv.setImageBitmap(bmp);   ◄── 将 Bitmap 数据显示在 ImageView 中
    }
    else {   ◄── 没拍到照片时
        Toast.makeText(this, "没有拍到照片", Toast.LENGTH_LONG).show();
    }
}
```

Bundle 是"包裹"的意思吗？

对呀！它和 Intent 的附加数据类似，可以存放各种类型的数据，但在使用上更有弹性。

范例 10-1　利用系统的相机程序拍照

学会利用 Intent 拍照的技巧后，马上来实现一个"Ez 照相机"范例吧！此范例由于用到拍照功能，因此必须在手机上测试，执行结果如下：

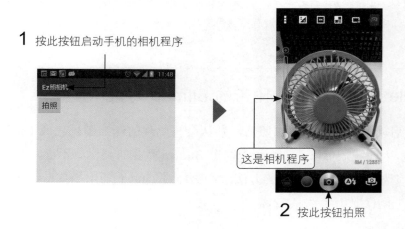

1 按此按钮启动手机的相机程序

这是相机程序

2 按此按钮拍照

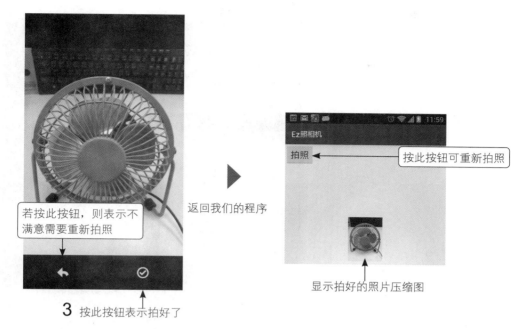

若按此按钮，则表示不满意需要重新拍照

返回我们的程序

按此按钮可重新拍照

显示拍好的照片压缩图

3 按此按钮表示拍好了

启动相机程序后若不想拍照，则可按手机的返回键回到程序中，此时会显示 没有拍到照片 Toast 信息。

步骤 01 新建 Ch10_Camera 项目，并将程序名称设为"Ez 照相机"。

步骤 02 在 Layout 界面中将默认的"Hello World!"组件删除，再将 RelativeLayout 更换为 ConstraintLayout，如下加入组件并设置各组件的约束：

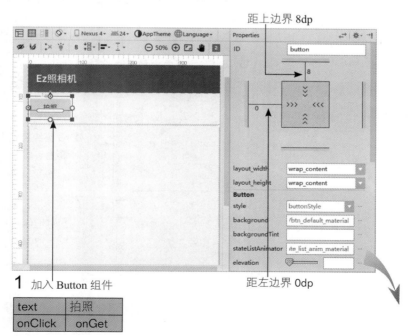

距上边界 8dp

1 加入 Button 组件

距左边界 0dp

text	拍照
onClick	onGet

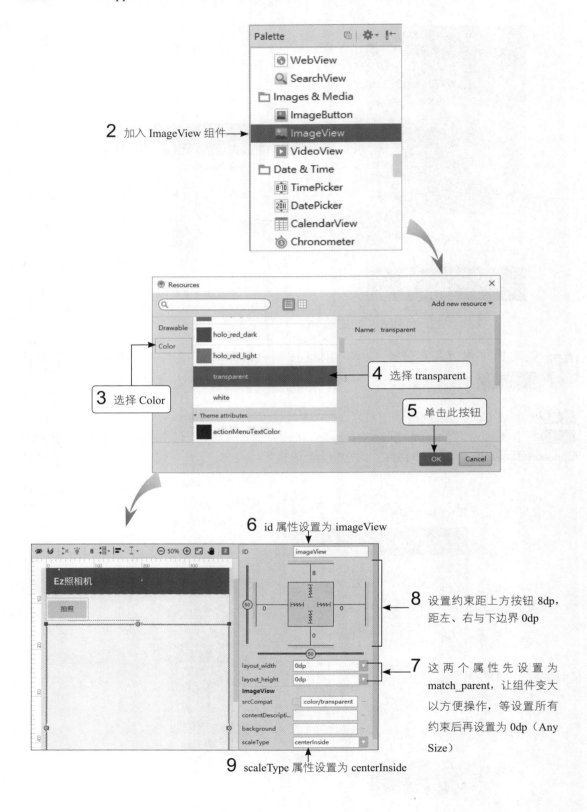

2 加入 ImageView 组件

3 选择 Color

4 选择 transparent

5 单击此按钮

6 id 属性设置为 imageView

8 设置约束距上方按钮 8dp，距左、右与下边界 0dp

7 这两个属性先设置为 match_parent，让组件变大以方便操作，等设置所有约束后再设置为 0dp（Any Size）

9 scaleType 属性设置为 centerInside

步骤 03 编写程序，由于已设置了拍照按钮的 onClick 属性，因此先在 MainActivity 中加入 onGet() 事件处理方法，然后加入拍照完会被执行的 onActivityResult() 方法，代码如下：

```
01 package tw.com.flag.ch10_camera;
02
03 import ...
......
12
13 public class MainActivity extends AppCompatActivity {
14
15     @Override
16     protected void onCreate(Bundle savedInstanceState) {
17         super.onCreate(savedInstanceState);
18         setContentView(R.layout.activity_main);
19     }
20
21     public void onGet(View v) {
22         Intent it = new Intent(MediaStore.ACTION_IMAGE_CAPTURE);
                                                       创建动作为拍照的 Intent
23         startActivityForResult(it, 100);    ← 启动 Intent 并要求返回数据
24     }
25
26     protected void onActivityResult (int requestCode, int resultCode,
                                         Intent data) {
27         super.onActivityResult(requestCode, resultCode, data);
28
29         if(resultCode == Activity.RESULT_OK && requestCode==100) {
30             Bundle extras = data.getExtras();
                            将 Intent 的附加数据转为 Bundle 对象
31             Bitmap bmp = (Bitmap) extras.get("data");
                        从 Bundle 取出名为 data 的 Bitmap 数据
32             ImageView imv = (ImageView)findViewById (
                             R.id.imageView);
33             imv.setImageBitmap(bmp);   ← 将 Bitmap 数据显示在 ImageView 中
34         }
35         else {
36             Toast.makeText(this, "没有拍到照片", Toast.LENGTH_LONG). show();
37         }
38     }
39 }
```

- 第 21~24 行是当用户按下拍照按钮时会执行的方法。
- 第 26~38 行是当用户拍完照后会被执行的方法，而照片的压缩图会放在返回的 Intent 参数 data 中。

步骤 04 完成后，在实体机中测试结果，看看是否和本范例最前面的示范相同。

练习 10-1 修改刚才的范例，让 ImageView 改为默认会显示程序的启动图标，并且向左上对齐：

提示 将 ImageView 的 src 属性设为 @mipmap/ic_launcher，scaleType 属性设为 matrix 即可。

10-2 要求相机程序存盘

准备代表图像文件路径的 Uri

相机程序默认只会返回照片压缩图，如果想要相机程序将原始照片存盘，那么必须将想要存盘的路径和文件名做成 Uri 对象加入 Intent 中，相机程序会按照 Uri 所指定的路径存盘。

Uri 对象中存放 URI（Uniform Resource Identifier）地址（参见第 9 章），在 Android 系统中可用来定义各种数据与多媒体文件等资源的虚拟路径。有了 URI 之后，可以通过系统的内容提供者（后面详细介绍）存取该 URI 所引用的资源。

URI 会以系统内定的编号来代表各个文件：

```
content://media/external/images/media/7   ←—— 编号为 7 的图像文件
content://media/external/video/media/12   ←—— 编号为 12 的视频文件
```

URI 里面的 external 代表"程序外部"的公用路径，所有 App 都可以存取该路径；若是 internal，则代表"程序内部"的私有路径，只有自己可以存取。

为了让手机中的各种数据（如联系人、浏览器书签等）和多媒体文件（图像文件、视频、音乐等）可以公开给所有程序使用，Android 内建了一个内容提供者（Content Provider），在其中存储着所有可共享内容的相关信息。

基于安全性的考虑，Android 4.4 开始对于真实路径的使用进行限制，到了 Android 7.x 更是完全禁止 App 将真实路径加到 Intent 的额外数据中，只能传递 URI，让资源的存取一律通过内容提供者，以便统一管控权限而避免不当的存取。

我们将自定义一个 savePhoto() 方法拍照并将照片存档，代码如下：

```
01 private void savePhoto () {
02    imgUri = getContentResolver().insert(    ←——通过内容提供者新增一个图像文件
03                 MediaStore.Images.Media.EXTERNAL_CONTENT_URI,
04                 new ContentValues());
05    Intent it = new Intent("android.media.action.IMAGE_CAPTURE");
06    it.putExtra(MediaStore.EXTRA_OUTPUT, imgUri);  ←—┐
                                    将 uri 加到拍照 Intent 的额外数据中
07    startActivityForResult(it, 100);
08 }
```

第 2 行的 getContentResolver() 是用来获取系统的内容提供者，然后通过内容提供者在手机共享图像文件路径里新增一个文件，回传该文件的 Uri 对象并存放在 imgUri 变量中。

 通常共享图像文件路径位于手机存储空间的 Pictures 文件夹中。

第 6 行将此 Uri 对象加到 Intent 的额外数据中，并以 MediaStore.EXTRA_OUTPUT 为名称，相机程序会用这个名称读取未来拍照存档的 URI。

读写文件的危险权限

若要将照片存储在手机存储空间中，则必须先在项目的 AndroidManifest.xml 中加入下列权限才行：

```
<uses-permission android:name="android.permission.READ_EXTERNALSTORAGE" />
                                           ↑——————读文件权限
<uses-permission android:name="android.permission.WRITE_EXTERNAL_STORAGE" />
                                           ↑——————写文件权限
```

在 Android 5.x 与之前的版本中，以上设置可以让 App 获取在手机存储空间读写文件的权限。但是到了 Android 6.x 与之后的版本，为了增加手机的安全性，系统将可擦写数据的权限都列为有危险的权限，这些有危险的权限必须通过额外的步骤才能获取。

READ_EXTERNAL_STORAGE 与 WRITE_EXTERNAL_STORAGE 同属于 STORAGE 权限群组，只要有一个权限被允许后，其他同类权限也会自动允许。关于有危险的权限的分类与完整列表，可参考网址 https://developer.android.com/guide/topics/permissions/requesting.html#normal-dangerous。

为了让 App 在 Android 6.x 以上的系统获取有危险的权限，必须使用以下程序：

```
01  if (ActivityCompat.checkSelfPermission(this,  ←── 检查是否已获取写入权限
02          Manifest.permission.WRITE_EXTERNAL_STORAGE) !=
03          PackageManager.PERMISSION_GRANTED) {
04      ActivityCompat.requestPermissions(this, ←─┐
                                    若尚未获取权限，则向用户请求获取写入权限
05          new String[]{Manifest.permission.WRITE_EXTERNAL_STORAGE},
06          200);
07  }
```

第 1、2 行 的 ActivityCompat.checkSelf Permission(this, Manifest.permission.WRITE_EXTERNAL_STORAGE) 用来检查程序是否已经具备 WRITE_EXTERNAL_STORAGE 权限，若该权限已经被此用户允许，则会返回 PackageManager.PERMISSION_GRANTED。

第 4 行的 ActivityCompat.requestPermissions() 是向用户请求允许权限，此方法的第二个参数代表请求的权限，必须以数组的格式传入，所以程序可以一次请求多个权限。此处我们只需要写入权限，因此第 5 行的数组中只有一个元素值。

ActivityCompat.requestPermissions() 会产生如下对话框，向用户询问是否允许权限：

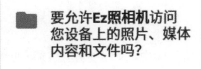

用户允许权限之后，其权限会持续有效，直到程序被卸载为止。另外，用户也可进入手机设置中的应用程序选项，然后单击相关程序，再单击其权限选项，直接允许或拒绝该程序所需的各项授权。

ActivityCompat.requestPermissions() 的第 3 个参数 200 是自定义的识别码（也可设置其他值），当用户在上述对话框允许或拒绝权限之后，程序可以通过 onRequestPermissionsResult() 接收结果，此时可以作为识别之用。

```
01 public void onRequestPermissionsResult(int requestCode,
                            String[] permissions, int[] grantResults) {
02    if (requestCode == 200){
03      if (grantResults[0] == PackageManager.PERMISSION_GRANTED){ ←
                                             用户允许权限
04         savePhoto(); ←——拍照并将照片存盘
05      }
06      else { ←——用户拒绝权限
07        Toast.makeText(this,
              "程序需要写入权限才能运行 ", Toast.LENGTH_SHORT).show();
08      }
09    }
10 }
```

第 3 行 的 grantResults[] 数组内存放着用户允许或拒绝的结果，存放顺序与 ActivityCompat.requestPermissions() 第 2 个参数传入的数组相同。前面请求权限的程序中传入的数组是 String[]{Manifest.permission.WRITE_EXTERNAL_STORAGE}，所以 grantResults[0] 表示允许或拒绝写入权限的结果。若需要多个权限，则可如下处理：

```
ActivityCompat.requestPermissions(this,
  new String[]{ 权限 1, 权限 2},
  200);

...

public void onRequestPermissionsResult(int requestCode,
                      String[] permissions, int[] grantResults) {
  if (requestCode == 200){
    if (grantResults[0] == PackageManager.PERMISSION_GRANTED){ ←
                                         权限 1 被允许


    }
    if (grantResults[1] == PackageManager.PERMISSION_GRANTED){ ←
                                         权限 2 被允许


    }
  }
}
```

用 BitmapFactory 类读取图像文件

当相机程序拍好照并按照指定 Uri 存盘之后，可以用 BitmapFactory 类读取图像文 件内容，然后将其显示在 ImageView 中。下面假设 imgUri 为我们指定的图像文件路径 Uri，imv 为 ImageView 对象：

```
Bitmap bmp = BitmapFactory.decodeStream( getContentResolver().
                            openInputStream(imgUri), null, null);
                                读取图像文件内容并存储为 Bitmap 对象
imv.setImageBitmap(bmp);  ◀── 将 Bitmap 对象显示在 ImageView 中
```

范例 10-2　要求相机程序存盘并在程序中显示出来

接着修改前面的范例，以便在拍照后可将照片存储到 SD 卡的 Picture 文件夹中，然后读取图像文件以显示在程序的 ImageView 中。

> 刚拍好的照片，不再只是一张小压缩图了

步骤 01 将前面的 Ch10_Camera 项目复制为 Ch10_Camera2 项目。

步骤 02 打开项目的 AndroidManifest.xml 文件，加入读取 SD 卡的权限。

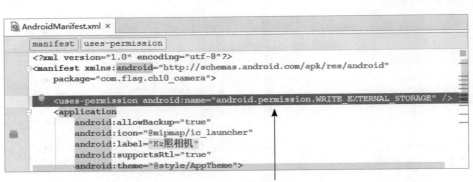

加入存储设备的写入权限

步骤 03 修改程序，首先在 MainActivity 中声明两个变量，以便在所有方法中使用，并修改 onCreate() 方法如下：

```
01 public class MainActivity extends Activity {
02    Uri imgUri;        ←——拍照存盘的 Uri 对象
03    ImageView imv;     ←——ImageView 对象
04
05    @Override
06    protected void onCreate(Bundle savedInstanceState) {
07        super.onCreate(savedInstanceState);
08        setContentView(R.layout.activity_main);
09        imv = (ImageView)findViewById(R.id.imageView); ←——
                                引用 Layout 中的 ImageView 组件
10    }
```

步骤 04 修改按下拍照按钮时执行的方法 onGet()，加入要求写入权限的程序代码：

```
01 public void onGet(View v) {
02    if (ActivityCompat.checkSelfPermission(this,  ←——检查是否已获取写入权限
03            Manifest.permission.WRITE_EXTERNAL_STORAGE) !=
04            PackageManager.PERMISSION_GRANTED) {
05        // 尚未获取权限
06        ActivityCompat.requestPermissions(this,←——向用户请求允许写入权限
07            new String[]{Manifest.permission.WRITE_EXTERNAL_STORAGE},
08            200);
09    }
10    else {
11        // 已经获取权限
12        savePhoto(); ←—— 拍照并把照片存盘
13    }
14 }
```

步骤 05 加入 onRequestPermissionsResult() 方法，接收用户允许或拒绝权限的结果，代码如下：

```
01 @Override
02 public void onRequestPermissionsResult(int requestCode,
                        String[] permissions, int[] grantResults) {
03    if (requestCode == 200){
04        if (grantResults[0] == PackageManager.PERMISSION_GRANTED){←——
                                用户允许权限
05            savePhoto(); ←——拍照并把照片存盘
06        }
07        else {  ←——用户拒绝权限
08            Toast.makeText(this,
                   "程序需要写入权限才能运行 ", Toast.LENGTH_SHORT).show();
09        }
10    }
11 }
```

步骤 06 加入拍照并把照片存盘的 savePhoto() 方法，代码如下：

```
01 private void savePhoto() {
02     imgUri = getContentResolver().insert( 通过内容提供者新增一个图像文件
03             MediaStore.Images.Media.EXTERNAL_CONTENT_URI,
04             new ContentValues());
05     Intent it = new Intent( "android.media.action.IMAGE_CAPTURE");
06     it.putExtra(MediaStore.EXTRA_OUTPUT, imgUri); ß 将 uri 加到拍照
                                            Intent  的额外数据
中
07     startActivityForResult(it, 100); ß 启动 Intent 并要求返回数据
08 }
```

步骤 07 修改拍照完成后会被执行的 onActivityResult() 方法，代码如下：

```
01 protected void onActivityResult (int requestCode,
                                    int resultCode, Intent data) {
02     super.onActivityResult(requestCode, resultCode, data);
03
04     if(resultCode == Activity.RESULT_OK && requestCode==100) {
05     Bitmap bmp = null;
06     try {
07        bmp = BitmapFactory.decodeStream(
08          getContentResolver().openInputStream(imgUri), null, null);◄
                        读取图像文件内容转换为 Bitmap 对象
09     } catch (IOException e) {
10        Toast.makeText(this," 无法读取照片 ",Toast.LENGTH_LONG).show();
11     }
12     imv.setImageBitmap(bmp); ◄── 将 Bitmap 对象显示在 ImageView 中
13   }
14   else {
15      Toast.makeText(this, "没有拍到照片 ", Toast.LENGTH_LONG).show();
16   }
17 }
```

- 第 7、8 行会按照 Uri 读取图像文件转换为 Bitmap 对象，由于 Uri 可能有误，因此最好加上 try...catch... 的错误处理机制，以免程序因发生错误而中止。有关例外处理的更多说明，可参考第 5 章的内容。

步骤 08 在手机上测试结果。注意，在拍照时选取分辨率较低的拍照模式，因为如果照片太大（如 1300 万像素），那么在显示时可能会因内存不足而导致程序中止。下一节我们会介绍如何避免这个问题。

练习
10-2

修改本节范例，将照片存储的 Uri 以 Toast 信息显示。

提示

可以使用以下程序代码显示：

```
Toast.makeText(this,
        照片 Uri: " + imgUri.toString(), Toast.LENGTH_SHORT).show();
```

10-3　解决照片过大的问题

由于 Android 可以同时执行很多程序，因此分配给每个程序的可用内存并不多，如果程序中加载太大的图像文件，就很容易因内存不足而导致程序中止。

要避免这个问题并不难，只要按照屏幕中 ImageView 的大小加载图像文件即可，其实载入再大的图像文件也没用，因为还是必须缩小后才能在 ImageView 中完整显示。

用 BitmapFactory.Options 设置加载图像文件的选项

在使用 BitmapFactory 类时，我们可以用 BitmapFactory.Options 类控制加载图像文件的方式，如只读取图像文件的宽高信息、按指定的缩小比例加载图像文件等。下面先来看如何读取图像文件的宽高信息。

```
01 // 查询图像文件的宽、高
02 BitmapFactory.Options option = new BitmapFactory.Options();
                                                              创建选项对象
03 option.inJustDecodeBounds = true;  ◀── 设置选项：只读取图像文件信息而不加载图像文件
04 BitmapFactory.decodeFile(imgUri.getPath(), option);
                                                  读取图像文件信息存入 Option 中
05 iw = option.outWidth;       ◀── 从 option 中读出图像文件宽度
06 ih = option.outHeight;      ◀── 从 option 中读出图像文件高度
```

在第 4 行执行 decodeFile() 后，会将读取到的图像文件信息存入 Options 对象中，接着读取 option 的 outWidth、outHeight 属性获取宽高信息。

接着看如何按指定的缩小比例加载图像文件。

```
option.inSampleSize = 2;   ◀── 设置缩小比例为 2，宽高都将缩小为原来的 1/2  Bitmap
bmp = BitmapFactory.decodeFile(imgUri.getPath(), option);
                                                  载入图像文件
```

缩小的比例必须为整数，若大于 1，则在加载图像文件时会将宽度和高度都按比例缩小（如为 2 时会将宽高都缩小为原来的 1/2），因此整个 Bitmap 的内容会减少为原来的 1/4（1/2×1/2）。另外，如果缩小比例小于或等于 1，就不会缩小。

 系统只会尽量按照我们要求的比例缩小，但是不保证会完全遵照。例如，缩小 1/3 时，有时只会缩小 1/2（当缩小比例为 2 的次方时，是最有效率的，如 2、4、8……）。

范例 10-3　按显示尺寸加载缩小的图像文件

接着修改范例，我们会将显示照片的程序区块独立为一个 showImg() 方法，在此方法中先获取图像文件和 ImageView 的宽高，然后用它们计算缩小比例，以加载较小的 Bitmap 图像。

步骤 01 将前面的 Ch10_Camera2 项目复制为 Ch10_Camera3 项目。

步骤 02 修改程序如下：

```
01 protected void onActivityResult (int requestCode, int resultCode,
                                    Intent data) {
02     super.onActivityResult(requestCode, resultCode, data);
03
04     if(resultCode == Activity.RESULT_OK && requestCode==100) {
05         showImg();
06     }
07     else {
08         Toast.makeText(this, "没有拍到照片", Toast.LENGTH_LONG). show();
09     }
10 }
11
12 void showImg() {           ——ImageView 组件的宽高
13     int iw, ih, vw, vh;
14             ——图片的宽高
15     BitmapFactory.Options option = new BitmapFactory.Options();
                                            ——创建选项对象
16     option.inJustDecodeBounds = true;  ——设置选项：只读取图像文件信息而
                                             不载入图像文件
17     try {
18         BitmapFactory.decodeStream(
               getContentResolver().openInputStream(imgUri),null, option);
                                   读取图像文件信息存入 Option 中
19     }
20     catch (IOException e) {
21         Toast.makeText(this,
               "读取照片信息时发生错误", Toast.LENGTH_LONG).show();
```

```
22    return;
23    }
24    iw = option.outWidth;              ←──── 从 option 中读出图像文件宽度
25    ih = option.outHeight;             ←──── 从 option 中读出图像文件高度
26      vw = imv.getWidth();             ←──── 获取 ImageView 的宽度
27    vh = imv.getHeight();              ←──── 获取 ImageView 的高度
28
29    int scaleFactor = Math.min(iw/vw, ih/vh); ←──── 计算缩小比率
30
31    option.inJustDecodeBounds = false; ←──── 关闭只加载图像文件信息的选项
32    option.inSampleSize = scaleFactor; ←──── 设置缩小比例, 若为 3, 则长
                                                 宽都将缩小为原来的 1/3
33
35      try {
36          bmp = BitmapFactory.decodeStream(
37          getContentResolver().openInputStream(imgUri), null, option); ←──┐
                                                                  载入图像文件 ──┘
      } catch (IOException e) {
38          Toast.makeText(this, "无法取得照片", Toast.LENGTH_LONG).show();
39      }
40      imv.setImageBitmap(bmp); ←──── 显示照片
41 }
```

- 第 5 行改为调用 showImg() 加载和显示图像文件。
- 第 15~23 行读取图像文件的宽高信息。
- 第 29 行计算缩小比例, 其中 Math.min (宽的缩小比例, 高的缩小比例) 会返回较小值, 也就是长 / 宽缩小比例中缩小比较少的, 以免因缩太小而影响显示品质。另外, 注意 iw、ih、vw、vh 均为整数, 而整数除以整数的结果仍为整数, 如 5/2 的结果为 2, 因此缩小比例为 1/2。

练习 10-3 修改本节范例, 在将图像文件显示出来时, 打开如下对话框显示图像文件的相关信息:

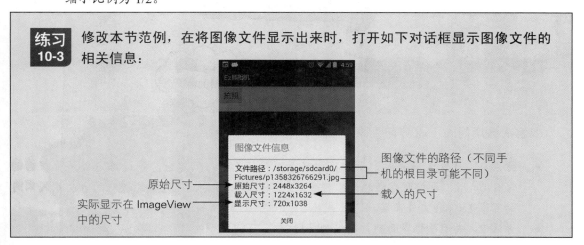

图像文件的路径 (不同手机的根目录可能不同)

原始尺寸

实际显示在 ImageView 中的尺寸

载入的尺寸

> **提示** 可在 showImg() 的最后加入以下程序代码：

```
new AlertDialog.Builder(this)
    .setTitle(" 图像文件信息 ")
    .setMessage(" 图像文件 URI: " + imgUri.toString() +
            "\n 原始尺寸: " + iw + "x" + ih +
            "\n 载入尺寸: " + bmp.getWidth() + "x" + bmp.getHeight() +
            "\n 显示尺寸: " + vw + "x" + vh
            )
    .setNeutralButton(" 关闭 ", null)
    .show();
```

10-4 旋转手机与旋转照片

当我们旋转手机时，如由竖屏转成横屏，屏幕的内容通常会跟着转，以方便观看。

事实上，每当用户旋转屏幕时，Android 都会重新启动屏幕中的 Activity，然后以旋转后的方向重新显示界面。不过，那些在程序执行后才由程序所变更的界面内容必须由程序自己重新显示（因为 Android 也不知道要如何显示）。

以我们前面实现的范例来说，当拍好的照片显示在界面上时，若旋转屏幕，则屏幕中的按钮和文字都会跟着旋转，但界面中的照片却不见了，就像程序刚启动时一样。

要解决这个问题，通常有两种方法。

- 方法 1：在发生旋转时，立即将所显示照片的 Uri 存储起来，等旋转完成并重新启动 Activity 后，再按照存储的 Uri 将照片显示出来。另外，还可按照旋转的方向载入不同的界面 Layout 文件来显示。
- 方法 2：关闭手机界面的自动旋转功能。

用户在用手机拍照时，可能直拍，也可能横拍，最简单有效的方法就是由程序自己决定要不要旋转图片，以求最佳的显示效果，而不是随着手机的旋转而旋转。

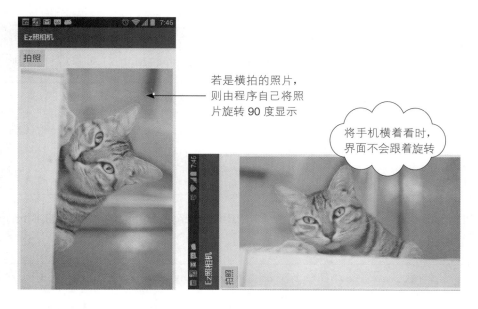

若是横拍的照片，则由程序自己将照片旋转 90 度显示

将手机横着看时，界面不会跟着旋转

关闭自动旋转功能并设置屏幕为直向显示

按照前面的要求，我们要先关闭 Activity 的"界面自动随手机旋转"功能，然后将屏幕设置为直向显示，以防用户将手机横过来执行我们的程序。这两项功能都可以用 setRequestedOrientation() 设置。

```
setRequestedOrientation(ActivityInfo.SCREEN_ORIENTATION_NOSENSOR);
                                                        设置屏幕不随手机旋转
setRequestedOrientation(ActivityInfo.SCREEN_ORIENTATION_PORTRAIT);
                                                        设置屏幕直向显示
```

 若要设置屏幕为横向显示，则可改用 ActivityInfo.SCREEN_ORIENTATION_LANDSCAPE 作为参数。

想要恢复"屏幕随手机旋转"的功能时，怎么办？

简单！只要执行同样的方法，并将参数中的 NO 去掉即可。

用 Matrix 对象旋转图片

若要旋转 Bitmap 图片，则可使用 Matrix (android.graphics.Matrix) 对象进行，代码如下：

```
Matrix matrix = new Matrix();           ◄—— 创建 Matrix 矩阵对象
matrix.postRotate(90);                  ◄—— 设置矩阵的顺时针旋转角度
bmp = Bitmap.createBitmap(bmp , 0, 0,   ◄—— 用原来的 Bitmap 生成一个新的 Bitmap
                     bmp.getWidth(),
                     bmp.getHeight(),
                     matrix, true);
```

上面的 matrix 是一个旋转矩阵，当我们用 Bitmap.createBitmap() 创建新的 Bitmap 时，可以用它旋转图片。createBitmap() 的参数如下：

```
createBitmap (Bitmap src, int x, int y, int width, int height,
              Matrix m, boolean filter)
```

- src 为要复制的来源 Bitmap 对象。
- x、y 指定要由来源 Bitmap 的哪个位置开始复制（从左上角算起）。
- width、height 为新 Bitmap 的宽、高。
- m 是旋转矩阵，而最后一个参数 filter 在设置了旋转时要传入 true。

生成新的旋转 Bitmap 对象后，那原来的旧 Bitmap 怎么办？

放心！当对象不再被变量引用时，系统就会叫资源回收车来载走。

范例 10-4　按照片是直拍还是横拍自动旋转照片

要判断照片是直拍还是横拍，只要检查照片的宽、高即可，当宽度比较大时就是横拍。接着修改范例，让程序能按照片是直拍还是横拍而自动旋转照片（并不会随手机旋转而旋转）。

| 直拍的照片 | 横拍的照片 |

步骤 01 将前面的 Ch10_Camera3 项目复制为 Ch10_Camera4 项目。

步骤 02 修改程序中的 onCreate()，以便关闭自动旋转功能并设置屏幕为直向显示，代码如下：

```
01 protected void onCreate(Bundle savedInstanceState) {
02     super.onCreate(savedInstanceState);
03     setContentView(R.layout.activity_main);
04
05     setRequestedOrientation(                        设置屏幕不随手机旋转
           ActivityInfo.SCREEN_ORIENTATION_NOSENSOR);
06     setRequestedOrientation(                        设置屏幕直向显示
           ActivityInfo.SCREEN_ORIENTATION_PORTRAIT);
07     imv = (ImageView)findViewById(R.id.imageView);
08 }                                      获取 Layout 中的 ImageView 组件
```

步骤 03 修改程序中的 showImg()，代码如下：

```
01 void showImg() {
02     int iw, ih, vw, vh;
03     boolean needRotate;      ←——用来存储是否需要旋转
04
05     BitmapFactory.Options option = new BitmapFactory.Options();
                                     ↑——创建选项对象
06     option.inJustDecodeBounds = true;   ←——设置选项：只读取图像文件
                                              信息而不加载图像文件
07     try {
08      BitmapFactory.decodeStream(
        getContentResolver().openInputStream(imgUri),null, option);
                                    读取图像文件信息存入 Option 中
```

```
09        }
10    catch (IOException e) {
11            Toast.makeText(this,
                    "读取照片信息时发生错误 ", Toast.LENGTH_LONG).show();
12            return;
13      }
14    iw       =        option.outWidth;       ← 从 option 中读出图像文件宽度
15    ih       =        option.outHeight;      ← 从 option 中读出图像文件高度
16    vw       =        imv.getWidth();        ← 获取 ImageView 组件的宽度
17    vh       =        imv.getHeight();       ← 获取 ImageView 组件的高度
18
19    int scaleFactor;
20    if(iw < ih) {      ← 如果图像的宽度小于高度
21    needRotate = false;    ← 不需要旋转
22    scaleFactor = Math.min(iw/vw, ih/vh); ← 计算缩小比率
23    }
24    else {
25    needRotate = true;     ← 需要旋转
26    scaleFactor = Math.min(ih/vw, iw/vh);      ← 改用旋转后的图像宽、
27    }                                             高计算缩小比例
28
29     option.inJustDecodeBounds = false;   ← 关闭只加载图像文件信息的选项
30    option.inSampleSize = scaleFactor;   ← 设置缩小比例，若为 2，则长
                                              宽都将缩小为原来的 1/2
31
32    Bitmap bmp = Null;
33    try {
34            bmp = BitmapFactory.decodeStream(

35            getContentResolver().openInputStream(imgUri),null, option);←
                                              载入图像文件
    } catch (IOException e) {
36            Toast.makeText(this, "无法取得照片", Toast.LENGTH_LONG).show();
37      }
38
39    if(needRotate) {        ← 如果需要旋转
40    Matrix matrix = new Matrix(); ←创建 Matrix 对象
41     matrix.postRotate(90);       ← 设置旋转角度（顺时针 90°）
42     bmp = Bitmap.createBitmap(bmp,340, 0, bmp.getWidth(),
43            bmp.getHeight(), matrix, true); ←
                                      用原来的图像产生一个新的图片
44      }
45    imv.setImageBitmap(bmp); ← 显示图片
46 }
```

- 第 13~21 行判断是否需要旋转，并按是否旋转，用不同的方式计算缩小比例。
- 第 28~33 行是当需要旋转时，利用旋转矩阵和 createBitmap() 生成一个新的图片。注意，使用 Matrix 类需要导入 android.graphics.Matrix（而非 android.opengl.Matrix）。

步骤 04 在手机中测试结果，看看是否和前面的示范相同。

练习 10-4 请修改本节范例，在将图像文件显示出来时，打开对话框显示图像文件信息，如右图所示。

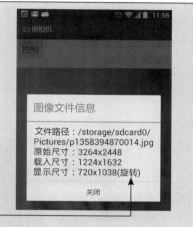

显示的信息和上一节的练习相同，但当照片有旋转时，要多显示"(旋转)"——

提示 可在 showImg() 的最后加入以下程序代码：

```
new AlertDialog.Builder(this)
    .setTitle(" 图像文件信息 ")
    .setMessage(" 图像文件 URI: " + imgUri.tostring() +
        "\n 原始尺寸: " + iw + "x" + ih +
        "\n 载入尺寸: " + bmp.getWidth() + "x" + bmp.getHeight() +
        "\n 显示尺寸: " + vw + "x" + vh + (needRotate? "(旋转)" : "")
        )
    .setNeutralButton(" 关闭 ", null)
    .show();
```

"显示尺寸"后面用的 (A?B:C)……，这个老师没教耶？

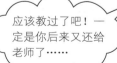

就是"当 A 为真时返回 B，否则返回 C"。

应该教过了吧！一定是你后来又还给老师了……

10-5　使用 Intent 浏览并选取照片

如果想要浏览所有拍好的照片，并能选取照片加载到程序中观看，那么可以利用 Intent 功能调出系统内建的图库（或图片库）程序或其他用户自行安装的秀图程序浏览并选取图片。例如：

```
Intent it = new Intent(Intent.ACTION_GET_CONTENT);  ◄────
                                              动作设为"选取内容"


it.setType("image/*");  ◄──── 设置选取的媒体类型为"所有类型的图片"
startActivityForResult(it, 101);  ◄──── 启动 Intent，并要求返回选取的图像文件
```

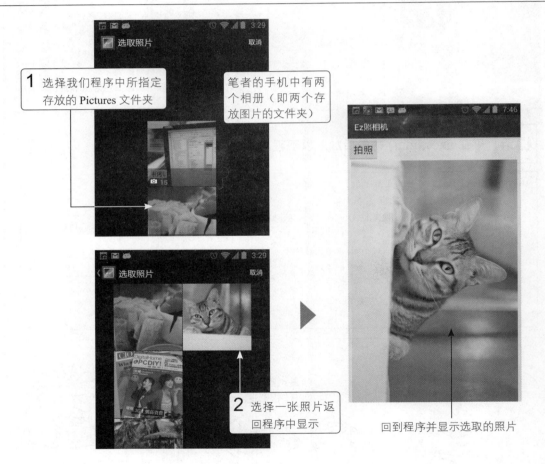

1 选择我们程序中所指定存放的 Pictures 文件夹

笔者的手机中有两个相册（即两个存放图片的文件夹）

2 选择一张照片返回程序中显示

回到程序并显示选取的照片

在我们的程序中，和前面接收相机程序返回的数据类似，也要在 onActivityResult() 中接收图库程序所返回的照片 Uri。下面利用标识符分别从相机程序或图库程序返回（在前面的程序中分别以 100、101 为标识符）。

```
01  protected void onActivityResult (int requestCode, int resultCode,
                                    Intent data) {
02      super.onActivityResult(requestCode, resultCode, data);
03
04      if(resultCode == Activity.RESULT_OK) {      ←── 要求的 Intent
05          switch(requestCode) {                        执行成功了
06          case 100:  ←── 拍照
07              showImg();
08              break;
09          case 101:  ←── 选取照片
10              imgUri = data.getData();      ←── 获取选取照片的 Uri
11              showImg();
12              break;
13          }
14      }
15  }
```

第 10~11 行就是在处理图库程序所返回的照片 Uri，它会存储在返回 Intent（即参数 data）的数据 Uri 中，因此在第 10 行以 data.getData() 读取。

如果手机中安装了其他的看图程序

如果手机中还安装了其他看图程序，那么在启动"选取图片"的 Intent 时，将可用的程序都列出来供用户选择，例如：

将照片改为可供系统共享的文件

第 10-2 节提到 Android 内建了一个内容提供者，其中存储着各种数据与多媒体文件等共享数据的相关信息。

Android 内建的图库程序其实就是从这个数据库中读取可共享的图片文件信息，然后列出来供我们浏览和选取。因此，如果想将程序中的照片也设为系统共享文件，那么可用以下"广播 Intent"的方式通知系统。

```
Intent it = new Intent(Intent.ACTION_MEDIA_SCANNER_SCAN_FILE,
                        imgUri);        ← 将 imgUri 所指的文件
                                          设置为系统共享媒体文件
sendBroadcast(it);      ← 用广播方式将 Intent 传送给系统
```

技巧 当重新启动手机时，Android 会自动扫描那些专门存放共享媒体的文件夹，如 SD 卡上的 Pictures、Movies、Music 等，然后将新扫描到的文件加入内容数据库中。

范例 10-5 利用 Intent 浏览并选取已拍好的照片

接着实现范例，我们要在界面上方多加一个图库按钮，单击即可启动图库程序浏览并选取已拍好的照片，然后返回程序中显示选取的照片。

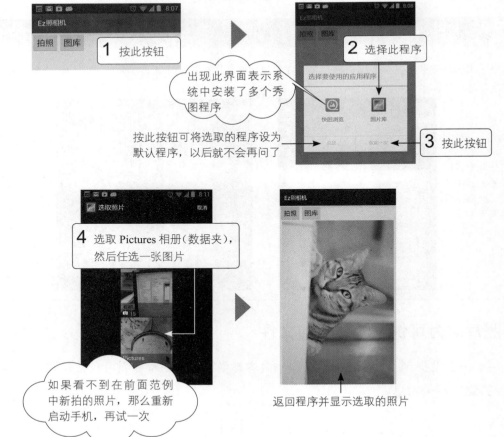

注意，由于之前的范例程序并未将拍好的照片加入到系统的内容提供者，因此之前拍的照片在图库程序中可能会看不到，此时可重新启动手机让系统自动扫描这些照片。

步骤 **01** 将前面的 Ch10_Camera4 项目复制为 Ch10_Camera5 项目。

步骤 **02** 在界面 Layout 中加入一个 Button。

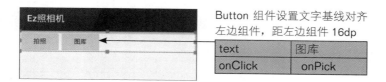

Button 组件设置文字基线对齐左边组件，距左边组件 16dp

text	图库
onClick	onPick

步骤 **03** 修改程序中的 onActivityResult()，以便按照标识符进行不同的处理，代码如下：

```
01 protected void onActivityResult(int requestCode, int resultCode,
                                   Intent data) {
02     super.onActivityResult(requestCode, resultCode, data);
03
04     if(resultCode == Activity.RESULT_OK) {  ←—— 要求的 Intent 成功了
05         switch(requestCode) {
06         case 100:  ←—— 拍照
07         Intent it = new Intent(Intent.ACTION_MEDIA_SCANNER_
                                   SCAN_FILE, imgUri);←——
08             sendBroadcast(it);              设为系统共享媒体文件
09              break;
10         case 101:  ←—— 选取照片
11             imgUri = convertUri(data.getData());←——
                                        获取选取照片的 Uri
                                        并进行 Uri 格式转换
12             break;
13         }
14         showImg();  ←—— 显示照片
15     }
16     else {  ←—— 要求的 Intent 没有成功
17             Toast.makeText(this, requestCode==100? " 没有拍到照片 ":
                                " 没有选取照片 ", Toast.LENGTH_LONG)
18                         .show();
19     }
20 }
```

- 第 7~8 行是将刚拍摄好的照片用广播方式设置为系统共享资源。
- 第 11 行是获取用户选取照片的 Uri。
- 第 14 行可将 imgUri 所指定的照片显示出来。
- 第 17 行是当要求的 Intent 没有成功时，用 Toast 显示相关信息。

步骤 **04** 加入按下"图库"按钮时要执行的方法，代码如下：

```
01  public void onPick(View v) {                          动作设为"选取内容"
02      Intent it = new Intent(Intent.ACTION_GET_CONTENT);
03      it.setType("image/*");          ← 设置要选取的媒体类型为：所有类型的图片
04      startActivityForResult(it, 101);     ← 启动 Intent，并要求返回选取的图像文件
05  }
```

步骤 05 在手机上测试，先用程序拍一张照片，然后到图库程序中看看有没有，再任选一张图片查看。

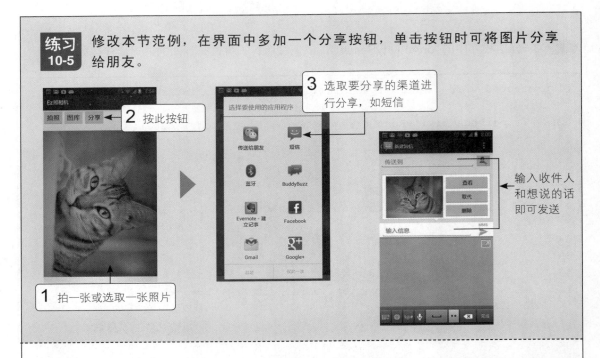

练习 10-5 修改本节范例，在界面中多加一个分享按钮，单击按钮时可将图片分享给朋友。

3 选取要分享的渠道进行分享，如短信

2 按此按钮

输入收件人和想说的话即可发送

1 拍一张或选取一张照片

提示 可先在界面中加一个分享按钮，并将 onClick 属性设为 onShare，然后在程序中加入 onShare() 方法，代码如下：

```
public void onShare(View v) {
    if (imgUri != null) {
        Intent it = new Intent(Intent.ACTION_SEND);
        it.setType("image/*");
        it.putExtra(Intent.EXTRA_STREAM, imgUri);
        startActivity(it);
    }
}
```

延伸阅读

（1）URI（Uniform Resource Identifier）在 Android 系统中是用来定义各种数据与多媒体文件等资源的虚拟路径，有关 URI 的详细格式说明，可在 http://developer.android.com/reference/java/net/URI.html 中查阅。

（2）有关 BitmapFactor 和 BitmapFactory.Options 类的进一步用法，可参考官方说明文件 http://developer.android.com/reference/android/graphics/BitmapFactory.html。

（3）Android 内建了一个内容提供者，在其中存储着所有可共享数据的相关信息，有关如何存取这些数据的说明，可参考 http://developer.android.com/guide/topics/providers/content-provider-basics.html。

重点整理

（1）如果在程序中需要拍照，就可以用 Intent 启动系统的"相机"程序帮助我们拍照。此时 Intent 的动作要设置为 MediaStore.ACTION_IMAGE_CAPTURE。

（2）相机程序在拍照后，默认会将照片的压缩图打包成 Bitmap 对象放在 Intent 中返回，我们可以从返回的 Intent 参数中取出 Bitmap 数据显示。取出的方法是先将 Intent 的附加数据转成 Bundle 对象，再用 Bundle 的 get() 取出。

（3）将 ImageView 的 scaleType 属性设为 centerInside，表示当图像较小时要居中显示，太大时要等比例缩小为刚好可以显示全图。

（4）如果想要相机程序将原始照片存盘，就可以将想要存盘的路径和文件名做成 Uri 对象，然后加入 Intent 中启动相机程序。

（5）读写文件、获取通讯录 / 定位等隐私性数据的权限被列为有危险的权限，必须使用额外步骤向用户请求，获得允许后才可以正常使用这些权限。

（6）我们可以用 BitmapFactor 类读取图像文件内容，而 BitmapFactory.Options 可用来设置读取图像文件时的选项。

（7）Uri 的 toString() 方法会返回字符串格式的 Uri。

（8）由于程序的可用内存并不多，因此要避免在程序中加载太大的图像文件，以免因内存不足而导致程序中止。

（9）BitmapFactory.Options 的 inSampleSize 属性可设置加载图像文件时的缩小比例。

（10）每当旋转手机时，屏幕的内容通常也会跟着旋转，此时 Android 会重新启动屏幕中的 Activity。不过我们可以用程序关闭手机的界面自动旋转功能，还可以设置手机为直向显示或横向显示。

（11）要旋转图像，可用 Matrix 类搭配 Bitmap.createBitmap() 实现。

（12）要使用 Intent 浏览并选取照片，可将 Intent 的动作设置为 Intent.ACTION_GET_CONTENT，媒体类型设置为 "image/*"（使用 Intent 的 setType("image/*") 设置）。

（13）图库程序所返回的照片 Uri 会存储在返回 Intent 的数据中，因此可以用 Intent 的 getData() 读取。

（14）如果想将程序中的照片设置为系统共享文件，那么要以 "广播 Intent" 的方式通知系统。

习题

（1）简要说明 Uri 的意义。

（2）写出以下 Intent 动作的意义。

     MediaStore.ACTION_IMAGE_CAPTURE：_____

     Intent.ACTION_GET_CONTENT：_____

     Intent.ACTION_MEDIA_SCANNER_SCAN_FILE：_____

（3）在使用 Intent 启动其他程序时，使用 setType("image/*")；方法的用途是什么？

（4）说明以下方法的功能。

     ImageView 的 setImageBitmap() 方法：_____

     Bundle 的 get() 方法：_____

     BitmapFactory 的 decodeFile 方法：_____

     Bitmap 的 createBitmap() 方法：_____

（5）如果程序在显示大型图像文件或同时显示多个大图时突然出现错误而中止，那么可能的原因是什么？有什么方法可以避免？

（6）写一个名为 "E$_z$ 摄像机" 的程序，可用 Inten 启动相机程序摄像，并在拍摄完成后返回程序时将拍摄的视频 Vri 显示出来。

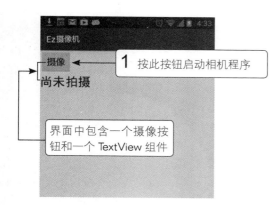

1 按此按钮启动相机程序

界面中包含一个摄像按钮和一个 TextView 组件

3 按此按钮表示确定要保存视频

2 按此钮开始摄像，摄像完成时再单击此按钮结束摄像

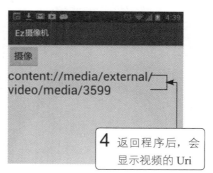

4 返回程序后，会显示视频的 Uri

将 Intent 的动作设为 MediaStore.ACTION_VIDEO_CAPTURE 即可用来启动相机程序进行摄像。当摄像完成后返回程序时，可在 onActivityResult() 方法中执行 Uri uri = data.getData(); 取得视频的 Uri。

第 11 章 播放音乐与视频

本章我们要来制作一个简单的影音播放器，让用户可以选取想听的音乐或想看的视频，然后单击播放按钮聆听或观赏。这个范例将分 3 节完成，第 1 节加入选取影音文件的功能，第 2 节加入播放音乐的功能，第 3 节加入播放视频的功能，而第 4 节介绍如何让程序能够在 Android 7 的多窗口模式下播放影音。

11-1 使用 Intent 选取音乐或视频

首先设计"选取音乐文件或视频文件"的功能。在上一章第 10-5 节利用 Intent 选取照片时，是将动作设置为 Intent.ACTION_GET_CONTENT，并将数据类型设为"image/*"，如果要改为选取音乐或视频，那么只需更改数据类型即可。

```
01 // 选取音乐
02 Intent it = new Intent(Intent.ACTION_GET_CONTENT);
03 it.setType("audio/*");              ◀── 要选取所有音乐类型
04 startActivityForResult(it, 100);    ◀── 以识别编号 100 启动外部程序
05
06 // 选取视频
07 Intent it = new Intent(Intent.ACTION_GET_CONTENT);
08 it.setType("video/*");              ◀── 要选取所有视频类型
09 startActivityForResult(it, 101);    ◀── 以识别编号 101 启动外部程序
```

以上的 * 代表所有类型，如果有需要，也可将其改为特定类型，如 image/jpeg（jpeg 图像类型）、audio/mp3（mp3 音乐类型或称为音频类型）、video/mp4（mp4 视频类型）。

常见的音乐文件格式有 mp3、wav、mid 等，视频文件有 mp4、3gp、avi 等。

Intent.ACTION_GET_CONTENT 和 Intent.ACTION_PICK

Intent.ACTION_GET_CONTENT 和 Intent.ACTION_PICK 都可以用来选取数据。

- Intent.ACTION_GET_CONTENT 较常搭配 setType() 设置要选取的数据类型。由于支持这类 Intent 的程序较多（系统内建或用户自行安装），因此系统通常会先打开对话框列出所有可支持指定数据类型的程序，让用户选择用哪个程序选取数据，例如：

此项为系统内建的音乐选取程序

按此按钮启动程序，以后就不会再问了

此项为系统内建的视频选取程序

如果是在 Android 2.x 版的手机，那么对话框的样子会略有不同，例如在选取视频时：

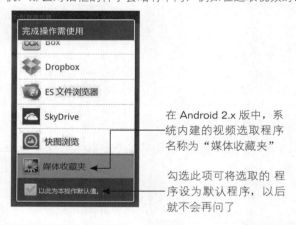

在 Android 2.x 版中，系统内建的视频选取程序名称为"媒体收藏夹"

勾选此项可将选取的 程序设为默认程序，以后就不会再问了

　　由于每个程序所支持的功能不尽相同，因此在实际操作时，建议使用系统内建的音频（音乐）/ 视频选取程序。

- Intent.ACTION_PICK 较常搭配 setData（特定的 Uri 常数）直接启动系统内建程序选取文件，例如：

```java
// 选取音乐
Intent it = new Intent(Intent.ACTION_PICK);
it.setData(MediaStore.Audio.Media.EXTERNAL_CONTENT_URI);

// 选取视频
Intent it = new Intent(Intent.ACTION_PICK);
it.setData(MediaStore.Video.Media.EXTERNAL_CONTENT_URI);

// 选取图片
Intent it = new Intent(Intent.ACTION_PICK);
it.setData(MediaStore.Images.Media.EXTERNAL_CONTENT_URI);
```

EXTERNAL_CONTENT_URI 的 EXTERNAL 代表"程序外部"的公用路径，所有 App 都可以存取该路径；若是 INTERNAL_CONTENT_URI，则代表"程序内部"的私有路径，只有程序自己可以存取。

将 Intent 的数据设为以上的 Uri 常数时，由于支持这类 Intent 的程序较少，因此通常会直接启动系统内建的程序让用户挑选音乐、视频或图片。但如果系统中安装了其他可支持这类 Uri 常数的程序，那么仍会打开对话框列出程序供用户选用。

注意，在 Android 2.x 版的手机中，若使用第二种方法（Intent.ACTION_PICK）启动媒体库选取视频，则会变成直接播放视频而无法返回选取视频的 Uri。因此，若考虑与较旧版本的兼容性，则使用第一种方法会比较安全。

读取预存在程序中的多媒体文件

在程序中除了可以存放图像文件外，还可以预先存放其他类型的文件，包括音乐文件和视频文件在内。

我们通常会在项目的 res 文件夹中再建一个名称固定为 raw 的文件夹存放这些文件，Android 在编译程序时，会将 raw 文件夹中的文件原封不动地加到执行文件中。当程序在执行时，可用以下 Uri 存取这些文件：

```
// 假设要存取项目中的 \res\raw\test.mp3 文件
uri = Uri.parse("android.resource://" + getPackageName() + "/" +
                R.raw.test);
```

getPackageName() 会返回项目本身的软件包名称，而 R.raw.test 是 Android 在编译程序时自动为 test.mp3 所定义的资源 ID。因此整个 Uri 的意思是指在本身所属的软件包中资源 ID 为 R.raw.test 的资源文件。

 注意，资源 ID "R.raw.test" 之后不可加扩展名（.mp3）。

范例 11-1 让用户挑选影音文件

影音播放器的第一个工作自然是让用户能够挑选想要播放的影音文件，下面我们就来设计这项功能。另外，我们还会在程序中预存一个音乐文件，让用户不用选文件即可直接进行测试。

1 按此按钮选取音乐

3 选取任意一首音乐

显示文件的路径

显示选取的文件名
称，默认为程序内
建的音乐文件

2 如果出现对话框，就
选择音乐曲目程序

4 按"确定"
按钮

7 如果出现对话框，就选择图片库（或媒体库）程序

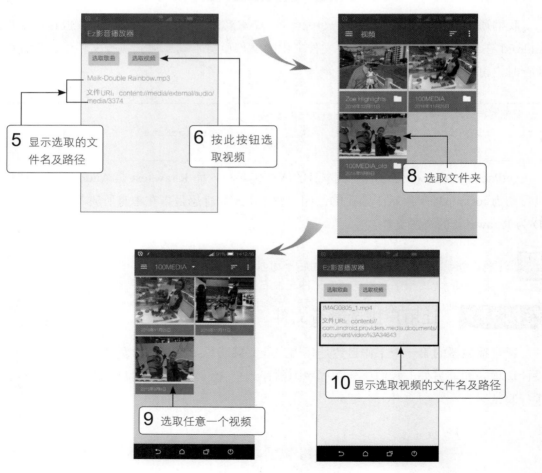

5 显示选取的文
件名及路径

6 按此按钮选
取视频

8 选取文件夹

9 选取任意一个视频

10 显示选取视频的文件名及路径

当用户选取歌曲或视频后，会返回代表该文件的 Uri 对象，这个 Uri 对象中存放着 URI 地址，在 Android 系统中用来定义各种资源的虚拟路径。

URI 会以系统内定的编号代表各个文件，一般人难以了解编号对应的是哪一个文件。为了明确显示当前正在播放哪一个文件，可以使用 getFilename()，用 URI 向内容提供者查询其文件名，代码如下：

```
String getFilename(Uri uri) {          ◀────用 URI 向内容提供者查询文件名
    String fi leName = null;
    String[] colName = {MediaStore.MediaColumns.DISPLAY_NAME}; ◀─
                                        声明要查询的字段
    Cursor cursor = getContentResolver().query(uri, colName, ◀─
            null, null, null);                     用 uri 进行查询
    cursor.moveToFirst();          ◀────移到查询结果的第一条记录
    fileName = cursor.getString(0);
    cursor.close();          ◀────关闭查询结果
    return fileName;          ◀────返回文件名
}
```

技巧 关于 Uri 对象与内容提供者的说明可参考第 10-2 节。

步骤 01 新建 Ch11_Player 项目，并将程序名称设为 "Ez 影音播放器"。

步骤 02 在 Project 窗格中项目的 res 文件夹上右击，然后依次单击 "New/Directory" 菜单选项，新建一个名为 raw 的文件夹。接着在资源管理器中选取一个适合测试用的 mp3 文件，按 Ctrl + C 键进行复制，然后进行如下操作：

1 选取 raw 文件夹，按 Ctrl + V 键进行粘贴

2 更名为 welcome.mp3

3 单击 OK 按钮

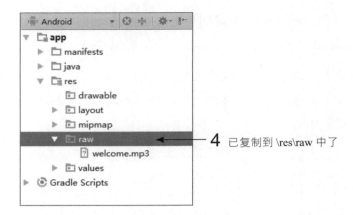

4 已复制到 \res\raw 中了

步骤 03 在 Layout 界面中将默认的"Hello World!"组件删除，再将 RelativeLayout 更换为 ConstraintLayout，加入组件并设置各组件的属性与约束。

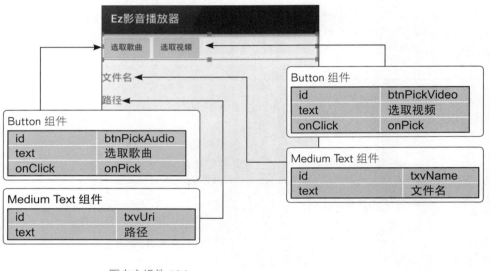

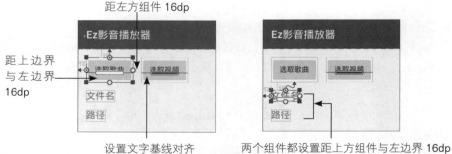

距左方组件 16dp

距上边界
与左边界
16dp

设置文字基线对齐

两个组件都设置距上方组件与左边界 16dp

步骤 04 编写程序，首先在 MainActivity 中声明变量，并在 onCreate() 中进行一些基本设置。

```
01 public class MainActivity extends AppCompatActivity{
02 Uri uri;        ← 存储影音文件的 Uri
03 TextView txvName, txvUri;
04 boolean isVideo = false;  ← 记录是否为视频文件（否则为音乐文件）
05
06 @Override
07 protected void onCreate(Bundle savedInstanceState) {
08     super.onCreate(savedInstanceState);
09     setContentView(R.layout.activity_main);
10
11     // 设置屏幕不随手机旋转，并且界面直向显示
12     setRequestedOrientation(ActivityInfo.
                 SCREEN_ORIENTATION_NOSENSOR);   ← 设置屏幕不随手机旋转
13     setRequestedOrientation(ActivityInfo.
                 SCREEN_ORIENTATION_PORTRAIT);   ← 设置屏幕直向显示
14
15     txvName = (TextView)findViewById(R.id.txvName); ←
                                          获取"文件"文本组件
16     txvUri = (TextView)findViewById(R.id.txvUri); ←
                                          获取"路径"文本组件
17
18     uri = Uri.parse("android.resource://" +
19                 getPackageName() + "/" + R.raw.welcome); ←
                  默认会播放程序内的音乐文件 welcome.mp3
20     txvName.setText("welcome.mp3");     ← 在界面中显示文件名
21     txvUri.setText(" 程序内的乐曲: "+ uri.toString()); ← 显示内建音乐文件
                                                       的 Uri 路径
22 }
```

- 第 2 行声明的 uri 用来存储用户选取文件的 Uri，在第 18 行会先将其设为指向程序内附的 welcome.mp3。
- 第 4 行声明一个 isVideo 记录是否选取了视频文件（true 是视频文件，false 是音乐文件）。
- 第 12、13 行是设置屏幕不随手机旋转，并且界面要直向显示，这两个功能在上一章已介绍过了。
- 第 20、21 行是在屏幕上显示默认会播放的文件名及其 Uri。

步骤 05 由于选取歌曲和选取视频两个按钮的 onClick 属性都设为 onPick，因此要在程序中加入 onPick() 事件处理方法，代码如下：

```
01    public void onPick(View v) {
02    Intent it = new Intent(Intent.ACTION_GET_CONTENT ); ←
                                创建动作为"选取内容"的 Intent
03    if(v.getId() == R.id.btnPickAudio) {    ← 如果是"选取歌曲"按钮
04    it.setType( "audio/*" );    ← 要选取所有音乐类型
```

```
05    startActivityForResult(it, 100);      ←── 以识别编号 100 启动外部程序
06    }
07 else {      ←── 否则就是"选取视频"按钮
08    it.setType("video/*");      ←── 要选取所有视频类型
09    startActivityForResult(it, 101);      ←── 以识别编号 101 启动外部程序
10    }
11    }
```

- 第 3 行利用传入的 View 参数 v 执行 v.getId()，从而取出被单击组件的资源 ID，再对比是选取歌曲按钮还是选取视频按钮。
- 第 5 和第 9 行用 Intent 启动选取音乐或视频的程序，并分别指定不同的标识码（100、101）。

步骤 06 加入"选取影音文件"完成而返回程序时会被引发的 onActivityResult() 事件方法，代码如下：

```
01 protected void onActivityResult (int requestCode, int resultCode,
02                                          Intent data) {
03   super.onActivityResult(requestCode, resultCode, data);
04
05   if(resultCode == Activity.RESULT_OK) {      ←── 如果选取成功
06       isVideo = (requestCode == 101);      ←── 记录是否选取了视频文件
                                                    （当标识码为 101 时）
07       uri = convertUri(data.getData());      ←── 获取选取文件的 Uri
                                                    并进行 Uri 格式转换
08       txvName.setText(uri.getLastPathSegment ());      ←── 显示文件名（Uri
                                                              最后一段文字）

09       txvUri.setText(" 文件 URI: " + uri.toString());      ←── 显示文件的路径
10   }
11 }
12
13 String getFilename(Uri uri) {      ←── 将"content://"类型的 Uri 转换为
                                          "file://"的类型 Uri
14     String fileName = null;
15    String[] colName = {MediaStore.MediaColumns.DISPLAY_NAME};
16    Cursor cursor = getContentResolver().query(uri, colName,
17          null, null, null);      ←── 以 uri 进行查询
18    cursor.moveToFirst();      ←── 移到查询结果的第一条记录
19    fileName = cursor.getString(0);
20    cursor.close();      ←── 关闭查询结果
21    return fileName;      ←── 返回文件名
22 }
```

- 第 6 行按返回的标识码决定是否为视频文件。
- 第 8 行的 getfilename(uri) 可返回 uri 的文件名。

- 第 9 行以 uri.toString() 取出文件路径来显示。

步骤 07 在手机上测试结果，看看是否和本范例最前面的示范相同。

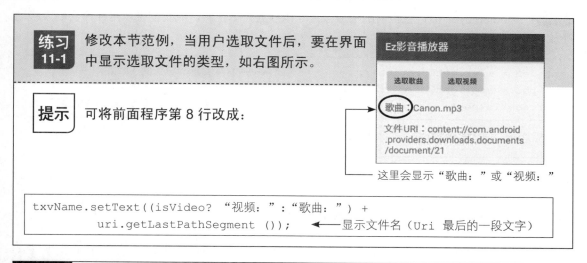

> **练习 11-1** 修改本节范例，当用户选取文件后，要在界面中显示选取文件的类型，如右图所示。
>
> **提示** 可将前面程序第 8 行改成：

```
txvName.setText((isVideo? "视频:":"歌曲:") +
        uri.getLastPathSegment ());    ←—— 显示文件名（Uri 最后的一段文字）
```

11-2 用 MediaPlayer 播放音乐

Android 的 MediaPlayer 类可以用来播放音乐或视频，本节先示范如何播放音乐。

MediaPlayer 的音乐播放流程

用 MediaPlayer 播放音乐时，整个流程大致如下。

步骤 01 创建 MediaPlayer 对象，代码如下：

```
mper = new MediaPlayer();    ←—— 创建 MediaPlayer 对象
```

步骤 02 要播放一首新的音乐时，必须先设置音乐的 Uri 并做好准备工作，代码如下：

```
mper.reset();    ←—— 如果之前播放过其他音乐，那么要先 reset
mper.setDataSource(this, uri);    ←—— 指定音乐文件的 Uri
mper.prepareAsync();    ←—— 准备播放，当准备好时会引发一个"音乐"
                             准备好了"的事件（稍后会介绍）
```

步骤 03 当音乐准备好后，即可用以下方法播放、暂停或停止播放，还可以设置是否要不断重复播放，代码如下：

```
mper.start();    ←—— 开始播放
mper.pause();    ←—— 暂停播放
mper.stop();    ←—— 停止播放
mper.setLooping(true);    ←—— 设置是否要重复播放（true 为要）
```

注意，执行 stop() 停止播放后，若想再播放相同的歌，则必须先重新执行前面的 prepareAsync() 准备播放。而执行 pause() 暂停后，可直接用 start() 继续播放。

步骤 04 MediaPlayer 会记住当前的播放位置（以秒数为单位），而我们可以用程序获取或移动播放位置，代码如下：

```
int len = mper.getDuration();           ◄──── 获取音乐的总长度（秒数）
int pos = mper.getCurrentPosition();    ◄──── 获取当前的播放位置（秒数）
mper.seekTo(pos);                       ◄──── 移动播放位置到第 pos 秒的位置
```

5. 当不再需要播放时，必须将 MediaPlayer 对象释放掉，代码如下：

```
mper.release();      ◄──── 释放 MediaPlayer 对象
```

MediaPlayer 可引发的 3 个重要事件

除了以上介绍的播放流程与控制外，我们还可以处理 MediaPlayer 的 3 个重要事件，就是当音乐准备好时、音乐播放完毕时以及音乐播放发生错误时所引发的事件。程序的编写如下：

 每次执行 mper.prepareAsync() 准备播放时，当音乐准备好时即可引发"音乐准备好"的事件。

步骤 01 用 MainActivity 类实现 MediaPlayer 的 3 个事件监听接口，代码如下：

```
public class MainActivity extends Activity implements
        MediaPlayer.OnPreparedListener,      ◄──── 音乐准备好时
        MediaPlayer.OnErrorListener,         ◄──── 发生错误时
        MediaPlayer.OnCompletionListener {   ◄──── 播放完毕时
```

步骤 02 由于前面是用 MainActivity 实现以上 3 个监听接口，因此可用此类的对象 this 作为事件监听器，代码如下：

```
mper.setOnPreparedListener(this);    ◄──── 设置音乐准备好时的事件监听器
mper.setOnErrorListener(this);       ◄──── 设置发生错误时的事件监听器
mper.setOnCompletionListener(this);  ◄──── 设置播放完毕时的事件监听器
```

步骤 03 编写这 3 个监听接口的事件处理方法，代码如下：

```
public void onPrepared(MediaPlayer arg0) {   ◄──── 执行 prepareAsync() 后，
    // 音乐准备好时要做的事情 ...                        当音乐准备好了即可引发此方法
}

public boolean onError(MediaPlayer arg0, int arg1, int arg2) {
```

```
        // 发生错误时要做的事情 ...
        return true;    ◄──── 返回 true 表示错误已处理
}

public void onCompletion(MediaPlayer arg0) {
    // 播放完毕时要做的事情 ...
}
```

处理在播放音乐时切换到其他程序的情况

当音乐在播放时，用户可能会突然切换到别的程序，甚至按返回键结束程序，这些情况都必须进行妥善处理，否则当程序结束后还在继续播放音乐，岂不怪哉！

其实，Activity 从启动到结束之间还有许多种状态的变化，每当状态改变时即可引发特定的事件，例如下面几种常用的事件。

事件	说明
onCreate()	当 Activity 启动时
onResume()	当 Activity 获得输入焦点时
onPause()	当 Activity 失去输入焦点时（如切换到手机的首页或其他程序）
onDestroy()	当 Activity 结束时

Activity 从启动到结束之间的各种状态变化统称为 Activity 的生命周期（Life Cycle）。右图为简化后的示意图。

 后面的范例若有提及 Activity 生命周期，因为状态变化事件相当多，所以我们会直接省略该范例没有用到的事件。关于 Activity 生命周期状态变化事件的详细说明，可到 Android 开发者网站用 Lifecycle 关键词搜索，或是直接浏览 developer.android.com/guide/components/activities/activity-lifecycle.html 和 developer.android.com/training/basics/activity-lifecycle。

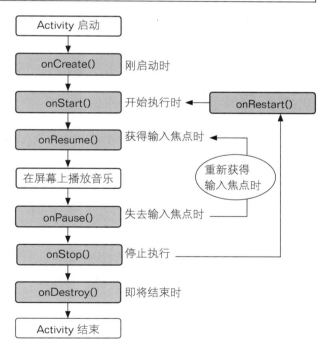

对本范例而言，当 Activity 失去输入焦点时（如切换到其他程序），要将音乐暂停播放；而当 Activity 要结束时，要将 MediaPlayer 对象释放，代码如下：

```
01  protected void onPause() {
02          super.onPause();        ←──── 执行父类的事件方法以处理必要事宜
03
04          // 如果正在播放，就暂停 ...
05  }
06
07  protected void onDestroy() {
08          // 释放 MediaPlayer 对象 ...
09
10          super.onDestroy();      ←──── 执行父类的事件方法以处理必要事宜
11  }
```

 如果希望当 Activity 失去输入焦点后又重新获得时继续播放，那么可以在 onResume() 中让音乐继续播放。不过本范例的做法是保持暂停而不自动继续播放，以免吓到用户。

让屏幕不进入休眠状态

当手机一段时间没用时（如 30 秒或一分钟），会自动关闭屏幕进入休眠状态。此时 Activity 也会因失去焦点而引发 onPause() 事件，导致播放中的音乐被暂停（因为我们会在 onPause() 中暂停播放音乐）。

想要让屏幕不会进入休眠状态，可在 onCreate() 中加入下面灰底的程序语句：

```
01  protected void onCreate(Bundle savedInstanceState) {
02    super.onCreate(savedInstanceState);
03    setContentView(R.layout.activity_main);
04
05    // 设置屏幕不随手机旋转，界面要直向显示且屏幕不进入休眠
06    setRequestedOrientation(ActivityInfo.
                          SCREEN_ORIENTATION_NOSENSOR);  ←── 设置屏幕不
                                                              随手机旋转
07    setRequestedOrientation(ActivityInfo.
                          SCREEN_ORIENTATION_PORTRAIT);  ←── 设置屏幕
                                                              直向显示
08    getWindow().addFlags(WindowManager.LayoutParams.
                          FLAG_KEEP_SCREEN_ON);   ←── 设置屏幕不进入休眠
09    ...
10  }
```

第 8 行是针对当前的 Activity 进行设置的，因此让屏幕不进入休眠的效果只有在当前的 Activity 显示在屏幕中时才有效。

范例 11-2　用 MediaPlayer 播放音乐

学会播放音乐的相关知识后,就赶快来大显身手吧! 下面是程序完成后的执行情况。

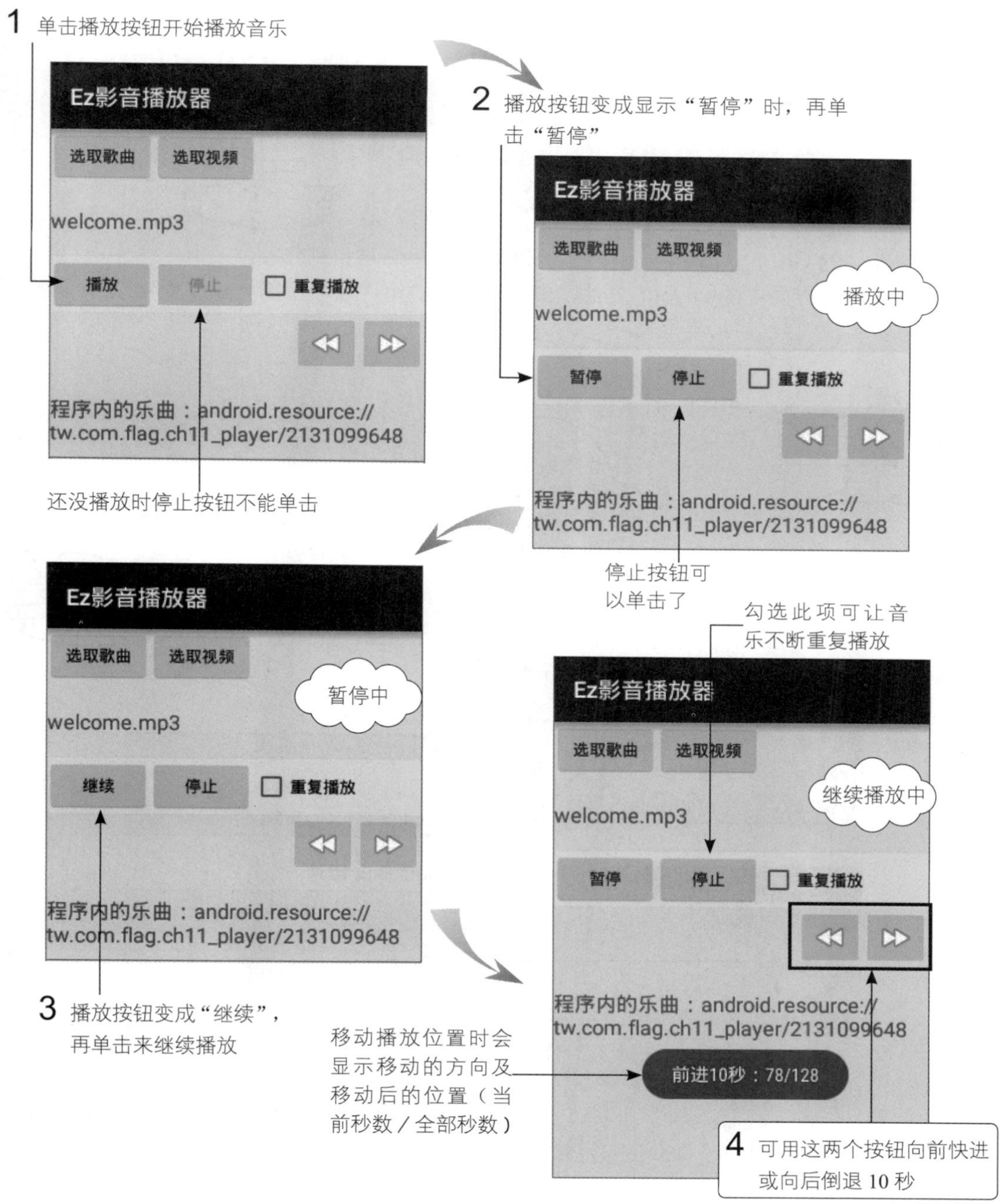

1 单击播放按钮开始播放音乐

Ez影音播放器

选取歌曲　选取视频

welcome.mp3

播放　停止　☐ 重复播放

◀◀　▶▶

程序内的乐曲:android.resource://
tw.com.flag.ch11_player/2131099648

还没播放时停止按钮不能单击

2 播放按钮变成显示"暂停"时,再单击"暂停"

Ez影音播放器

选取歌曲　选取视频

welcome.mp3　　　播放中

暂停　停止　☐ 重复播放

◀◀　▶▶

程序内的乐曲:android.resource://
tw.com.flag.ch11_player/2131099648

停止按钮可以单击了

Ez影音播放器

选取歌曲　选取视频

welcome.mp3　　　暂停中

继续　停止　☐ 重复播放

◀◀　▶▶

程序内的乐曲:android.resource://
tw.com.flag.ch11_player/2131099648

3 播放按钮变成"继续",再单击来继续播放

勾选此项可让音乐不断重复播放

Ez影音播放器

选取歌曲　选取视频

welcome.mp3　　　继续播放中

暂停　停止　☐ 重复播放

◀◀　▶▶

程序内的乐曲:android.resource://
tw.com.flag.ch11_player/2131099648

前进10秒:78/128

移动播放位置时会显示移动的方向及移动后的位置(当前秒数／全部秒数)

4 可用这两个按钮向前快进或向后倒退 10 秒

请注意！播放按钮会根据播放的状态而显示"播放""暂停"或"继续"。

当音乐播完时，又会回到播放前的状态

步骤01 将前面的 Ch11_Player 项目复制为 Ch11_Player2 项目来修改。

步骤02 打开项目界面中的 Layout 文件，由于要加入的组件较多，因此建议直接从本书提供的范例程序中复制。

要怎么复制 Layout 文件？

先选取范例程序中的 activity_main.xml，按【Ctrl】+【C】键进行复制，然后到 Android Studio 中选取 Project 窗格的 res\layout 文件夹，再按【Ctrl】+【V】键进行粘贴，接着在 Copy 对话框中单击 OK 按钮，再单击 Overwrite 按钮即可。

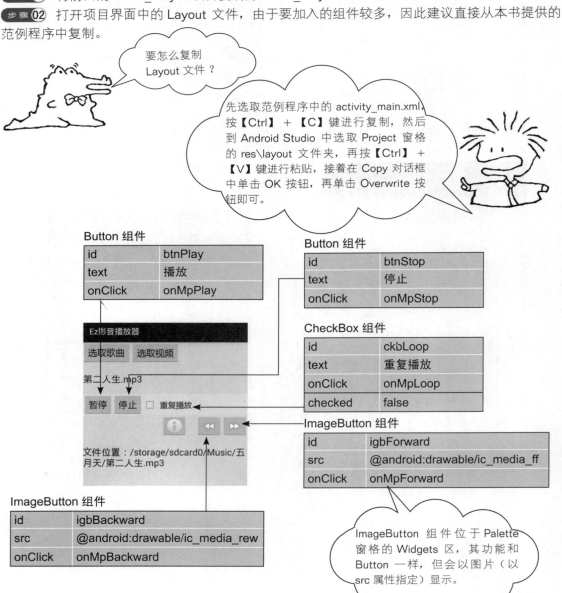

Button 组件

id	btnPlay
text	播放
onClick	onMpPlay

Button 组件

id	btnStop
text	停止
onClick	onMpStop

CheckBox 组件

id	ckbLoop
text	重复播放
onClick	onMpLoop
checked	false

ImageButton 组件

id	igbForward
src	@android:drawable/ic_media_ff
onClick	onMpForward

ImageButton 组件

id	igbBackward
src	@android:drawable/ic_media_rew
onClick	onMpBackward

ImageButton 组件位于 Palette 窗格的 Widgets 区，其功能和 Button 一样，但会以图片（以 src 属性指定）显示。

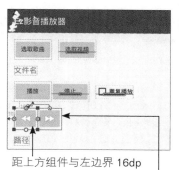

设置文字基线对齐左方组件，距左方组件 0dp

距上方组件与左边界 16dp

设置文字基线对齐左方组件，距左方组件 16dp

距上方组件与左边界 16dp

设置对齐左方组件上侧，距左方组件 0dp

步骤 03 修改程序，首先在 MainActivity 的开头实现 MediaPlayer 的 3 个监听接口，并声明几个变量。

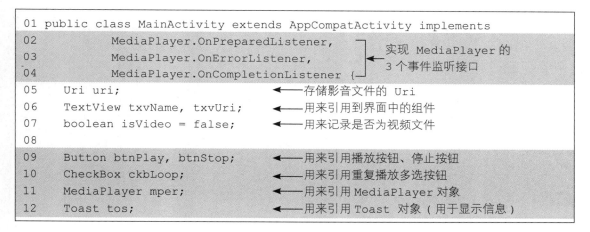

```
01 public class MainActivity extends AppCompatActivity implements
02         MediaPlayer.OnPreparedListener,          实现 MediaPlayer 的
03         MediaPlayer.OnErrorListener,             3 个事件监听接口
04         MediaPlayer.OnCompletionListener {
05     Uri uri;                          存储影音文件的 Uri
06     TextView txvName, txvUri;         用来引用到界面中的组件
07     boolean isVideo = false;          用来记录是否为视频文件
08
09     Button btnPlay, btnStop;          用来引用播放按钮、停止按钮
10     CheckBox ckbLoop;                 用来引用重复播放多选按钮
11     MediaPlayer mper;                 用来引用 MediaPlayer 对象
12     Toast tos;                        用来引用 Toast 对象（用于显示信息）
```

- 在第 1~4 行输入 3 个监听接口后，MainActivity 的文字会出现红色波浪底线，此时可将插入点移到红线的文字上，然后按 Alt + Enter 键，并选取 Implement methods，在弹出的 Select methods to implement 对话框中单击 OK 按钮，即可自动加入这些接口所需的实现方法（这些方法的后续处理见步骤 6）。

步骤 04 在 onCreate ( ) 中先设置屏幕不进入休眠，接着创建并设置 MediaPlayer 对象，并创建一个 Toast 对象以供稍后用于显示信息，最后调用 prepareMedia() 方法（下一步才会创建）准备播放音乐。

```
01 protected void onCreate(Bundle savedInstanceState) {
02 super.onCreate(savedInstanceState);
03 setContentView(R.layout.activity_main);
04
05 // 设置屏幕不随手机旋转，界面要直向显示且屏幕不进入休眠
06 setRequestedOrientation(ActivityInfo.
                            SCREEN_ORIENTATION_NOSENSOR);    设置屏幕不
                                                            随手机旋转
```

```
07      setRequestedOrientation(ActivityInfo.SCREEN_ORIENTATION_
                      PORTRAIT);    ←—— 设置屏幕直向显示
08      getWindow().addFlags(WindowManager.LayoutParams.FLAG_KEEP_SCREEN_
                      ON);    ←—— 设置屏幕不进入休眠
09
10      txvName = (TextView)findViewById(R.id.txvName);    ←—— 获取第 1 个文本组件
11      txvUri = (TextView)findViewById(R.id.txvUri);    ←—— 获取第 2 个文本组件
12      btnPlay = (Button)findViewById(R.id.btnPlay);    ←—— 获取播放按钮
13      btnStop = (Button)findViewById(R.id.btnStop);    ←—— 获取停止按钮
14      ckbLoop = (CheckBox)findViewById(R.id.ckbLoop);    ←—— 获取重复播放多选按钮
15
16      uri = Uri.parse("android.resource://" +    ←—— 默认会播放程序内的音乐文件
17      getPackageName() + "/" + R.raw.welcome);
18      txvName.setText("welcome.mp3");    ←—— 在界面中显示文件名
19      txvUri.setText("程序内的乐曲: "+ uri.toString());    ←—— 显示 Uri
20
21      mper = new MediaPlayer();    ←—— 创建 MediaPlayer 对象
22      mper.setOnPreparedListener(this);
23      mper.setOnErrorListener(this);    ←—— 设置 3 个事件监听器
24      mper.setOnCompletionListener(this);
25      tos = Toast.makeText(this, "", Toast.LENGTH_SHORT);
                                    创建 Toast 对象
26
27      prepareMusic();    ←—— 准备默认音乐（welcome.mp3）的播放
28      }
```

步骤 05 编写准备播放新音乐的 prepareMusic() 方法，代码如下：

```
01 void prepareMusic() {
02      btnPlay.setText("播放");    ←—— 将按钮文字显示为"播放"
03      btnPlay.setEnabled(false);    ←—— 使播放按钮不能按（要等准备好才能按）
04      btnStop.setEnabled(false);    ←—— 使停止按钮不能按
05
06      try {
07          mper.reset();    ←—— 若之前播过歌，则必须 reset 后才能换歌
08          mper.setDataSource(this, uri);    ←—— 指定音乐来源
09          mper.setLooping(ckbLoop.isChecked());    ←—— 设置是否重复播放
10          mper.prepareAsync();    ←—— 要求 MediaPlayer 准备播放指定的音乐
11      } catch (Exception e) {    ←—— 拦截错误并显示信息
12          tos.setText("指定音乐文件错误! " + e.toString());
13          tos.show();
14      }
15 }
```

- 第 2 行用于设置播放按钮显示"播放"。由于在播放的过程中此按钮可能会被改为"暂停"或"继续"，因此在准备播放新歌时要将其还原为"播放"。

- 第 3、4 行用于设置播放按钮与停止按钮为"尚未准备好"状态，也就是都禁用（不能单击）。要等到音乐准备好时（会引发 onPrepared() 事件），才会将其设为可用（可以单击）。

- 第 7、8 行用于变更 MediaPlayer 要播放的音乐，由于 Uri 可能有误，因此最好加上 try...catch... 的错误处理机制（详见后面的说明框），以免程序因发生错误而中止。

- 第 9 行用于设置重复播放功能。ckbLoop 是界面中的 CheckBox 组件，执行其 isChecked() 方法可返回是否已勾选，然后用它设置是否要重复播放。

- 第 10 行执行 prepareAsync() 要求 MediaPlayer 准备播放指定的音乐。当 MediaPlayer 准备好时，会引发 onPrepared 事件，这个事件在下一步会介绍。

步骤 06 编写 3 个事件监听接口所必须实现的事件处理方法，代码如下：

```
01 @Override
02 public void onPrepared(MediaPlayer mp) {
03     btnPlay.setEnabled(true);        ←──当准备好时，让播放按钮起作用（可以单击）
04 }
05
06 @Override
07 public void onCompletion(MediaPlayer mp) {    ←── 当音乐播完毕时
08     mper.seekTo(0);                  ←── 将播放位置归 0
09     btnPlay.setText(" 播放 ");        ←── 让播放按钮显示"播放"
10     btnStop.setEnabled(false);       ←── 让停止按钮禁用（不能单击），因为音乐已经停止播放
11 }
12
13 @Override
14 public boolean onError(MediaPlayer mp, int what, int extra {
15     tos.setText(" 发生错误，停止播放 ");  ←── 当发生错误时，显示错误信息
16     tos.show();
17     return true;
18 }
```

- 第 3 行是当音乐准备好时，让播放按钮起作用，用户按下它之后即可播放音乐。

- 第 8~10 行是当播放完成时，将播放位置归 0，然后让播放按钮显示"播放"，并让停止按钮不能被按下（因为已停止播放了）。注意，播放按钮只有在准备播放时才会设为禁用，而在准备好时改为可用，所以此处不必再进行设置。

步骤 07 每当用户单击选取歌曲按钮选择了新的音乐时，我们就要执行 prepareMusic() 准备播放音乐，因此要在 onActivityResult() 中加入以下灰底标识的程序：

```
01 protected void onActivityResult (int requestCode, int resultCode,
                                     Intent data) {
02      super.onActivityResult(requestCode, resultCode, data);
03
04      if(resultCode == Activity.RESULT_OK) {
05          isVideo = (requestCode == 101);  ◄───┐
                            记录是否选取了视频文件（当标识码为 101 时）
06          uri = convertUri(data.getData());◄───┐
                        获取选取文件的 Uri 并做 Uri 格式转换
07          txvName.setText(uri.getLastPathSegment ());  ◄───┐
                                    显示文件名（Uri 最后的一段文字）
08          txvUri.setText(" 文件位置: " + uri.getPath());◄─── 显示文件的路径
09          if(!isVideo) prepareMusic();  ◄─── 如果是音乐文件就准备播放
10      }
11 }
```

步骤 08 编写当用户按下播放、停止等各种控制按钮时所引发的事件处理方法，代码如下：

```
01 public void onMpPlay(View v) {          ◄─── 按播放按钮时
02      if (mper.isPlaying()) {            ◄─── 如果正在播放，就暂停
03          mper.pause();      ◄─── 暂停播放
04          btnPlay.setText(" 继续 ");
05      }
06      else {        如果没有在播放，就开始播放
07          mper.start();    开始播放
08          btnPlay.setText(" 暂停 ");      ◄─── 让播放按钮显示"暂停"
09          btnStop.setEnabled(true);       ◄─── 音乐已经播放，所以让停止按钮起作用
10      }    Next
11 }
12
13 public void onMpStop(View v) {          ◄─── 按下停止按钮时
14      mper.pause();     ◄─── 暂停播放
15      mper.seekTo(0);  ◄─── 移到音乐中 0 秒的位置
16      btnPlay.setText(" 播放 ");
17      btnStop.setEnabled(false);  ◄─── 让停止按钮不能再按了
18      }
19
20 public void onMpLoop(View v) {  ◄─── 按下重复播放多选按钮时
21      if (ckbLoop.isChecked())
22          mper.setLooping(true);  ◄─── 设置要重复播放
23      else
24          mper.setLooping(false);  ◄─── 设置不要重复播放
25 }
26
27      public void onMpBackward(View v) {◄─── 按倒退图形按钮时
28      if(!btnPlay.isEnabled()) return;
                    如果还没准备好（播放按钮不能按），就不处理
29      int len = mper.getDuration();        ◄─── 读取音乐长度
30      int pos = mper.getCurrentPosition();    ◄─── 读取当前播放位置
```

```
31        pos -= 10000;                          ←── 倒退 10 秒（10000ms）
32        if(pos <0) pos = 0;   ←── 不可小于 0
33        mper.seekTo(pos);        ←── 移动播放位置
34        tos.setText(" 倒退 10 秒: " + pos/1000 + "/" + len/1000);  ←── 显示信息
35        tos.show();
36  }
37
38  public void onMpForward(View v) {  ←── 按下快进图形按钮时
39        if(!btnPlay.isEnabled()) return;  ──┐
                          如果还没准备好（播放按钮不能按），就不处理
40        int len = mper.getDuration();  ←──  读取音乐长度
41        int pos = mper.getCurrentPosition();  ←── 读取当前播放位置
42        pos += 10000;          ←── 快进 10 秒（10000ms）
43        if(pos > len) pos = len;  ←── 不可大于总秒数
44        mper.seekTo(pos);    ←── 移动播放位置
45        tos.setText(" 前进 10 秒: " + pos/1000 + "/" + len/1000);  ←── 显示信息
46        tos.show();
47  }
```

- 第 1~11 行是当用户按下播放按钮时，要先判断当前是否正在播放，以决定要如何处理。
- 第 13~18 行是当用户按下停止按钮时，要将音乐暂停并将播放位置归 0。此处并不执行 mper.stop() 停止播放，因为执行 stop() 后若要再播放同一首歌，则必须再次执行 mper. prepareAsync() 重新准备。
- 第 20~47 行处理其他 3 个按钮事件，由于程序的注释中已有详细说明，因此不再赘述。

步骤 09 别忘了编写当 Activity 被暂停或被结束时所要做的工作，代码如下。

```
01  @Override
02  protected void onPause() {
03        super.onPause();         ←── 执行父类的事件方法以处理必要事宜
04
05        if    (mper.isPlaying()) {  ←── 如果正在播放就暂停
06              btnPlay.setText(" 继续 ");
07              mper.pause();    ←── 暂停播放
08        }
09  }
10
11  @Override
12  protected void onDestroy() {
13  mper.release();      ←── 释放 MediaPlayer 对象
14  super.onDestroy();←── 执行父类的事件方法以处理必要事宜
15  }
```

- 第 5~8 行是当 Activity 被暂停时，如果正在播放音乐，就将其暂停。
- 第 13 行是当 Activity 被结束时，将 MediaPlayer 对象释放掉。

步骤 10 在手机实体机上测试结果，看看是否和本范例最前面的示范相同。

练习 11-2 修改本节范例，在界面中多加一个 按钮，单击此按钮可显示当前播放的位置。

提示 可在程序的界面 Layout 中加入一个 ImageButton 组件：

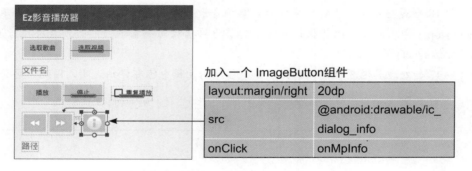

加入一个 ImageButton组件

layout:margin/right	20dp
src	@android:drawable/ic_dialog_info
onClick	onMpInfo

并在程序中加入 onMpInfo() 方法：

```
public void onMpInfo(View v) {        ← 按下当前进度按钮时
    if(!btnPlay.isEnabled()) return;   ← 如果还没准备好（播放按钮不能被按），
                                          就不处理
    int len = mper.getDuration();      ← 读取音乐长度
    int pos = mper.getCurrentPosition();        ← 读取当前播放位置
    tos.setText("当前播放位置：" + pos/1000 + "/" + len/1000);← 显示信息
    tos.show();
}
```

11-3 用 VideoView 播放视频

虽然 MediaPlayer 也可以用来播放视频，但是必须自己准备显示视频的组件、播放的进度条以及控制按钮等，相当麻烦。还好 Android 另外提供了好用的 VideoView 组件，不但内建显示视频功能，还可以直接加入 MediaController 对象作为播放控制接口。

使用 VideoView 搭配 MediaController 播放视频

VideoView 组件位于 Palette 窗格的 Containers 区，在使用前要先将其拖曳到界面 Layout 中，然后设置显示位置与大小，再到程序中新建一个 MediaController 对象作为播放控制接口，代码如下：

```
vdv = (VideoView)findViewById(R.id.videoView1); ←
                              获取界面中的 VideoView 组件
MediaController mediaCtrl = new MediaController(this); ←
                                  创建播放控制对象
vdv.setMediaController(mediaCtrl); ←设置要使用的播放控制对象
```

 使用 MediaController 时要导入 android.widget.MediaController。

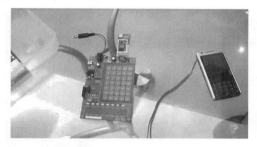

在 VideoView 中播放的视频

按一下屏幕，即可出现 MediaController 控制栏

用程序控制 VideoView 的视频播放

前述的 MediaController 控制栏主要是给用户操作的，若要在程序中控制视频的播放，则可使用 VideoView 所提供的方法操作，代码如下：

```
vdv.setVideoURI(uri); ←设置要播放视频的 Uri

vdv.start();            ← 开始播放
vdv.pause();            ← 暂停播放
vdv.stopPlayback();     ← 停止播放

boolean b = vdv.isPlaying();              ← 是否在播放中

int len = vdv.getDuration();              ← 读取视频长度（秒）
int pos = vdv.getCurrentPosition();       ← 读取当前的播放位置（秒）
vdv.seekTo(pos);                          ← 设置播放位置（秒）
```

设置全屏幕显示

Android 在执行程序时，屏幕上通常都会出现系统的状态 栏和 Activity 的标题栏，如右图所示。

不过在播放视频时，我们让显示视频的区域越大越好，此时可将状态栏和标题栏都隐藏起来，从而达到全屏幕播放的效果。

全屏幕播放

隐藏状态栏和标题栏的方法如下：

```
01 getWindow().addFlags(WindowManager.LayoutParams.
                        FLAG_FULLSCREEN);          ←— 隐藏系统的状态栏
02 getSupportActionBar().hide();   ←— 隐藏 Activity 的标题栏
03
04 setContentView(R.layout.activity_video);
05
06 getWindow().addFlags(WindowManager.LayoutParams.
                        FLAG_KEEP_SCREEN_ON);   ←— 保持屏幕一直开着
                                                   （不要自动休眠）
```

第 1、2 行可隐藏状态栏和标题栏，这两行必须在第 4 行 setContentView() 之前执行才会有效果。另外，程序第 6 行用于设置屏幕不要自动休眠，以免视频没看多久突然因屏幕休眠而暗掉。

注意，由于本书范例都设置为要和旧版 Android 系统兼容，因此活动类都继承 AppCompatActivity 而非 Activity，在上面第 2 行也必须使用兼容函数库（Support Library）的写法。如果活动类继承 Activity（不使用兼容函数库），就将第 2 行改为 "getActionBar().hide();"。

还有一点要特别注意，就是以上 3 项设置只对当前的 Activity 有效，若程序中有多个 Activity，则这些设置并不会相互影响。

处理在播放视频时切换到首页或其他程序的情况

在播放视频时，如果用户突然切换到首页或其他程序，那么我们应该暂停播放视频，直到用户切换回来时再继续播放。

要处理这个情况，可以利用 Activity 生命周期中的 onPause ( ) 和 onResume() 。

```
public class VideoActivity extends AppCompatActivity{
    int pos = 0;   ◀── 用来记录前次的播放位置，默认为 0
    ...
    protected void onResume() {   ◀── 当 Activity 获得输入焦点时
        super.onResume();
        vdv.seekTo(pos);   ◀── 移到 pos 的播放位置
        vdv.start();   ◀── 开始播放
    }

    protected void onPause() {   ◀── 当 Activity 失去输入焦点时（如切换到其他程序）
        super.onPause();
        pos = vdv.getCurrentPosition();   ◀── 存储播放位置
        vdv.stopPlayback();   ◀── 停止播放
    }
}
```

以上程序一开始时先将 pos 设为 0，接着在 onResume() 中跳到 pos 的位置开始播放，在 onPause() 中则会将当时的播放位置存储到 pos 中。因此 Activity 一开始启动时会从位置

0 开始播放，而当用户切换到其他程序又切换回来时，会从在 onPasue() 中存储的位置开始播放。

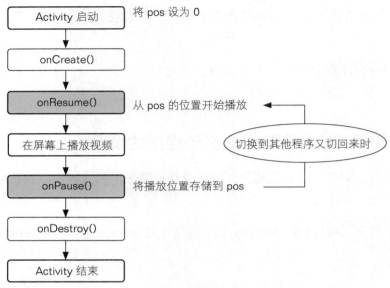

处理在播放时旋转手机的情况

在上一章曾经介绍过，当我们旋转手机时，如从直拿转成横着拿，屏幕的内容也会跟着旋转，以方便观看。而每当屏幕内容跟着手机旋转时，Android 都会重新启动屏幕中正在显示的 Activity，然后以旋转后的方向重新显示界面。

上一章的范例采用了较简单的"关闭手机的界面自动旋转功能"处理手机旋转的情况。而本章的范例要改用另一种方法，就是让屏幕内容能跟着手机旋转。

（1）当手机因旋转而造成 Activity 重新启动前，会引发只有此情况才特有的 onSaveInstanceState(Bundle sb) 事件，在此事件中我们可以将当时的播放位置存储到参数 sb 中（它是一个系统的 Bundle 对象）。

（2）当 Activity 重新启动时，onCreate(Bundle sb) 的 sb 参数就是上一步骤所存储的系统 Bundle 对象，因此我们可以由 sb 读取上一步所存储的播放位置。若将此流程加到前面"切换到其他程序"的流程，则结果如下：

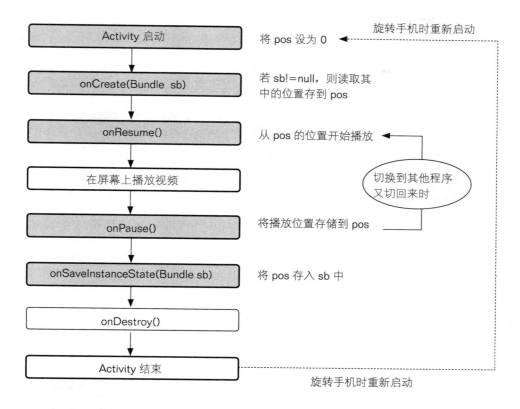

特别注意，由于在引发 onSaveInstanceState() 时视频已经被系统停止播放了，因此不可在此事件中读取视频的播放位置。还好在引发此事件之前会先引发 onPause() 事件，所以在此事件中只需直接存储 pos 的值即可。

范例 11-3　打开新的 Activity 播放视频

接着我们替本章的范例加上"播放视频"的功能，也就是当用户按下选取视频按钮后选取了视频，然后按下播放按钮时就会打开一个新的 Activity 在全屏幕中播放视频。

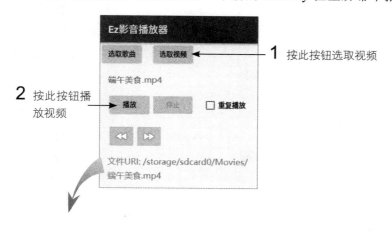

在全屏幕中播放视频，在播放中可以任意旋转手机来观赏

FLAG P-Car 展示组
（以FLAG-1611A蓝牙无线传输模块为接收器）

在播放时也可切换到首页或其他程序，此时视频会停止播放，直到切换回本程序时，才会从之前停止的位置继续播放。

步骤 **01** 将前面的 Ch11_Player2 项目复制为 Ch11_Player3 项目来修改。

步骤 **02** 在 Project 窗格的 app 模块上右击，依次单击"New/Activity/Empty Activity"菜单选项，然后执行如下操作新增一个 Activity：

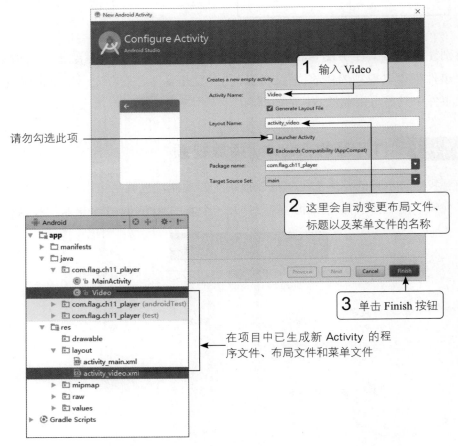

步骤 **03** 在新的 Layout 文件（activity_video.xml）中将 RelativeLayout 的 padding 属性全部清空（使周围不要留白），然后加入 1 个 VideoView 组件。

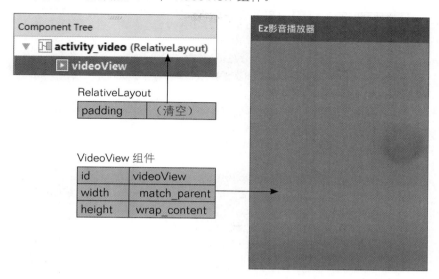

步骤 **04** 在 MainActivity 类的 onMpPlay() 方法中加入当按下播放按钮时，若是视频，则打开新的 Activity 播放的内容，代码如下：

```
01 public void onMpPlay(View v) {   ←── 按播放按钮时
02   if(isVideo) {  ←── 如果是视频
03      Intent it = new Intent(this, Video.class);   ←── 创建打开 Video
                                                          Activity 的 Intent
04      it.putExtra("uri", uri.toString());   ←── 将视频的 Uri 以 uri
                                                   为名加入 Intent 中
05      startActivity(it);   ←── 启动 Video Activity
06      return;  ←── 结束本方法
07   }
08
09   if (mper.isPlaying())  ←──   如果正在播放，就暂停
10      mper.pause();  ←──    暂停播放
11      btnPlay.setText(" 继续 ");
12   }
13   else {  ←──   如果没有在播放，就开始播放
14      mper.start();   ←── 开始播放
15      btnPlay.setText(" 暂停 ");
16      btnStop.setEnabled(true);
17   }
18 }
```

- 第 2~7 行是新加的程序，有关如何启动程序中的其他 Activity 以及传递参数的技巧，可参考第 8 章的介绍。注意，第 4 行是以 uri 为名将视频的 Uri 存到 Intent 中，因此稍后在 Video 类中也要以 uri 为名获取视频的 Uri。

步骤 05 打开新 Activity 的程序文件 Video.java，然后声明两个变量并修改 onCreate() 方法，代码如下：

```
01 public class Video extends ActionBarActivity {
02
03   VideoView vdv;              ←── 声明 VideoView 对象
04   int pos = 0;               ←── 用来记录前次的播放位置
05
06   @Override
07   protected void onCreate(Bundle savedInstanceState) {
08       super.onCreate(savedInstanceState);
09
10       getWindow().addFlags(WindowManager.LayoutParams.
                            FLAG_FULLSCREEN);    ←── 隐藏系统的状态栏
11       getSupportActionBar().hide();  ←┐
                                          隐藏 Activity 的标题栏
12       setContentView(R.layout.activity_video);   ←── 以上两项设置必须在
                                                          本方法之前调用
13       getWindow().addFlags(WindowManager.LayoutParams.
                            FLAG_KEEP_SCREEN_ON);   ←── 保持屏幕一直开着，
14                                                       不会自动休眠
15       Intent it = getIntent();   ←── 获取传入的 Intent 对象
16       Uri uri = Uri.parse(it.getStringExtra("uri"));  ←┐
                                                获取要播放视频的 Uri
17       if(savedInstanceState != null)  ←── 如果是因旋转而重新启动 Activity

18           pos = savedInstanceState.getInt("pos", 0);  ←── 获取旋转前所
19                                                             存储的播放位置
20       vdv = (VideoView)findViewById(R.id.videoView); ←┐
                                                获取界面中的 VideoView 组件
21       MediaController mediaCtrl = new MediaController(this); ←┐
                                                建立播放控制对象
22       vdv.setMediaController(mediaCtrl); ←── 设置播放控制对象
23       vdv.setVideoURI(uri);   ←── 设置要播放视频的 Uri
24   }
```

- 第 10、11 及 13 行用于隐藏系统的状态栏、隐藏 Activity 的标题栏以及设置屏幕不自动休眠。
- 第 15、16 行是在 Intent 中以 uri 为名获取视频的 Uri。
- 第 17、18 行是检查 onCreate() 的 Bundle 参数，若不是空的，则表示之前有因旋转手机而重新启动 Activity，因此会在此参数中以 pos 为名读取重新启动前的播放位置，并存到 pos 变量中，以便稍后在 onResume() 时从该位置继续播放。
- 第 20 ~23 行获取 VideoView 组件并设置其控件，以及设置要播放视频的 Uri。注意，MediaController 要导入 android.widget.MediaController 软件包。

步骤 **06** 加入 on Resume() 和 on Pause() 这两个 Activity 的事件处理方法，以及当旋转手机而重新启动 Activity 前会引发的 onSaveInstanceState() 方法，代码如下：

```
01 @Override
02 protected void onResume() {  ◄──── 当 Activity 启动或由暂停状态回到互动状态时
03    super.onResume();
04    vdv.seekTo(pos);        ◄──── 移到 pos 的播放位置
05    vdv.start();            ◄──── 开始播放
06 }
07
08 @Override
09    protected void onPause() {  ◄──── 当 Activity 进入暂停状态时
10    super.onPause();
11    pos = vdv.getCurrentPosition();  ◄──── 存储播放位置
12    vdv.stopPlayback();     ◄──── 停止播放
13 }
14
15 @Override
16 protected void onSaveInstanceState(Bundle outState) {
17    super.onSaveInstanceState(outState);
18    outState.putInt("pos", pos);  ◄──── 将 onPause() 中所获取的
                                          播放位置存储到 bundle
19 }
```

- 第 4、5 行先将播放位置移到 pos 处，然后开始播放。
- 第 11、12 行会先将当前播放位置存到 pos 中，然后停止播放。
- 第 18 行会将 onPause() 时所获取的播放位置存储到 outState 中。outState 是一个系统的 Bundle 对象，可以执行 putInt() 存入 int 数据。此处是以 pos 为名存储播放位置，以便在重新启动后可在 onCreate() 中取出此 int 数据（参见前面步骤 5 中的第 18 行程序）。

步骤 **07** 在手机中测试结果，看看是否和本范例最前面所示范的相同。

练习 11-3 修改本节范例，当视频播放完毕时，要能自动结束 Activity 并回到前一个 Activity。

 提示 VideoView 和 MediaPlayer 类似，也可以实现 MediaPlayer. 提示 OnCompletion Listener（播放完毕时）、 MediaPlay er. OnErrorListener（发生错误时）等方法处理特定事件。此处只要实现播放完毕的事件即可，代码如下：

```
public class Video extends AppCompatActivity
        implements MediaPlayer.OnCompletionListener {  ◄──
                             实现播放完毕的事件监听接口
```

```
        VideoView vdv;          ←—— 用来引用 VideoView 对象
        int pos = 0;            ←—— 用来记录前次的播放位置
        @Override
        protected void onCreate(Bundle savedInstanceState) {
            super.onCreate(savedInstanceState);
            ...
            vdv = (VideoView)findViewById(R.id.videoView);←
                                  引用界面中的 VideoView 组件
            MediaController mediaCtrl = new MediaController(this);←
                                      创建播放控制对象
            vdv.setMediaController(mediaCtrl); ←
                                  设置要用播放控制对象控制播放
            vdv.setVideoURI(uri);         ←—— 设置要播放视频的 Uri
            vdv.setOnCompletionListener(this); ←—— 设置播放完毕时的监听器
        }

        @Override
        public void onCompletion(MediaPlayer mp) { ←—— 当播放完毕时
            finish();         ←—— 结束当前的 Activity
        }
        ...
    }
```

11-4 在 Android 7 的多窗口模式下播放影音

Android 7.x 开始新增了一个多窗口（Multi-Window）模式，可以在手机屏幕上同时显示两个 App。

←—— 同时显示两个 App

当两个 App 同时显示在界面上的时候，用户操作的 App 处于输入焦点的状态，而另一个处于暂停（Pause）状态。前面我们制作的播放器 App 会在 onPause() 事件中暂停播放，所以无法在多窗口模式下让用户一边处理其他事情一边播放影音。

范例 11-4	让播放器支持多窗口模式

为了让 App 在多窗口模式下顺利运行，我们只要将停止播放的程序代码从 onPause()
搬到 onStop()，然后将开始播放的程序代码从 onResume() 搬到 onStart() 就好了。

步骤 01 将前面的 Ch11_Player3 项目复制为 Ch11_Player4 项目。

步骤 02 打开 MainActivity.java，如下修改程序：

```
@Override
protected void onPause() {
    super.onPause();

}

@Override
protected void onStop() {      ← 加入 onStop() 处理方法          将暂停播放的程
    super.onStop();                                              序代码搬过去

    if (mper.isPlaying()) {      // 如果正在播，就暂停
        btnPlay.setText(" 继续 ");
        mper.pause();      // 暂停播放
    }
}
```

步骤 03 打开 Video.java，如下修改程序：

```
@Override
protected void onStart() {      ← 加入 onStart() 事件处理方法
    super.onStart();
    vdv.seekTo(pos); // 移到 pos 的播放位置
    vdv.start(); // 开始播放
}

@Override                                                        将开始播放的程
protected void onResume() {                                     序代码搬过去
    super.onResume();

}

@Override
protected void onPause() {
    super.onPause();
    pos = vdv.getCurrentPosition(); // 存储播放位置
```

```
}

@Override
protected void onStop() {          ←—— 加入 onStop() 事件处理方法
    super.onStop();

    vdv.stopPlayback(); // 停止播放  ←
}
```

将停止播放的程
序代码搬过去

步骤 04 完成后，在 Android 7.x 以上的手机或仿真器中测试结果。

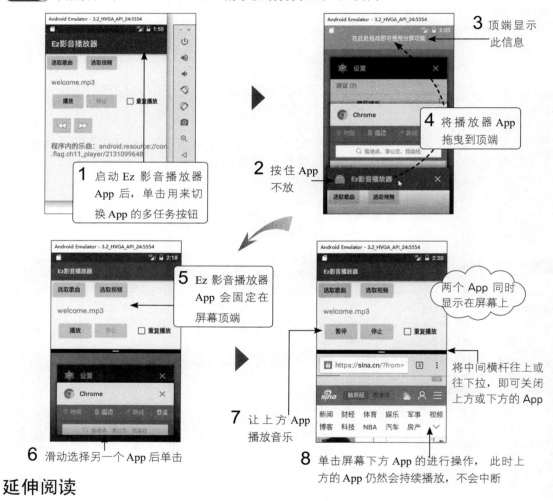

延伸阅读

（1）有关 MediaPlayer 类的进一步介绍，可参考 http://developer.android.com/reference/android/media/MediaPlayer.html。

（2）有关 Android 可支持的多媒体类型（图像、音乐和视频），可参考 http://developer.android.com/guide/appendix/media-formats.html。

（3）如果希望可以直接播放网络上的音乐和视频，那么可参考 ttp://developer.android.com/ reference/android/media/MediaPlayer.html。

（4）有关 Android 7 多窗口模式的进一步介绍，那么可参考 https://developer.android.com/ guide/topics/ui/multi-window.html。

重点整理

（1）要用 Intent 选取音乐文件时，可将动作设为 Intent.ACTION_GET_CONTENT，然后用 setType（"audio/*"）指定要选取所有音乐类型的数据。若要改为选取视频文件，则可改用 setType（"video/*"）指定要选取所有视频类型的数据。

（2）若要将音乐文件或视频文件放在程序中，则要放到项目的 \res\raw 文件夹中，Android 在编译程序时，会将此文件夹中的文件原封不动地加到执行文件内。

（3）假设要存取项目中的 \res\raw\test.mp3 文件，那么可将其 Uri 设置为 Uri. parse("android.resource://" + getPackageName() + "/" + R.raw.test)。

（4）使用 MediaPlayer 类播放音乐时，要先执行 setDataSource() 设置音乐的 Uri，并执行 prepareAsync() 准备播放。另外，还可以处理 MediaPlayer 的 3 个事件：OnPrepared（音乐准备好时）、OnError（发生错误时）及 OnCompletion（播放完毕时）。

（5）使用 MediaPlayer 类播放音乐时的控制方法有：

方法	说明	方法	说明
start()	开始播放	getDuration()	获取音乐的总长度（秒）
pause()	暂停播放	getCurrentPosition()	获取当前的播放位置（秒）
stop()	停止播放	seekTo()	移动播放位置到第 pos 秒的位置
setLooping()	设置是否要重复播放	release()	释放 MediaPlayer 对象
isPlaying()	是否在播放中		

（6）在 Activity 的生命周期中发生状态改变时会引发特定的事件。下面列举几种常用的事件。

事件	说明
onCreate()	当 Activity 启动时
onResume()	当 Activity 获得输入焦点时
onPause()	当 Activity 失去输入焦点时（如切换到首页或其他程序）
onDestroy()	当 Activity 结束时

（7）若要让屏幕不进入休眠状态，则可执行 getWindow().addFlags (WindowManager. LayoutParams.FLAG_KEEP_SCREEN_ON);。

（8）Android 提供了好用的 VideoView 组件播放视频，不仅内建了显示视频的功能，还可以直接加入 MediaController 对象作为播放控制接口。

（9）VideoView 提供了以下几种方法控制视频播放：

方法	说明	方法	说明
setVideoURI()	设置视频的 Uri	getDuration()	读取视频长度（秒）
start()	开始播放	getCurrentPosition()	读取当前的播放位置（秒）
pause()	暂停播放	seekTo()	设置播放位置（秒）
stopPlayback()	停止播放	isPlaying()	是否在播放中

（10）若要设置全屏幕显示，则可在 onCreate() 中的 setContentView() 之前执行以下两行程序：

```
01 getWindow().addFlags(WindowManager.LayoutParams.
                   FLAG_FULLSCREEN);  ◄── 隐藏系统的状态栏
02 getSupportActionBar().hide();  ◄── 隐藏 Activity 的标题栏
```

（11）当手机因旋转而造成 Activity 重新启动前会引发特有的 onSaveInstanceState (Bundle sb) 事件，在此事件中，我们可以将要存储的数据存到参数 sb 中（它是一个系统的 Bundle 对象）。当 Activity 重新启动时，可以在 onCreate(Bundle sb) 中从 sb 参数读取之前所存储的数据。

习题

（1）我们可以使用 _____ 类播放音乐，若要播放视频，则使用 _____ 组件比较方便。

（2）我们在程序中要存取存放在 \res\raw 文件夹中的 dance.mp3 时，可将其 Uri 设为 Uri.parse("android.resource:// " + getPackageName() + "/" + R._____._____)。

（3）当 Activity 被其他程序遮盖而失去输入焦点时，会引发_____ 事件，当 Activity 又再次获得输入焦点时，会引发 _____ 事件。

（4）写出下面 5 行程序代码的作用：

```
01  setRequestedOrientation(ActivityInfo.SCREEN_ORIENTATION_NOSENSOR);
02  setRequestedOrientation(ActivityInfo.SCREEN_ORIENTATION_PORTRAIT);
03  getSupportActionBar().hide();
04  getWindow().addFlags(WindowManager.LayoutParams.FLAG_FULLSCREEN);
05  getWindow().addFlags(WindowManager.LayoutParams.FLAG_KEEP_SCREEN_ON);
```

01:_____ 02:_____ 03:_____
04:_____ 05:_____

（5）请发挥创意，将 Ch11_Player3 范例的操作界面加以美化。

第12章 用传感器制作水平仪与体感控制

12-1 读取加速传感器的值

大多数智能型手机都会搭载多种传感器，如加速传感器、地磁传感器、距离传感器、亮度传感器等。

本章将介绍如何读取加速传感器的值，然后制作一个简易的水平仪，最后为上一章的影音播放器加上体感控制功能。

认识加速传感器

加速传感器可以检测手机在x、y、z 三个方向的加速度值。

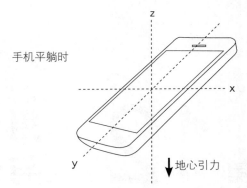

当手机平躺不动时，在x、y 轴的加速度都是 0，z 轴则因地心引力的作用而有加速度，其值为 10（单位是 m/s^2，地表重力加速度约为 $9.8\ m/s^2$，本章为简化计算，均以 10 表示）。

若将手机慢慢地直立起来，则 y 轴会逐渐受地心引力的作用而由 0 变成 10，z 轴则会由 10 慢慢变成 0。

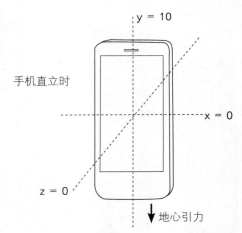

如果将手机倒过来直立，那么 y 轴会变成 -10 的加速度，而 x、y 轴均为 0。利用这个特性，我们可以利用手机在 x、y 轴的加速度值算出手机的倾斜程度与倾斜方向。

不过以上是针对手机不动的情况，如果将手机平躺并朝 x 轴用力摇晃，那么除了 z 轴依然受地心引力而固定有 10 的加速度外，在 x 轴也会产生加速度，而且还会随着摇动方向一正一负地变换（如 7、-7、6、-6……），摇得越用力，加速度值就会越大。

因此，如果想检测手机是否摇动，那么比较简单的做法就是将手机在 x、y、z 轴的加速度取绝对值后再加总和，然后检查是否大于 32，若大于 32（手机静止时为 10），则表示手机正在摇动中。

 上面的32是笔者自己测出来的，读者可按照需要自行调大或调小（调小时会比较敏感）。

获取系统的传感器对象

要读取加速传感器的值，首先要获取系统的传感器管理器和加速传感器对象。例如：

```
SensorManager sm;
sm = (SensorManager) getSystemService(SENSOR_SERVICE);  ←┐
                                         由系统服务获取传感器管理器

Sensor sr;
sr = sm.getDefaultSensor(Sensor.TYPE_ACCELEROMETER);  ←── 获取加速传感器
```

 上述程序需要导入两个程序包：android.hardware.SensorManager 和 android. hardware.Sensor。

最后一行的 Sensor.TYPE_ACCELEROMETER 定义在 Sensor 类中，代表加速传感器（AcceleroMeter）的常数。各种常见的传感器种类如下表所示。

常　数	传感器种类	常　数	传感器种类
TYPE_ACCELEROMETER	加速传感器	TYPE_AMBIENT_TEMPERATURE	温度传感器
TYPE_MAGNETIC_FIELD	地磁传感器	TYPE_GYROSCOPE	陀螺仪（可检测旋转）
TYPE_LIGHT	亮度传感器	TYPE_LINEAR_ACCELERATION	直线加速传感器
TYPE_PROXIMITY	距离传感器	TYPE_RELATIVE_HUMIDITY	相对湿度传感器
TYPE_PRESSURE	大气压力传感器	TYPE_ROTATION_VECTOR	旋转向量传感器
TYPE_GRAVITY	重力传感器		

读取传感器的值

由于传感器的值随时都可能有变化，因此在 Android 中以"引发监听事件"的方式传送传感器的值。例如，下面利用 MainActivity 实现 SensorEventListener 监听接口，此接口有两个监听方法必须由我们实现，即 onSensorChanged 和 onAccuracyChanged。

```
01 public class MainActivity extends AppCompatActivity
02                 implements SensorEventListener {        ◄── 实现传感器监听接口
03 ...
04 @Override                    ┌── 每当传感器的值改变时就会调用此方法
05     public void onSensorChanged(SensorEvent event) {
06     // 可从参数 event 来读取传感器的值，然后进行后续处理
07 }
08 @Override                    ┌── 每当传感器的精确度改变时就会调用此方法
09 public final void onAccuracyChanged(Sensor sensor, int accuracy){
10     // 可从参数 accuracy 读取改变后的精确度
11 }
12     ...
13 }
```

技巧　上述程序需要导入两个程序包：android.hardware.SensorEvent 和 android.hardware.SensorEventListener。

　　上述第 5 行 onSensorChanged() 的参数 event 对象中内含了传感器所传来的值，例如读取加速传感器的 x、y、z 轴加速度值：

```
01     float x = event.values[0];     ◄── x 轴加速度值
02     float y = event.values[1];     ◄── y 轴加速度值
03     float z = event.values[2];     ◄── z 轴加速度值
```

　　实现监听接口后，可利用 MainActivity 对象作为监听器向传感器注册，例如：

```
sm.registerListener(this, sr, SensorManager.SENSOR_DELAY_NORMAL); ◄──┐
                            将 this 注册为 sr（加速传感器对象）的监听器
```

　　以上方法的第 1 个参数 this 作为监听器的 MainActivity 对象，第 2 个参数 sr 为要被注册的传感器对象，而第 3 个参数为引发事件的频率，可选择的频率如下：

事件频率	适用时机
SENSOR_DELAY_NORMAL	一般情况（约 0.2 秒的延迟）
SENSOR_DELAY_UI	适合操作接口用（约 0.06 秒的延迟）
SENSOR_DELAY_GAME	适合游戏用（约 0.02 秒的延迟）
SENSOR_DELAY_FASTEST	最快的速度（不进行延迟）

　　最后，当我们不再需要监听时，应尽快将监听对象解除注册，以免浪费系统资源。

```
sm.unregisterListener(this);     ◄── 将监听对象解除注册
```

一般来说，我们都会在 Activity 的 onResume() 事件中进行注册，并在 onPause() 事件中解除注册。如此当 Activity 的界面被其他程序覆盖时（如切换到其他程序）就会停止检测，当界面再次显现时又可以继续检测。

范例 12-1　显示加速传感器的加速度值

看完以上介绍后，马上来实现范例吧！右图是范例的执行结果。

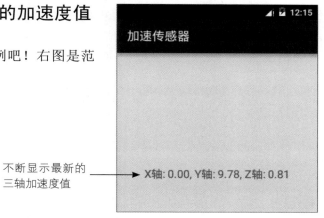

不断显示最新的三轴加速度值 → X轴: 0.00, Y轴: 9.78, Z轴: 0.81

步骤 01 新建 Ch12_AccSensor 项目，并将程序名称设为 "加速传感器"。

步骤 02 在 Layout 屏幕中将默认的 RelativeLayout 换成 ConstraintLayout，然后将默认的 Hello World 组件设置为居中。

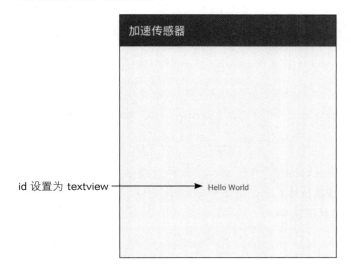

id 设置为 textview → Hello World

步骤 03 编写程序，首先让 MainActivity 实现传感器的 SensorEventListener 监听接口，然后在 MainActivity 中声明 3 个变量，并在 onCreate() 中获取传感器管理器和加速传感器对象，代码如下：

```
01 public class MainActivity extends Activity
02    implements SensorEventListener {
03
04 SensorManager sm;        ◄── 传感器管理器
05 Sensor sr;               ◄── 加速传感器对象
06 TextView txv;            ◄── 界面中的文本组件
07
08 @Override
09 protected void onCreate(Bundle savedInstanceState) {
10    super.onCreate(savedInstanceState);
11    setContentView(R.layout.activity_main);
12
13 sm = (SensorManager) getSystemService(SENSOR_SERVICE); ◄──
                                        从系统服务获取传感器管理器
14 sr = sm.getDefaultSensor(Sensor.TYPE_ACCELEROMETER); ◄──
                                        获取加速传感器
15 txv = (TextView) findViewById(R.id.textView); ◄──
                                        获取 TextView 组件
16 }
```

步骤 04 加入监听接口所需实现的两个事件方法。不过在使用加速传感器时，"精确度改变"的事件不用处理，空白就好，代码如下：

```
01 @Override
02 public void onSensorChanged(SensorEvent event) {   ◄── 加速度值改变时
03    txv.setText(String.format("X 轴：%1.2f, Y 轴：%1.2f, Z 轴：%1.2f",
04 event.values[0], event.values[1], event.values[2]));
05 }
06
07 @Override
08 public void onAccuracyChanged(Sensor arg0, int arg1) { } ◄──
                                        精确度改变时不需要处理
```

- 第 3 行是将参数 event.values[] 中的 x、y、z 加速度值显示到 TextView 上。其中的 String.format() 可以将数值格式化，用法和 printf() 类似，而 %1.2f 表示要将 float 数值格式化为包含两位小数的字符串。

步骤 05 在 onResume() 和 onPause() 中进行监听对象的注册与取消注册操作，代码如下：

```
01 @Override
02 protected void onResume() {      ← 当 Activity 界面显示出来时
03 super.onResume();
04 sm.registerListener(this, sr, SensorManager.
                SENSOR_DELAY_NORMAL);  ← 向加速传感器（sr）注册监听对象（this）
05 }
06 @Override
07 protected void onPause() {      ← 当 Activity 界面被覆盖时（切换到其他程序）
08 super.onPause();
09 sm.unregisterListener(this);    ← 取消监听对象（this）的注册
10 }
```

步骤 06 在手机上测试结果，看看是否和本范例最前面的示范相同。

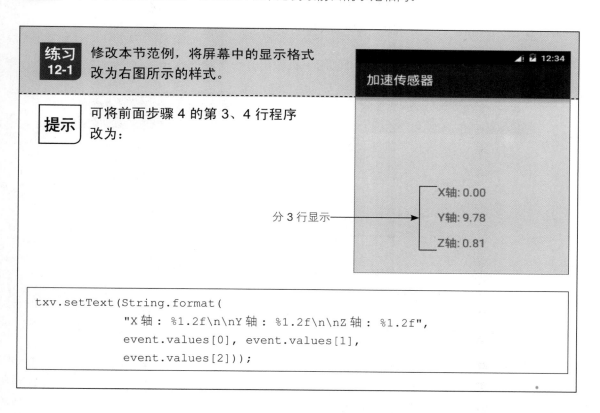

练习 12-1 修改本节范例，将屏幕中的显示格式改为右图所示的样式。

提示 可将前面步骤 4 的第 3、4 行程序改为：

分 3 行显示 →

加速传感器

X轴: 0.00
Y轴: 9.78
Z轴: 0.81

```
txv.setText(String.format(
        "X 轴 : %1.2f\n\nY 轴 : %1.2f\n\nZ 轴 : %1.2f",
        event.values[0], event.values[1],
        event.values[2]));
```

12-2 利用 x、y 轴的加速度值制作水平仪

当 x、y 轴的加速度均为 0 时，表示手机正处于水平状态。若将手机的头部往上抬起，则 y 轴的值会变大；若反方向抬，则 y 轴的值会变成负数，且越来越小。若将手机的右侧或左侧抬起，则 x 轴的值也会有类似变化，如下图所示：

利用 x、y 轴加速度值的变化，可以用手机做出一个有趣的水平仪。

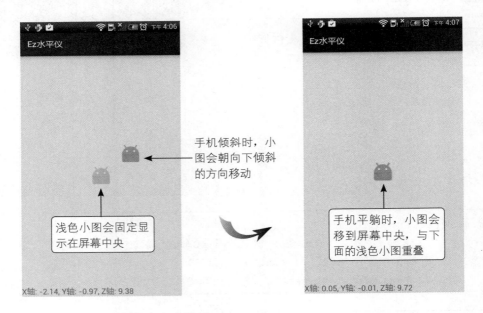

利用左边界与上边界移动图片

为了让前述的小图能随手机倾斜而移动，我们使用比较简单的做法，就是先将小图放在界面的左上角，并向 Layout 的左、上对齐，然后变更左边界与上边界来移动图片，如将左边界设为 50、上边界设为 80 时，小图会分别向右和向下位移 50 和 80 个单位（像素）。

由于 x、y 轴的加速度在单一方向的变化值范围为 -10~10，因此我们可以将水平 (x) 与垂直 (y) 的移动范围各分成 20 等份，在 x 和 y 方向每一等份的大小为：

```
mx = (ow - iw)/20;
my = (oh - ih)/20。
```

算出 x 和 y 方向每一等份的大小后，再分别乘上"加 10 后的 x、y 轴加速度值"，就等于小图要移动的左边界和上边界了。接着可利用 LayoutParams 对象设置小图的边界，代码如下：

```
01 // 下面假设 layout 为填满界面的 RelativeLayout 对象 ,
02 // igv 为显示小图的 ImageView 对象
03 double mx = (layout.getWidth()-igv.getWidth()) /20.0;    ← 计算 x 方向每一等份的大小
04 double my = (layout.getHeight()-igv.getHeight()) /20.0;  ← 计算 y 方向每一等份的大小
05 Next
06 RelativeLayout.LayoutParams parms =    ← 获取小图的 LayoutParams 对象
07     (RelativeLayout.LayoutParams) igv.getLayoutParams();
08 parms.leftMargin = (int)((10-event.values[0]) * mx);   ← 设置左边界（加速度越大边界越小）
09 parms.topMargin = (int)((10+event.values[1]) * my);    ← 设置上边界（加速度越大边界越大）
10 igv.setLayoutParams(parms);   ← 将小图应用 LayoutParams，使边界设置生效
```

以上第 3、4 行利用 getWidth() 和 getHeight() 方法获取各组件的宽和高，然后计算 x 和 y 方向每一等份的大小（mx、my）。另外，我们刻意除以 20.0（而非整数的 20），让计算结果为 double，以提高精确度（否则整数除整数的结果仍为整数）。

第 6 ~10 行用 ImageView 的 getLayoutParams ( ) 获取 LayoutParams 对象，然后用它设置左和上边界，再执行 ImageView 的 setLayoutParams() 使边界设置生效。

请注意，由于当手机右边抬起时（x 轴加速度会变大），小图要往左边跑（要让左边界变小），因此在第 8 行使用 -event.values[0] 使加速度值正负相反。

范例 12-2　利用加速传感器制作水平仪

介绍完原理后，立刻来实现吧！本范例除了利用小图显示倾斜状态外，还会在界面的底部显示 x、 y、z 轴的加速度值。

Ez水平仪

显示倾斜状态 →

显示 x、y、z 轴的加速度值 → X轴: -2.14, Y轴: -0.97, Z轴: 9.38

步骤 01 新建 Ch12_Level 项目，并将程序名称设为 "Ez 水平仪"。

步骤 02 在 Layout 界面中将默认的 "Hello World!" 组件删除，并将其 padding 属性按【Delete】键清空（使周围不要留空白），然后加入两个 ImageView 组件和 1 个 Medium Text 组件，再将默认的 RelativeLayout 组件命名为 layout。

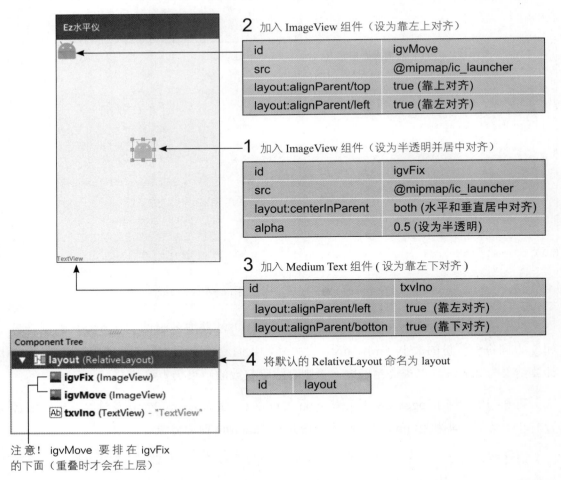

2 加入 ImageView 组件（设为靠左上对齐）

id	igvMove
src	@mipmap/ic_launcher
layout:alignParent/top	true (靠上对齐)
layout:alignParent/left	true (靠左对齐)

1 加入 ImageView 组件（设为半透明并居中对齐）

id	igvFix
src	@mipmap/ic_launcher
layout:centerInParent	both (水平和垂直居中对齐)
alpha	0.5 (设为半透明)

3 加入 Medium Text 组件 (设为靠左下对齐)

id	txvIno
layout:alignParent/left	true (靠左对齐)
layout:alignParent/botton	true (靠下对齐)

4 将默认的 RelativeLayout 命名为 layout

id	layout

Component Tree
▼ layout (RelativeLayout)
　　igvFix (ImageView)
　　igvMove (ImageView)
　　txvIno (TextView) - "TextView"

注意！ igvMove 要排在 igvFix 的下面（重叠时才会在上层）

步骤 03 编写程序，大部分都和上一节的范例相同，下面将不同处以灰底标识。

```
01 public class MainActivity extends AppCompatActivity
02 implements SensorEventListener {          ◀── 实现传感器监听接口
03 SensorManager sm;          ◀── 传感器管理器
04 Sensor sr;          ◀── 加速传感器对象
05 TextView txv;          ◀── 界面中的文本组件
06 ImageView igv;          ◀── 界面中要移动的小图
07 RelativeLayout layout;          ◀── 界面的 Layout 组件
08 double mx = 0, my = 0;          ◀── 存储 x, y 方向每一等份的大小（默认值 :0）
09
10 @Override
11 protected void onCreate(Bundle savedInstanceState) {
12     super.onCreate(savedInstanceState);
13     setContentView(R.layout.activity_main);
14
15     setRequestedOrientation(ActivityInfo.          设置屏幕不随手机旋转
                      SCREEN_ORIENTATION_NOSENSOR); ◀──
16
17     sm = (SensorManager) getSystemService(SENSOR_SERVICE); ◀──
                                      由系统服务获取传感器管理器
18      sr=sm.getDefaultSensor(Sensor.TYPE_ACCELEROMETER); ◀──
                                      获取加速传感器
19     txv = (TextView) findViewById(R.id.txvIno); ◀──
                                      获取 TextView 组件
20     igv = (ImageView) findViewById(R.id.igvMove); ◀──
                                      获取要移动的 ImageView 组件
21     layout = (RelativeLayout) findViewById(R.id.layout); ◀──
                                      获取 layout 组件
22 }
23
24 @Override
25 public void onSensorChanged(SensorEvent event) {
26     if(mx == 0) { 如果还没计算过
27         mx = (layout.getWidth()-igv.getWidth()) /20.0; ◀──
                                      计算 x 方向每一等份的大小
28         my = (layout.getHeight()-igv.getHeight()) /20.0; ◀──
                                      计算 y 方向每一等份的大小
29     }
30                                 获取小图的 LayoutParams 对象
31     RelativeLayout.LayoutParams parms = ◀──
```

```
32            (RelativeLayout.LayoutParams) igv.getLayoutParams();
33        parms.leftMargin = (int)((10-event.values[0]) * mx);
                                                                设置左边界
34          parms.topMargin = (int)((10+event.values[1]) * my);
                                                                设置上边界
35      igv.setLayoutParams(parms);        ←—— 将小图应用 LayoutParams，边界设置生效
36
37      txv.setText(String.format
("X 轴：%1.2f, Y 轴：%1.2f, Z 轴：%1.2f",        ←—— 显示传感器的数据
38      event.values[0], event.values[1], event.values[2])); 39 }
40
41 @Override
42 public void onAccuracyChanged(Sensor arg0, int arg1) {  }
                                                                不需要处理
43
44      @Override
45      protected void onResume() {
46      super.onResume();
47      sm.registerListener(this, sr, SensorManager.
                    SENSOR_DELAY_NORMAL);  ←—— 向加速传感器(sr)注册监听对象(this)
48 }
49      @Override
50      protected void onPause() {
51      super.onPause();
52      sm.unregisterListener(this);  ←——取消监听对象（this）的注册
53 }
54
55      @Override
56      public boolean onCreateOptionsMenu(Menu menu) {
57      // Inflate the menu;
58      getMenuInflater().inflate(R.menu.activity_main, menu);
59      return true;
60      }
61 }
```

- 由于水平仪一定会转来转去的，因此在第 15 行设置屏幕不随手机旋转，以免屏幕跟着乱转一通。
- 第 26~29 行用于读取 Layout 和 ImageView 的宽和高，以计算 x、y 轴移动等份的大小。由于只需计算一次，因此在第 26 行会先检查，只有在还没有计算过（mx == 0）时，才要进行计算。
- 第 31~35 行按照传来的 x、y 轴加速度值计算小图的左、上边界大小，然后进行设置。

步骤 04 在手机上测试结果，看看是否和本范例最前面的示范相同。

练习 12-2 修改本节范例，让水平仪的敏感度加倍。也就是约倾斜到 45 度时，小图即可移到屏幕边界（原来要 90 度才会到边界）。

提示 可修改前例步骤 3 的第 33、34 行如下：

```
parms.leftMargin = (int)((5-event.values[0]) *2 *mx);  ←—— 设置左边界
parms.topMargin = (int)((5+event.values[1]) *2 *my);   ←—— 设置上边界
```

12-3 利用加速传感器做体感控制

本节我们要强化上一章的"Ez 影音播放器"程序，利用加速传感器加入两种体感控制功能。

1. 当用户将手机面朝下平放时，要能暂停播放音乐。

2. 当用户摇动手机时，要能切换播放状态（即切换"播放"与"暂停"两种状态）。

检测手机面朝下平放的状态

当用户将手机面朝下平放时，x、y 轴的加速度会变成 0，而 z 轴为 -10。当然，难免会有一点误差，因此下面的程序以 1 作为误差范围（下面假设 x、y、z 为 x、y、z 轴的加速度）。

```
01 if(Math.abs(x) < 1 && Math.abs(y) < 1 && z < -9) { ←—┐
                                                        如果手机面朝下平放
02     if(mper.isPlaying()) {  ←—— 如果正在播放，就要暂停
03     btnPlay.setText(" 继续 ");
04     mper.pause();  ←—— 暂停播放
05     }
06 }
```

以上第 1 行利用 Math.abs() 获取 x 和 y 轴加速度的绝对值，只要都小于 1，就视为平躺状态；而当 z < -9 时，则表示是面朝下的状态。

第 2 行判断是否正在播放，若是，则暂停播放。

检测手机摇动

当用户摇动手机时会产生加速度，因此 x、y、z 轴的加速度绝对值总和会变大（静止时为 10）。经测试，一般大于 32 时可视为在摇动，因此程序可编写如下：

```
01 if(Math.abs(x) + Math.abs(y) + Math.abs(z) > 32) {   ← 加速度总和超过 32
02 if(btnPlay.isEnabled())   ← 如果音乐已准备好（可以播放）
03 onMpPlay(null);           ← 模拟按下播放按钮（切换"播放"与"暂停"状态）
04 }
```

以上第 2 行检查播放按钮是否可单击，判断音乐是否已准备好可以播放了。第 3 行则是执行播放按钮的事件处理方法（onMpPlay()），其效果相当于用户按下了播放按钮，因此可以在"播放"与"暂停"之间切换。

此外，当用户摇动手机时，往往在短时间内会产生好几次加速度总和大于 32 的事件，因此在程序检测到摇动时，可用一个 delay 变量来让后续的 5 个事件不进行检查：

```
01 if(delay > 0) {   ← delay 大于 0 时，表示要略过这次检测
02    delay--;       ← 将次数减 1，直到 0 为止
03 }
04 else {
05    if(Math.abs(x) + Math.abs(y) + Math.abs(z) > 32) {
                          如果加速度总和超过 32
06    if(btnPlay.isEnabled())   ← 如果音乐已准备好（可以播放）
07    onMpPlay(null);           ← 模拟按下播放按钮（切换"播放"与"暂停"状态）
08    delay = 5;                ← 延迟 5 次不检测（约 1 秒）
09    }
10 }
```

以上第 1、2 行是判断当 delay 大于 0 时，就只将 delay 减 1，而不检测摇动。而第 8 行是当检测到摇动时将 delay 设为 5，这样后续 5 次事件都不会再检测摇动。

由于我们会将加速传感器的事件频率设为 SENSOR_DELAY_NORMAL，因此事件发生的频率约为 0.2 秒，而 5 次差不多有 1 秒的延迟。

范例 12-3 利用加速传感器控制音乐播放

接着我们为上一章的"Ez 影音播放器"加上体感控制功能，当手机面朝下平躺时要暂停播放音乐，摇动手机时则要切换播放状态。

步骤 01 将上一章的 Ch11_Player3 项目复制为 Ch12_Player4 项目。

步骤 02 修改程序，首先让 MainActivity 类多实现一个 SensorEventListener 接口，并多声明 3 个变量，代码如下：

```
01 public class MainActivity extends AppCompatActivity implements
02         MediaPlayer.OnPreparedListener,
03         MediaPlayer.OnErrorListener,            实现 MediaPlayer
04         MediaPlayer.OnCompletionListener,       的 3 个事件监听接口
05         SensorEventListener      ← 实现传感器监听接口
06     SensorManager sm;           ← 传感器管理器
07     Sensor sr;                  ← 加速传感器对象
08     int delay = 0;              ← 用来延迟体感控制的检测间隔
09 ...
```

步骤 03 在 onCreate() 的最后面加入下面两行获取传感器管理器和加速传感器对象，代码如下：

```
01 protected void onCreate(Bundle savedInstanceState) {
02     super.onCreate(savedInstanceState);
03     setContentView(R.layout.activity_main);
04     ...
05                                              由系统服务获取传感器管理器
06     sm = (SensorManager) getSystemService(SENSOR_SERVICE) ←
07     sr = sm.getDefaultSensor(Sensor.TYPE_ACCELEROMETER); ←
08 }                                            获取加速传感器
```

步骤 04 加入 onResume() 方法注册加速传感器的事件监听器，并在 onPause() 取消注册，代码如下：

```
01 @Override
02 protected void onResume() {
03     super.onResume();         向加速传感器（sr）注册监听对象（this）
04     sm.registerListener(this, sr,        约 0.2 秒传一次
                     SensorManager.SENSOR_DELAY_NORMAL);
05 }
06
07 @Override
08 protected void onPause() {
09     super.onPause();
10
11     if (mper.isPlaying()) {    ← 如果正在播放，就暂停
12         btnPlay.setText(" 继续 ");
13      mper.pause();            ← 暂停播放
14     }
15     sm.unregisterListener(this);   ← 取消监听对象（this）的注册
16 }
```

步骤 05 在加速传感器的 onSensorChanged() 监听方法中加入体感控制功能，代码如下：

```
01  // 实现 SensorEventListener 接口的监听方法
02  @Override
03  public void onAccuracyChanged(Sensor arg0, int arg1) { }    ◄──── 不需要处理
04
05  @Override
06  public void onSensorChanged(SensorEvent event) {
07      float x, y, z;
08      x = event.values[0];
09      y = event.values[1];     ◄──── x, y, z 轴的加速度值
10      z = event.values[2];
11
12      if(Math.abs(x) < 1 && Math.abs(y) < 1 && z < -9) {  ◄──
                                          如果手机面朝下平放
13              if(mper.isPlaying()) {  ◄──── 如果正在播放，就暂停
14                  btnPlay.setText(" 继续 ");
15                  mper.pause();
16              }
17      }
18      else {
19              if(delay > 0) {  ◄──── delay 大于 0 时，表示要略过这次检测
20                  delay--;  ◄──── 将次数减 1，直到 0 为止
21              }
22              else {
23                  if(Math.abs(x) + Math.abs(y) + Math.abs(z) > 32) {  ◄──
                                                      加速度总和超过 32
24                      if(btnPlay.isEnabled())◄──── 如果音乐已准备好（可以播放）
25                          onMpPlay(null);  ◄──── 模拟按下播放按钮（切换
                                                      "播放"与"暂停"状态）
26                      delay = 5;              ◄──── 延迟 5 次不检测（约 1 秒）
27                  }
28              }
29          }
30  }
```

- 第 8~10 行用于读取 x、y、z 的加速度值。
- 第 12~17 行检测手机面朝下平躺的状态，若是，则暂停播放。
- 第 19~28 行检测手机摇动状态，若是，则切换"播放"与"暂停"状态，并用 delay 设置后续 5 次事件都不再检查。

步骤 06 完成后在手机中测试结果。

别太用力摇喔！小心把手机给摔掉了～

练习 12-3 修改本节范例，将视频播放功能也加入相同的体感控制。

提示 可启动项目中的 Video.java 程序，然后按照前面的步骤修改程序。下面的灰底区为 onSensorChanged() 中和前面步骤不同的地方。

```java
public void onSensorChanged(SensorEvent event) {
    float x, y, z;
    x = event.values[0];
    y = event.values[1];
    z = event.values[2];
                                              如果手机面朝下平放
    if(Math.abs(x) < 1 && Math.abs(y) < 1 && z < -9) {
        if(vdv.isPlaying()) {    ←—— 如果正在播放，就要暂停
            vdv.pause();
        }
    }
    else {
        if(delay > 0) {    ←—— delay 大于 0 时，表示要略过这次检测
            delay--;       ←—— 将次数减 1，直到 0 为止
        }
        else {
                                              加速度总和超过 32
            if(Math.abs(x) + Math.abs(y) + Math.abs(z) > 32)
                if(vdv.isPlaying()) {    ←—— 如果正在播放，就要暂停
                    vdv.pause();
                }
                else {    ←—— 否则继续播放
                    vdv.start();    ←—— 开始播放
                }
            delay = 5;    ←—— 延迟 5 次不检测（约 1 秒）
        }
    }
}
```

延伸阅读

有关各种传感器的进一步说明，可参考 Android 官方网站的学习指南：http://developer.android.com/guide/topics/sensors/sensors_overview.html。

重点整理

（1）加速传感器可以检测手机在 x、y、z 三个方向的加速度值。

（2）当手机平躺不动时，在 x、y 轴的加速度都是 0，而 z 轴因地心引力的作用有加速度，其值为 10（单位是 m/s^2，地表重力加速度约为 9.8 m/s^2，本章为简化计算，均以 10 表示）。

（3）要读取加速传感器的值，首先要获取系统的传感器管理器和加速传感器对象，然后在 MainActivity 类实现 SensorEventListener 监听接口，以及接口中的 onSensorChanged() 和 onAccuracyChanged() 两个事件处理方法。

（4）我们可以从 onSensorChanged(SensorEvent event) 的 event 参数来读取传感器的值。以加速传感器来说，event.values[] 数组中的 3 个元素值就是其 x、y、z 轴的加速度值。

（5）实现监听接口后，还要向传感器进行监听器的注册。当不再需要监听时，应将监听对象解除注册，以免浪费系统资源。

（6）我们一般会在 Activity 的 onResume() 事件中进行传感器的监听注册，并在 onPause() 事件中解除注册。如此当 Activity 的界面被其他程序覆盖时就会停止检测，当界面再次显现时又可继续检测。

（7）我们可以先将 ImageView 组件放在界面的左上角，并向 Layout 的左、上对齐，然后变更左边界与上边界移动 ImageView 组件。

（8）当用户将手机面朝下平放时，x、y 轴的加速度会变成 0，而 z 轴为 -10。

（9）当用户摇动手机时会产生加速度，因此 x、y、z 轴的加速度绝对值总和会变大（静止时为 10）。

（10）如果想检测手机是否摇动，比较简单的做法就是将手机在 x、y、z 轴的加速度取绝对值后再加总，然后检查是否大于 32，若大于 32，则表示手机正在摇动中。

（11）当用户摇动手机时，往往在短时间内会产生好几次加速度总和大于 32 的事件，因此在程序检测到摇动时，需等待一段时间后再进行检测。

习题

（1）列举 5 种手机上常见的传感器。

（2）加速传感器可以检测手机在 _____、_____、_____ 三个方向的加速度值。

（3）当手机面朝下平躺不动时，三轴的加速度值大约是多少？

（4）我们一般都会在 Activity 的 onResume() 事件中进行传感器的监听注册，并在 onPause() 事件中解除注册，请说明原因。

（5）修改本章的 Ch12_Player4 范例：在播放音乐时，若将手机横摆，屏幕朝右立着，则前进 10 秒；若屏幕朝左立着，则要退后 10 秒。若持续立着，则会不断前进（或后退）。

第 13 章

WebView 与 SharedPreferences

本章将介绍两个主题：WebView 与 SharedPreferences。WebView 是 Android SDK 中用来显示 HTML 网页的组件。SharedPreferences 是 Android 程序存储数据的机制，适合用于存放简单、少量的数据，如应用程序的设置（SharedPreferences 通常被翻译为"首选项"）。

这一章最后的范例会结合 WebView 与 Preference 的功能，设计一个可在 flickr 网站搜索，并记录搜索关键字供下次使用的 Android App。

13-1　使用 WebView 显示网页

在第 9 章曾经介绍过，在程序中可使用 Intent 启动系统内建的浏览器，并打开指定的网址。不过，如果想在自己的 Activity 中显示网页内容，就需要使用 WebView 组件。

WebView 组件具备加载、解析、显示网页的功能，使用方式如下：

- 在布局中加入 WebView 组件。
- 在程序中调用 WebView 的 loadURL() 方法指定要加载的网址。
- 在 AndroidManifest.xml 中设置存取因特网的权限。

我们先创建一个简单的范例，让 WebView 打开指定网址，并借此了解 WebView 的基本运行。

范例 13-1　显示京东网站

步骤 01　创建新项目"Ch13_HelloWebView"，然后先删除布局中预建的 Hello Word! 组件，再进行如下操作：

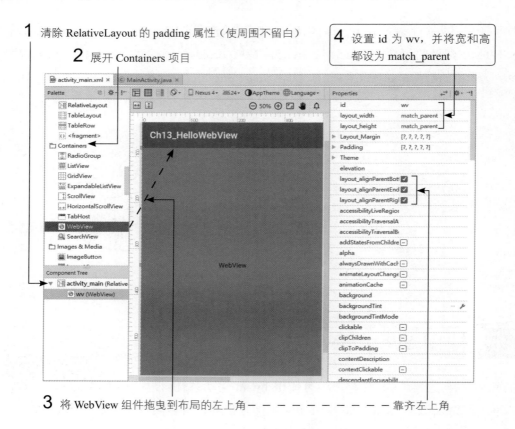

1 清除 RelativeLayout 的 padding 属性（使周围不留白）

2 展开 Containers 项目

4 设置 id 为 wv，并将宽和高都设为 match_parent

3 将 WebView 组件拖曳到布局的左上角－－－－－－－－－－靠齐左上角

步骤 **02** 打开 MainActivity.java 程序文件，在 onCreate() 方法中加入如下内容：

```
01 protected void onCreate(Bundle savedInstanceState) {
02     super.onCreate(savedInstanceState);
03     setContentView(R.layout.activity_main);
04
05     WebView wv = (WebView) findViewById(R.id.wv);    ◀── 获取 WebView 组件
06     wv.loadUrl("http://www.jd.com");    ◀── 连到京东网站
07 }
```

注意，第 6 行调用 loadUrl() 时，参数中必须是完整的 URL，不可省略网址最前面的 http://（如 www.jd.com），否则会造成浏览网站失败。另外，最好包含网址最后面的网页文件名，否则若有自动转址等情况，则可能无法显示网页内容，或在转址时会自动启动浏览器显示（WebView 默认只有简易的显示网页功能，稍后会介绍如何加强）。

步骤 **03** 打开 AndroidManifest.xml，设置允许程序存取因特网。

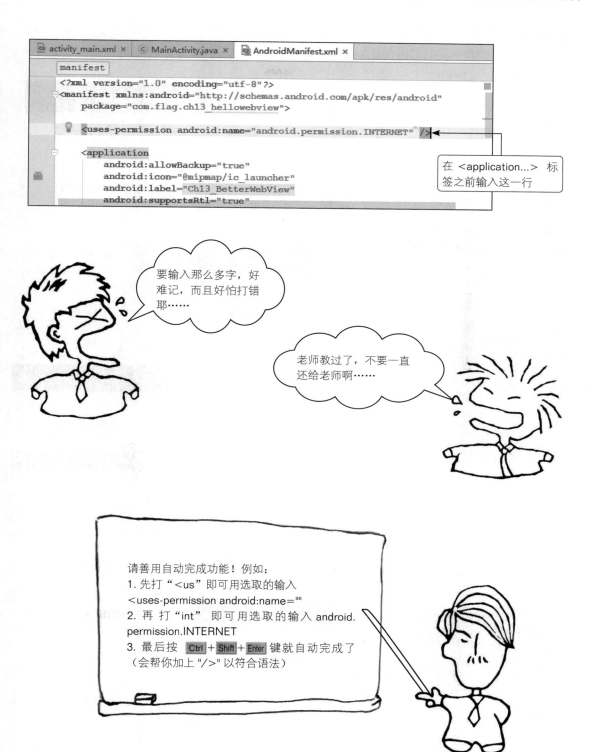

步骤 **04** 确定手机／计算机连上了网络，将程序部署到手机／仿真器上。程序启动后，稍等一下，
程序会把读取到的网页显示在界面中，并进行如下操作。

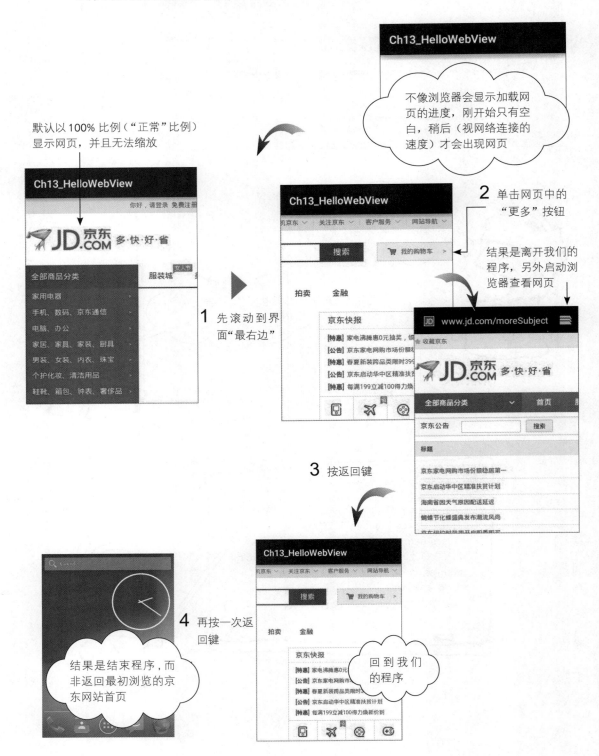

默认以 100% 比例（"正常"比例）
显示网页，并且无法缩放

不像浏览器会显示加载网
页的进度，刚开始只有空
白，稍后（视网络连接的
速度）才会出现网页

1 先滚动到界
面"最右边"

2 单击网页中的
"更多"按钮

结果是离开我们的
程序，另外启动浏
览器查看网页

3 按返回键

4 再按一次返
回键

结果是结束程序，而
非返回最初浏览的京
东网站首页

回到我们
的程序

由上面的操作范例可以发现，使用 WebView 虽然能加载和显示网页，但是默认的操作行为仍和手机浏览器有很大不同，例如：

- 不支持缩放功能。
- 当用户在 WebView 内单击网页中的链接时（步骤 3），并非直接在 WebView 浏览该网页，而是启动系统的浏览器打开网页。

 至于刚才操作过程中单击网页中的"更多"按钮（步骤 2），是利用网页中的窗体（form）功能送出查询，所以查询结果的网页仍会显示在 WebView 组件中。

- 无"回上一页"功能：在前述的范例操作中，WebView 除了显示首页，也显示了查询更多京东快报的结果网页，但在结果网页按"返回"键时（步骤 4），并非让 WebView 返回首页，而是直接结束程序。

另外，基于安全性考虑，WebView 默认未启用 JavaScript 功能，所以网页中有任何以 JavaScript 制作的下拉式菜单、按钮等功能，在 WebView 中默认都无法运行。

练习 13-1 修改范例程序中 loadUrl() 所加载的网址（如改为 "developer.android.com/sdk/index.html" 或学校、组织网站首页的 URL），并测试效果。

提示 loadUrl() 的参数必须是完整的 URL，例如：

```
loadUrl("http://developer.android.com/sdk/index.html");
```

13-2　改进 WebView 功能

由于 WebView 默认的行为只具备"呈现网页"的功能，因此若想让 WebView 多具备一些功能，就要搭配 android.webkit 程序包下的其他类，其中最重要的是 WebSettings、WebViewClient 和 WebChromeClient。

- WebSettings：用于控制 WebView 的基本设置，如启用网页缩放、启用 JavaScript 功能等。
- WebViewClient：用于控制 WebView 本身的行为，通过此类对象可获取网页相关事件。例如，想在用户单击网页中超链接、网页加载开始 / 结束时机进行控制，可利用此类实现。
- Web Chrome Client：用于制作和网页有关但属于 WebView "之外" 的效果。举例来说，WebView 在载入网页时要显示进度，就要使用 WebChromeClient 实现。

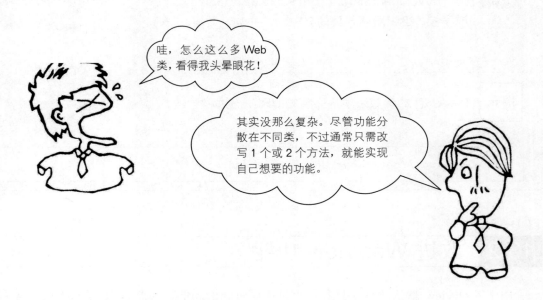

使用 WebSettings 启用网页缩放和 JavaScript

在程序中调用 WebView 的 getSettings() 方法即可获取 WebSettings 对象。由于使用 WebSettings 时通常只是将某些项设置打开，因此可使用串接的方式调用，而不需要在程序中生成一个 WebSettings 对象。

```
WebView wv = (WebView) findViewById(R.id.wv);
wv.getSettings().setBuiltInZoomControls(true);        ◀── 启用缩放功能
wv.getSettings().setJavaScriptEnabled(true);          ◀── 启用 JavaScript
```

启用缩放功能后，可用多点触控的方式缩放界面。若想让浏览器显示缩放控制组件，则需要调用 WebView 的 invokeZoomPicker() 方法。

 关于 setJavaScriptEnabled(true) 方法，虽然它会启用 WebView 的 JavaScript 功能，但是 WebView 不一定能完整呈现 JavaScript 执行的效果（网页特效）。举例来说，网页使用 JavaScript 显示信息窗时，还需要进一步使用 WebViewClient 和 WebChromeClient 配合。

使用 WebViewClient 打开超链接

WebViewClient 是 Android SDK 中的类，其预建的内容已可解决在前面的范例程序中用户单击网页中超链接另外打开一个浏览器网页的问题。所以只要用 WebViewClient 类创建对象，再指定给 WebView 对象，就能让 WebView 打开用户单击的超链接。

```
// 创建 WebViewClient 对象并指定给
WebView wv.setWebViewClient(new WebViewClient());
```

使用 WebChromeClient 创建网页加载进度界面

如果要改写 WebViewClient 和 WebChromeClient 中的方法，就需要在继承类后在派生类中改写所需的方法（就像我们项目中的 MainActivity 类继承了 Activity 类，并改写了 onCreate() 方法）。

WebViewClient 是现成的类，已内建基本功能，所以直接用 new 新建对象就能使用。

为了方便存取 MainActivity 中的 UI 组件等变量，一般自定义的 WebViewClient 或 WebChromeClient 派生类会直接定义在 MainActivity 类中。而且通常为省略"定义类 – 创建对象"的操作，会利用如下语法一次直接定义类、创建对象、设置给 WebView 使用：

```
wv.setWebViewClient(new WebViewClient(){
...        ←── 改写 WebViewClient 的方法
});

wv.setWebChromeClient(new WebChromeClient(){
...        ←── 改写 WebChromeClient 的方法
});
```

若读者对此语法不熟悉，并想进一步了解，可参考"延伸阅读"中的资料。

举例来说，我们若想让程序能像浏览器一样在加载网页时显示进度信息，则可改写 WebChromeClient 的 onProgressChanged() 方法，代码如下：

```
wv.setWebChromeClient(new WebChromeClient(){
        public void onProgressChanged(WebView view, int progress) {
            // 加入自己的处理程序
    }
});
```

onProgressChanged() 方法会在加载进度有变动时被调用，所以在此可加入想显示进度的相关程序，如用 Toast 或其他方式显示进度，方法的第 2 个参数就是进度值。

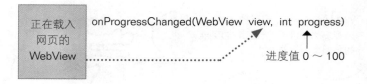

正在载入网页的 WebView

onProgressChanged(WebView view, int progress)

进度值 0 ～ 100

onProgressChanged() 被调用的频率、次数并非固定，参数 progress 的值也通常不会连续，例如某网页由加载开始到结束，onProgressChanged() 可能只被调用 3 次，进度如 20、50、100。

显示进度有各种不同的方法，如可用文字（TextView）或 Toast 显示进度百分比，不过一般较常见的做法是用 ProgressBar 组件显示进度条。下面为读者说明 ProgressBar 的使用技巧。

使用 ProgressBar 显示进度条

ProgressBar 可分为"有进度的进度条"和"没有进度的转圈圈"两种。

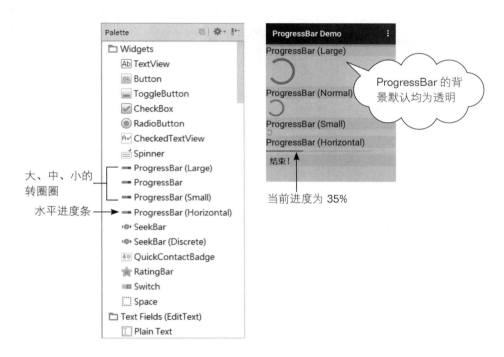

上面最后一个水平进度条 ProgressBar (Horizontal) 可以用 progress 属性设置当前的进度值，由于进度范围默认是 0~100，因此若进度值设为 35，那么就是 35/100=35% 的进度。若有需要，则可用 max 属性更改进度范围的最大值。

在编写程序时，可以用 setProgress(int progress) 改变进度值。另外，也可以用 setVisibility(int v) 显示或隐藏进度条，其参数 v 可设为以下 3 种：

View.VISIBLE	显示
View.INVISIBLE	隐藏（但仍会占用空间）
View.GONE	消失（隐藏且不占用空间）

当进度完成时，可以让进度条自动消失，以增加美观并节省空间。

使用 onBackPressed() 实现回上一页功能

利用前面创建 WebViewClient 对象并设置给 WebView 的方式，可让 WebView 直接打开超链接所指向的网页，而不会另外再打开一次浏览器。但当用户按手机的返回键时，程序仍会立即结束，而不会使 WebView 回到前一次浏览的网页。

要改变这项行为，可以在 MainActivity 中改写 onBackPressed() 事件处理方法，当用户按下返回键时，就会触发此方法。此外，WebView 的 canGoBack( ) 方法会在有上一页时返回 true，而 goBack( ) 方法可让 WebView 回上一页。所以要让 WebView 可返回上一页，应该改写 onBackPressed() 方法：

```
@Override
public void onBackPressed() {
    if(wv.canGoBack()){        ←──  如果 WebView 有上一页
        wv.goBack();           ←──  回上一页
        return;
    }
    super.onBackPressed();     ←──  调用父类的同名方法，以执行默认操作（结束程序）
}
```

上面倒数第二行是在没有上一页可回的情况下调用父类的同名方法以进行默认的返回键处理，也就是结束程序。

范例 13-2　改善 WebView 行为

在此利用上面介绍的内容强化 WebView 的功能，改善用户操作 WebView 组件时的体验。

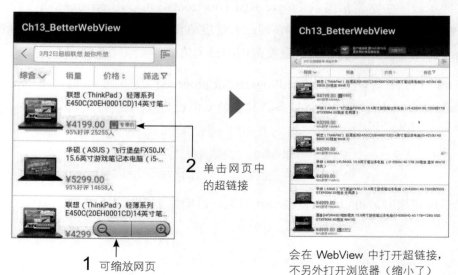

1　可缩放网页

2　单击网页中的超链接

会在 WebView 中打开超链接，不另外打开浏览器（缩小了）

步骤 01 先将前一个项目 Ch13_ Hel loWebView 复制成新项目 Ch13_BetterWebView，并修改标题 app_name 为 "Ch13_BetterWebView"。接着在布局文件 layout_main.xml 中加入 ProgressBar (Horizontal) 组件。

1 将组件拖曳到左上角　　　3 宽度设为最大（match_parent）

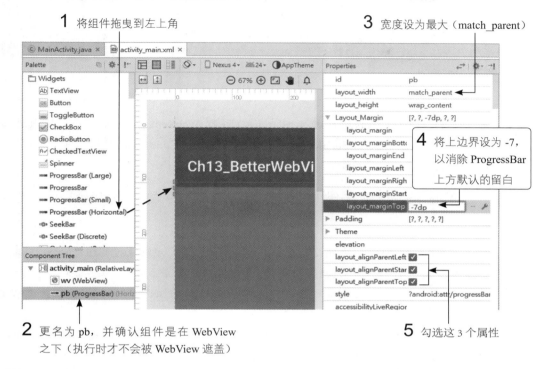

2 更名为 pb，并确认组件是在 WebView
之下（执行时才不会被 WebView 遮盖）

4 将上边界设为 -7，
以消除 ProgressBar
上方默认的留白

5 勾选这 3 个属性

步骤 02 打开 MainActivity.java，在类中加入 WebView 和 ProgressBar 的变量，并在 onCreate() 中初始化，进行相关设置。

```
01 public class MainActivity extends AppCompatActivity {
02     WebView wv;
03     ProgressBar pb;
04     @Override
05     protected void onCreate(Bundle savedInstanceState) {
06     super.onCreate(savedInstanceState);
07         setContentView(R.layout.activity_main);
08         wv = (WebView) findViewById(R.id.wv);
09         pb = (ProgressBar) findViewById(R.id.pb);    ← 启用 JavaScript
10         wv.getSettings().setJavaScriptEnabled(true);
11         wv.getSettings().setBuiltInZoomControls(true); ← 启用缩放功能
12         wv.invokeZoomPicker();  ← 显示缩放小工具
13         wv.setWebViewClient(new WebViewClient());  ← 创建并使用 WebViewClient 对象
14         wv.setWebChromeClient(new WebChromeClient() {
15             public void onProgressChanged(WebView view, int progress){
```

```
16                        pb.setProgress(progress);        ←── 设置进度
17                        pb.setVisibility(progress < 100? View.VISIBLE:
                          View.GONE);      ←── 依进度让进度条显示或消失
18                  }
19            });                          连接到新浪网站，可以不用加网页的文件名了
20            wv.loadUrl("http://www.sina.com.cn");  ←┘
21      }
......
```

- 第 10、11 行调用 WebView 的 getSettings() 获取 WebSettings 对象，并直接用返回的对象调用 setJavaScriptEnabled(true)、setBuiltInZoomControls(true) 启用 WebView 的 JavaScript 支持和缩放功能。

 由于启用 JavaScript 有安全性的疑虑，因此该行程序语句在编辑窗口中会有黄色警告。

- 第 12 行调用 WebView 的 invokeZoomPicker() 让组件显示缩放控制组件 🔍 。因仿真器在本书写作时仍不支持多点触控，为方便在仿真器上测试，故加上此行程序语句。
- 第 13 行创建 WebViewClient 对象，并调用 WebView 的 setWebViewClient() 将对象设置给 WebView。
- 第 14 ~ 19 行创建自定义的 WebChromeClient 对象，并指定给 WebView 使用。其中，第 15 ~ 18 行改写 WebChromeClient 的 onProgressChanged() 方法，此处调用 ProgressBar 的 setProgress() 设置显示的进度，并按照进度值决定 ProgressBar 是要显示还是消失。

步骤 03 在 MainActivity 类中加入 onBackPressed() 方法拦截返回键的操作，代码如下：

```
01 @Override
02 public void onBackPressed() {
03    if(wv.canGoBack()){   ←── 如果 WebView 有上一页
04       wv.goBack();   ←── 回上一页
05       return;
06    }
07    super.onBackPressed();   ←── 调用父类的同名方法，以
08 }                              执行默认操作（结束程序）
```

- 第 3~6 行检查是否有上一页，若有，则返回上一页，然后结束事件处理方法。
- 第 7 行是在没有上一页可回的情况下，调用父类的同名方法以进行默认的返回键处理，也就是结束程序。

步骤 04 将程序部署到手机／仿真器上执行，并可进行如下测试：

程序启动后会出现加载进度长条（ProgressBar）

1 用多点触控的方式或单击放大按钮放大
网页（拖动网页时就会出现缩放工具）

2 按网页中的某个链接

网页内容放大了

不会另外打开
浏览器了

3 按返回键

回到前一个界面（再按返回键则
结束界面）

练习 13-2 WebView 默认使用 100% 的缩放比例显示网页，要修改可调用 WebView 的 setInitialScale() 方法，参数为百分比数值，例如要设为 33%，可调用 setInitialScale(33)。在范例程序中加入一行程序语句，让 WebView 默认以 50% 的比例显示网页。

提示 可在 onCreate() 中加入此程序语句：

```
protected void onCreate(Bundle savedInstanceState) {
    super.onCreate(savedInstanceState);
    setContentView(R.layout.activity_main);

    wv = (WebView) findViewById(R.id.wv);
    wv.setInitialScale(50);
    ...
```

使用 WebSettings、WebViewClient、WebChromeClient、onBackPressed() 之后，使用 WebView 的效果就比较接近一般使用浏览器的样子了。

不过 WebView 组件的作用和功能并不是为了让大家设计自己的浏览器，而是让程序设计人员有一个现成的组件可显示 HTML 网页，并按需要附加所需的组件与功能。例如，下一节将介绍在 Android App 中存储数据的机制，然后将其结合 WebView 制作一个用来搜索 flickr 照片网站的应用程序。

13-3　使用 SharedPreferences 记录信息

在 Android 中有数种不同存储状态的机制，包括存储于 Android 提供的首选项对象（SharedPreferences）、存成文件、存成数据库（SQLite）、存到网络上（通过 HTTP 或其他网络协议）。本节将介绍使用 SharedPreferences 存储数据，第 15 章会介绍使用 SQLite 数据库。

其实使用首选项也是存储到文件（XML 格式），只不过 Android SDK 将原本存取文件、读写数据的复杂动作包装成较简易的操作方式，让我们能以简单的方法存储数据。

使用 SharedPreferences 对象存储数据

使用 SharedPreferences 对象存储数据可分为 3 个步骤：获取对象的编辑器、修改数据、存盘。

步骤 01 获取对象的编辑器。在 Activity 中使用 getPreferences() 方法获取 SharedPreferences 对象，再用返回的对象调用 edit() 方法获取 SharedPreferences.Editor 编辑器。

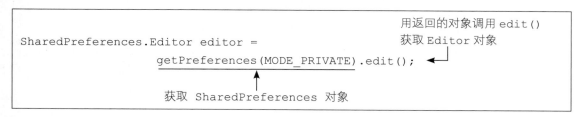

getSharedPreferences() 中的参数 MODE_PRIVATE 表示创建的首选项设置文件仅供当前的 Activity 存取。

步骤 02 修改数据。获取编辑器对象后，可用下列方法写入各种类型的数据：

```
putBoolean(String key, boolean value);
putFloat(String key, float value);
putInt(String key, int value);
putLong(String key, long value);
putString(String key, String value);
```

key 为数据名称
value 为数据值
例如 putInt（"金额"，1500）；

简单地说，要存储一个值，就必须指定代表这个值的名称（key，或称"键"）。

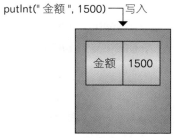

首选项设置文件

 若需删除数据，则可调用 Editor 对象的 remove(String key) 方法删除指定的键值，或使用 clear() 方法全部清除。

步骤 03 存盘。调用 Editor 对象的 commit() 方法完成实际的存盘操作。若未调用此方法，则先前调用 putXXX() 写入的数据并不会真的被存盘。

读取首选项数据

要读取先前存储的数据，同样要先获取 SharedPreferences 对象，接着以要获取的数据项名称（数据键）为参数调用对应的 getXXX() 方法（不需要获取 Editor 对象）。

```
getInt(" 金额 ", 1000);  ←—— 如果首选项数据中没有金额，就会返回 1000
getString("name", "John");  ←—— 如果没有 name 项，就返回 "John"
// 其他 getBoolean()、getFloat()、getLong() 的用法相似
```

第 2 个参数是指定默认值，若 getXxx() 方法找不到指定的 key，则会用第 2 个参数当返回值。

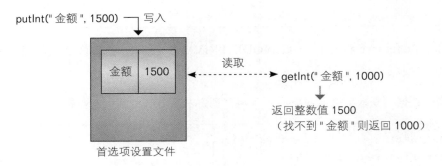

首选项设置文件

存储 / 恢复数据的时机：onPause()/onResume()

有了 SharedPreferences 这个可存储设置的机制，就可以按程序所需的功能在适当的时机使用 SharedPreferences 存储设置，在必要时可以读取设置。一般程序最常使用的时机就是 Activity 类的 onPause()、onResume() 方法。

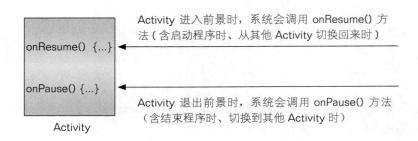

举例来说，我们想用 WebView 制作具备搜索功能的浏览器，同时让程序能用 SharedPreferences 记录搜索的关键字（如 Beijing），当用户下次启动程序时，程序会记得上次使用过的关键字。这时可以完成下列操作：

- 在 onPause() 方法获取 SharedPreferences.Editor 对象，并存储关键字。
- 在 onResume() 方法用 getString() 读取关键字，而且 getString() 可设置初始值，所以就算读不到指定的键值，程序仍然可以正常运行。

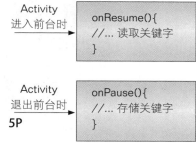

onPause() 和 onResume() 方法在第 11 章也使用过，可回头参考一下。

范例 13-3　flickr 照片快搜

现在就将本章所介绍到的功能整合起来制作一个 "flickr 照片快搜" 程序。用户可在程序界面中输入要搜索的照片关键字，程序则用 WebView 显示搜索结果。而用户离开程序时，会将当前的关键字存于首选项设置文件，下次执行程序时会读取首选项设置文件内存的关键字，立即进行搜索。

程序会记录上次存储的搜索关键字

步骤 01 创建项目 Ch13_SearchFlickr，将内建布局转换成 ConstraintLayout，然后删除默认的 Hello World 组件，加入组件并设置各组件的约束。

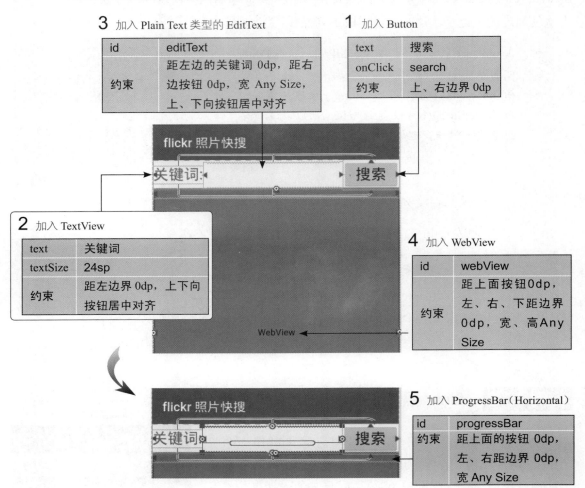

3 加入 Plain Text 类型的 EditText

id	editText
约束	距左边的关键词 0dp，距右边按钮 0dp，宽 Any Size，上、下向按钮居中对齐

1 加入 Button

text	搜索
onClick	search
约束	上、右边界 0dp

2 加入 TextView

text	关键词
textSize	24sp
约束	距左边界 0dp，上下向按钮居中对齐

4 加入 WebView

id	webView
约束	距上面按钮0dp，左、右、下距边界 0dp，宽、高 Any Size

5 加入 ProgressBar（Horizontal）

id	progressBar
约束	距上面的按钮 0dp，左、右距边界 0dp，宽 Any Size

步骤 02 打开 AndroidManifest.xml，在 <application...> 标签之前输入 <uses-permission android:name="android.permission.INTERNET" />，允许程序存取因特网。

步骤 03 打开 MainActivity.java，在类中声明必要的变量，并在 onCreate() 设置 WebView、改写 onBackPressed() 方法（大部分程序代码与前一个范例相同，可复制过来再修改），代码如下：

```
01 public class MainActivity extends AppCompatActivity {
02    WebView wv;
03    ProgressBar pb;
04    EditText keyText;
05    String keyword;          ◄── 用来记录关键字
06    String baseURL="https://m.flickr.com/#/search/advanced_QM_q_IS_";
07
08    @Override
09    protected void onCreate(Bundle savedInstanceState) {
10          super.onCreate(savedInstanceState);
11          setContentView(R.layout.activity_main);
12
13          wv = (WebView) findViewById(R.id.webView);
14          pb = (ProgressBar) findViewById(R.id.progressBar);
15          keyText=(EditText)findViewById(R.id.editText);
16                                                 启用 JavaScript
17          wv.getSettings().setJavaScriptEnabled(true); ◄──┐
18          wv.setWebViewClient(new WebViewClient()); ◄──┐
                                                          │
                                           创建和使用 WebViewClient 对象
19          wv.setWebChromeClient(new WebChromeClient() {
20                public void onProgressChanged(WebView view, int progress){
21                      pb.setProgress(progress);    ◄── 设置进度
22                      pb.setVisibility(progress < 100 ? View.VISIBLE :
                           View.GONE);              ◄── 按进度让进度条显示或消失
23                }
24          });
25    }
26
27    @Override
28    public void onBackPressed() {         ◄── 按下返回键时的事件处理
29    if(wv.canGoBack()){                   ◄── 如果 WebView 有上一页
30                wv.goBack();              ◄── 回上一页
31                return;
32          }
33          super.onBackPressed();          ◄── 调用父类的同名方法, 以
34    }                                        执行默认操作 (结束程序)
...
```

- 第 5、6 行是记录查询关键字功能所需的字符串变量。我们事先用浏览器查看移动版 flickr 网站测试, 发现其搜索功能所使用的 URL 结构为 "https://m.flickr.com/#/search/ advanced_QM_q_IS_ 关键字 1+ 关键字 2+ 关键字 3...", 因此决定将关键字之前的部分 存成第 6 行的 baseURL 字符串, 而后面的参数部分存于第 5 行的 keyword 变量中。

以"101 大楼"在移动版 flickr 网站搜索时的 URL　　　后面是高级搜索的参数，可以省略

- 第 9 行 onCreate() 的内容大部分和前一个范例相同，不同的地方包括以下两项：

  ➢ 未启用 WebView 缩放功能。因为本例是浏览为移动设备设计的网站，原则上不需要缩放网页，所以未加入启用 WebView 缩放功能、显示缩放组件的相关程序。

  ➢ 在方法最后未调用 loadURL() 方法加载网页。加载网页的工作改成在 onResume() 方法中获取首选项内存储的搜索关键字后再调用。

步骤 04 先加入"搜索"按钮的 onClick 属性所设置的 search() 方法，代码如下：

```
01 public void search(View v){
02     keyword = keyText.getText().toString().replaceAll("\\s+", "+");
                      将字符串中的单一或连续空白置换成 "+"
03     wv.loadUrl(baseURL + keyword);
04 }
```

- 第 2 行利用 String 类的 replaceAll() 方法将用户输入内容中的单一或连续空白全部置换成"+"，然后以字符串返回。例如：

关键字：101 大楼 ⋯⋯ getText().toString() → 含空白的字符串 "101 大楼" replaceAll("\\s+", "+") → 返回字符串 "101+ 大楼"

用户输入

使用 replaceAll() 置换字符串中的特定数据

replaceAll(原字符串 , 新字符串) 方法可快速将字符串中所有的原子串更换为新子串，如 replaceAll(" ", "+") 会将字符串中全部的空白置换为 "+"。

但是若用户不小心输入连续多个空白如 "101 大楼"，则 replaceAll(" ", "+") 会返回 "101 +++ 大楼" 而导致过多的 + 号。所以此处改用正则表达式（Regular Expression）的表示法 "\\s+"，"\s" 表示空格符、制表符（Tab）等字符（因为在字符串中 "\" 用来表示 "\n" 之类的控制字符，所以要用 "\\" 表示 "\"），"+" 表示 1 或多个。所以 "\\s+" 表示要将 1 或多个连续空格符置换成 1 个 "+"。

 关于 "正则表达式" 的介绍可参见章末的延伸阅读资料。

- 第 3 行将 baseURL、keyword 字符串连接在一起，成为完整的 URL。

步骤 05 加入存储、读取首选项的 onPause()、onResume() 方法，代码哪下：

```
01 @Override
02 protected void onPause() {
03    super.onPause();
04    SharedPreferences.Editor editor =          ◄────── 获取编辑器对象
05           getPreferences(MODE_PRIVATE).edit();  ◄─┘
06
07    editor.putString("关键词", keyword);  ◄────── 存储当前的搜索参数
08    editor.commit();
09 }
10
11 @Override
12 protected void onResume() {
13    super.onResume();                                      获取首选项对象
14    SharedPreferences myPref = getPreferences(MODE_PRIVATE);  ◄─┐
15    keyword=myPref.getString("关键词","101+ 大楼");  ◄───┐
16                                                  读取存储的字符串项，若
17    if(wv.getUrl()==null)                          字符串项不存在，则返回
18           wv.loadUrl(baseURL+keyword);            默认值 "101+ 大楼"
19 }
```

- 第 2 ～ 9 行为 onPause() 方法，在此方法中，会利用首选项将参数字符串存储起来。
- 第 7 行用 putString() 方法写入字符串，第 1 个参数是自定义的项名称 "关键字"，第 2 个参数是要写入的值，也就是 keyword 字符串变量。
- 第 8 行调用 commit() 存盘。
- 第 12 ～ 19 行为 onResume()，在此会读取首选项的数据（搜索参数），并恢复到 keyword 字符串变量。

- 第 15 行读出项名称为"关键字"的数据，并设置给 keyword 字符串。
- 第 17 行调用 WebView 的 getUrl() 方法获取其当前显示网页的 URL，若为 null，则会执行第 18 行加载网页的操作。因为在手机切换到其他程序返回 Activity 时会调用 onResume()，但有时 WebView 还会保存之前的网页内容，此时就不需要重载网页了。

步骤 **06** 将程序部署到手机、仿真器上执行，测试效果如下：

1 输入想要搜索的关键字

程序一开始会搜索 "101＋大楼"

2 按此按钮

稍候就会出现搜索结果

3 按返回键结束程序，再重新执行

一开始执行就会使用上次的关键字进行搜索

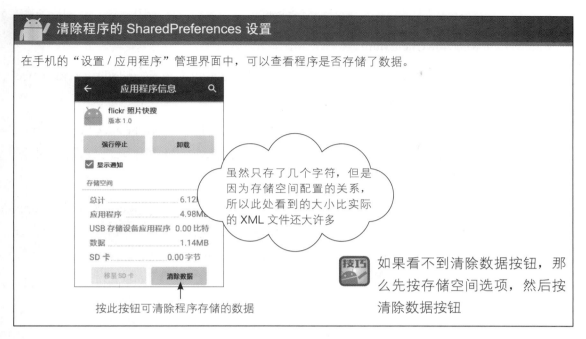

清除程序的 SharedPreferences 设置

在手机的"设置 / 应用程序"管理界面中，可以查看程序是否存储了数据。

虽然只存了几个字符，但是因为存储空间配置的关系，所以此处看到的大小比实际的 XML 文件还大许多

按此按钮可清除程序存储的数据

技巧 如果看不到清除数据按钮，那么先按存储空间选项，然后按清除数据按钮

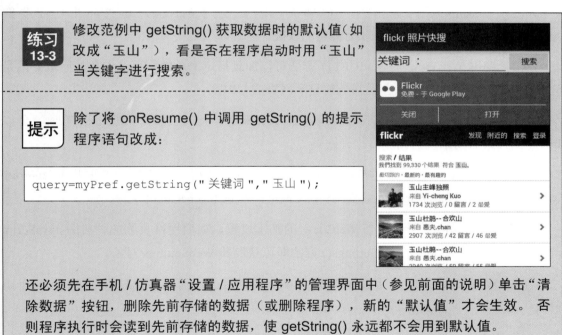

练习 13-3 修改范例中 getString() 获取数据时的默认值（如改成"玉山"），看是否在程序启动时用"玉山"当关键字进行搜索。

提示 除了将 onResume() 中调用 getString() 的提示程序语句改成：

```
query=myPref.getString(" 关键词 "," 玉山 ");
```

还必须先在手机 / 仿真器"设置 / 应用程序"的管理界面中（参见前面的说明）单击"清除数据"按钮，删除先前存储的数据（或删除程序），新的"默认值"才会生效。 否则程序执行时会读到先前存储的数据，使 getString() 永远都不会用到默认值。

延伸阅读

（1）想利用 WebView 创建网页应用程序，可以参考官方指南：http://developer. android.com/ guide/webapps/webview.html。

（2）关于 WebViewClient 的更多方法，可参考：http://developer.android.com/reference/android/webkit/WebViewClient.html。

（3）关于 WebChromeClient 的更多方法，可参考：http://developer.android.com/reference/android/webkit/WebChromeClient.html。

（4）若想让移动网页可使用手机的定位数据，除了要使用 WebChromeClient 的 onGeolocationPermissionsShowPrompt() 方法（用法参见官方网站说明）外，还需要设置项目获取手机定位信息的权限，详见第 14 章。

（5）有关 Java 语言中"正则表达式"的用法，可参考 Java 的 Pattern 类文件：http://developer.android.com/reference/java/util/regex/Pattern.html；也可以参考 Oracle 提供的在线教学 Lesson：Regular Expressions：http://docs.oracle.com/javase/tutorial/essential/regex/。

重点整理

（1）在 Activity 内显示网页内容时，需要使用 WebView 组件，并且需要在 AndroidManifest.xml 中设置存取因特网的权限。

（2）调用 WebView 的 loadURL() 方法可以加载指定网址的网页，参数的网址必须是完整的 URL；getUrl() 方法会返回当前显示网页的 URL。

（3）WebView 默认不支持缩放功能、JavaScript。在组件中单击超链接时，会以 Intent 的方式启动系统的浏览器打开网页。

（4）要让 WebView 多具备类似浏览器的基本功能或自定义行为，要搭配 android.webkit 程序包下的 WebSettings、WebViewClient、WebChromeClient 类。

（5）WebSettings 用于控制 WebView 的基本设置，如启用网页缩放、启用 JavaScript 功能等。调用 WebView 的 getSettings() 方法即可获取其 WebSettings 对象。

（6）WebViewClient 用于控制 WebView 本身的行为，通过此类对象可获取用户单击网页中超链接、网页加载的开始 / 结束等事件的控制权。

（7）WebChromeClient 用于制作和网页有关但属于 WebView"之外"的效果。举例来说，WebView 在载入网页时要显示进度，就要利用 WebChromeClient 实现。

（8）WebChromeClient 的 onProgressChanged() 会在网页加载进度有变动时被调用，参数为加载进度的百分比数值（0 ～ 100）。

（9）改写 Activity 类的 onBackPressed() 事件处理方法可拦截用户按下返回键的事件。

在此方法中，也可调用父类的同名方法 super.onBackPressed()；执行系统默认的操作（结束程序）。

（10）首选项对象（SharedPreferences）可用于存储少量的数据,其实际的存取文件（XML格式）操作已封装在相关类中，不需要我们处理。

（11）要存储首选项，需要先调用 getPreferences(MODE_PRIVATE) 获取 SharedPreferences 对象，再调用 edit() 获取 SharedPreferences.Editor 编辑器对象。

（12）使用 SharedPreferences.Editor 编辑器对象的 putXXX() 方法可存储数据，参数为存储的数据项名称和实际的数据值，最后要调用 commit() 方法完成实际的存盘操作。

（13）要读取先前存储的首选项，首先要获取 SharedPreferences 对象，接着以数据项名称为参数调用对应的 getXXX() 方法（不需要获取 Editor 对象），第 2 个参数为找不到数据项时所需返回的默认值。

（14）一般的程序都在 Activity 的 onPause() 方法中进行存储数据的操作，在 onResume() 方法中读取先前存储的数据，以恢复 Activity 的相关状态。

习题

（1）调用 WebView 的 _____ 方法可加载指定网址的网页，参数的网址必须是完整的 URL；_____ 方法会返回当前显示网页的 URL；_____ 方法可取得其 WebSettings 对象。

（2）利用 WebView 设计一个简易的浏览器程序，在布局中加入 EditText 供用户输入网址，并在 WebView 中显示该网址所指的网页内容。

（3）续上题，让程序在网页加载时用 Toast 显示加载进度。

（4）设计一个简单的输入窗体（如可输入姓名、电话、Email），并利用首选项文件存储用户输入的内容。当程序结束并重新启动时，自动加载上次输入的数据并显示在各个字段中。

（5）修改第 5 章的温度换算程序,同样利用首选项设置文件保存 EditText 中的温度值，同时要保存 RadioGroup 当前选取的数据项，并在程序下次启动时恢复数据。

（6）修改第 8 章的范例 8-4,同样利用首选项设置文件保存迷你备忘录中的备忘数据，并在程序下次启动时恢复。

第 **14** 章 GPS 定位、地图、菜单

本章将介绍在手机应用中相当热门的定位与地图应用，我们将告诉读者如何使用手机的定位服务（GPS 定位和网络定位）获取定位信息（经纬度）、查询地址以及在地图上显示当前位置。另外，本章还会介绍如何制作菜单（Menu），并在用户选择菜单命令时执行指定的工作。

14-1 获取手机定位数据

LocationManager：系统的定位管理器

要使用手机的定位功能获取定位数据（经纬度、高度），必须先获取系统提供的 LocationManager 对象（以下简称定位管理器），代码如下：

```
LocationManager locmgr = (LocationManager)              获取系统的
          getSystemService(Context.LOCATION_SERVICE)    定位管理器
```

获取定位管理器后，可进一步执行下列两项操作。

* 获取系统的 LocationProvider（定位提供者，负责为我们提供所需的定位数据）。
* 注册"位置事件"（包含位置更新、定位提供者状态改变等）的监听器。

 本节和下一节所用到的定位功能相关类都归类于 android.Location 程序包。

定位提供者

一般口头上常说："用 GPS 定位"。其实 GPS 只是众多定位提供者之一，当前手机大多支持 3 种定位提供者（在程序中获取的定位提供者名称都是英文小写）。

* gps：利用手机接收分布在地球上空的 GPS（Global Position System，全球定位系统）卫星所发出的信号，进而计算出手机当前所在的位置。优点是定位较精准，缺点是耗电，无法接收到卫星信号（如在室内、隧道中）就无法定位，而且初始定位时要花较长时间才能获取正确的定位数据。
* network（无线网络）：利用移动电话 / Wi-Fi 基站、AGPS（Assisted GPS，辅助式 GPS）定位，优点是在室内也可定位，缺点是精准度稍差。
* passive（被动式定位）：其实此项也是利用前两个提供者的服务，而"被动"的意思是指必须有其他 Android App 使用定位服务获取定位数据，我们的程序才会获取相关定位的数据。因此通常在后台运行的程序中才会选用此定位提供者，以减少占用的系统资源。

Android API 中也提供了以下常数对应 gps 与 network 这两个定位提供者。

常数	对应的定位提供者
LocationManager.GPS_PROVIDER	gps
LocationManager.NETWORK_PROVIDER	network

在程序中输入常数时，Android Studio 会自动补全所有字数，并且编译时可以事先检测是否打错字，而不必等部署到手机并且执行发生错误时才发现，所以建议多加利用这两个常数。

用 getBestProvider() 方法获取定位提供者名称

想利用定位提供者获取定位信息，可先使用 getBestProvider() 方法获取当前可用的"最佳定位提供者"名称。

getBestProvider() 方法有两个参数，第 1 个参数是设置所要求的规格条件（如耗电量、有无提供高度数据等），为简化处理，可创建空的 Criteria() 对象当参数，表示无限制；第 2 个参数则是设置是否只返回"系统中已启用的提供者"。

```
LocationManager mgr =...;      ◀── 获取定位管理器
String provider = mgr.getBestProvider(new Criteria(),   ◀── 提供者的规格
                                      true);   ◀── 是否只返回已启用的提供者
```

getBestProvider() 方法会返回参数指定条件中最佳的提供者名称，如 gps、network、passive。获取最佳定位提供者名称后，我们可以进一步用后面介绍的方法来获取定位信息。

请求用户授权

要使用定位提供者，项目必须设置相关权限，包括 android.permission.ACCESS_COARSE_LOCATION 和 android.permission.ACCESS_FINE_LOCATION 两个权限。

使用的定位提供者	必要的权限
gps	android.permission.ACCESS_FINE_LOCATION
network	android.permission.ACCESS_COARSE_LOCATION android.permission.ACCESS_FINE_LOCATION
passive	android.permission.ACCESS_FINE_LOCATION

手机定位属于隐私性信息，所以被归类于有危险风险的权限，若 App 要兼容于 Android 6.x 以上的系统，必须参考第 10-2 节的说明，使用 ActivityCompat.requestPermissions() 向用户请求授予定位权限（方法参见后面的范例）。

用 requestLocationUpdates() 注册位置更新事件的监听器

若想让定位提供者每次获取新的定位数据就通知程序（如每移动一段距离，就自动更新显示的定位数据），则必须用定位管理器调用 requestLocationUpdates() 方法注册"位置事件"的监听器，代码如下：

```
public class MainActivity extends Activity
            implements LocationListener {
    ...
mgr.requestLocationUpdates("gps",  ◀──── 定位提供者名称
                        5000,  ◀──── 间隔超过 5 秒才通知
                        5,     ◀──── 距离超过 5 米才通知
                        this); ◀──── 监听对象
...
```

由于定位提供者更新的时间不固定，而当手机没有移动时也不需要更新，因此可如上在第 2、3 个参数指定至少间隔多久，并且移动距离多远才通知监听器。

用 isProviderEnabled() 方法检查定位提供者是否可以使用

程序中可使用 isProviderEnabled() 方法确定某一个定位提供者是否可以使用，确认可用后再使用 requestLocationUpdates() 向该定位提供者注册更新位置的监听器，代码如下：

```
LocationManager mgr =...;
boolean isGPSEnabled = mgr.isProviderEnabled("gps");  ◀──── 检查 GPS 是否可用

if (isGPSEnabled)
  mgr.requestLocationUpdates("gps", 5000, 5, this);
```

实现 LocationListener 接口

"位置事件"监听器需要实现 LocationListener 接口，此接口共有 4 个方法。

- onLocationChanged()：位置更新。

- onProviderDisabled()：定位提供者被停用。
- onProviderEnabled()：定位提供者被启用。
- onStatusChanged()：定位提供者状态改变。

要获取位置信息时，只需使用其中的 onLocationChanged() 方法，参数就是内含位置信息的 Location 对象，代码如下：

```
@Override
public void onLocationChanged(Location loc) {
    // 用参数 loc.getXXX() 获取定位数据
    loc.getAltitude()    ←—— 获取高度（米）
    loc.getLatitude()    ←—— 获取纬度
    loc.getLongitude()   ←—— 获取经度
    loc.getSpeed()       ←—— 获取速度（米 / 秒）
}
```

 有些定位提供者无法提供上述所有的数据，此时可利用 hasAltitude()、hasSpeed() 方法检查 Location 对象中是否包含高度、速度数据（返回值均为 boolean）。

花费一番工夫，总算可以读到经纬度啦！

用 getLastKnownLocation() 方法获取最近一次的定位数据

除了通过 onLocationChanged() 持续获取定位数据外，定位管理器还提供了一个 getLastKnownLocation() 方法用以获取最近一次的定位数据。

getBestProvider() 方法返回值为定位提供者的名称字符串，如 gps、network、passive，获取此名称字符串后，可如下调用定位管理器的 getLastKnownLocation() 获取最近一次的定位数据：

```
Location l_gps = mgr.getLastKnownLocation("gps");  ←——
                                    获取最近一次 GPS 定位数据


Location l_net = mgr.getLastKnownLocation("network");  ←——
                                    获取最近一次网络定位数据
```

getLast_KnownLocation() 获取的是 "上一次" 的定位数据，有可能因为手机开机后从未使用过定位功能，导致返回的 Location 对象为 null，另外可能上次定位时间相隔太久，所以上一次的位置与当前位置相距很远，因此在使用 getLast_KnownLocation() 时必须注意这样的情况。

不过因为 getLast_KnownLocation( ) 是从系统高速缓存中获取数据，几乎可以瞬间获得一个定位的位置，所以当前许多需要定位的 App 启动后会先用 getLast_KnownLocation() 的定位作为初始位置，后续再慢慢等待 GPS 或网络定位数据，这样用户打开 App 后就可以立刻操作，改善用户的使用体验。

用 removeUpdate() 方法取消注册监听器

当我们用 requestLocationUpdate() 注册"位置事件"监听器后，手机定位硬件就会持续运行，若使用的是 GPS，则会耗用大量电力。

因此一般程序都会在 onResume()（Activity 在前台时）中注册监听器，在 onPause()（Activity 被移到后台时）中调用定位管理器的 removeUpdate() 方法取消注册。若程序不需要一直获取更新，则可在获取定位信息后立即调用 removeUpdate() 方法取消注册。

范例 14-1　获取所在位置（经纬度）

下面利用本节介绍的内容编写一个简单的定位程序。程序会显示当前手机的位置（经纬度、高度）。另外，还有一个按钮可启动系统的定位设置界面（利用第 9 章介绍的 Intent 功能）。

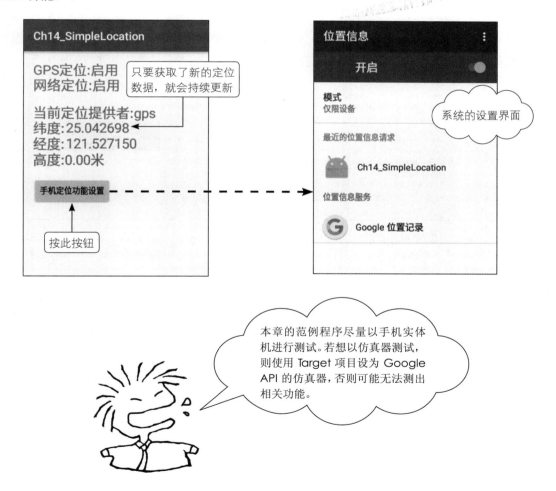

步骤 01 创建新项目 "Ch14_SimpleLocation"，在 Layout 屏幕中将默认的 "Hello World!" 组件删除，再将布局转换成 ConstraintLayout，加入组件并设置各组件的属性与约束。

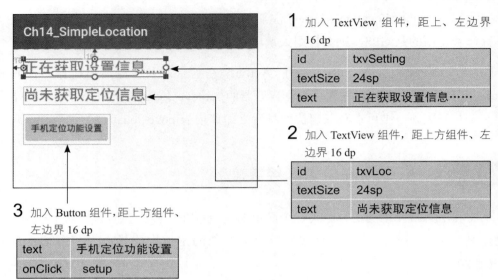

1 加入 TextView 组件，距上、左边界 16 dp

id	txvSetting
textSize	24sp
text	正在获取设置信息……

2 加入 TextView 组件，距上方组件、左边界 16 dp

id	txvLoc
textSize	24sp
text	尚未获取定位信息

3 加入 Button 组件，距上方组件、左边界 16 dp

text	手机定位功能设置
onClick	setup

预先加入存取因特网的 Internet 权限，下一节就会用到

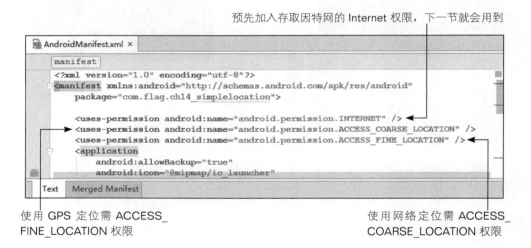

使用 GPS 定位需 ACCESS_FINE_LOCATION 权限

使用网络定位需 ACCESS_COARSE_LOCATION 权限

步骤 02 打开 AndroidManifest.xml 文件，加入上图所示的权限。

步骤 03 打开 MainActivity.java，先在类中加入如下变量和初始化操作：

```
01 public class MainActivity extends AppCompatActivity
02                     implements LocationListener {
03   static final int MIN_TIME = 5000;      ← 位置更新条件：5000 毫秒（=5 秒）
04    static final float MIN_DIST = 5;      ← 位置更新条件：5 米
05   LocationManager mgr;          ← 定位管理器
06   TextView txvLoc;
07   TextView txvSetting;
```

```
08
09    boolean isGPSEnabled;              ◀──── GPS 定位是否可用
10    boolean isNetworkEnabled;          ◀──── 网络定位是否可用
11
12    @Override
13    protected void onCreate(Bundle savedInstanceState) {
14     super.onCreate(savedInstanceState);
15     setContentView(R.layout.activity_main);
16
17     txv = (TextView) findViewById(R.id.txvLoc);
18     txvSetting = (TextView) findViewById(R.id.txvSetting);
19
20     // 获取系统服务的 LocationManager 对象
21     mgr = (LocationManager)getSystemService(LOCATION_SERVICE);
22
23       checkPermission();    ◀──── 检查若尚未授权，则向用户请求获取定位权限的授权
24    }
25
26    @Override
27    protected void onResume() {
28        super.onResume();
29
30     txvLoc.setText("尚未获取定位信息");    ◀──── 清除之前的定位信息
31
32     enableLocationUpdates(true);          ◀──── 启用定位更新功能
33
34     String str="GPS 定位：" + (isGPSEnabled?"启用":"关闭");
35     str += "\n 网络定位：" + (isNetworkEnabled?"启用":"关闭");
36     txvSetting.setText(str);              ◀──── 显示 GPS 与网络定位是否可用
37 }
38
39    @Override
40    protected void onPause() {
41     super.onPause();
42
43     enableLocationUpdates(false);         ◀──── 关闭定位更新功能
44    }
```

- 第 2 行在类声明后加上 implements LocationListener 实现位置更新监听器接口，接口的事件会在下一步加入。
- 第 9 ～ 10 行声明的变量用于 enableLocationUpdates() 方法，这是我们自定义的方法，可以用来启用或关闭定位更新功能，稍后会说明。

- 第 21 行调用 getSystemService(LOCATION_SERVICE) 获取系统的定位管理器。
- 第 23 行调用自定义的 checkPermission() 方法检查是否具备定位的权限，若为"否"，则向用户请求允许权限。
- 第 32 行先调用 enableLocationUpdates() 启用定位更新功能，enableLocation Updates() 会更新 isGPSEnabled 与 isNetworkEnabled 变量的值，所以 34 ～ 36 行可使用这两个变量显示 GPS 与网络定位是否可用。

步骤 04 加入 LocationListener 接口的事件方法，以及手机定位功能设置按钮的 onClick 事件方法，代码如下：

```
01 @Override
02 public void onLocationChanged(Location location) {    ←—— 位置变更事件
03 String str= "定位提供者:"+location.getProvider();
04 str+= String.format("\n 纬度 :%.5f\n 经度 :%.5f\n 高度 :%.2f 米 ",
05                      location.getLatitude(),     ←—— 纬度
06                      location.getLongitude(),    ←—— 经度
07                      location.getAltitude());    ←—— 高度
08    txvLoc.setText(str);
09 }
10
11 @Override
12 public void onProviderDisabled(String provider) { }  ←—— 不处理
13 @Override
14 public void onProviderEnabled(String provider) { }   ←—— 不处理
15 @Override
16 public void onStatusChanged(String provider, int status, Bundle extras) { }
17                                                                        ↑
18 // 显示手机定位界面                                              不处理
19 public void setup(View v) {
20    Intent it =     ←—— 使用 Intent 对象启动"定位"设置程序
21    new Intent(Settings.ACTION_LOCATION_SOURCE_SETTINGS);
22    startActivity(it);
23 }
```

- 第 1 ～ 16 行都是 LocationListener 接口的方法，我们只用到 onLocationChanged() 位置变更事件，其他 3 个事件都未用到，因此不处理。
- 第 2 ～ 9 行在 onLocationChanged() 中获取参数 Location 对象，接着用它调用 getXXX() 方法获取各项信息，并放在 str 字符串变量中。此处利用 String format() 方法进行格式化输出。
- 第 19 ～ 23 行使用手机定位功能设置按钮的按钮事件方法，用户单击此按钮时，程序会用 Intent 的方式调用系统设置好的定位设置 Activity。

步骤 05 加入获取有危险风险权限的 checkPermission( ) 和 onRequestPermissionsResult() 方法，以及启用／关闭定位更新功能的 enableLocationUpdates() 方法，代码如下：

```
01 // 检查若尚未授权，则向用户请求允许定位权限的授权
02 private void checkPermission() {
03    if (ActivityCompat.checkSelfPermission(this,
04          Manifest.permission.ACCESS_FINE_LOCATION)
05       != PackageManager.PERMISSION_GRANTED)
06    {
07       ActivityCompat.requestPermissions(this,
08       new String[]{Manifest.permission.ACCESS_COARSE_LOCATION},200);
09    }
10 }
11
12 @Override
13 public void onRequestPermissionsResult(int requestCode,
                   String[] permissions, int[] grantResults) {
14    if (requestCode == 200){
15       if (grantResults.length >= 1 &&
16          grantResults[0] != PackageManager.PERMISSION_GRANTED) {
17          Toast.makeText(this,
             "程序需要定位权限才能运行", Toast.LENGTH_LONG).show();
18       }
19    }
20 }
21
22 // 启用或关闭定位更新功能
23 private void enableLocationUpdates(boolean isTurnOn) {
24    if (ActivityCompat.checkSelfPermission(this,
25          Manifest.permission.ACCESS_FINE_LOCATION)
26          == PackageManager.PERMISSION_GRANTED)
27    { // 用户已经允许定位权限
28       if (isTurnOn) {
29          // 检查 GPS 与网络定位是否可用
30          isGPSEnabled =
                mgr.isProviderEnabled(LocationManager.GPS_PROVIDER);
31          isNetworkEnabled =
                mgr.isProviderEnabled(LocationManager.NETWORK_PROVIDER);
32
33          if (!isGPSEnabled && !isNetworkEnabled) {
```

用户拒绝授权

注意,在调用需要危险权限的方法之前,最好加上这段检查是否授权的判断语句,否则可能会视为错误而出现红色波浪底线（不过仍可编译执行）

```
34              // 无提供者，显示提示信息
35              Toast.makeText(this,
                    "请确认已启用定位功能！", Toast.LENGTH_LONG).show();
36          }
37      else {
38          Toast.makeText(this,
                    "正在获取定位信息 ...", Toast.LENGTH_LONG).show();
39          if (isGPSEnabled)
40                  mgr.requestLocationUpdates(                     ← 向 GPS 定位提供者
41                      LocationManager.GPS_PROVIDER,               注册位置事件监听器
                            MIN_TIME, MIN_DIST, this);
42          if (isNetworkEnabled)
43                  mgr.requestLocationUpdates(                     ← 向网络定位提供者
44                      LocationManager.NETWORK_PROVIDER,          注册位置事件监听器
                            MIN_TIME, MIN_DIST, this);
45          }
46      }
47      else {
48          mgr.removeUpdates(this);         ← 停止监听位置事件
49      }
50      }
51  }
```

- 第 2 ~ 20 行向用户请求允许"有危险风险的"权限，并检查用户是否允许有危险风险的权限。其中第 4 行只请求了 GPS 需要的 ACCESS_FINE_LOCATION 权限，并未请求网络定位需要的 ACCESS_COARSE_LOCATION 权限，这是因为这两个权限属于同一群组，只要有一个权限被允许后，另一个也会自动允许。关于有危险风险权限的获取与检查方式，可参考第 10-2 节。

- 第 30 ~ 31 行检查 gps 与 network 定位提供者是否可用，若可用，则第 39 ~ 44 行将向各个定位提供者注册位置事件监听器。一般来说，network 定位比较快，所以若两者都可用，则屏幕上将先显示 network 定位信息，等到获取更精细的 gps 定位信息后再显示于界面中，这样可以避免用户等待过久。

步骤 06 程序部署到手机上即可进行如下测试（若使用仿真器，则可参考后面方框中的内容设置测试用的经纬度）：

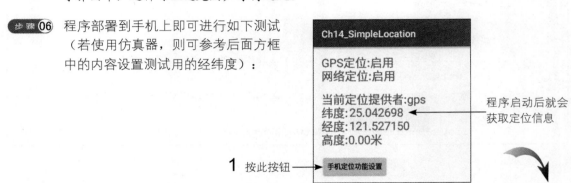

```
Ch14_SimpleLocation

GPS定位:启用
网络定位:启用

当前定位提供者:gps
纬度:25.042698      ←      程序启动后就会
经度:121.527150            获取定位信息
高度:0.00米

1 按此按钮 ←    手机定位功能设置
```

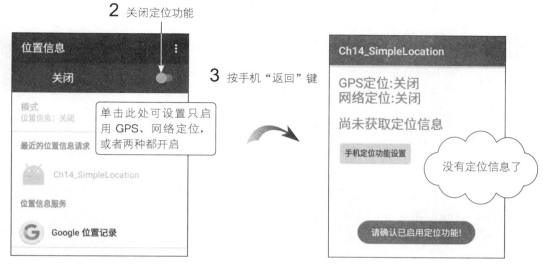

若手机系统版本在 Android 6.x 以上，则启动 App 时会看到是否允许位置信息的对话框，允许授权此权限后，只要 App 不卸载，授权便永久有效，下次启动这个 APP 时不会再重复询问。若事后想要取消授权，则进入手机定位功能的设置，如下操作：

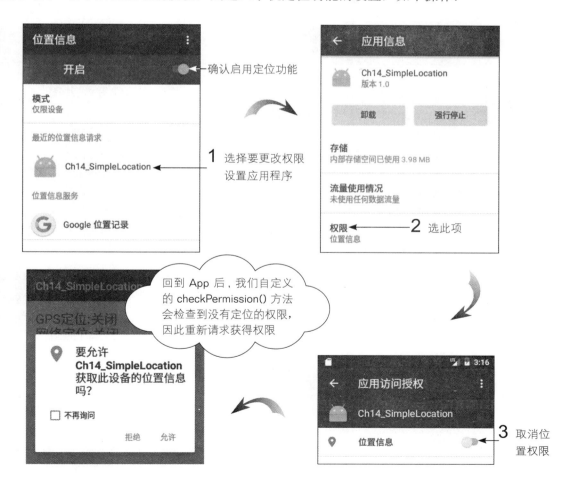

练习 14-1 许多景点数据或导航设备会用"度：分：秒"的格式表示经纬度。我们可以使用 Location.convert() 方法获取以"度：分：秒"格式表示的经纬度字符串，代码如下：

```
Location.convert(12.3,              ←── 将 12.3 度转成
                Location.FORMAT_SECONDS);  ←── "度：分：秒"格式的字符串
Location.convert(56.7,              ←── 将 56.7 度转成
                Location.FORMAT_MINUTES);  ←── "度：分"格式的字符串
```

修改前面的范例程序，让输出的经纬度用"度：分：秒"格式表示。

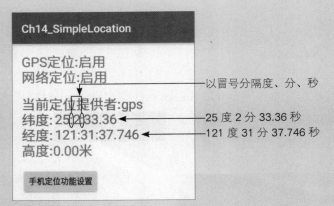

——以冒号分隔度、分、秒

←── 25 度 2 分 33.36 秒

←── 121 度 31 分 37.746 秒

提示 可修改范例程序的 onLocationChange() 方法，将输出经纬度的部分改成使用 Location.convert() 获取转换后的字符串再输出，代码如下：

```
str+= String.format("\n 纬度 :%s\n 经度 :%s\n 高度 :%.2f 米 ",
        Location.convert(location.getLatitude(),   ←── 获取纬度
                Location.FORMAT_SECONDS),          ←── 用"度：分：秒"格式
        Location.convert(location.getLongitude(),  ←── 获取经度
                Location.FORMAT_SECONDS),          ←── 用"度：分：秒"格式
        location.getAltitude());  ←── 高度
```

因为 Location.convert() 返回的是字符串，所以 String.format() 中的格式化字符串参数也要改用 %s。若想将冒号代换 °（度）和 '（分）符号，则需进一步处理，此部分就留给读者自行练习。

设置仿真器定位信息

若想在仿真器上测试定位相关程序，则可如下操作发送经纬度坐标到仿真器的 GPS 上。

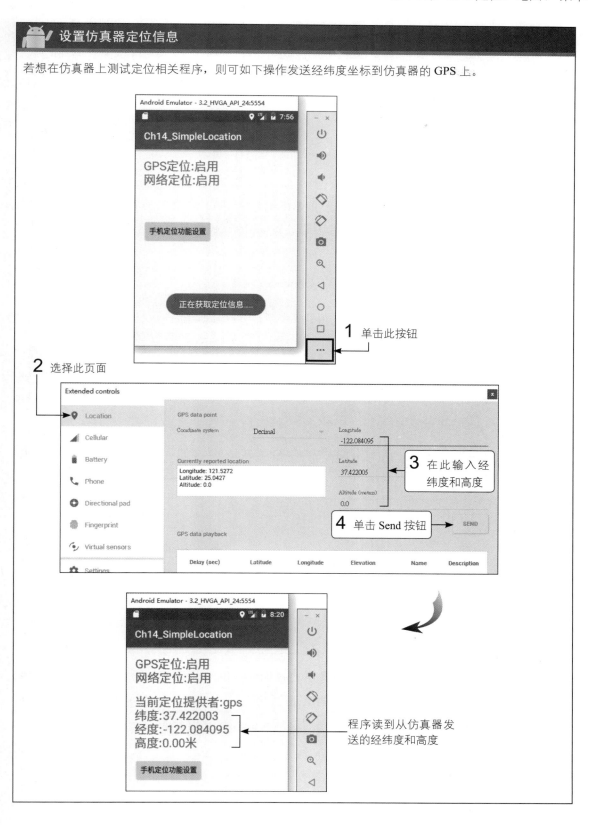

14-2 定位信息与地址查询

一般人无法利用经纬度判断所在位置，此时我们可进一步利用 Geocoder 类用经纬度查出地址。

用 Geocoder 类做地址查询

Geocoder 类提供的功能是进行经纬度和地址查询，此项服务通过因特网连接到 Google 提供的服务进行查询，所以项目也要具备 android.permission.INTERNET 的权限，且使用时手机必须已连上因特网。

要进行查询，必须先按如下形式获取 Geocoder 对象：

```
Geocoder geo= new Geocoder(this, MainActivity    ◀──── MainActivity 对象
                          Locale.getDefault());   ◀──── 获取当前系统使用的语言
```

第 2 个参数用来设置后续查询时返回的数据所使用的语言、文字。Locale. getDefault() 会返回当前系统使用的语言，若要明确指定所要使用的语言，可使用 Locale 类内建的常数，如 Locale.CHINA、Locale.US 等。

获取 Geocoder 对象后，可调用 getFromLocation() 方法进行查询，由于此方法有可能会抛出 IOException 例外，因此按 Java 规定，调用的程序语句需放在 try/catch 段落中：

```
try{
    geo.getFromLocation(25.0427, 121.5271,   ◀──── 用经纬度查地址
                        1);                    ◀──── 返回的数据项数
    ...
}
catch(...) {
    ...
}
```

getFromLocation() 方法前两个参数是所要查询的经纬度，最后 1 个参数是限制返回的查询结果项数。返回值是 Address 类型的 List 对象（List<Address>），其内的 Address 对象包含查询到的地址数据；若查询失败，则返回 null 或没有内容的 List 对象。

上面的程序片段在 getFromLocation() 第 3 个参数中指定只要 1 条记录，因此返回的 List 对象内最多只会有 1 个 Address 对象。

Address 地址对象

Address 地址对象的用法和前一节用过的 Location 对象类似，只要用它调用下列 getXXX() 方法即可返回对应的数据：

```
Address addr = ...;          ← 获取查询到的地址对象
addr.getLatitude()           ← 返回纬度（double）
addr.getLongitude()          ← 返回经度（double）
addr.getCountryName()        ← 返回所在国家名称的字符串
addr.getCountryCode()        ← 返回国码，如 CN、US 等
addr.getPhone()              ← 返回电话字符串
addr.getPostalCode()         ← 返回邮政编码字符串
addr.getAddressLine()        ← 返回地址
```

 若返回的字符串为 null，则表示对象不包含该项信息。至于对象是否含经纬度，可调用 hasLatitude()、hasLongitude() 方法查询，包含经纬度时会返回 true。

其中，getAddressLine() 方法必须指定参数表示要获取地址的第几行，由于我们事先不知道地址有几行，因此需要调用 getMaxAddressLineIndex() 获取地址行数，再利用如下循环逐行读取：

```
Address addr = ...;   ← 获取查询到的地址对象
for (i=0;i< addr.getMaxAddressLineIndex();i++) {
    ... = getAddressLine(i);      ← 获取各行地址
}
```

范例 14-2　地址专家——用经纬度查询地址

在此利用本节介绍的内容创建可用经纬度查询地址的定位应用程序。我们以上一节创建的范例为基础，让程序仍持续从定位提供者获取新的定位数据，而用户可利用手机的定位数据或自行输入经纬度进行查询。

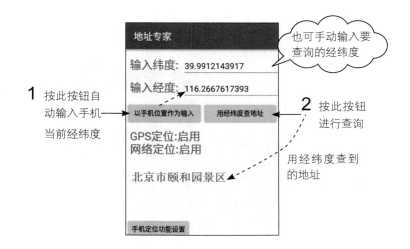

步骤 01 将上一节的 Ch14_SimpleLocation 范例复制成新项目 Ch14_Geocoder，并将新项目字符串资源中 app_name 的值更改为"地址专家"。

步骤 02 打开布局文件，新增下列组件：

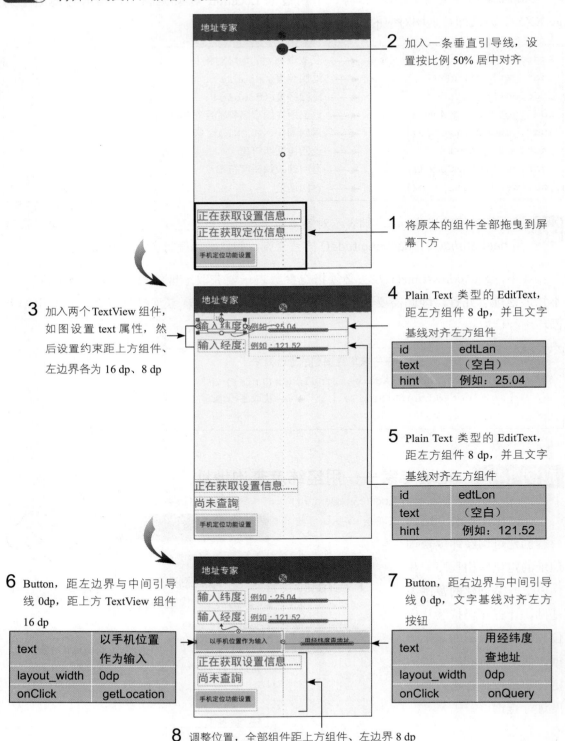

2 加入一条垂直引导线，设置按比例 50% 居中对齐

1 将原本的组件全部拖曳到屏幕下方

3 加入两个 TextView 组件，如图设置 text 属性，然后设置约束距上方组件、左边界各为 16 dp、8 dp

4 Plain Text 类型的 EditText，距左方组件 8 dp，并且文字基线对齐左方组件

id	edtLan
text	（空白）
hint	例如：25.04

5 Plain Text 类型的 EditText，距左方组件 8 dp，并且文字基线对齐左方组件

id	edtLon
text	（空白）
hint	例如：121.52

6 Button，距左边界与中间引导线 0dp，距上方 TextView 组件 16 dp

text	以手机位置作为输入
layout_width	0dp
onClick	getLocation

7 Button，距右边界与中间引导线 0 dp，文字基线对齐左方按钮

text	用经纬度查地址
layout_width	0dp
onClick	onQuery

8 调整位置，全部组件距上方组件、左边界 8 dp

434

步骤 **03** 打开 MainActivity.java，先加入新的类变量和进行部分修改：

```
01 public class MainActivity extends AppCompatActivity
   implements LocationListener {
......
06    Location myLocation;          ←── 存储最近的定位数据
07    Geocoder geocoder;           ←── 用来查询地址的 Geocoder 对象
08    EditText edtLat,edtLon;      ←── 经纬度输入字段
09
10    @Override
11    protected void onCreate(Bundle savedInstanceState) {
...
18    edtLat = (EditText) findViewById(R.id.edtLan);
19    edtLon = (EditText) findViewById(R.id.edtLon);
20    geocoder = new Geocoder(this,         ←── 创建 Geocoder 对象
21                          Locale.getDefault());
22    }
...
45    @Override
46    public void   onLocationChanged(Location location){   ←── 位置变更事件
47    myLocation=location;   ←── 存储定位数据
48    }
```

- 第 6 行声明的 Location 对象变量用来存储在"位置变更"事件（第 47 行）所获取的新定位数据。当用户单击界面中的"以手机位置作为输入"按钮时，程序就会将此对象的经纬度加到 EditText 中，以便用户可用它查询当前所在地的地址（此段程序会在步骤 4 加入）。

- 第 18 ～ 21 行在 onCreate() 方法中初始化新加入的类变量，第 21 行 Geocoder() 构建方法第 2 个参数，用 Locale.getDefault() 获取系统当前默认语言，稍后用 Geocoder 对象进行查询时，查询结果将会以手机当前的语言、文字返回。

- 第 47 行在 onLocationChanged() 方法中，将这次传入的定位数据存于类变量 myLocation 中。

步骤 **04** 加入这次新加入的两个按钮的 onClick 属性对应的按钮事件处理方法，代码如下：

```
01 public void getLocation(View v) {  ←──"以手机位置作为输入"按钮的 OnClick 事件
02    if(myLocation!=null){                    ←── 若位置对象非 null
03          edtLat.setText(Double.toString(     ←── 将经度值转成字符串
04    myLocation.getLatitude()));
05          edtLon.setText(Double.toString(     ←── 将纬度值转成字符串
```

```
06                                   myLocation.getLongitude()));
07     }
08    else
09          txv.setText("无法获取定位数据！"); 10}
11
12 public void onQuery(View view) {    ←——— "用经纬度查地址"按钮的 OnClick 事件
13    String strLat = edtLat.getText().toString();    ←——— 获取输入的纬度字符串
14    String strLon = edtLon.getText().toString();    ←——— 获取输入的经度字符串
15    if(strLat.length() == 0 || strLon.length() == 0) ←——— 当字符串为空时
16          return;    ←——— 结束处理
17
18    txv.setText("读取中 ...");
19    double latitude = Double.parseDouble(strLat);    ←——— 获取纬度值
20    double longitude = Double.parseDouble(strLon);   ←——— 获取经度值
21
22    String strAddr = "";              ←——— 用来创建所要显示的信息字符串（地址字符串）
23    try {
24          List<Address> listAddr = geocoder.        ←——— 用经纬度查地址
25                                  getFromLocation(latitude, longitude,
26                                  1); ←———只需返回一项地址数据
27
28          if (listAddr == null || listAddr.size() == 0)
29                strAddr += "无法获取地址数据！";    ←——— 检查是否获取地址
30          else {                                  ——— 获取 List 中的第一项
31                Address addr = listAddr.get(0);    （也是唯一的一项）
32                for (int i = 0; i <= addr.getMaxAddressLineIndex(); i++)
33                        strAddr += addr.getAddressLine(i) + "\n";
34          }
35    } catch (Exception ex) {
36          strAddr += "获取地址发生错误：" + ex.toString(); 37 }
38    txv.setText(strAddr);
39 }
```

- 第 1 ～ 10 行是前面提过的以手机位置作为输入按钮被单击时执行的方法，程序检查内部存储的 myLocation 所指的对象非 null 时，就将对象内的经纬度加到 EditText 中作为用户输入的值，以便用户可立即单击查询按钮查询当前所在地的地址。

- 第 12 ～ 39 行是单击"用经纬度查地址"按钮时执行的 onQuery() 方法，程序先在第 13 ～ 16 行读取 EditText 组件中的字符串，并判断是否为空字符串，若为空字符串，则立即返回不继续处理。

- 第 23 ～ 37 行调用 Geocoder 的 getFromLocation() 方法的 try/catch 段落，第 24 ～ 26 行调用方法并获取返回的 List 对象。

- 第 30 ～ 34 行会在返回的 List 包含 Address 对象时，以循环调用 getAddressLine() 逐行读取地址，并附加换行字符组成输出的信息字符串。

步骤 05 将程序部署到手机上测试。

3 自行输入经纬度

4 按此按钮

1 直接按 "以手机位置作为输入" 按钮，
自动输入手机当前位置的经纬度

2 按此按钮即可查询到
所在地的位置

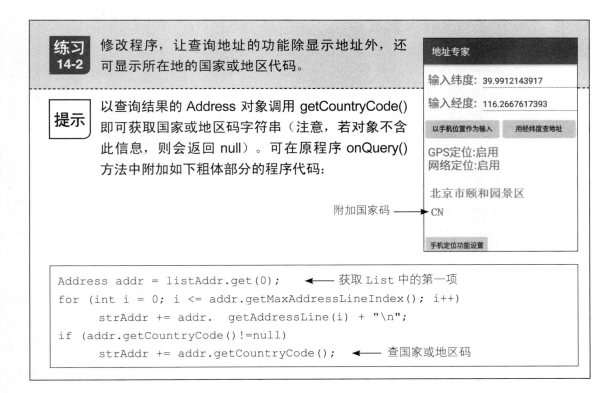

练习 14-2 修改程序，让查询地址的功能除显示地址外，还可显示所在地的国家或地区代码。

提示 以查询结果的 Address 对象调用 getCountryCode() 即可获取国家或地区码字符串（注意，若对象不含此信息，则会返回 null）。可在原程序 onQuery() 方法中附加如下粗体部分的程序代码：

附加国家码

```
Address addr = listAddr.get(0);    ←── 获取 List 中的第一项
for (int i = 0; i <= addr.getMaxAddressLineIndex(); i++)
     strAddr += addr.  getAddressLine(i) + "\n";
if (addr.getCountryCode()!=null)
     strAddr += addr.getCountryCode();    ←── 查国家或地区码
```

14-3　在程序中显示 Google Map

利用"Google Map"功能可以在程序中显示指定地点的地图，并设计出许多与地图有关的应用，让我们的程序更加实用，例如：

在程序中显示的 Google Map 地图

还可以加上卫星空照图、交通状况等信息

使用 Google Map 的前置准备

由于 Google Map Android API v2 属于 Google Play services 中的一个功能，因此必须下载并安装 Google Play services SDK 才行。如果还没有安装（默认不会安装），那么在 Android Studio 中依次选择"File/Settings"菜单选项，启动 Settings 对话框安装。

1 选择此项　2 切换到此页面

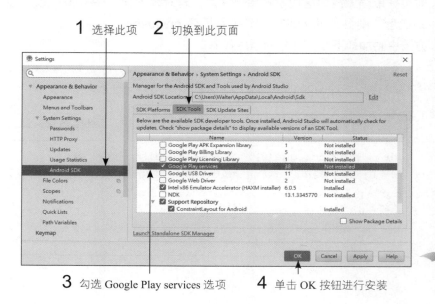

3 勾选 Google Play services 选项　　4 单击 OK 按钮进行安装

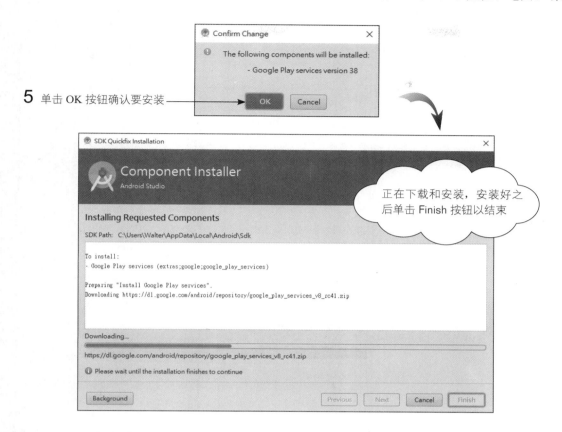

5 单击 OK 按钮确认要安装

正在下载和安装,安装好之后单击 Finish 按钮以结束

由于 Google Map 属于 Google Play services 的功能,因此手机必须安装 Google Play 程序才能执行。

如何使用 Google Map

在项目中加入 Google Map 的步骤如下(先了解就好,稍后实现范例时再动手操作):

步骤 01 向 Google 公司申请 Google Maps API Key。
申请时需要先以 Google 账号(Gmail 账号)登录 https://console.developers.google.com 网站,然后使用数字证书(后述)和项目的程序包名称申请即可。申请好之后,可以随时回到此网站进行 API Key 的修改或删除等操作。

每个 App 都必须先以开发者的数字证书(Digital Certificate)进行签名后才能被执行,其目的是要让 Android 系统或 Google Play 市场能够辨别开发者的身份。

Android Studio 在安装时会自动生成一个测试用的 Debug 数字证书(存储在 debug.keystore 文件中,每台计算机都不一样),以方便我们在开发阶段测试使用。不过未来如果要正式发布 App,就必须使用正式的数字证书才行。

程序包名称　　　　　笔者的 Debug 数字证书

步骤 02 在项目中设置要使用 Google Play services 的 gms（google map service）函数库。可直接在项目的 build.gradle(Module:app) 文件 dependencies 项中加入设置，或者打开 Project Structure 对话框，用选取的方式进行设置（先了解就好，稍后再动手实现）。

方法 1：

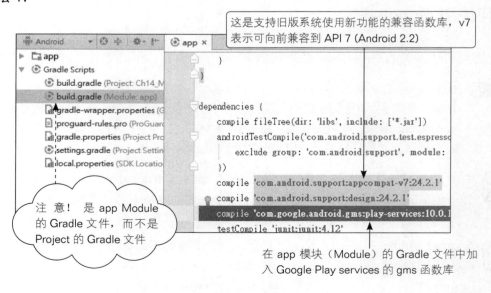

这是支持旧版系统使用新功能的兼容函数库，v7 表示可向前兼容到 API 7 (Android 2.2)

注意！是 app Module 的 Gradle 文件，而不是 Project 的 Gradle 文件

在 app 模块（Module）的 Gradle 文件中加入 Google Play services 的 gms 函数库

方法 2：

1 选 app 模块

2 切换到 Dependencies 页面

3 单击 + 按钮即可选取要加入的函数库

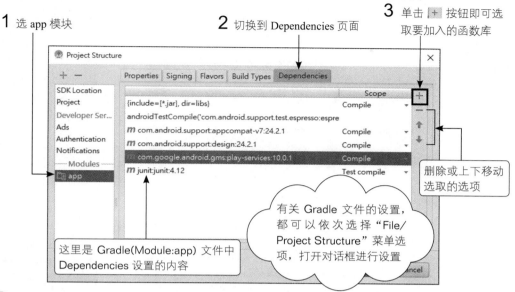

删除或上下移动选取的选项

这里是 Gradle(Module:app) 文件中 Dependencies 设置的内容

有关 Gradle 文件的设置，都可以依次选择 "File/Project Structure" 菜单选项，打开对话框进行设置

步骤 03 在项目的 manifest 文件中加入相关设置，包括 6 项权限（uses-permission）、1 项使用功能（uses-feature）以及 2 项 GoogleMap 设置（先了解就好）。

这 2 项是非必要的"手机定位"权限（前 2 节已介绍过），若程序不需要使用定位功能，则可不加入

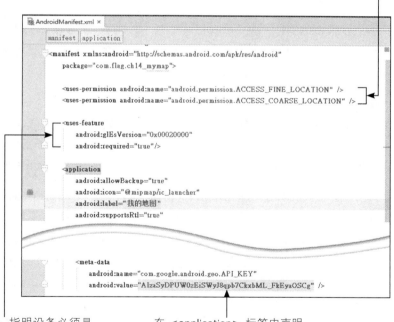

声明使用功能：指明设备必须具备 OpenGL ES v2 的功能，才能从 Google Play 下载和安装

在 <application> 标签中声明 Google Maps API Key 信息

由于 Google Maps v2 会使用 OpenGL ES v2 功能绘制地图，因此最好加上相关使用功能的声明，让无此功能的手机在 Google Play 中看不到也无法下载我们的程序，以免发生下载安装后却无法使用的窘境。

步骤 04 在项目的布局文件中加入 Google Map 的 MapFragment 组件。

由于 Google Maps 是以嵌入 <fragment> 组件的方式呈现的，因此要加入 name 属性为 MapFragment 的 <fragment> 组件（先了解就好，稍后再动手实践）。

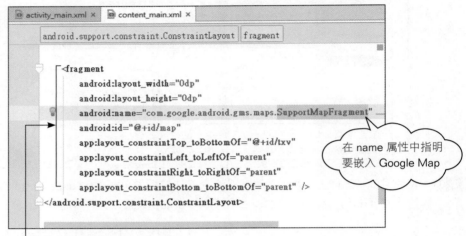

MapFragmant 组件的 XML 编码

技巧 由于我们的项目设置要与旧版 Android 兼容，因此在功能或函数名称上都会有 Support 字样，如 SupportMapFragment。若项目设置为不需要与旧版兼容，则要将 Support 字样都删掉，如 MapFragment。

步骤 05 在程序中获取并操控 Google Map 对象。

由于 Google Map 属于 Google Play services 的一项功能，因此当程序在手机中执行时，会自动检查设备是否已安装最新版的 Google Play 程序，若不是最新版，则会要求用户进行安装，安装后再返回我们的程序继续执行（此时会触发程序的 onResume() 事件）。

在程序中，可利用在布局文件加入的 MapFragment 组件获取 GoogleMap 对象。不过，因为 Google Map 启动时需要一些时间进行初始化，根据手机与网络的不同，可以开始操控 Google Map 的时间也不一定，因此程序中必须实现 OnMapReadyCallback 接口，这个接口有一个 onMapReady() 方法，当 Google Map 启动完毕时会调用此方法，代码如下：

```
public class MainActivity extends AppCompatActivity
          implements OnMapReadyCallback {    ←── 实现 OnMapReadyCallback 界面
    private GoogleMap map                    ←── 声明 GoogleMap 变量

    protected void onCreate(Bundle savedInstanceState) {
```

```
...
    SupportMapFragment mapFragment =          ← 获取布局上的 map 组件
        (SupportMapFragment) getSupportFragmentManager()
            .findFragmentById(R.id.map);
    mapFragment.getMapAsync(this);   ←
                              注册 Google Map onMapReady 事件监听器
}
...
@Override                         当 Google Map 启动完毕时可以使用
public void onMapReady(GoogleMap googleMap) {  ←
    map = googleMap;        ← 获取 Google Map 对象，此对象可以操控地图
                                    设置地图为普通街道模式
    map.setMapType(GoogleMap.MAP_TYPE_NORMAL);  ←
    map.moveCamera(CameraUpdateFactory.zoomTo(18));  ←

                              将地图缩放级数改为 18
}
```

- 最后一行的 moveCamera() 可以改变地图的显示位置、缩放级数等，它需要一个表示改变模式的 CameraUpdate 对象作为参数，可以利用 CameraUpdateFactory 类所提供的多种方法快速创建 CameraUpdate 对象。

上例中就是用 zoomTo() 创建一个改变地图缩放级数的 CameraUpdate 对象。另外，也可以利用 newLatLng() 方法产生改变地图显示位置到指定经纬度的 CameraUpdate 对象，稍后在范例中就会看到。

下面列出几个 GoogleMap 常用的方法，在稍后的范例中都会用到。

GoogleMap 的方法	说　明
animateCamera()	用法和 moveCamera() 相同，但在改变地图状态时会用动画效果展现
getCameraPosition()	可返回当前地图的相机拍摄位置，包括地点（target，为一个LatLng对象）、缩放比例（zoom）、拍摄倾斜角度（tilt）等信息
addMarker()	在地图中加上标记，其参数可传入 new MarkerOptions().position (LatLng 对象).title (标记文字)

上表第 2、3 项中所提到的 LatLng 对象是一个内含经纬度信息的对象，可用其 latitude、longitude 属性获取经、纬度，也可用 new LatLng（纬度，经度）产生此对象。例如，下面的程序可在地图的当前位置添加一个标记：

```
map.addMarker( new MarkerOptions().position(map.getCameraPosition().
target).title("当前位置") );
```

以上步骤看似烦琐，其实只要利用向导程序新建一个 Google Map 活动（或项目），大部分工作就会"自动"完成，而且还会协助你上网申请 API Key，相当轻松！

范例 14-3 **在 Google Map 中显示当前所在位置**

接着来实现范例。右图是程序的执行成果。

显示当前的坐标及定位方式

可用手指移动地图或用两个指头缩放地图

当前位置

步骤 01 新建 Ch14_MyMap 项目，并在新建向导程序的第 2 步将 Minimum Required SDK 设为 API 9:Android 2.3 以上的版本，因为 Google Play services 函数库最低只支持到此版本。另外，Activity 要选择 Basic Activity，因为我们稍后会在 App 加上菜单，而 BasicActivity 已经内建菜单的相关设置，可以方便我们使用。

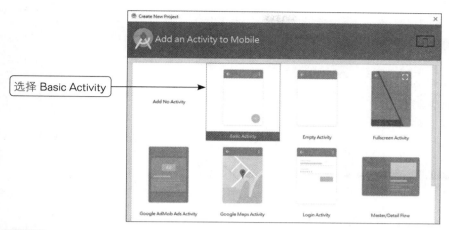

选择 Basic Activity

步骤 02 新建一个 Google Map 活动，以便让向导程序协助我们完成使用地图的设置工作。

1 右击 app

2 依次单击 "New/Google/ Google MapsActivity" 菜单选项

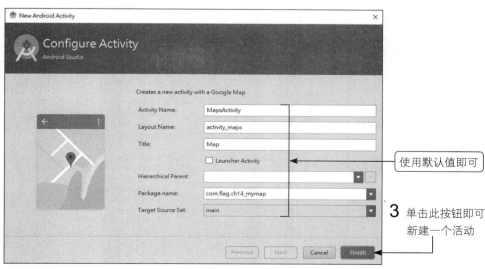

使用默认值即可

3 单击此按钮即可 新建一个活动

新加入的程序文件和布局文件　　　　　　　　告诉用户要先申请 API Key

5 按住【Ctrl】键选择此链接，即可启动浏览器申请 API Key

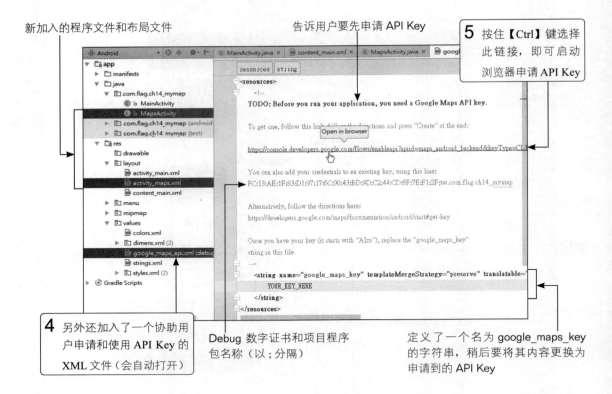

4 另外还加入了一个协助用户申请和使用 API Key 的 XML 文件（会自动打开）

Debug 数字证书和项目程序包名称（以 ; 分隔）

定义了一个名为 google_maps_key 的字符串，稍后要将其内容更换为申请到的 API Key

在 Project 窗格中 google_maps_api.xml 文件名后面标识了 "(debug)"，表示此文件位于 debug 文件夹（因为是用 Debug 数字证书申请的），实际路径为 \app\src\debug\res\values。

步骤 03 用 Google 账号登录 Google Developers Console 网站（https://console.developers.google.com），创建新项目 My Project 之后，如下操作申请 API Key：

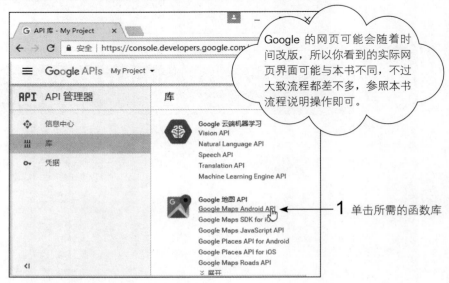

Google 的网页可能会随着时间改版，所以你看到的实际网页界面可能与本书不同，不过大致流程都差不多，参照本书流程说明操作即可。

1 单击所需的函数库

2 单击"启用"按钮

3 单击"创建凭据"按钮

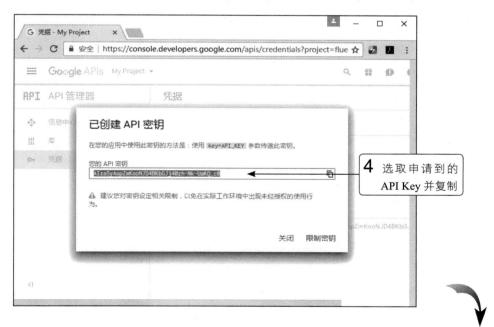

4 选取申请到的 API Key 并复制

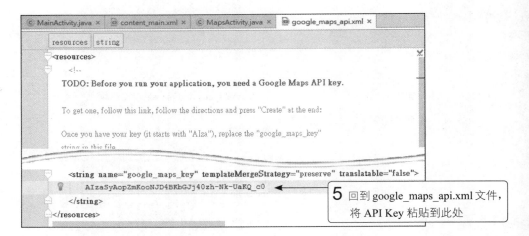

5 回到 google_maps_api.xml 文件，将 API Key 粘贴到此处

步骤 04 前面新建 Google Map 活动时，向导程序会自动为项目新建 Google Play services 的 gms 函数库。笔者写作时 gms 函数库最新的版本是 10.0.1，根据笔者的测试，这个版本会导致 App 编译时产生 Execution failed for task ':app:transformClassesWithDexFor XXX' 的错误。

这是因为 Android App 设计上的限制，App 本身与其函数库所定义对象的方法总数量不得超过 64K，若超过，则无法编译或安装。而 gms 9.x.x 以上的版本因为方法数较多，所以很容易导致方法总数量超过 64K。

技巧 关于方法总数量上限为 64K 的详细说明，可参考 https://developer.android.com/studio/build/multidex.html。

Google 官方已经提出了解决的方法，不过这个方法只适用于 Android 5.x 以上，必须增加额外的处理才能支持 Android 4.x 以下的版本。为了避免增加学习复杂度，我们将直接改用旧版的 gms 函数库降低方法数。如下修改 gms 版本：

1 双击此项打开 _build.gradle 文件（注意是 appModule 的，而不是 Project 的）

4 单击此链接进行同步

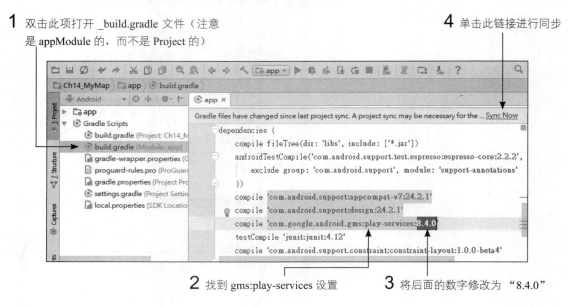

2 找到 gms:play-services 设置　　**3** 将后面的数字修改为 "8.4.0"

步骤 05 打开 AndroidManifest.xml 文件，加入定位需要的权限与 OpenGL ES v2 的使用功能。

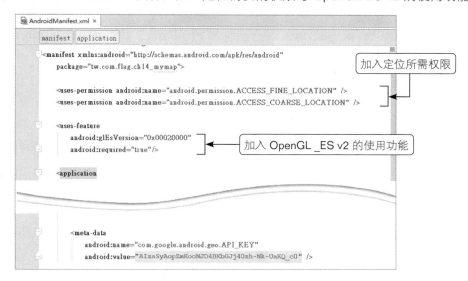

技巧 注意，以上声明的值若为粗体灰字，则表示引用了其他资源，如 API Key 引用了 @ string/google_maps_key。将鼠标移到此值上或在值上单击，可看到引用的资源名称（再按 Ctrl + ─ 键可恢复）。

步骤 06 设置工作都完成后，先删除刚才加入的 Google Map 活动，以免造成混淆。

1 按住 Ctrl 键选取 Google Map 活动的程序文件和布局文件

3 单击 OK 按钮，稍等一下即可完成删除

在选取文件后，也可直接按 <kbd>Delete</kbd> 键，然后勾选 Safe Delete 安全删除。

在前面的图中可以看到 Basic Activity 有两个布局文件：activity_main.xml 与 content_main.xml，其中 activity_main 是主要的布局文件，内容如下：

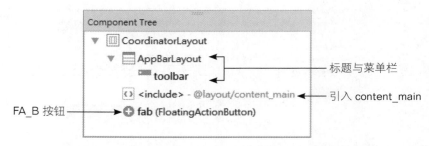

content_main 是 activity_main 的一部分，负责 App 内容的配置。而 activity_main 自己负责处理 App 整体的排版、标题、菜单、FAB 按钮（稍后会说明）等。这样将内容与版面布局分开成两个文件，可以避免放在一起组件过多而不方便编辑或设计。

步骤 07 打开 content_main.xml 布局文件，这是 Basic Activity 中用来放置 App 内容的布局文件。将 RelativeLayout 更换为 ConstraintLayout，然后进行如下操作：

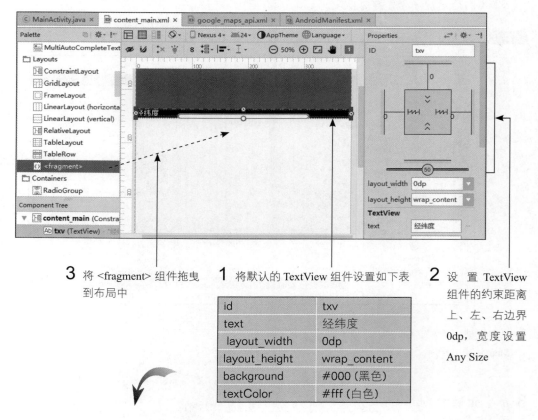

3 将 <fragment> 组件拖曳到布局中

1 将默认的 TextView 组件设置如下表

2 设置 TextView 组件的约束距离上、左、右边界 0dp，宽度设置 Any Size

id	txv
text	经纬度
layout_width	0dp
layout_height	wrap_content
background	#000（黑色）
textColor	#fff（白色）

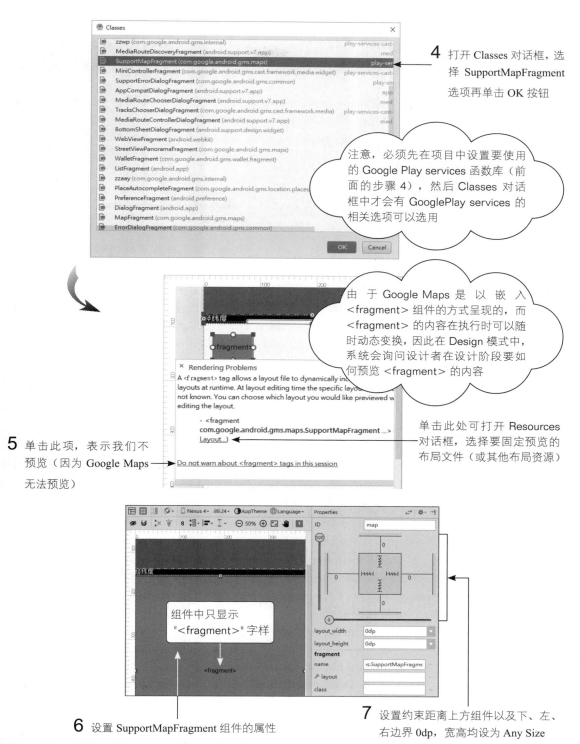

4 打开 Classes 对话框，选
择 SupportMapFragment
选项再单击 OK 按钮

注意，必须先在项目中设置要使用
的 Google Play services 函数库（前
面的步骤 4），然后 Classes 对话
框中才会有 GooglePlay services 的
相关选项可以选用

由 于 Google Maps 是 以 嵌 入
<fragment> 组件的方式呈现的，而
<fragment> 的内容在执行时可以随
时动态变换，因此在 Design 模式中，
系统会询问设计者在设计阶段要如
何预览 <fragment> 的内容

单击此处可打开 Resources
对话框，选择要固定预览的
布局文件（或其他布局资源）

5 单击此项，表示我们不
预览（因为 Google Maps
无法预览）

组件中只显示
"<fragment>" 字样

6 设置 SupportMapFragment 组件的属性

7 设置约束距离上方组件以及下、左、
右边界 0dp，宽高均设为 Any Size

id	map
layout_width	0dp (Any Size)
layout_height	0dp (Any Size)
name	com.google.android.gms.maps.SupportMapFragment (已设置好，不需更改)

步骤 08 打开 activity_main.xml 布局文件，删除右下角的 FAB 按钮。

在章App不需要使用此按钮，所以删除这个组件

技巧 FAB（Floating Action Button）按钮会固定浮现在 App 界面的右下角，可以用来实现 App 最常用的功能，如记事 App 可以将这个按钮作为新建记事按钮，这样用户无论在 App 的任何界面都可以快速新建记事。

步骤 09 编写程序。由于此范例需要使用第 14-1 节介绍的"读取定位"功能，因此将第 14-1 节 Ch14_SimpleLocation 范例的程序代码（MainActivity.java）中的 enableLocationUpdates()、checkPermisson() 与 onRequestPermissionsResult() 方法复制到新项目中，然后加入以下程序代码：

```
public class MainActivity extends AppCompatActivity
            implements LocationListener {    ←── 位置更新监听器接口
    static fi nal int MIN_TIME = 5000;    ←── 位置更新条件：5000 毫秒
    static fi nal fl oat MIN_DIST = 5;    ←── 位置更新条件：5 米
    LocationManager mgr;                    ←── 定位管理员

    boolean isGPSEnabled;                  ←── GPS 定位是否可用
    boolean isNetworkEnabled;              ←── 网络定位是否可用


    @Override
    protected void onCreate(Bundle savedInstanceState) {
        super.onCreate(savedInstanceState);
        setContentView(R.layout.activity_main);
        Toolbar toolbar = (Toolbar) findViewById(R.id.toolbar);
        setSupportActionBar(toolbar);

                                    删除或注释掉这些程序代码

        //FloatingActionButton fab =
                    (FloatingActionButton) findViewById(R.id.fab);
        //fab.setOnClickListener(new View.OnClickListener() {
        //      @Override
        //      public void onClick(View view) {
        //      Snackbar.make(view, "Replace with your own action",
                            Snackbar.LENGTH_LONG)
        //      .setAction("Action", null).show();
```

```
            //        }
            //});

            mgr = (LocationManager) getSystemService(LOCATION_SERVICE);
                                        获取系统服务的 LocationManager 对象
            checkPermission();          检查若尚未授权，则向用户请求允许定位权限
}
    @Override
    protected void onResume() {
                                                    加入 onResume() 与
        super.onResume();                           onPause() 事件方法
        enableLocationUpdates(true);      启用定位更新功能
    }

    @Override
    protected void onPause() {
        super.onPause();
        enableLocationUpdates(false);      关闭定位更新功能
    }

    ...

    @Override
    public void onLocationChanged(Location location) {
        // onLocationChanged() 里面先留空
    }
                                                    加入 LocationListener
                                                    接口的事件方法
    @Override
    public void onStatusChanged(String provider,
                            int status, Bundle extras) {
    }

    @Override
    public void onProviderEnabled(String provider) {
    }

    @Override
    public void onProviderDisabled(String provider) {
    }

    private void enableLocationUpdates(boolean isTurnOn) {
        ...
    }
```

```
    @Override
    public void onRequestPermissionsResult(...)
        ...
    }
    private void checkPermission() { ... }
}
```

加入 第 14-1
节的 3 个方法

步骤 10 如下添加 Google Map 相关的程序代码：

```
public class MainActivity extends AppCompatActivity
        implements LocationListener, OnMapReadyCallback {
                                            实现 OnMapReadyCallback 接口
    private GoogleMap map;       操控地图的对象
    LatLng currPoint;            存储当前的位置
    TextView txv;                声明 TextView 变量
    ...

    @Override
    protected void onCreate(Bundle savedInstanceState) {
        ...
        // 获取系统服务的 LocationManager 对象
        mgr = (LocationManager) getSystemService(LOCATION_SERVICE);
        txv = (TextView) findViewById(R.id.txv);    引用布局上的 TextView 组件
        SupportMapFragment mapFragment =            获取布局上的 map 组件
                (SupportMapFragment) getSupportFragmentManager()
                .findFragmentById(R.id.map);
        mapFragment.getMapAsync(this);     注册 Google Map onMapReady 事件监听器
    }


    @Override
    public void onLocationChanged(Location location) {
        if(location != null) {      如果可以获取定位
            txv.setText(
                    String.format("纬度 %.4f, 经度 %.4f (%s 定位 )",
                    location.getLatitude(),     当前纬度
                    location.getLongitude(),    当前经度
                    location.getProvider()));   定位方式
        currPoint = new LatLng(location.getLatitude(),
                location.getLongitude());    按照当前经纬度创建 LatLng 对象
        if (map != null) {     如果 Google Map 已经启动完毕

                map.animateCamera(
                        CameraUpdateFactory.newLatLng(currPoint));
                                            将地图中心点移到当前位置
```

```
                    map.addMarker(new MarkerOptions().
                        position(currPoint).title("当前位置"));
                                                            ← 标记当前位置
                }
            }
            else {  ← 无法获取定位
            txv.setText("暂时无法获取定位信息 ...");
            }
        }
        ...
        @Override
        public void onMapReady(GoogleMap googleMap) {  ←
                                                    Google Map 启动完毕可以使用
            map = googleMap;  ←  获取 Google Map 对象，此对象可以操控地图

            map.setMapType(GoogleMap.MAP_TYPE_NORMAL);  ←
                                                    设置地图为普通街道模式
            map.moveCamera(CameraUpdateFactory.zoomTo(18));  ←
                                                    将地图缩放级数改为 18
    }
```

- 以上 Google Map 对象的使用方法可参考本节前面的说明。

步骤 ⑪ 在手机上测试结果，看看是否和本范例最前面的示范相同。

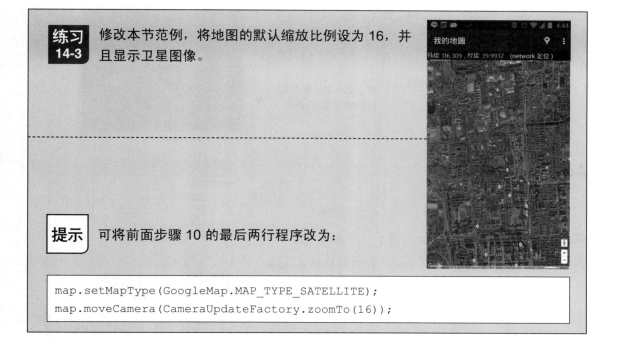

练习 14-3 修改本节范例，将地图的默认缩放比例设为 16，并且显示卫星图像。

提示 可将前面步骤 10 的最后两行程序改为：

```
map.setMapType(GoogleMap.MAP_TYPE_SATELLITE);
map.moveCamera(CameraUpdateFactory.zoomTo(16));
```

14-4 为 Activity 添加菜单

有时需要在程序中添加一些额外的功能或设置，如是否要添加卫星图、交通状况，或让用户可以变更手机的定位设置等，这时可以帮 Activity 添加一个选项菜单（Option Menu），例如：

1 单击此按钮可在地图中央加上标记

这 2 个是可以勾选的多选按钮

2 单击此图标可打开菜单

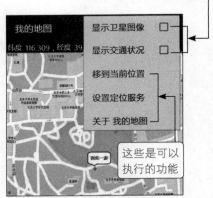

这些是可以执行的功能

注意，以上是 Android 3.0 以上版本的界面。若是在 2.x 版中，且未使用兼容函数库，则要单击手机上的菜单按钮打开菜单，而且菜单在屏幕下方。

在 2.x 版中以类似按钮的样子显示菜单

Activity 默认的菜单

其实当我们在创建项目时，向导程序就已经自动帮 MainActivity 创建了一个菜单的架构。

1 在项目的 res/menu/下已帮用户创建了一个菜单 XML 文件

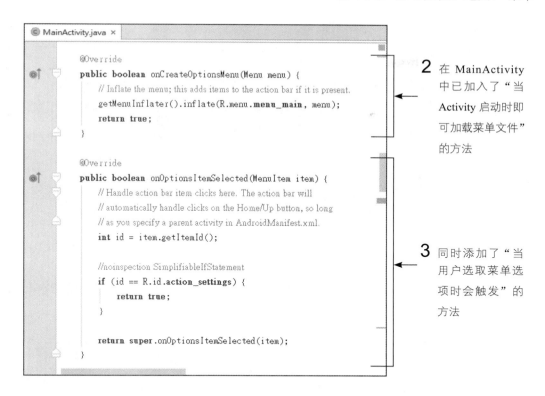

2 在 MainActivity 中已加入了"当 Activity 启动时即可加载菜单文件"的方法

3 同时添加了"当用户选取菜单选项时会触发"的方法

由于已预先做好了菜单的架构，因此要加入菜单相当容易，只需要两个步骤。

步骤 01 打开 res/menu/menu_main.xml 文件加入菜单的选项，可以是一般的菜单选项，也可以是可选中的选项。

步骤 02 在程序的 onOptionsItemSelected() 方法中加入当用户选取选项时所要做的事情。

设置菜单的内容

直接打开 res/menu/menu_main.xml 文件，即可编辑或加入更多选项。

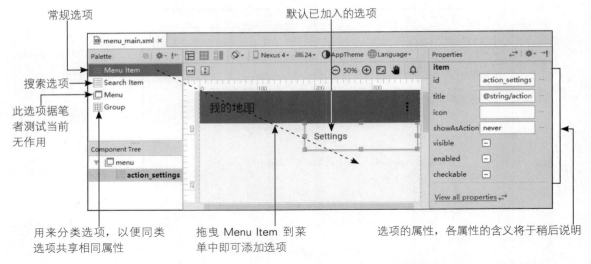

常规选项

默认已加入的选项

搜索选项

此选项据笔者测试当前无作用

用来分类选项，以便同类选项共享相同属性

拖曳 Menu Item 到菜单中即可添加选项

选项的属性，各属性的含义将于稍后说明

为了说明方便，稍后我们将以 XML 示范，读者可按照后面的属性说明自行改用图形设计界面。

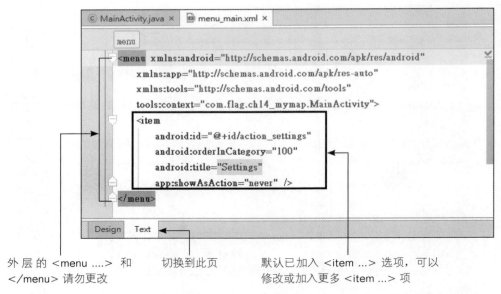

外层的 <menu ....> 和 </menu> 请勿更改

切换到此页

默认已加入 <item ...> 选项，可以修改或加入更多 <item ...> 项

一个 <item ...> 标签代表一个选项，此标签中最常用的几个属性如下：

属性	说明
android:id	选项的 ID
android:title	选项的标题文字（显示在菜单中的文字）
android:checkable	如果设为true，就表示可选中的选项（默认为 false）
android:checked	在Activity启动时的默认勾选状态（默认为 false）

（续表）

属性	说明
android:visible	若设为false，则可将选项隐藏起来（默认为 true）
android:enabled	若设为false，则可让选项以灰色显示而无法选择（默认为 true）

如果只是简单的菜单，使用以上几个属性就足够了。另外，选项也能以图标固定显示在标题栏（Action Bar）上，此时需再添加两个属性：

属 性	说 明
android:showAsAction	是否固定显示在标题栏上，可设置的值有never（否，默认）、always（总是）、ifRoom（如果空间够就显示）等
android:icon	指定要显示在标题栏中的图标

如果标题栏可能出现空间不够的情况，那么建议使用 ifRoom，否则放不下时会造成图标的重叠。另外，注意如果项目使用兼容函数库，就要将 android:showAsAction 改为 app:showAsAction（app 是在外层 <item> 标签中声明的 xmlns:app 名称空间）。

下面看一个简单的范例。

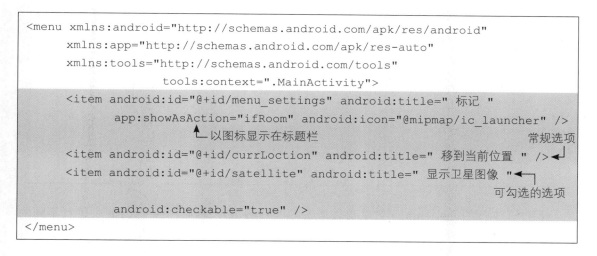

```
<menu xmlns:android="http://schemas.android.com/apk/res/android"
    xmlns:app="http://schemas.android.com/apk/res-auto"
    xmlns:tools="http://schemas.android.com/tools"
              tools:context=".MainActivity">
    <item android:id="@+id/menu_settings" android:title=" 标记 "
          app:showAsAction="ifRoom" android:icon="@mipmap/ic_launcher" />
               ↳以图标显示在标题栏                          常规选项
    <item android:id="@+id/currLoction" android:title=" 移到当前位置 " />↵
    <item android:id="@+id/satellite" android:title=" 显示卫星图像 "←
                                                      可勾选的选项
          android:checkable="true" />
</menu>
```

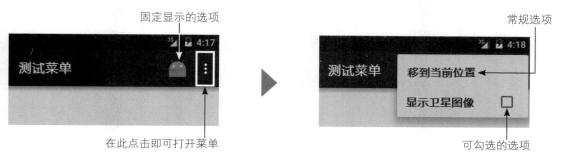

固定显示的选项

常规选项

测试菜单

在此点击即可打开菜单

移到当前位置

显示卫星图像

可勾选的选项

编写菜单所需的两个方法

如前所述，第一个 onCreateOptionsMenu() 默认已经加好了。

```
public boolean onCreateOptionsMenu(Menu menu) {
    getMenuInflater().inflate(R.menu.menu_main, menu);    将菜单加载到 menu 对象
    return true;
}    凡是放在项目 /res/menu 下的菜单设置文件，在程序中都是
     以 "R.menu. 文件名"（不含扩展名 .xml）为其资源 ID
```

上面第 2 行的 inflate() 会将菜单加载到 menu 对象中，第一个参数 menu.menu_main 指的是项目中的 res/menu/menu_main.xml 文件，第二个参数 menu 用来存储加载的菜单对象。

接着来看当选项被选取时会引发的 onOptionsItemSelected() 方法。

```
01 @Override
02 public boolean onOptionsItemSelected(MenuItem item) {    传入被选取的选项
03    switch(item.getItemId()) {    获取选项的 ID
04    case R.id.menu_settings:
05      // 处理此选项要做的工作
06      break;
07    case R.id.satellite:
08      // 处理此选项要做的工作
09      break;
10    case ...
11    }
12    return super.onOptionsItemSelected(item);
13 }    执行父类的同名方法，以处理内部的一些必要工作
```

上面第 3 行的 getItemId() 方法可读取选项的资源 ID，然后在各个 case 中进行不同的处理。

范例 14-4　为程序加上菜单

接着我们为前一节做好的范例加上菜单。

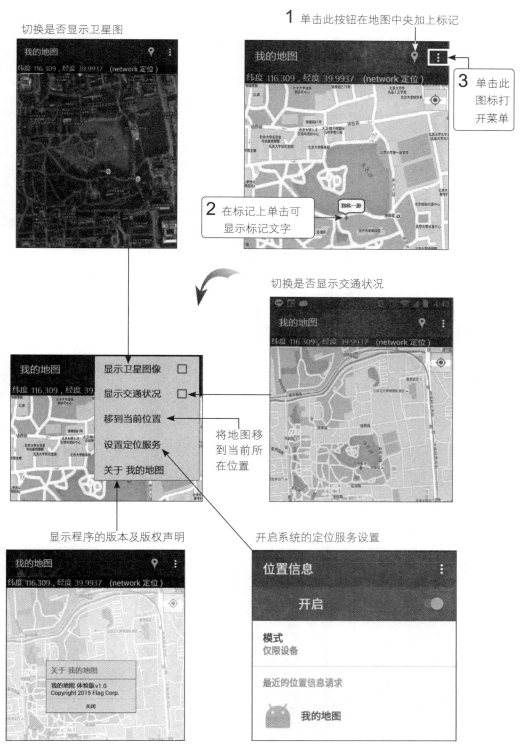

切换是否显示卫星图

1 单击此按钮在地图中央加上标记

3 单击此图标打开菜单

2 在标记上单击可显示标记文字

切换是否显示交通状况

显示卫星图像 ☐
显示交通状况 ☐
移到当前位置
设置定位服务
关于 我的地图

将地图移到当前所在位置

显示程序的版本及版权声明

开启系统的定位服务设置

关于 我的地图
我的地图 体验版 v1.0
Copyright 2015 Flag Corp.
关闭

位置信息
开启
模式
仅限设备
最近的位置信息请求
我的地图

步骤 01 将前面的 Ch14_MyMap 项目复制为 Ch14_MyMap2 项目。

步骤 02 制作一个适合显示在标题栏（Action Bar）的图标，如下操作：

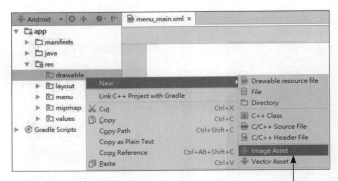

1 在 res/drawable 上右击，然后依次单击 "new/Image Asset" 选项

2 类型选此项

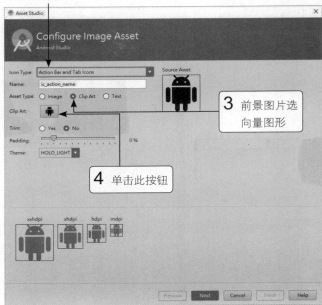

3 前景图片选
向量图形

4 单击此按钮

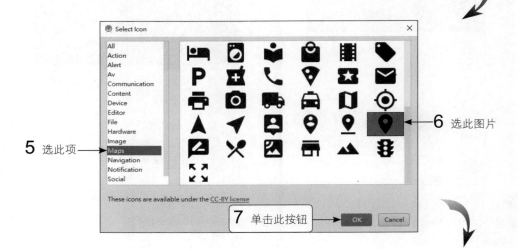

5 选此项

6 选此图片

7 单击此按钮

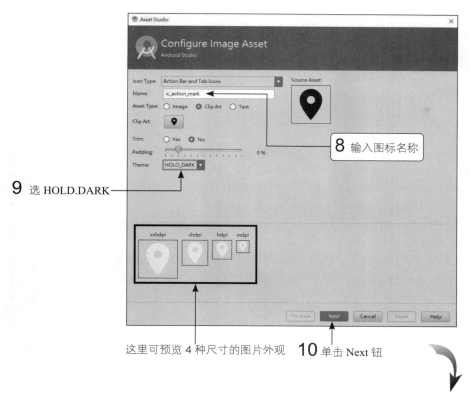

8 输入图标名称

9 选 HOLD.DARK

这里可预览 4 种尺寸的图片外观　10 单击 Next 钮

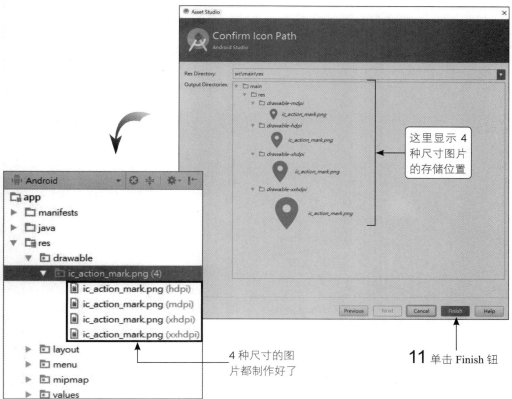

这里显示 4 种尺寸图片的存储位置

4 种尺寸的图片都制作好了

11 单击 Finish 钮

步骤 03 打开项目的 res/menu/menu_main.xml 文件，加入如下 6 个选项：

```xml
<menu xmlns:android="http://schemas.android.com/apk/res/android"
    xmlns:app="http://schemas.android.com/apk/res-auto"
    xmlns:tools="http://schemas.android.com/tools"
                tools:context=".MainActivity">
    <item android:id="@+id/mark" android:title=" 标记 "          ←—— 此选项会以图标
                                                                      显示在标题栏
            app:showAsAction="ifRoom" android:icon="@drawable/ic_action_mark" />
    <item android:id="@+id/satellite" android:title=" 显示卫星图像 "
            android:checkable="true" />                              可勾选
    <item android:id="@+id/traffic" android:title=" 显示交通状况 "    的选项
            android:checkable="true" />
    <item android:id="@+id/currLoction" android:title=" 移到当前位置 " />
    <item android:id="@+id/setGPS" android:title=" 设置定位服务 " />
    <item android:id="@+id/about" android:title=" 关于我的地图 " />
</menu>                                                              常规选项
```

步骤 04 编写加载和处理菜单的两个方法（如果之前已将这两个方法删除，那么可以先 新建一
个项目，再将其中的相关方法复制过来）。

```java
01 @Override
02 public boolean onCreateOptionsMenu(Menu menu) {
03     getMenuInflater().inflate(R.menu.menu_main, menu);
04     return true;
05 }
06
07 @Override
08 public boolean onOptionsItemSelected(MenuItem item) {
09     switch(item.getItemId()) {   ←—— 按照选项的 id 处理
10         case R.id.mark:
11             map.clear();   ←—— 清除所有标记
12             map.addMarker(new MarkerOptions()  ←—— 在当前位置加入标记
13                     .position(map.getCameraPosition().target)
14                     .title(" 到此一游 "));
15             break;
16         case R.id.satellite:
17             item.setChecked(!item.isChecked());  ←——切换到菜单项的勾选状态
18             if(item.isChecked())                 ←—— 设置是否显示卫星图像
```

```
19                          map.setMapType(GoogleMap.MAP_TYPE_SATELLITE);
20              else
21                          map.setMapType(GoogleMap.MAP_TYPE_NORMAL);
22              break;
23      case R.id.traffic:  ◄───切换菜单项的选中状态
24              item.setChecked(!item.isChecked());
25              map.setTrafficEnabled(item.isChecked());◄───设置是否显示交通图
26              break;
27      case R.id.currLoction:
28              map.animateCamera(                在地图中移动到当前位置
29                  CameraUpdateFactory.newLatLng(currPoint));◄───
30              break;
31      case R.id.setGPS:
32              Intent i = new Intent(  ◄───利用 Intent 启动系统的定位服务设置
33                  Settings.ACTION_LOCATION_SOURCE_SETTINGS);
34              startActivity(i);
35              break;
36      case R.id.about:
37              new AlertDialog.Builder(this)◄───用对话框显示程序版本与版权声明
38                  .setTitle("关于我的地图")
39                  .setMessage("我的地图  体验版  v1.0\nCopyright 2015 Flag Corp.")
40                  .setPositiveButton("关闭", null)
41                  .show();
42          break;
43      }
44      return super.onOptionsItemSelected(item);
45  }
```

- 第 11 行清除之前所加的标记（如果有的话），第 12 行会在地图的中央设置新标记，设置的地点可以由 map.getCameraPosition().target 获取。
- 由于选项的勾选状态是由我们自行控制的，因此在第 17 行先利用 item 的 isChecked() 和 setChecked() 切换勾选状态，然后第 18~21 行按勾选的状态切换是否显示卫星图像。item 是本方法所传入的参数，代表被选取的选项对象。
- 第 24、25 行的作用和上一项相同，只是将设置的对象改为是否加上交通状况。
- 第 32 ～ 34 行利用 Intent 启动系统的定位服务设置，这在前面已介绍过了。
- 第 37 ～ 41 行利用 Alert 对话框显示程序的版本和版权声明。有关 Alert 对话框的介绍，可参阅第 7 章。

步骤 05 在手机上测试结果，看看是否和本范例最前面的示范相同。

练习 14-4　修改本节范例，利用第 2 节介绍过的查询地址技巧，让程序可以用实际的地址作为标记文字。另外，还要在菜单中多加一个"结束程序"选项，当用户选择此项时可以结束程序。

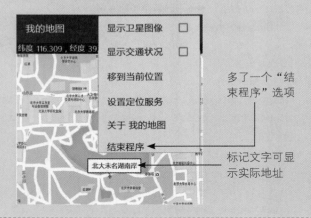

多了一个"结束程序"选项

标记文字可显示实际地址

提示　可在程序的菜单 XML 文件中多加一个选项，并在 onOptionsItemSelected() 中加入相关处理。

```xml
© MainActivity.java ×    menu_main.xml ×

<menu xmlns:android="http://schemas.android.com/apk/res/android"
    xmlns:app="http://schemas.android.com/apk/res-auto"
    xmlns:tools="http://schemas.android.com/tools" tools:context=".MainActivity">
    <item android:id="@+id/mark" android:title="标记"
        app:showAsAction="ifRoom" android:icon="@drawable/ic_action_mark" />
    <item android:id="@+id/satellite" android:title="显示卫星图像" android:checkable="true" />
    <item android:id="@+id/traffic" android:title="显示交通状况" android:checkable="true" />
    <item android:id="@+id/currLoction" android:title="移到当前位置" />
    <item android:id="@+id/setGPS" android:title="设置定位服务" />
    <item android:id="@+id/about" android:title="关于 我的地图" />
    <item android:id="@+id/finish" android:title="结束程序" />
</menu>
```

在 menu_main.xml 中加入这一行

```java
01 public boolean onOptionsItemSelected(MenuItem item) {
02     switch(item.getItemId()) {    ←—— 按照选项的 id 处理
03         case R.id.mark:
04             map.clear();
05             map.addMarker(new MarkerOptions()
06                     .position(map.getCameraPosition().target)
07                     .title(getAddress()));
08             break;
09         case R.id.satellite:
```

```
            ...
36          case R.id.finish:
37                  finish();          结束活动（也就结束程序了）
38                  break;
39      }
40      return super.onOptionsItemSelected(item);
41  }
42
43  String getAddress() {
44      LatLng target = map.getCameraPosition().target;      获取地图当前位置
45      try {
46          List<Address> listAddr =
                new Geocoder(this, Locale.getDefault()).
47          getFromLocation(target.latitude, target.longitude, 1);
                用经纬度查地址                              检查是否获取了地址
48          if (listAddr == null || listAddr.size() == 0) {
49                  return "未知地址: " + String.format("纬度 %.4f, 经度 %.4f",
50                                      target.latitude, target.longitude);
51          }
52          else {                          用来存储地址
53                  String strAddr = "";                  获取 List 中的第一项
54                  Address addr = listAddr.get(0);      （也是唯一的一项）
55                  for (int i = 0; i <= addr.getMaxAddressLineIndex(); i++)
                            strAddr += addr.getAddressLine(i) + "\n";
57          return strAddr; 58  }
59      } catch (Exception ex) {
60              return "未知地址: " + String.format("纬度 %.4f, 经度 %.4f",
61                      target.latitude, target.longitude);
62      }
63  }
```

延伸阅读

（1）要实现完整的 LocationListener 接口方法，可参考 Location 文件说明：http:// developer. android.com/reference/android/location/LocationListener. html。

（2）关于设计具备定位功能的 Android App 应注意事项，可参考官方网站 Location Strategies 指南：http://developer.android.com/guide/topics/location/strategies.html。

（3）关于菜单中的各种应用，可参考官方网站的 Menus 指南：http://developer.android. com/guide/topics/ui/menus.html。

重点整理

（1）要使用手机定位功能，必须先获取手机系统提供的 LocationManager 对象（定位管理器）。获取定位管理器后，可进一步获取系统的 LocationProvider（定位提供者）和注册位置事件的监听器。

（2）当前手机大多支持 gps、network、passive 这 3 种定位提供者。调用 LocationManager 的 getProvider() 可获取参数所指的定位提供者，或者用 getBestProvider() 以指定条件的方式获取最佳的提供者。

（3）要使用定位提供者，项目必须设置使用 android.permission.ACCESS_COARSE_LOCATION 和 android.permission.ACCESS_FINE_LOCATION 两个权限。

（4）通过定位提供者对象调用 getLastKnownLocation() 方法，可返回包含最近一次定位数据的 Location 对象。以此对象调用 getLatitude()、getLongitude() 即可获取经纬度。

（5）想让定位提供者每次获取新的定位数据就通知程序，需要用定位管理器调用 requestLocationUpdates() 方法注册"位置事件"的监听器。

（6）"位置事件"监听器需要实现 LocationListener 接口，此接口共有 4 个方法，但是获取位置信息时，只需使用其中的 onLocationChanged() 方法，参数就是包含新位置的 Location 对象。

（7）Geocoder 类提供经纬度和地址的查询功能，由于需要通过因特网连到 Google 提供的服务进行查询，因此使用时必须已连上因特网，而且项目要具备 android.permission. INTERNET 的权限。

（8）用 Geocoder 对象调用 getFromLocation() 可用经纬度查地址，这个方法有可能会抛出 IOException，所以必须将调用的语句放在 try/catch 段落中。

（9）Geocoder 对象查询结果放在 Address 类型的 List 对象（List<Address>）中，必须先从 List 中取出 Address 对象，再调用 getAddress() 等方法才能读取查询到的数据。

（10）利用 Google Map 功能可以在程序中显示地图，并设计许多有关地图的应用。但在使用之前，要先向 Google 公司申请 Google Maps API Key 才行。

（11）在项目中使用 Google Map 时，必须引用 Google Play services 程序库，还要在 AndroidManifest.xml 中加入 API Key 和 Google Play services 版本信息及适当的权限。

（12）在程序中使用 Layout 中的 MapFragment 组件获取 GoogleMap 对象，然后可以用此对象进行各项设置，如加上卫星空照图、交通状况图等。

（13）若要帮 Activity 加上选项菜单（Option Menu）， 则可先打开 res/menu/menu_main.xml 文件， 加入所需的选项， 然后在程序的 onCreateOptionsMenu() 中载入菜单， 并在 onOptionsItemSelected() 中处理当用户选取选项时所要做的事情。

习题

（1）想让定位提供者每次获取新的定位数据就通知程序，需要用定位管理器对象调用_____LocationUpdates() 方法注册"位置事件"的监听器。

（2）"位置事件"监听器需实现 LocationListener 接口，此接口中的 on_____ 会在位置更新时被调用，参数就是包含新位置的 _____ 类的对象，以此对象调用 get_____tude() 方法即可获取纬度，调用 get_____tude() 可获取经度。

（3）修改本章第 1 个范例程序 Ch14_SimpleLocation，在程序中加入一个按钮，单击后会以 Intent 打开地图，并显示当前位置（提示：打开地图的 URI 格式为 "geo: 纬度 , 经度 ?z=18"）。

（4）说明 Google Map 的作用，以及在使用之前要向 Google 申请什么？

（5）设计一个具备菜单的程序，在菜单中至少要包含两个固定显示在标题栏的图标、两个可勾选的选项、两个可用 Intent 启动其他应用程序的选项、结束程序的选项以及显示版本和版权声明的选项。

第 15 章 SQLite 数据库

15-1 认识 SQLite 数据库

15-2 查询数据及使用 Cursor 对象

15-3 热线通讯家

本章将介绍如何使用 Android 内建的 SQLite 数据库存储数据。另外，还会说明如何将查询到的数据通过 Adapter 对象显示到 ListView 中。

15-1 认识 SQLite 数据库

SQLite 是一套开放源码的数据库引擎，Android 内建了 SQLite 功能，让 Android App 可以很方便地利用它存储数据。SQLite 支持关系数据库的查询语言 SQL 大部分语法，如果读者用过 SQL Server、MySQL 等关系数据库，就能很快上手。

Android SDK 提供的类库已简化了使用 SQLite 数据库的操作，使用时只需要用到一些基本 SQL 语法。下面先简单说明创建数据表、新增数据的 SQL 语法。

 数据库其实是一个文件，不过是由 SQLite 维护的，程序不需要直接读取它，而是使用 Android SDK 中的 SQLite 相关类存取数据库的内容。

数据库、数据表、数据字段

要利用 SQLite 数据库存储数据，必须先创建数据库（此部分可通过 Activity 内建的方法实现）。要存储数据，需要先在数据库中创建数据表（Table）。我们可以把数据表视为一个二维的表格，如简单的通信数据表可能有如下内容：

字段

name	phone	email
孙小小	(10)12345678	small@flag.com
卢拉拉	(10)87654321	lala@flag.com
陈章章	(10)12121212	chacha@flag.com

字段（Column）名称 →

← 记录（Record）

纵向的一列称为字段（Column），代表一项特定意义的数据，如 name 栏用来存储客户的名称。横向的一行称为记录（Record 或 Row），每一个记录都存储着一组完整的数据，如上图第 2 条记录，存储着"卢拉拉"这个客户的联系数据。

使用 CREATE TABLE 语句创建数据表

创建数据表的 SQL 语句为 CREATE TABLE，语法如下（SQL 语句不分字母大小写，但为了方便辨别，下面介绍语法时，SQL 关键字都使用大写字母）：

```
CREATE TABLE 数据表名称 ( 字段名    数据类型   PRIMARY KEY ,
                        字段名    数据类型 ,        └── 主键
              ...)
              └── 可有多组"字段名数据类型"
```

 字段名指定了 PRIMARY KEY 时，表示要以该字段的值创建主键，每个数据表只能有一个字段设为主键。每组数据的主索引字段值都必须是唯一的，不可以重复。

前面范例中的"通讯录"数据表可用如下语法创建：

```
CREATE TABLE customers (name VARCHAR(32),
                        phone VARCHAR(16),
                        email VARCHAR(32))
```

name	phone	email
孙小小	(10)12345678	small@flag.com
卢拉拉	(10)87654321	lala@flag.com
陈章章	(10)12121212	chacha@flag.com

其中，VARCHAR 表示可变动长度的字符，括号中的数字表示字符数上限，如 VARCHAR(32) 表示最多可存 32 个字符。

 SQLite 支持的数据类型相当多，在此就不逐一说明了。

关于 SQLite 数据库或 SQL 语法的详细介绍，可参考本章"延伸阅读"中所列的参考资料。

使用 openOrCreateDatabase() 创建数据库

在项目的 MainActivity 类中有一个 openOrCreateDatabase() 方法，可创建和打开数据库，此方法会打开（open）参数所指的数据库，若数据库不存在，则会先创建（create）再打开它，其参数如下：

```
openOrCreateDatabase("customer",        ←── 数据库名称
                Context.MODE_PRIVATE,   ←── 创建数据库文件的模式
                null);                  ←── 返回查询结果的类
```

- 数据库名称：这是最重要的参数。
- 运行模式：创建此数据库文件的方式。一般会设成 0，或使用常数 Context.MODE_PRIVATE，表示仅供自己使用的数据库。

- 第 3 个参数用于指定对此数据库查询时返回查询结果的类。一般使用 null，表示使用系统默认的类。

若 openOrCreateDatabase() 执行成功，则会返回代表数据库的 SQLiteDatabase 对象。SQLiteDatabase 类已内建了许多方法，可用于执行 SQL 语句、写入数据、进行查询、清除数据等。下面先介绍如何创建数据表并写入数据。

用 execSQL() 方法执行 CREATE TABLE 语句

使用 SQLiteDatabase 对象创建数据表必须用前面介绍的 CREATE TABLE 语句作为参数，调用 execSQL() 方法，例如：

```
SQLiteDatabase db = openOrCreateDatabase(...);    ◄──── 获取数据库对象
String sql = "CREATE TABLE test " +    ◄──── 创建 test 数据表的 SQL 语法字符串
              "(name VARCHAR(32)," +
              "phone VARCHAR(32)," +
              "email VARCHAR(32))";
db.execSQL(sql);    ◄──── 执行上面的 CREATE TABLE 语句
```

用 insert() 方法和 ContentValues 对象新增数据记录

创建数据表后，可使用 insert() 方法新增数据记录，此方法需配合 ContentValues 对象使用。我们可将 ContentValues 看成是 "字段名 => 字段值" 键值对（Key-Value pair）的集合，所有要新增的数据记录都要用 put() 方法存到 ContentValues 对象中，代码如下：

```
ContentValues cv = new ContentValues(3);    ◄──── 创建含 3 个字段的
                                                   ContentValues 对象
cv.put("name", " 孙小小 ");    ◄──── name 字段为 "孙小小"
cv.put("phone", "(10)12345678");    ◄──── phone 字段为 "(10)12345678"
cv.put("email", "small@flag.com");    ◄──── email 字段为 "small@flag.com"
db.insert("customers", null, cv)    ◄──── 将上面的内容写入 customers 数据表，
                                          新增 1 条记录
```

| 孙小小 | (10)12345678 | small@flag.com |

customers 数据表

技巧 insert() 方法的第 2 个参数用于设置当 ContentValues 对象参数未包含内容时插入空数据的处理方式，一般不会用到，故设为 null。

范例 15-1　创建数据库和数据表

下面用前面介绍的内容试着创建一个数据库。

步骤 01　创建新项目，命名为"Ch15_ HelloSQLite"。

步骤 02　本范例还无法查询和显示数据记录，所以只能将创建的数据库基本信息列出，为默认布局 TextView 设置 id 和 textSize 属性。

步骤 03　打开 MainActivity.java，加入如下类变量，并在 onCreate() 方法中加入创建数据库的程序代码：

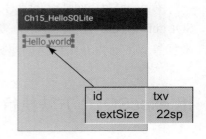

```
01 public class MainActivity extends AppCompatActivity {
02     static final String db_name="testDB";              ←── 数据库名称
03     static final String tb_name="test";                ←── 数据表名称
04     SQLiteDatabase db;                                  ←── 数据库对象
05     @Override
06     protected void onCreate(Bundle savedInstanceState) {
07         super.onCreate(savedInstanceState);
08         setContentView(R.layout.activity_main); 09
10         // 打开或创建数据库
11         db = openOrCreateDatabase(db_name, Context.MODE_PRIVATE, null);
12
13         String createTable="CREATE TABLE IF NOT EXISTS " +
14                     tb_name +                           ←── 数据表名称
15             "(name VARCHAR(32), "+                      ←── 姓名字段
16             "phone VARCHAR(16), " +                     ←── 电话字段
17             "email VARCHAR(64))";                       ←── Email 字段
18         db.execSQL(createTable);                        ←── 创建数据表
19
20         // 调用自定义的 addData() 方法写入两组数据记录
21         addData("Flag Publishing Co.","10-12345678","service@flag. com");
22         addData("Jun Magazine","10-24680135","service@Jun.com");
23
24         TextView txv=(TextView)findViewById(R.id.txv);←┐
                                                获取及显示数据库信息
25         txv.setText(" 数据库文件路径 : "+db.getPath()+ "\n" +
26                     " 数据库分页大小 : "+db.getPageSize() + " Bytes\n" +
27                     " 数据量上限 : "+db.getMaximumSize() + " Bytes\n");
28
29         db.close();        ←── 关闭数据库
30     }
31
```

```
32      private void addData(String name, String phone, String email) {
33          ContentValues cv=new ContentValues(3);  ←—— 创建含 3 条数据记录的对象
34              cv.put("name", name);
35              cv.put("phone", phone);
36              cv.put("email", email);
37
38          db.insert(tb_name, null, cv);  ←—— 将数据加到数据表
39      }
...
```

- 第 11 行调用 openOrCreateDatabase() 获取数据库对象。方法中第 1 个参数使用第 2 行定义的数据库名称，第 2 个参数使用内建常数 Context.MODE_PRIVATE 将数据库设为仅供自己使用。

- 第 13 ～ 17 行创建 CREATE TABLE 的 SQL 语法字符串。第 13 行在 CREATE TABLE 后面加上 IF NOT EXISTS，表示指定的数据表 test（tb_name 的值）不存在于数据库中时才会进行创建，否则不创建。所以第 2 次执行程序时，不会再执行创建的操作。

 在 CREATE TABLE 语句中加上 IF NOT EXIST 的技巧相当实用，可简化设计逻辑。

- 第 18 行用数据库对象调用 execSQL() 方法，执行 CREATE TABLE... 语句。
- 第 21、22 行调用自定义的 addData() 在数据表新增两条记录。
- 第 24 ～ 28 行将一些基本数据库信息输出到 TextView 上。其中，调用的 getXXX() 方法都是 SQLiteDatabase 内建的方法，它们会返回数据库对象的相关信息。
- 第 29 行调用 close() 方法关闭数据库连接。
- 第 32 ～ 39 是自定义的 addData() 方法，作用是将 3 个参数字符串加到数据表中成为一个新记录。
- 第 33 行创建含 3 个项目的 ContentValues 对象，并接着用 put() 方法将名称、电话、电子邮件字符串加到对象中。
- 第 38 行用数据库对象的 insert() 方法将 ContentValues 对象内容新增到数据表中。

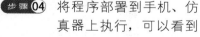 将程序部署到手机、仿真器上执行，可以看到右图所示的结果。

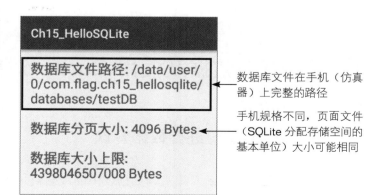

数据库文件在手机（仿真器）上完整的路径

手机规格不同，页面文件（SQLite 分配存储空间的基本单位）大小可能相同

由于尚未介绍查询的 SQL 语法及如何处理查询结果，因此本节只写入数据记录而未读取写入的数据记录。若想查看数据记录存放的情况，则可参考后面说明框中的介绍，或用下一节介绍的方法读出数据记录。

练习 15-1 将范例程序创建的数据库改为自定义的名称，如改成 myDatabase，并查看执行结果。

提示 可以修改范例程序中类变量 db_name 的字符串值，或直接修改 openOrCreateDatabase() 语句为："openOrCreateDatabase("myDatabase", Context.MODE_PRIVATE, null);"。

Ch15_HelloSQLite

数据库文件路径: /data/user/0/com.flag.ch15_hellosqlite/databases/MyDatabase

数据库分页大小: 4096 Bytes

数据库大小上限:
4398046507008 Bytes

自定义数据库的名称会出现在此

查看数据库所占用的空间大小

和第 13 章使用首选项存储数据一样，程序若使用 SQLite 数据库存储数据，则可在手机的"设置 / 应用程序"中查看其占用的空间。

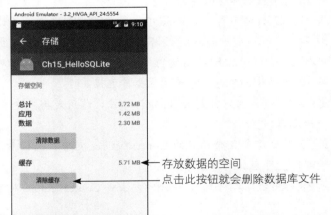

存放数据的空间

点击此按钮就会删除数据库文件

15-2 查询数据及使用 Cursor 对象

使用 SELECT 语句进行数据查询

使用 SQLiteDatabase 对象查询数据表中的数据记录需要用到 SQL 的 SELECT 语句。下面将快速介绍 SQL 中的查询语句，并说明如何在程序中读取查询的结果。

SELECT 语句的基本语法如下：

```
SELECT 字段名 FROM 数据表名称
```

"字段名"的部分可列出数据表中一个或多个字段（以逗号分隔），或者用星号"*"代表"所有字段"。例如，对于范例 test 数据表，下面的两条语句是一样的意思：

```
SELECT * FROM test  ◀—— 直接用 * 代表"所有字段"
SELECT name,phone,email FROM test
```

使用 Cursor 对象获取查询结果

要执行查询，需要用到 SQLiteDatabase 对象的 rawQuery() 方法，第 1 个参数为 SELECT 语句，第 2 个参数设为 null 即可：

```
rawQuery("SELECT * FROM test", null);  ◀—— 返回 test 数据表的所有记录
```

 上一节创建数据表所用的 execSQL() 方法没有返回值，所以不适用于有返回值的 SELECT 语句。

rawQuery() 方法返回的查询结果为 Cursor 类的对象。Cursor 可称为"数据记录游标"，简单地说，要读取查询结果中某一条记录，就必须将 Cursor 游标指向它，之后才能读取其内容（后详）。一般处理数据记录时大多是按序处理，此时可用如下两组方法移动 Cursor 对象的游标。

| moveToFirst() | 移到第一条记录 | moveToLast() | 移到最后一条记录 |
| moveToNext() | 移到下一条记录 | moveToPrevious() | 移到前一条记录 |

这些方法都会在移动成功时返回 true，失败时返回 false。对 moveToFirst()、moveToLast() 来说，失败表示查询结果中"没有任何数据记录"；moveToNext() 返回失败表示已经到最后一条记录，没有下一条记录了；moveToPrevious() 返回失败表示已经到第一条记录了，无法再往前了。要逐条获取查询结果中所有的记录，可用如下的循环处理：

```
Cursor cur=db.rawQuery("SELECT * FROM test");  ◀—— 执行查询

if( cur.moveToFirst() )  ◀—— 查询结果中有数据才继续
    do {                 ◀—— 利用 do/while 循环逐个读取
        ... // 读取指针所指的数据
} while (cur.moveToNext());  ◀—— 若还有下一个记录，就继续 do/while 循环
```

> **技巧** 要判断查询结果是否有数据记录，也可用 Cursor 的 getCount() 方法，返回值就是数据记录条数。若返回 0，则表示没有数据记录。

使用 Cursor 对象的 getXXX() 方法读取数据

用 Cursor 对象读取数据的方式是以 "字段索引编号" （从 0 起算）为参数的，调用对应的 getXXX() 方法可返回该字段的内容。

```
getDouble(字段索引)    ←—— 读取 Double 数据
getFloat(字段索引)     ←—— 读取 Float 数据
getInt(字段索引)       ←—— 读取 Int 数据
getLong(字段索引)      ←—— 读取 Long 数据
getShort(字段索引)     ←—— 读取 Short 数据
getString(字段索引)    ←—— 读取字符串
```

以之前包含 name、phone、email 3 个字符串字段的数据表为例，读取数据的方式为：

```
Cursor c = db.rawQuery("SELECT * FROM test");
...
c.getString(0);   ←—— 读  "name" 字段的值
c.getString(1);   ←—— 读  "phone" 字段的值
c.getString(2);   ←—— 读  "email" 字段的值
```

若想用 "字段名" 读取数据，则必须先用 getColumnIndex() 方法获取字段索引，例如：

```
c.getString(getColumnIndex("name"));
c.getString(getColumnIndex("phone"));
c.getString(getColumnIndex("email"));
```

在后面的范例中，先用看起来比较简捷的方式：直接使用索引值调用 getXXX()。读者自行开发程序时要注意，如果查询的 SELECT 语句中只查询了部分字段或改变了字段顺序，那么此时用 getColumnIndex() 先获取字段索引就不会取错字段了。

范例 15-2　使用 Cursor 对象读取查询结果

在此将上一节的范例加上查询操作，并利用 Cursor 读取查询结果的功能，将数据记录显示在 TextView 上。

显示查询到的
数据记录条数

逐条列出查询结果

步骤 01 将前一节的范例 Ch15_HelloSQLite 项目复制成 Ch15_HelloCursor，布局不需要修改。

步骤 02 打开 MainActivity.java，将 onCreate() 后半段程序修改如下：

```
01 protected void onCreate(Bundle savedInstanceState) {
02     super.onCreate(savedInstanceState);
03     setContentView(R.layout.activity_main);
04
05     // 打开或创建数据库
06     db = openOrCreateDatabase(db_name, Context.MODE_PRIVATE, null);
07
08     String createTable="CREATE TABLE IF NOT EXISTS " +
09                 tb_name +
10                 "(name VARCHAR(32), " +
11                 "phone VARCHAR(16), " +
12                 "email VARCHAR(64))";
13     db.execSQL(createTable);          ← 创建数据表
14
15     Cursor c=db.rawQuery("SELECT * FROM "+tb_name, null);
                               ← 查询 tb_name 数据表中的所有数据记录
16     if (c.getCount()==0){             ← 若无数据记录，则立即新增两条记录
17         addData("Flag Publishing Co.","10-12345678","service@flag.com");
18         addData("Jun Magazine","10-24680135","service@Jun.com");
19         c=db.rawQuery( "SELECT * FROM "+tb_name, null); ← 重新查询
20     }
21
22     if (c.moveToFirst()) {  ← 到第 1 条记录（若有数据记录才继续）
23         String str=" 总共有 "+c.getCount()+" 条记录 \n";
24         str+="-----\n";
25
26         do{   ← 逐项读出数据，并串接成信息字符串
27             str+="name:"+c.getString(0)+"\n";  ← name 字段
28             str+="phone:"+c.getString(1)+"\n";  ← phone 字段
29             str+="email:"+c.getString(2)+"\n";  ← email 字段
```

```
30                  str+="-----\n";
31          } while(c.moveToNext());        ◀── 有下一条记录就继续循环
32
33          TextView txv=(TextView)findViewById(R.id.txv);
34          txv.setText(str);               ◀── 显示信息字符串
35      }
36
37      db.close();                         ◀── 关闭数据库
38 }
```

- 第 15 行调用 rawQuery() 执行 SELECT 查询语句，并将结果设置给 Cursor 对象 c。
- 第 16 行检查查询结果的记录条数是否为 0，若是 0（没有数据记录），则执行 addData() 方法加入数据，并在第 20 行重新执行查询。
- 第 22 ～ 35 行在有数据记录的情况下（这次改用 moveToFirst() 检查）逐条读取数据内容，并显示到 TextView 中。
- 第 23 行创建要显示在 TextView 中的信息字符串，此处先加入总共有几条记录的信息。
- 第 26 ～ 31 行为逐项读取数据的 do-while 循环，循环中将 getString() 读到的字符串连同字段名称一起附加到字符串中。
- 第 33、34 行将刚才创建的字符串设置到 TextView 中。

步骤 **03** 将程序部署到手机、仿真器上会看到如下界面：

Ch15_HelloCursor

总共有 2条记录 ◀── 以 getCount() 方法获取的数据项数

——
name:Flag Publishing Co.
phone:10-12345678
email:service@flag.com
——
name:Jun Magazine   用循环配合 getString()
phone:10-24680135   读到的查询结果
email:service@Jun.com
——

练习
15-2

修改范例程序，让程序显示的数据从最后一项开始，然后向前逐项显示。

Ch15_HelloCursor

总共有 2 条记录

name:Jun Magazine
phone:10-24680135
email:service@Jun.com

name:Flag Publishing Co.
phone:10-12345678
email:service@flag.com

提示

只需在原程序中将移动 Cursor 的方法 moveToFirst() 改成 moveToLast()，将 moveToNext() 改成 moveToPrevious() 即可。

显示数据的顺序和前图相反

```
if (c.moveToLast()){     ←—— 移到最后 1 条记录
    String str= " 总共有 "+c.getCount()+" 条记录 \n";
    str+="-----\n";

    do{   ←—— 逐项读出数据
            str+="name:"+c.getString(0)+"\n";
            str+="phone:"+c.getString(1)+"\n";
            str+="email:"+c.getString(2)+"\n";
            str+="-----\n";
        } while(c.moveToPrevious());   ←—— 有前一条记录就继续循环

    TextView txv=(TextView)findViewById(R.id.txv);
    txv.setText(str);
    }
```

15-3 热线通讯家

认识 SQLite 数据库的基本用法后，可以进一步利用 ListView 显示 Cursor 对象的内容，设计出实用的应用程序。

本节要教大家设计一个"热线通讯家"程序：虽然手机内建了通讯录功能，但通常我们都会输入相当多的联系人信息，导致有时想打电话给某位重要的亲友时，还得花时间搜索一下。本节要设计的是一个辅助性的通讯录程序，用户可输入少数几位重要人士的通信信息，有需要时，启动程序就能立即拨打电话或发送电子邮件给对方，省去在通讯录中搜索的不便。

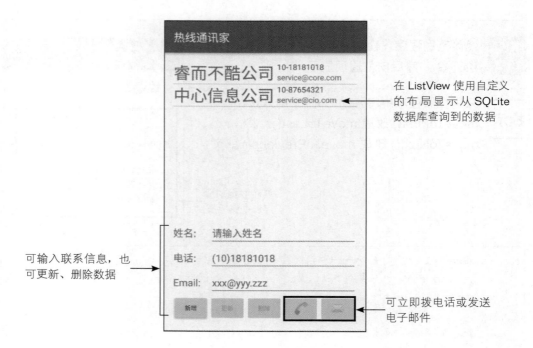

在 ListView 使用自定义的布局显示从 SQLite 数据库查询到的数据

可输入联系信息，也可更新、删除数据

可立即拨电话或发送电子邮件

使用 SimpleCursorAdapter 自定义 ListView 版面

第 6 章曾介绍过可使用 ArrayAdapter 设置 ListView 组件的数据源（当时使用字符串数组为数据源，参见第 6 章），如果想直接使用 Cursor 对象为数据源，就需要改用 SimpleCursorAdapter 类创建 Adapter 对象，再调用 setAdapter() 方法设置给 ListView。

使用 SimpleCursorAdapter 时，由于数据源 Cursor 对象中包含多个字段（如前一节的 name、phone、email 字段），因此在构建方法中必须指定各个字段的数据及如何对应到列表项的各个组件。

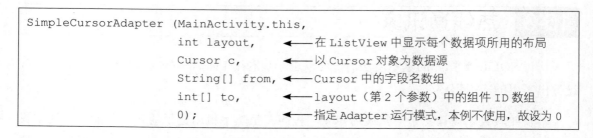

```
SimpleCursorAdapter (MainActivity.this,
            int layout,      ◄——— 在 ListView 中显示每个数据项所用的布局
            Cursor c,        ◄——— 以 Cursor 对象为数据源
            String[] from,   ◄——— Cursor 中的字段名数组
            int[] to,        ◄——— layout（第 2 个参数）中的组件 ID 数组
            0);              ◄——— 指定 Adapter 运行模式，本例不使用，故设为 0
```

简单地说，from 数组中的字段会对应到 to 数组所指的某个 TextView。举例来说，范例程序查询到的字段名包括 {"name"、"phone"、"email"}，而项目布局内有 3 个 TextView，其资源 ID 为 {R.id.name, R.id.phone, R.id.email}，所以将它们设为上述的 from、to 参数，就能让 Cursor 中每项数据一一显示在项目布局适当的 TextView 中。

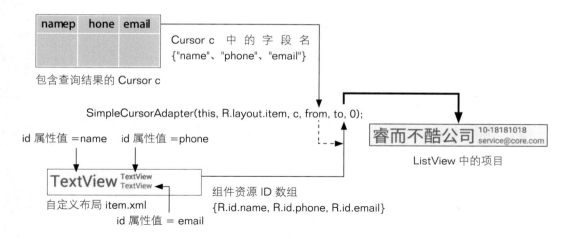

上图中 3 个 TextView 的布局是自定义布局，只要在项目中新增一个布局文件，并按平常设计 Activity 的方式设计好内容，再指定为 SimpleCursorAdapter 构建方法第 2 个参数，最后将 SimpleCursorAdapter 对象设为 ListView 的 Adapter，ListView 就会使用我们自定义的布局显示数据了。

数据表的 "_id" 字段

在 SimpleCursorAdapter 构建方法中指定的 Cursor 对象中，数据字段必须包含一个整数字段 "_id"，SimpleCursorAdapter 内部会用到这个字段，所以在范例程序中会将创建数据表的 CREATE TABLE 语句改为：

```
CREATE TABLE hotlist (_id INTEGER PRIMARY KEY AUTOINCREMENT,
                      name VARCHAR(32),
                      phone VARCHAR(16),
                      email VARCHAR(32))
```

其中，INTEGER 表示整数数据类型，AUTOINCREMENT 表示字段值是自动（AUTO）递增（INCREMENT）的，不需要自行设置。例如，加入第 1 条数据记录时，"_id" 字段会自动为 1；加入第 2 条记录时，"_id" 字段会自动为 2……以此类推。

创建数据表并加入数据后，用 "SELECT * FROM hotlist" 查询所得到的 Cursor 对象就会包含 "_id" 字段，可以设置给 SimpleCursorAdapter 使用。另一方面，程序在进行数据更新 / 删除操作时，也会使用 "_id" 字段指定所要更新 / 删除的数据记录是数据库中的哪一条。

这个 _id 字段有什么用处？

SimpleCursorAdapter 要辨别当前在用户界面（ListView）中被选取的选项代表哪一条数据记录，其内部设计就是使用 _id 字段，所以我们的 Cursor 要包含此字段才能让它正常运行。

范例 15-3　热线通讯家

步骤 01　创建新项目 Ch15_MyHotline，并将 app_name 改为 "热线通讯家"。进入布局编辑器后，将默认布局的 RelativeLayout 换成 LinearLayout，并加入 组件。

加入 4 个 LinearLayout（Horizontal）

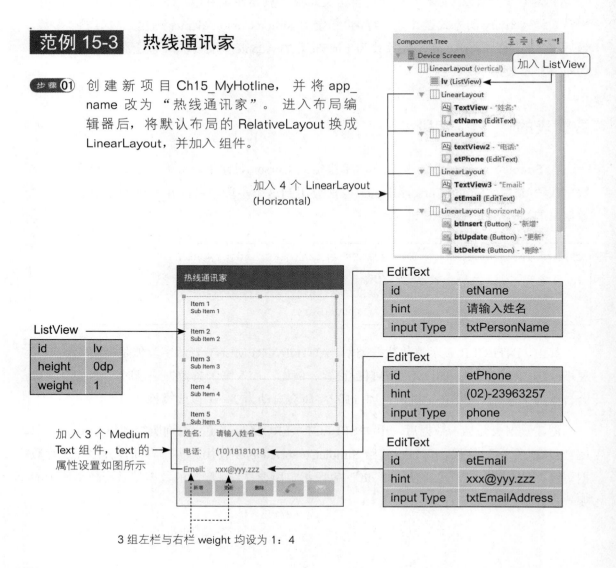

ListView

id	lv
height	0dp
weight	1

加入 3 个 Medium Text 组件，text 的属性设置如图所示

3 组左栏与右栏 weight 均设为 1：4

EditText

id	etName
hint	请输入姓名
input Type	txtPersonName

EditText

id	etPhone
hint	(02)-23963257
input Type	phone

EditText

id	etEmail
hint	xxx@yyy.zzz
input Type	txtEmailAddress

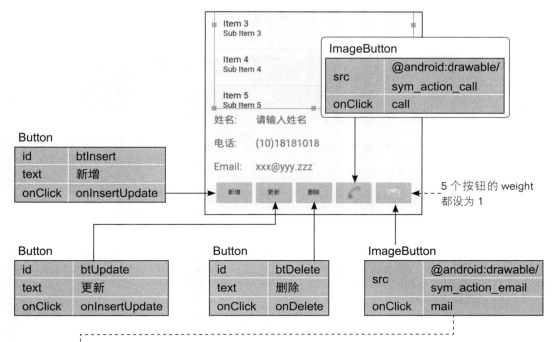

技巧 ImageButton 是可显示图像的 Button 组件，设置 srcCompat 属性的方式类似于 ImageView（见第 5 章），并可直接设置 onClick 属性指定单击此按钮时要执行的方法名称。

步骤 02 按如下方式在项目中加入新的布局。

2 输入文件名 item（扩展名不需要输入）

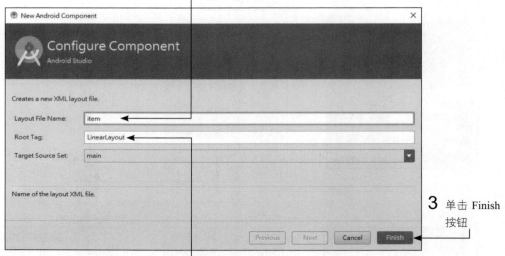

3 单击 Finish 按钮

根标签（最外层的标签）使用默认值即可

新建的布局文件

4 将 LinearLayout 的 orientation 属性设为 horizontal （不设也可以，因为默认为 horizontal）

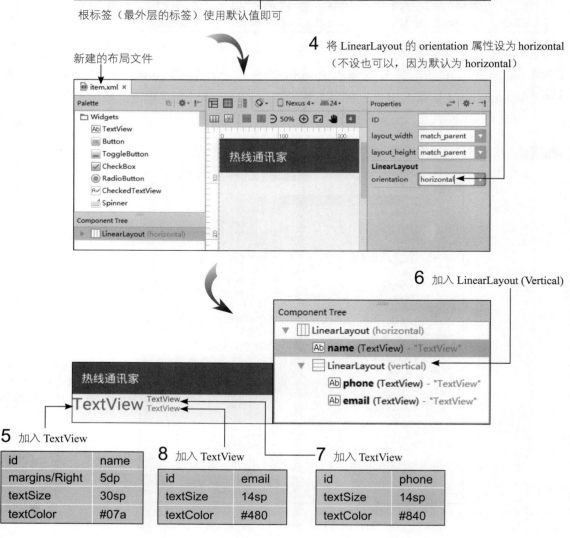

6 加入 LinearLayout (Vertical)

5 加入 TextView

id	name
margins/Right	5dp
textSize	30sp
textColor	#07a

8 加入 TextView

id	email
textSize	14sp
textColor	#480

7 加入 TextView

id	phone
textSize	14sp
textColor	#840

步骤 **03** 打开 MainActivity.java，创建如下类变量，并在 onCreate() 中初始化：

```
01 public class MainActivity extends AppCompatActivity
                            implements AdapterView.OnItemClickListener{
02    static final String DB_NAME="HotlineDB";          ← 数据库名称
03    static final String TB_NAME="hotlist";            ← 数据表名称
04    static final int MAX=8;                    ← 程序记录的通信数据记录数的上限
05    static final String[] FROM =              ← 数据表字段名字符串数组
06                   new String[] {"name","phone","email"};
07    SQLiteDatabase db;
08    Cursor cur;       ← 存放查询结果的 Cursor 对象
09    SimpleCursorAdapter adapter;
10    EditText etName,etPhone,etEmail;          ← 用于输入姓名、电话、Email 的字段
11    Button btInsert, btUpdate, btDelete;   ← 新增、更新、删除按钮
12    ListView lv;
13
14    @Override
15    protected void onCreate(Bundle savedInstanceState) {
16    super.onCreate(savedInstanceState);
17    setContentView(R.layout.activity_main);
18
19    etName=(EditText)findViewById(R.id.etName);
20    etPhone=(EditText)findViewById(R.id.etPhone);
21    etEmail=(EditText)findViewById(R.id.etEmail);
22    btInsert =(Button)findViewById(R.id.btInsert);     ← 获取界面上的组件
23    btUpdate =(Button)findViewById(R.id.btInsert);
24    btDelete =(Button)findViewById(R.id.btInsert);
25
26    // 打开或创建数据库
27    db = openOrCreateDatabase(db_name, Context.MODE_PRIVATE, null);
28
29    // 创建数据表
30    String createTable="CREATE TABLE IF NOT EXISTS " + tb_name +
31            ┌→ "(_id INTEGER PRIMARY KEY AUTOINCREMENT, " +
32       索引字段        "name VARCHAR(32), " +
33                      "phone VARCHAR(16), " +
34                      "email VARCHAR(64))";
35    db.execSQL(createTable);
36
37    cur=db.rawQuery("SELECT * FROM "+ tb_name, null);     ←查询数据
38
39        // 若是空的，则写入测试数据
```

```
40              if(cur.getCount()==0){
41              addData(" 睿而不酷公司 ","10-18181018","service@core.com");
42              addData(" 中心信息公司 ","10-87654321","service@cio.com");
43              }
44
45              // 创建 Adapter 对象
46              adapter=new SimpleCursorAdapter(this,
47              R.layout.item, cur,    ←── 自定义的 Layout 和 Cursor 对象
48              FROM,     ←── 字段名数组
49              new int[] {R.id.name,R.id.phone,R.id.email}, 0);←┐
                                                      TextView 资源 ID 数组
50
51              lv=(ListView)findViewById(R.id.lv);
52              lv.setAdapter(adapter);           ←── 设置 Adapter
53              lv.setOnItemClickListener(this);  ←── 设置单击事件的监听器
54              requery();             ←── 调用自定义方法重新查询和设置按钮状态
55      }
```

- 第 1 行用 MainActivity 类声明要实现 AdapterView.OnItemClickListener 事件，稍后会加入必要的 onItemClick() 方法。
- 第 2 ～ 6 行是程序中要用到的常数，第 4 行的 MAX 限制程序中可加入的联系人数量，第 5 行将数据表中经常使用的字段名存于数组，而且可直接当成参数用在 SimpleCursorAdapter 构建方法中（见第 48 行）。

 在输入 SimpleCursorAdapter 类名称时，由于有两个程序包包含此类，因此要选择 "android.support.v4.widget.SimpleCursorAdapter" 这一项，程序才能在 2.X 手机上执行。

- 第 31 行在数据表中加入必要的 " _id" 索引字段，除了供 SimpleCursorAdapter 使用外，程序在更新、删除数据时也会用到此字段。
- 第 41、42 行加入两项测试数据。此处没有像本章前两个范例那样立即重新查询，而是在第 54 行才重新查询（后详）。
- 第 46 ～ 49 行新建 SimpleCursorAdapter 对象：
  > 第 2 个参数（第 47 行）是先前创建的自定义布局。
  > 第 4 个参数（第 48 行）直接使用第 5 行定义的字段名数组。
  > 第 5 个参数（第 49 行）自定义布局 item.xml 中各个 TextView 的资源 ID 数组。
- 第 52、53 行设置 ListView 的 Adapter 对象，并设置监听器。
- 54 行调用的 requery() 是自定义方法（见下段第 19~28 行）。此方法会更新 Adapter 的 Cursor 内容，并调整按钮状态（如在数据记录条数达到 MAX 上限值时，停用"新增"按钮，让用户无法再新增联系人）。

步骤 04 加入新增数据记录、更新数据、重新查询等的自定义方法。

```
01 private void addData(String name, String phone, String email) {
02    ContentValues cv=new ContentValues(3);
03    cv.put(FROM[0], name);
04    cv.put(FROM[1], phone);
05    cv.put(FROM[2], email);
06
07    db.insert(TB_NAME, null, cv);
08 }
09
10 private void update(String name, String phone,
                        String email, int id) {
11    ContentValues cv=new ContentValues(3);
12    cv.put(FROM[0], name);
13    cv.put(FROM[1], phone);
14    cv.put(FROM[2], email);
15
16    db.update(TB_NAME, cv, "_id="+id, null);   ◀── 更新 _id 所指的记录
17 }
18
19 private void requery() {  ◀── 重新查询的自定义方法
20    cur=db.rawQuery("SELECT * FROM "+tb_name, null);
21    adapter.changeCursor(cur);   ◀── 更改 Adapter 的 Cursor
22    if(cur.getCount()==max)       ◀── 已达上限, 停用新增按钮
23            btInsert.setEnabled(false);
24    else
25            btInsert.setEnabled(true);
26    btUpdate.setEnabled(false);   ◀── 停用更新按钮, 待用户选择选项后再启用
27    btDelete.setEnabled(false);   ◀── 停用删除按钮, 待用户选择选项后再启用
28 }
```

- 第 1 ~ 8 行是新增数据的方法，其内容和本章先前使用的 addData() 方法类似，只是字段名改由从程序中定义的 FROM 字符串数组获取。

- 第 10 ~ 17 行是更新数据的方法，第 16 行调用的是 SQLiteDatabase 类内建的 update() 方法。方法第 3 个参数用来设置更新的条件，此处设置 "_id="+id" 表示利用 _id 字段指定所要更新的记录是哪一个。

```
db.update(TB_NAME,   ◀── 要更新的数据表
          cv,        ◀── 内含新数据的 ContentValues 对象
          "_id="+id, ◀── 更新的条件判断式
          null);     ◀── 此参数本例不使用, 故设为 null
```

- 第 19 ～ 28 行为重新查询数据表的自定义方法，第 20 行会执行查询，并在第 21 行调用 SimpleCursorAdapter 的 changeCursor() 方法更新数据，同时更新 ListView 显示的数据。
- 第 22 ～ 27 行调整各按钮的状态，第 22 行检查数据记录的条数，若已达到 MAX 上限值，则停用"新增"按钮。第 26、27 行则是将更新、删除按钮设为停用，用户重新选择选项时，才会重新启用（在 onItemClick() 方法中设置）。

步骤 05 加入 ListView 的 onItemClick() 方法及各按钮的 On Click 事件的方法，代码如下：

```
01 @Override
02 public void onItemClick(AdapterView<?> parent, View v,
                           int position, long id) {
03    cur.moveToPosition(position);       ←── 移动 Cursor 至用户选取的选项
04    // 读出姓名、电话、Email 数据并显示
05    etName.setText(cur.getString(
06                cur.getColumnIndex(FROM[0])));
07    etPhone.setText(cur.getString(
08                cur.getColumnIndex(FROM[1])));
09    etEmail.setText(cur.getString(
10                cur.getColumnIndex(FROM[2])));
11
12    btUpdate.setEnabled(true);   ←── 启用更新按钮
13    btDelete.setEnabled(true);   ←── 启用删除按钮
14 }
15
16 public void onInsertUpdate(View v){
17    String nameStr=etName.getText().toString().trim();
18    String phoneStr=etPhone.getText().toString().trim();
19    String emailStr=etEmail.getText().toString().trim();
20    if(nameStr.length()==0 ||       ←── 任一字段没有内容就返回
21         phoneStr.length()==0 ||
22         emailStr.length()==0) return;
23
24         if(v.getId()==R.id.btUpdate) ←── 单击更新按钮
25              update(nameStr, phoneStr, emailStr, cur.getInt(0));
26         else                        ←── 单击新增按钮
27              addData(nameStr, phoneStr, emailStr); ←── 获取 _id 值, 更新
28                                                        含此 _id 的记录
29    requery();   ←── 更新 Cursor 内容
30 }
31
32 public void onDelete(View v){   ←── 删除按钮的 On Click 事件方法
```

```
33    db.delete(tb_name, "_id="+cur.getInt(0), null);
34    requery();           ◄—— 更新 Cursor 内容
35  }
36
37  public void call(View v){      ◄—— 打电话
38    String uri="tel:" + cur.getString(
                                       ┌—phone 字段
39                    cur.getColumnIndex(FROM[1]));
40    Intent it = new Intent(Intent.ACTION_VIEW,Uri.parse(uri));
41    startActivity(it);
42  }
43
44  public void mail(View v){        ◄—— 发送电子邮件
45    String uri="mailto:"+cur.getString(  ◄—— email 字段
46                    cur.getColumnIndex(FROM[2]));
47    Intent it = new Intent(Intent.ACTION_SENDTO, Uri.parse(uri));
48    startActivity(it);
49  }
```

- 第 2 ~ 14 行为 ListView 选项被单击时调用的 onItemClick() 方法，第 3 行先用 Cursor 的 moveToPosition() 移到用户所选的记录，然后从 Cursor 读取数据，并显示在界面下方的 EditText 组件中。最后在 12、13 行启用界面上的"更新"和"删除"按钮。

- 第 16 ~ 30 行是"新增""查询"按钮 OnClick 属性所指的按钮事件方法，因为在"新增""查询"的处理操作中，读取和输入的部分相同，所以此处为简化设计，让它们共享同一个方法。

- 第 17 ~ 22 行获取并检查所有字段是否为空白，若有任何一个字段为空白，则直接返回（return），不进行处理。

- 第 24 ~ 27 行判断被单击的按钮,以决定要调用自定义的 update() 还是 addData() 方法。第 29 行在处理完成后调用 requery() 更新 ListView 并调整按钮状态。

- 第 32 ~ 35 行是"删除"按钮 OnClick 属性所指定的按钮事件方法，此处直接调用 SQLiteDatabase() 的 delete() 方法，此方法只需指定数据表名称和用于指定删除项的条件判断式，这里同样用 "_id=XXX"语句指定要删除的记录。

```
db.delete(tb_name,           ◄—— 数据表名称
        "_id="+cur.getInt(0),  ◄—— 删除的条件判断式
        null);               ◄—— 此参数本例不使用，故设为 null
```

- 第 37 ~ 42 行是打电话按钮 OnClick 属性所指定的按钮事件方法，此处使用第 9 章介绍的内容，创建和启动拨打电话的 Intent。

- 第 44 ～ 49 行是发信按钮 OnClick 属性所指定的按钮事件方法，此处使用第 9 章介绍的内容，创建和启动发送 Email 的 Intent。

步骤 06 将程序部署到手机、仿真器测试。

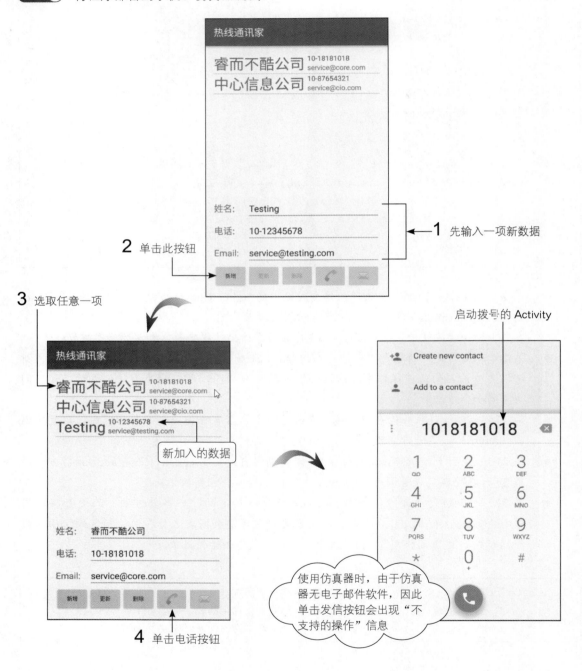

练习 15-3 修改范例程序，增加当长按某一选项时可选取该选项并立即拨号。

热线通讯家

睿而不酷公司 10-18181018 service@core.com
中心信息公司 10-87654321 service@cio.com
Testing 10-12345678 service@testing.com

长按（约 2 秒）时，会选取该选项并立即拨号

提示 只要增加一个 ListView 的"长按项目"事件监听器，然后在其 onItemLongClick() 方法中先调用"选取选项"的 onItemClick() 方法，再调用拨号的 call() 方法即可。

```
public class MainActivity extends AppCompatActivity
        implements AdapterView.OnItemClickListener
        , AdapterView.OnItemLongClickListener { ←── 声明实现接口

    ...

    @Override
    protected void onCreate(Bundle savedInstanceState) {
        ...                             设置"单击选项"事件的监听器
        lv.setOnItemClickListener(this); ←──┘
        lv.setOnItemLongClickListener(this);←┐
                                设置"长按选项"事件的监听器
        requery();
    }

    ...

    @Override
    public void onItemClick(AdapterView<?> parent, View v, int
                        position, long id) {
        ...
    }
    @Override
    public boolean onItemLongClick(AdapterView<?> parent, View view,
                            int position, long id) {
        onItemClick(parent, view, position, id); ←── 调用"选取选项"
        call(view);    ←── 调用拨号方法事件的处理方法
        return true;   ←── 表示已处理好了 , 不需要再引发后续事件
    }
....
}
```

延伸阅读

（1）关于 SQLite 的介绍、文件、下载，可到官网查询：http://www.sqlite.org/。

（2）创建 / 打开数据库，可以使用 SQLiteOpenHelper 类，用法可参考：http://developer.android.com/reference/android/database/sqlite/ SQLiteOpenHelper.html。

（3）想进一步将数据库内容提供给其他 App 使用，可通过 Android 的 Content Provider 机制，相关说明可到 Android 开发者网站用 ContentProvider 搜索，或者直接浏览网页 https://developer.android.com/guide/topics/providers/content-providers.html。

重点整理

（1）Android 内建了开放源码的嵌入式数据库引擎 SQLite，让 Android App 可以很方便地利用它存储数据。

（2）要创建或打开数据库，可在 MainActivity 类中调用 openOrCreateDatabase() 方法，指定的数据库名称若不存在，则会立即创建新数据库并打开；若已存在，则直接打开。返回值为代表数据库的 SQLiteDatabase 对象。

（3）SQLiteDatabase 类已内建了许多方法，可用于进行常规的数据维护和查询，要执行非 SELECT 的 SQL 语句，可使用 execSQL() 方法；新增、更新数据可使用 insert()、update() 方法，且需搭配 ContentValues 类对象指定所要新增 / 更新的数据；删除的 delete() 方法只需指定数据表、要删除的条件即可。

（4）SQLiteDatabase 的 rawQuery() 方法可用以执行 SELECT 查询，返回值为包含查询结果的 Cursor 对象。

（5）使用 Cursor 对象存取查询结果时，可用 moveToFirst()（移到第一条记录）、moveToLast()（移到最后一条记录）、moveToNext()（移到下一条记录）、moveToPrevious()（移到前一条记录）移动 Cursor。getCount() 方法会返回查询结果中的记录条数。

（6）调用 moveToFirst()、moveToLast() 若返回 false，则表示查询结果中"没有数据记录"；若 moveToNext()、moveToPrevious() 返回 false，则表示无法再向后 / 向前移动了。

（7）用 Cursor 对象以"字段索引编号"（从 0 算起）为参数，调用对应的 getXXX() 方法可返回该字段的数据。若不能确定字段索引值，则可用字段名称调用 getColumnIndex() 获取字段索引。

（8）要用 Cursor 对象作为 ListView 显示选项的数据源，需要使用 Cursor 创建 SimpleCursorAdapter 对象，再以此对象为参数，调用 ListView 的 setAdapter() 方法。

（9）在 SimpleCursorAdapter() 构建方法的第 4、5 个参数是用字符串数组的方式指定要显示的字段名，并用 int 数组指定布局中组件的资源 ID，表示用这些组件显示各字段的内容。

（10）用在 SimpleCursorAdapter 的 Cursor 对象的数据字段中必须包含一个整数字段 "_id"，供 SimpleCursorAdapter 辨别所处理的数据是哪一项。

习题

（1）要用 SQLiteDatabase 类对象执行非 SELECT 的 SQL 语句，可使用 _____ 方法；要新增、更新、删除数据，可使用 _____、_____、_____ 方法；执行 SELECT 查询可使用 _____ 方法。

（2）简要说明获取含查询结果的 Cursor 指针对象后，要如何逐项读取查询结果中的每一项记录。

（3）练习设计一个产品数据库，其中 product 数据表有产品编号（_id）、品名（name）、价格（price）3 个字段，并用程序创建此数据库。

（4）续上题，设计一个简单的输入接口，可输入新数据。

（5）使用自定义项目布局的方式，在 ListView 中显示 product 数据表内的名称和价格信息。

第 16 章 Android 互动设计——蓝牙遥控自走车 iTank

16-1 让 Android 与外部设备互动

16-2 点亮 iTank 控制板上的 LED 灯

16-3 手机蓝牙遥控 iTank

16-1 让 Android 与外部设备互动

前面章节的范例都局限在 Android 手机本身,如果能让我们编写的 Android App 与外部设备互动,如用 Android 手机控制电器的开关,或者通过 Android 手机实时感测温度、湿度,就可以让 Android 手机变成智能遥控器,自动根据温度的变化开关电风扇,实现智能家居生活的应用。在这一章中,我们将通过由 FLAG AIAD Android 互动程序设计教学套件中的 iTank 智能型移动平台基本款示范使用 Android 程序与外部设备互动的效果。

iTank 智能型移动平台基本款简介

iTank 智能型移动平台(后文简称 iTank)是一台履带车,车体上方的控制板有一颗微处理器,我们可以通过它的 UART 或 I2C 接口下达指令控制 iTank。

控制板

iTank 智能型移动平台基本款

在控制板上有 UART 插座,可搭配使用 F1611A 蓝牙无线传输模块,从手机端以蓝牙连接远程控制 iTank。

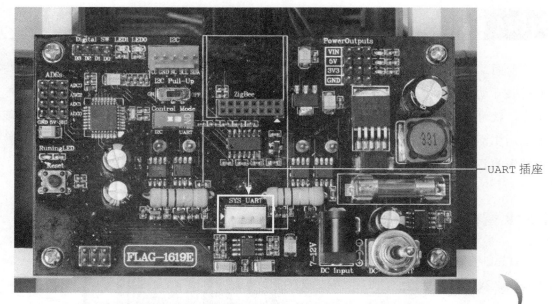

UART 插座

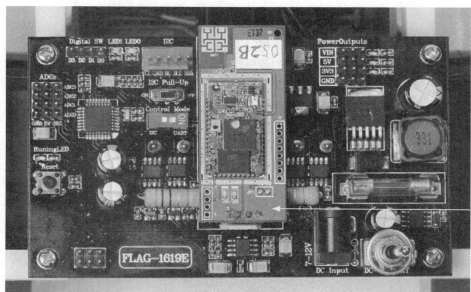

插上蓝牙模块

　　UART 插座会将蓝牙模块的 UART 接口连接到控制板上微处理器的 UART 接口，在手机端通过蓝牙与蓝牙模块连接后，相当于建立了一条无线传输通道，连接手机与控制板的 UART 接口，即可从手机送出指令给控制板上的微处理器，进而控制 iTank。

FlagAPI 简介

　　由于 Android SDK 中有关蓝牙的 API 在使用上较为烦琐，我们特别将相关 API 打包为简单易用的方式，称为 FlagAPI。使用 FlagAPI 的步骤如下。

（1）**复制链接库文件**：将本书范例 FlagAPI 文件夹下的 FlagAPI.jar 链接库文件复制到项目的 libs 文件夹下，即可在项目中使用 FlagAPI。

（2）**加入蓝牙权限**：项目必须加入蓝牙相关的权限，Android 程序才能使用手机的蓝牙功能，否则执行时会发生错误。

（3）**导入 FlagAPI 的类**：FlagAPI 中的类（例如提供蓝牙基础功能的 FlagBt）都定义在 com.flag.api 软件包中，在程序中必须导入相关类才能使用。

（4）**创建蓝牙对象**：使用 FlagBt 类创建负责蓝牙传输的对象，所有蓝牙连接、传输的工作都是由此对象负责的。

（5）**管理蓝牙连接**：使用 FlagBt 类提供的 connect() 方法可以和已配对的蓝牙设备连接，stop() 方法可中断当前的连接。

（6）**处理蓝牙事件**：调用 FlagBt 类的 connect() 方法后，会产生一连串与蓝牙相关的事件，程序必须实现 OnFlagMsgListener 接口，并以接口中定义的 onFlagMsg() 方法处理这些事件，或者接收其他设备通过蓝牙传来的数据。

> Flag API 可简化蓝牙程序。

详细的使用方法我们会在后续的范例中说明。

16-2 点亮 iTank 控制板上的 LED 灯

iTank 控制板上有两颗 LED，分别标识为 LED0 与 LED1。

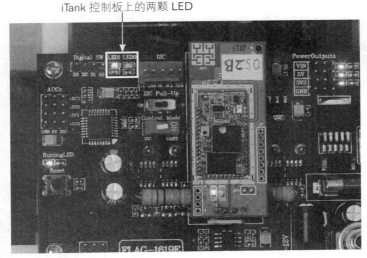

iTank 控制板上的两颗 LED

本节的范例就是要点亮左边标识为 LED1 的灯。

点亮 LED 的指令

要点亮控制板上的 LED，手机端程序可以通过蓝牙传递以下 8 个字节长度的指令（均为十六进制数值）：

```
FF FF 03 00 data FF FF 00
```

其中，data 是 1 个字节的数据，由其中的 4 个比特控制两个 LED。

LED	对应的控制位
LED0	bit4 + bit0
LED1	bit5 + bit1

两个比特的组合值会决定对应的 LED 状态。

bits 组合值	LED 状态
00	变暗
01	变亮
10	保持当前状态
11	不合法的指令，舍弃不处理

因此，要点亮 LED1，就必须传送以下指令：

```
FF FF 03 00 02 FF FF 00
```

范例 16-1　点亮 LED1

了解了 iTank 的概念与点亮 LED1 的指令格式后，就可以动手实现范例了，以下是程序的执行界面。

1 单击 "连接" 按钮从已配对设备选取连接对象

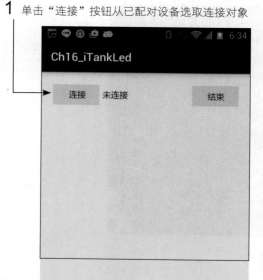

2 选取连接对象

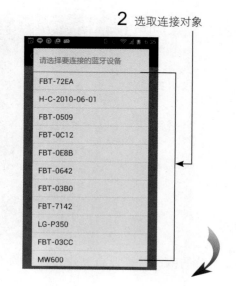

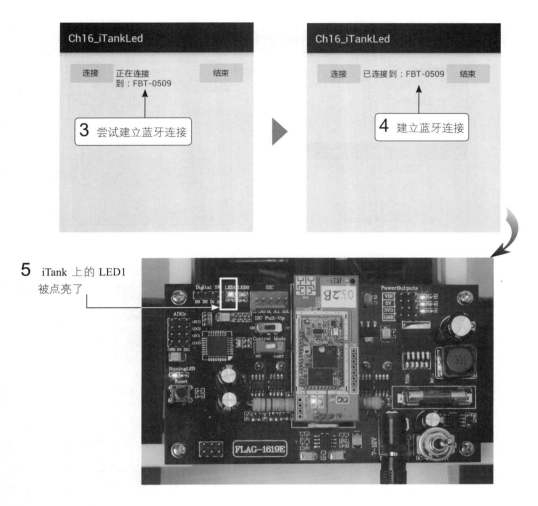

本范例在蓝牙连接一建立时就会传送点亮 LED 的指令给 iTank，因此看到已连接的信息时，iTank 控制板上的 LED1 会被点亮。

步骤 01 新建 Ch16_iTankLed 项目。

步骤 02 将 Project 窗格切换为 Project 模式（可显示项目完整的树状文件结构），然后将本书范例 FlagAPI 文件夹下的 FlagApi.jar 链接库文件复制到项目的 app\libs 文件夹下。

1 选择此项，切换为 Project 模式

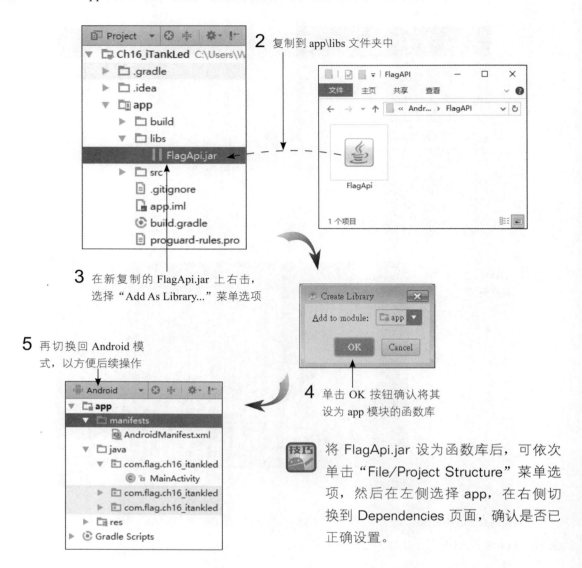

2 复制到 app\libs 文件夹中

3 在新复制的 FlagApi.jar 上右击，选择 "Add As Library..." 菜单选项

5 再切换回 Android 模式，以方便后续操作

4 单击 OK 按钮确认将其设为 app 模块的函数库

技巧 将 FlagApi.jar 设为函数库后，可依次单击 "File/Project Structure" 菜单选项，然后在左侧选择 app，在右侧切换到 Dependencies 页面，确认是否已正确设置。

步骤 03 打开 AndroidManaifest.xml 文件，然后进行如下操作：

在 <application> 标签前加入这两个蓝牙权限

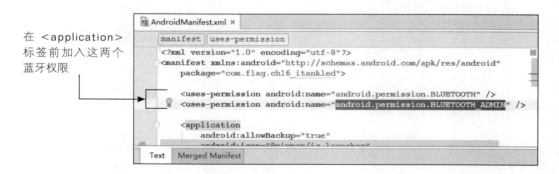

步骤 04 在 Layout 界面中将默认的 RelativeLayout 更换成 ConstraintLayout，然后加入以下组件：

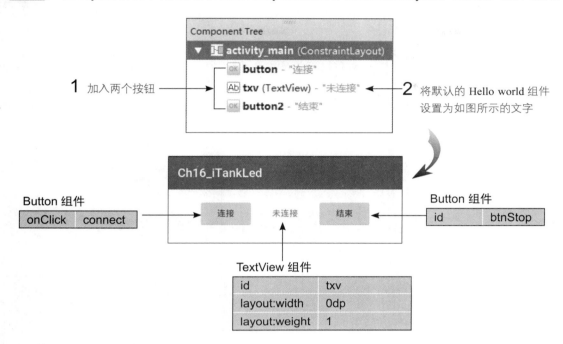

TextView 组件	
id	txv
layout:width	0dp
layout:weight	1

按下列各图设置各组件的约束。

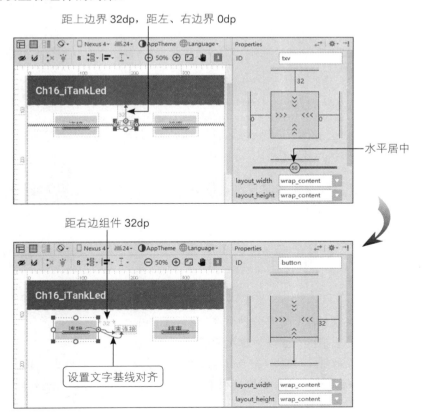

距上边界 32dp，距左、右边界 0dp

水平居中

距右边组件 32dp

设置文字基线对齐

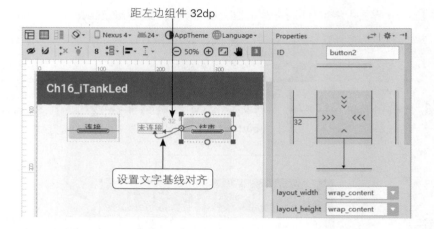

距左边组件 32dp

设置文字基线对齐

步骤 05 编写程序，主要是如同上一节的说明，使用 FlagAPI 操作蓝牙，代码如下：

```
01 public class MainActivity extends AppCompatActivity
02     implements OnFlagMsgListener {  ←—— 蓝牙事件的接口
03
04     FlagBt bt;              ←—— 声明蓝牙对象
05     TextView txv;
06     byte[] ledCmd ={    ←—— 点亮 LED1 的指令
07             (byte)0xFF, (byte)0xFF,
08             (byte)0x03, (byte)0x00, (byte)0x02,
09             (byte)0xFF, (byte)0xFF, (byte)0x00
10     };
11
12     @Override
13     protected void onCreate(Bundle savedInstanceState) {
14             super.onCreate(savedInstanceState);
15             setContentView(R.layout.activity_main);
16
17             this.setRequestedOrientation(    ←—— 让手机屏幕保持直立模式
18                     ActivityInfo.SCREEN_ORIENTATION_PORTRAIT);
19
20             txv = (TextView)findViewById(R.id.txv);
21             bt = new FlagBt(this);        ←—— 创建蓝牙对象
22     }
```

- 第 2 行是实现处理蓝牙事件所需要的 OnFlagMsgListener 接口。
- 第 4 行是声明要指向蓝牙对象的变量。
- 第 6~9 行是点亮 LED1 的指令，稍后会在蓝牙连接成功时送出此指令给 iTank。
- 第 17~18 行是将手机屏幕固定为直立模式，避免手机自动将屏幕转向时重新启动程序而造成蓝牙连接中断。

- 第 21 行创建用来处理蓝牙的对象,传入 this 表示要由 MainActivity 自己处理蓝牙事件。

步骤 06 编写管理蓝牙对象的程序,代码如下:

```
01    public void onDestroy() {
02          bt.stop();          ← 确保程序结束前会停止蓝牙连接
03          super.onDestroy(); 04          }
05
06    public void connect(View v) {
07          if(!bt.connect())          ← 选取已配对设备进行连接
08                txv.setText(" 找不到任何已配对设备 ");
09    }
10
11    public void quit(View v) {
12          bt.stop();
13          finish();
14    }
```

- 第 1 行是程序被强制结束前会自动调用的方法,在此调用 FlagBt 的 stop() 方法可以强制中断蓝牙连接,避免程序意外结束后仍占用蓝牙连接,导致 iTank 无法与其他设备连接。
- 第 6 行是用户单击连接按钮后执行的方法,在此调用 FlagBt 的 connect() 方法列出已配对的设备,让用户选取要连接的设备。若没有已配对的设备,或者用户单击返回按钮取消连接,会返回 false,第 8 行用于显示错误状态。
- 第 11 行是单击结束按钮后执行的方法,同样先调用 FlagBt 的 stop() 方法中断蓝牙连接,再调用 Activity 的 finish() 方法结束程序。

步骤 07 处理蓝牙事件,代码如下:

```
01 public void onFlagMsg(Message msg) {
02   switch(msg.what) {
03   case FlagBt.CONNECTING:          ← 尝试与已配对设备连接
04        txv.setText(" 正在连接到: " + bt.getDeviceName());
05         break;
06   case FlagBt.CONNECTED:          ← 与已配对设备连接成功
07        txv.setText(" 已连接到: " + bt.getDeviceName());
08        bt.write(ledCmd);          ← 送出点亮 LED1 的指令
09        break;
10   case FlagBt.CONNECT_FAIL:          ← 连接失败
11        txv.setText(" 连接失败! 请重连 ");
12        break;
```

```
13   case FlagBt.CONNECT_LOST:        ←—— 当前连接中断
14        txv.setText(" 连接中断 ！请重连 ");
15        break;
16   }
17 }
```

- 第 2 行使用 switch 结构根据参数 msg 的 what 属性判断事件种类，下面各行根据不同事件在手机屏幕上显示对应的信息，其中 FlagBt 类的 getDeviceName() 方法可以返回连接设备的名称。

- 第 8 行是在连接成功后立即传送点亮 LED1 的指令给 iTank，此时可看到 iTank 控制板上的 LED1 灯被点亮。FlagBt 类的 write() 方法可以将数据传给连接的设备。

步骤 08　完成后可准备测试程序，首先进行手机与 iTank 上蓝牙模块的配对，进入手机的"设置／无线设备与网络设置"界面。

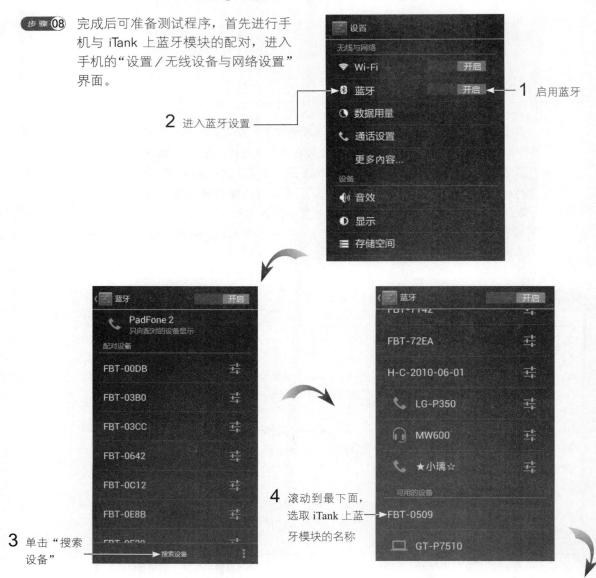

5 输入 Pin 码 "1234"

6 单击"确定"完成配对

技巧 上图显示的是 Android 4.X 版界面，若是 Android 2.X 版的手机，则是在蓝牙选项中启用蓝牙，选择蓝牙设置后可进入蓝牙设置界面。

步骤 09 配对完成后即可将程序加载到手机中执行，单击连接选取 iTank 上蓝牙模块的名称，连接成功后即可看到 LED1 被点亮。

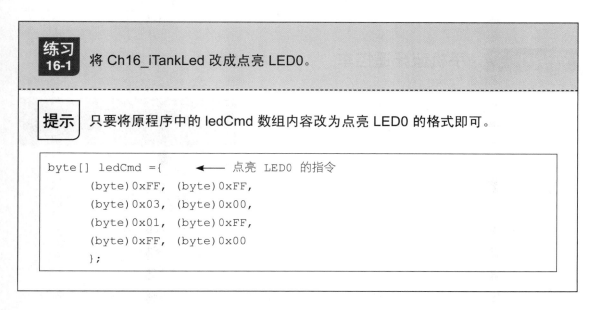

练习 16-1 将 Ch16_iTankLed 改成点亮 LED0。

提示 只要将原程序中的 ledCmd 数组内容改为点亮 LED0 的格式即可。

```
byte[] ledCmd ={        ← 点亮 LED0 的指令
    (byte)0xFF, (byte)0xFF,
    (byte)0x03, (byte)0x00,
    (byte)0x01, (byte)0xFF,
    (byte)0xFF, (byte)0x00
    };
```

16-3　手机蓝牙遥控 iTank

在这一节中，我们要进一步利用手机蓝牙传送指令控制 iTank 移动，让手机变成遥控器，而 iTank 成为好玩的遥控车。

FlagTank 类

要控制 iTank 移动，如同前一节范例点亮 LED 一样，必须传送特定格式的指令，不过在 FlagAPI 中已经为 iTank 定制了一个好用的类（FlagTank），提供了一些便利的方法可以控制 iTank：

FlagTank 类提供的方法

moveF()	前进
moveB()	后退
moveL()	左转
moveR()	右转
stop()	停止
move(int direction)	根据参数指定的方向移动

其中，move() 方法的参数 direction 有不同的意义：

direction 参数说明

1	2	3
左前	前进	右前
4	5	6
左转	停止	右转
7	8	9
左后	后退	右后

范例 16-2　手机蓝牙遥控车

我们将延续前一个范例，加上 5 个按钮控制 iTank 前进、左转、停止、右转以及后退。

步骤 01　将前一节的 Ch16_iTankLed 项目复制成新项目 Ch16_iTankMove，并将 app_name 字符串改为"蓝牙遥控车"。

步骤 02 打开布局文件，加入控制移动方向的按钮。

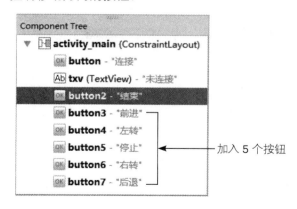

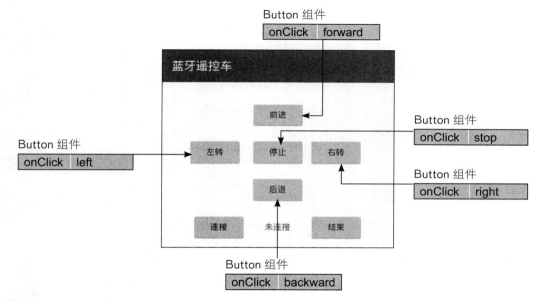

步骤 03 按下列各图设置各组件的约束。

距上边界 32dp，距左、右边界 0dp

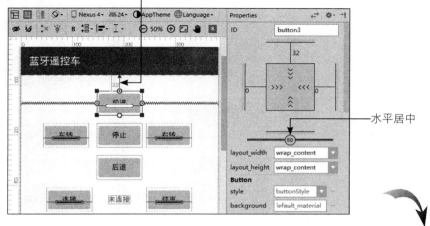

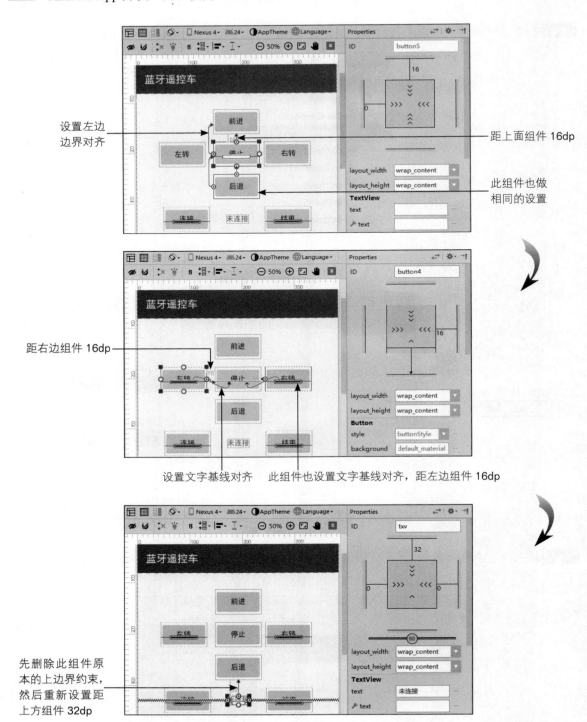

设置左边
边界对齐

距上面组件 16dp

此组件也做
相同的设置

距右边组件 16dp

设置文字基线对齐　　此组件也设置文字基线对齐，距左边组件 16dp

先删除此组件原
本的上边界约束，
然后重新设置距
上方组件 32dp

步骤 04 编写程序，先删除上一节范例声明的 ledCmd 数组，然后加入声明并创建 FlagTank 对象的程序。

```
01 public class MainActivity extends Activity
02    implements OnFlagMsgListener {
03
04    FlagBt bt;
05    FlagTank tank;        ◀——声明 Tank 对象
06    TextView txv;
07                          ◀——删除 ledCmd 数组
08    @Override
09    protected void onCreate(Bundle savedInstanceState) {
10        ...
11        txvConnect = (TextView)findViewById(R.id.txvConnect);
12        bt = new FlagBt(this);
13        tank = new FlagTank(bt);       ◀——创建 FlagTank 对象
14    }
```

- 第 5 行声明 FlagTank 类的变量 tank。
- 第 13 行创建 FlagTank 对象。需要注意的是，FlagTank 必须依靠蓝牙才能运行，因此创建时要传入提供蓝牙功能的 FlagBt 对象。

步骤 **05** 修改 onFlagMsg() 方法，删除送出点亮 LED1 的程序，代码如下：

```
public void onFlagMsg(Message msg) {
    switch(msg.what) {
...
    case FlagBt.CONNECTED:
    txvConnect.setText(" 已连接到： " + bt.getDeviceName());
    break;  ┘——— 删除送出点亮 LED1 的程序
...
    }
}
```

步骤 **06** 加入各个按钮的对应方法，并在对应的方法中调用 FlagTank 类中控制 iTank 移动方向的方法，代码如下：

```
01 public void forward(View v) {
02     tank.moveF();
03 }
04
05 public void backward(View v) {
06     tank.moveB();
07 }
08
```

```
09      public void left(View v) {
10          tank.moveL();
11      }
12
13      public void right(View v) {
14          tank.moveR();
15      }
16
17      public void stop(View v) {
18          tank.stop();
19      }
```

步骤 07 完成后即可加载到手机中执行，与 iTank 连接后就可以遥控 iTank。

除了 iTank 外，FLAGAIAD Android 互动教学套件中还有 8×8 LED 矩阵、WiFi 无线遥控插座等其他有趣的设备可以和 Android 手机互动。

练习 16-2 把范例中移动 iTank 的方法改为调用 FlagTank 类的 move() 方法，以达到同样的效果。

提示 只要按照本节一开始的说明传入对应方向的数值给 move() 方法即可。

```
public void forward(View v) {
      tank.move(2);
}

public void bBackward(View v) {
      tank.move(8);
}

public void left(View v) {
      tank.move(4);
}
```

```
public void right(View v) {
      tank.move(6);
}

public void stop(View v) {
      tank.move(5);
}
```

延伸阅读

（1）有关 Android 蓝牙的使用，可参考官方网站的 Bluetooth 指南：http://developer. android.com/guide/topics/connectivity/bluetooth.html。

（2）有关 Android 程序的生命周期，可参考官方网站的 Activity 指南：http:// developer. android.com/guide/components/activities.html#Lifecycle。

重点整理

（1）要使用手机蓝牙功能，必须加入 android.permission.BLUETOOTH 与 android. permission.BLUETOOTH_ADMIN 权限。

（2）使用 FlagAPI 中的 FlagBt 类可简化蓝牙程序，其中与蓝牙相关的事件必须实现 OnFlagMsgListener 接口来处理，此接口仅定义一个 onFlagMsg (Message msg) 方法，可通过 msg 参数的 what 属性判断事件种类。

（3）若程序要传送数据给通过蓝牙连接的设备，可以调用 FlagBt 的 write() 方法。

（4）要控制 iTank，可以使用 FlagAPI 中的 FlagTank 类，该类提供了 moveF()、moveB()、moveL()、moveR()、stop() 等方法以控制 iTank 移动方向，或者通过 move() 方法传入对应方向的数值控制。

习题

（1）程序若要使用到手机的蓝牙，必须加入 _____ 与 _____ 权限。

（2）FlagAPI 中的 _____ 类可以简化蓝牙程序复杂度，_____ 类可以用来控制 iTank。

（3）使用 FlagBt 类的 _____ 方法可以传送数据给蓝牙连接的设备。

（4）FlagBt 所引发的各种蓝牙事件必须实现 _____ 接口来处理，其中定义有 _____ 方法，可通过传入参数的 _____ 属性判断蓝牙事件的种类。

（5）修改 Ch16_iTankMove 项目，再加上 4 个按钮，分别可让 iTank 往左前、右前、左后、右后移动（提示：FlagTank 另外提供 moveLF()、moveRF()、moveLB()、moveLR() 方法可往对应方向移动）。

附录 A

OO 与 Java：
一招半式写 App

Android 使用 Java 语言编写程序，其中大量使用到了 Java 的面向对象概念，我们将在这个附录加以说明，并以 Android 程序中相关的主题为例，具体了解 Java 语言与 Android 程序的关系。

A-1 对象与类

Java 是一种面向对象程序设计语言（Object-Oriented Programming Language），所谓"面向对象"，指的是 Java 程序是以仿真真实世界中各种对象（Object）的互动而运行的。例如，开车就是"人"与"车子"的互动，而车子本身可以前进，又是由车子中引擎、方向盘、轮子等各种"对象"互动的结果。因此编写 Java 程序时，第一步就是规划有哪些对象，以及这些对象如何互动完成程序所要实现的工作。

属性与行为

对象虽然形形色色，各有不同，但任何一个对象都可以使用属性与行为描述。属性指的是对象的特征，如一辆车子有颜色、尺寸、排气量等属性；而行为指的是该对象可以执行的动作，如车子可以前进、加速、煞车等。

类

在 Java 程序中，对于规划好的对象，首要的工作是将对象的属性与行为描述出来。类（Class）就是用来描述对象的工具，它就像"蓝图"或"设计图"，可以据以创建要在程序中互动的对象，就像根据设计图制造一辆车子一样。假设我们要编写一个教导小朋友几何形状的 Java 程序，需要描述有关矩形（Rectangle）对象的类，在 Java 中可以用下列的类表示：

```
01    class Rectangle {
02        int w;          ← 矩形的宽
03        int h;          ← 矩形的高
04
05        public int area() {    ← 计算矩形的面积
06            return w * h;       ← 矩形面积 = 宽 × 高
07        }
08    }
```

- 第 1 行的 class 表示这是一个类，类的名称是 class 之后的 Rectangle。
- 在第 1 行大括号 "{" 之后的内容说明 Rectangle 对象的属性与行为，第 2、3 行说明矩形具有宽与高两种属性。在 Java 中，属性是以变量表示的。
- 第 5~7 行表示矩形对象具有可以计算面积的 area() 行为。在 Java 中，将行为称为方法（Method），可以把它看成 C 等传统程序设计语言的函数（Function）。

对象

刚刚提到过，类只是对象的蓝图，还必须按照蓝图创建对象，才能让程序运行。在 Java 中，new 就是用来根据类创建对象的运算符，例如下面这个程序：

```
01    public class Program1 {
02        public static void main(String argv[]) {
03            Rectangle r1 = new Rectangle();        ◀—— 创建 1 个矩形对象
04            r1.w = 10; ◀—— 设置矩形的宽
05            r1.h = 5; ◀—— 设置矩形的高
06            System.out.println("r1 的面积: " + r1.area());        ◀—— 显示面积
07        }
08    }
```

学过 C 或 Java 语言的读者对于 main() 一定不陌生，这就是程序执行时的进入点。在这个程序中，我们进行了以下几个动作：

- 第 3 行利用 new 创建一个矩形对象。使用 new 运算符时，把类的名称当成函数名称一样调用，就会创建一个矩形对象。并且把创建的对象设置给以类名称声明的变量 r1，之后可以通过 r1 操作新创建的对象。
- 第 4、5 行通过变量 r1 设置矩形的宽与高。要注意的是，通过变量操作对应对象的属性时，用 "." 运算符连接变量与属性，如 r1.w 是指 r1 变量所代表的矩形对象的 w 属性。
- 第 6 行使用相同的 "." 运算符调用矩形对象的 area() 方法计算面积，并将结果显示出来。

🤖 Android 程序中的类与对象

在 Android 中，只要使用向导程序创建新的项目，就会帮我们设计好类，这就是我们打开 MainActivity.java 时所看到的 MainActivity 类：

```
public class MainActivity extends Activity {
    ...
}
```

MainActivity 类所描述的是负责程序主界面的对象，只是这个类比较特别，不是由我们自己在程序中使用 new 创建的对象，而是由系统在程序启动后自动产生的。从本书第 2 章开始，在每一个范例中都可以看到它的身影。

另外，再举一个例子，在 Android 程序中，如果要启动其他程序（如启动浏览器浏览特定的网址），就必须先创建一个 Intent 类的对象，并在此对象中注明要启动能浏览网页的程序和所要浏览的网址：

```
...
Intent it = new Intent();        ←—— 创建 Intent 对象
it.setAction(Intent.ACTION_VIEW);   ←—— 设置想启动的是可以浏览内容的程序
it.setData(Uri.parse("http://www.flag.com.tw"));   ←—— 要浏览的网址
...
```

在本书第 9 章可以看到相关的应用实例。

存储对象的变量只是一个转向器

在前面的范例中，我们声明了一个变量 r1 存储用 new 创建的矩形对象，但要特别注意的是，变量 r1 并不是存储对象的实际内容，而是存储对象在内存中的位置。

当执行 "r1.w = 10;" 时，会顺着 r1 所记录的位置找到真正的对象，修改 w 属性的值。

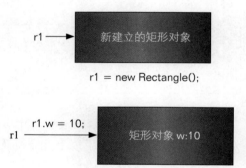

r1 = new Rectangle();

r1.w = 10;

将程序修改如下：

```
01 public class Program2 {
02    public static void main(String argv[]) {
03         Rectangle r1 = new Rectangle();   ←—— 产生 1 个矩形对象
04         r1.w = 10;   ←—— 设置矩形的宽
05         r1.h = 5;    ←—— 设置矩形的高
06         System.out.println("r1 的面积: " + r1.area());   ←—— 显示 r1 面积
07         Rectangle r2 = r1;     ←—— 让 r2 指向同一个对象
08         r2.w = 5;              ←—— 通过 r2 修改矩形的宽
09         System.out.println("r1 的面积: " + r1.area());   ←—— 显示 r1 面积
10    }
11 }
```

在第 7 行声明一个新的变量 r2，设置其内容为 r1，也就是 r1 与 r2 指向同一个对象。接着在第 8 行通过 r2 修改矩形的宽，在第 9 行再次通过 r1 计算矩形的面积，执行结果如下：

```
r1 的面积：50
r1 的面积：25
```

可以发现面积已经变了，这是因为 r2 所修改的矩形对象其实就是 r1 所指向的对象，因此无论通过 r2 还是 r1 操作，都是同一个对象的关系。

像 r1 这样不是记录数据的内容，而是记录数据所在位置的变量，我们称之为引用（Reference）。在 Java 中，除了对象外，数组和字符串的变量也是引用。

指向自己的 this 变量

在前面的范例中，我们在创建对象后分别设置矩形的宽与高。如果忘了设置高和宽其中的一个，计算面积就会得出错误的结果。为了确保设置宽、高的完整性，可以提供专门用来设置宽和高的方法，例如：

```
01    class Rectangle {
02        int w;          ◀—— 矩形的宽
03        int h;          ◀—— 矩形的高
04
05        public int area() {        ◀—— 计算矩形的面积
06            return w * h;          ◀—— 矩形面积 = 宽 × 高
07        }
08
09        public void setWH(int w, int h) {    ◀—— 同时设置宽与高
10            this.w = w;    ◀—— 设置宽度
11            this.h = h;    ◀—— 设置高度
12        }
13    }
```

我们在第 9 行新增了一个 setHW() 方法，这个方法必须同时传入代表宽与高的 w 与 h 参数，如此就不会只设置高度而忘了宽度，或者反过来的情况。不过你可能已经注意到了，setHW() 的参数名称与类中定义的变量名称相同，都是 w 与 h，那么在 setHW() 方法中使用到 w 或 h 时，到底是指传入的参数还是对象本身的变量呢？答案是传入的参数。那么如何才能使用对象本身的变量呢？为了解决这个问题，setHW() 中使用了一个神奇的变量

this，this 是每个方法被调用时自动传入的参数，它会指向执行方法的对象本身。以下面的
程序为例：

```
01    public class Program3 {
02       public static void main(String argv[]) {
03          Rectangle r1 = new Rectangle();      ◄── 创建 1 个矩形对象
04          r1.setWH(10, 5);                     ◄── 设置矩形的宽与高
05          System.out.println("r1 的面积: " + r1.area());   ◄── 显示面积
06       }
07    }
```

当执行第 4 行时，自动将执行方法的 r1 传入 setWH() 中，成为 setWH() 中的 this 变量，
因此 this 和 r1 就指向同一个对象。这样在 setHW() 中通过 this 设置 w 与 h 属性时，就是
设置 r1 所指向对象的 w 与 h 属性。如果没有 this，setHW() 方法就必须将参数重新命名，
才能与类所定义的变量有所区别。

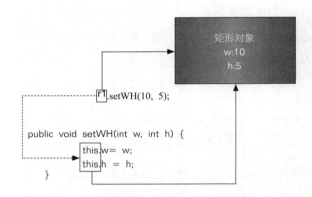

> **private 私有变量**
>
> 在上一节的范例中，虽然提供了同时设置宽与高的 setHW() 方法，但还可以直接通过更改 h 与 w 变量单独设置宽或高。如果要避免这种情况，那么可以将 w 与 h 变量加上 private 限定，即只能在类自己定义的方法中使用，例如：
>
> ```
> class Rectangle {
>       private int w;   ◄──── 矩形的宽
>       private int h;   ◄──── 矩形的高
>       ...
> }
> ```
>
> 加上 private 后，如果直接通过对象变量使用 w 或 h 变量，例如：
>
> ```
> r1.w = 10;   ◄──── 直接设置 w 会出现错误
> ```
>
> 程序编译时就会出现错误信息：
>
> ```
> Program4.java:4: error: w has private access in Rectangle
>               r1.w = 10;   ◄──── 直接设置 w 会出现错误
>               ^
> 1 error
> ```
>
> 意思是 Rectangle 类中的 w 变量设置有 private 限制，只能在类中定义方法，如在 setHW() 里使用。这种加上 private 的变量称为私有变量。类中的方法也可以加上 private，让某些类内部运行的方法不 会在类外被误用。

重载的方法

前面我们已经为 Rectangle 加上了 setHW() 方法简化设置的操作，但如果要创建一个宽与高相同的矩形（正方形），也要传入两个相同值的参数，一方面有点麻烦，另一方面一旦打错数字，长与宽变得不同，就不正确了。为了避免这个问题，我们再新增一个只需要单一参数的设置方法：

```
class Rectangle {
   ...
   public void setWH(int w, int h) {     ◄──── 同时设置宽与高
       this.w = w;
       this.h = h;
   }

   public void setWH(int w) {     ◄──── 设置宽与高相同
       setWH(w, w);
   }
}
```

这里特别的地方在于新加入的方法与原本的 setHW() 方法名称完全相同，但是参数个数不同。对于习惯 C 等传统程序设计语言的读者来说，可能会有点疑惑，函数不是不能同

名吗？这是因为在 Java 这类面向对象的程序设计语言中，提供了重载（Overloading）的功能，也就是同一个名字具有多种意义。重载允许在类中定义相同名称的方法，只要参数的个数或类型不同就可以了，实际调用时会根据传入的参数选取适当的方法执行，例如：

```
public class Program5 {
    public static void main(String argv[]) {
        Rectangle r1 = new Rectangle();        ←— 创建 1 个矩形对象
        r1.setWH(10);    ←— 设置矩形的宽与高
        System.out.println("r1 的面积：" + r1.area());        ←— 显示面积
    }
}
```

因为调用时只传入了一个 int 参数 10，所以会调用新加入的 setHW() 方法，而不是需要两个参数的 setHW() 方法。通过重载，我们可以让作用相同但细节有差异的方法共享相同的名称，而不需要为每一个方法想一个名字。另外，在单一参数版本的 setWH() 方法中，采用调用另一个版本的同名方法完成设置，如此可以将共同的部分集中在某个方法中，避免在其他同名方法中重复类似的程序代码。

Android 中重载的方法

在 Android 中大部分类都有重载的方法，以常用的 TextView 为例，若要修改显示的文字，则可以调用 setText() 方法，这个方法有多种版本：

```
txv.setText("Hello World!");    ←— 直接指定字符串
txv.setText(R.string.hello_world);    ←— 指定定义在 string.xml 文件中的字符串
```

另外，通过 Intent 传递数据给要启动的程序时调用的 putExtra() 方法也有多种版本，让我们可以传递不同类型的数据：

```
it.putExtra(" 编号 ", 20);    ←— 附加 int 编号
it.putExtra(" 备忘 ", " 记得回家关瓦斯 ");    ←— 附加备忘项的字符串内容
```

对象的构造函数

前面虽然提供了简化设置工作的方法，但若创建对象后忘了调用，也一样会有问题。为了让创建对象和设置对象初始数据的操作结合在一起，类可以定义一种特别的方法，即构造函数（Constructor）。构造函数会在对象创建后自动被调用，因此可以避免忘记调用的情况。例如，我们可以帮 Rectangle 类添加以下构造函数：

```
class Rectangle {
    private int w;   ← 矩形的宽
    private int h;   ← 矩形的高

    Rectangle(int w, int h) {
        setWH(w, h);
    }
    ...
}
```

构造函数的声明和一般的方法很像，但是它的名称一定要与类同名，而且不能声明返回值，它固定返回新创建好的对象本身。在新加入的构造函数中，我们调用了 setWH() 方法设置各个变量。有了这个构造函数后，创建新对象时就更方便了，例如：

```
public class Program6 {
    public static void main(String argv[]) {
        Rectangle r1 = new Rectangle(5, 10);          ← 创建 1 个矩形对象
        System.out.println("r1 的面积: " + r1.area());  ← 显示面积
    }
}
```

你可以看到创建 Rectangle 类的对象时必须传入设置宽与高的参数，对象一创建好就会调用构造函数，也就同时完成矩形宽高的设置了。

构造函数和一般的方法一样，可以有重载的版本。例如，我们可以加入一个设置相同宽与高的构造函数：

```
class Rectangle {
    private int w;   ← 矩形的宽
    private int h;   ← 矩形的高

    Rectangle(int w, int h) {
        setWH(w, h);
    }

    Rectangle(int w) {
        this(w, w);
    }

    ...

}
```

这个新的构造函数只需要一个参数，比较特别的是我们又用到了 this，但这次的用法不同，是把 this 当成方法调用。在构造函数中，可以通过这种方式调用其他版本的构造函数，比如本例中就是调用需要传入两个参数的构造函数完成设置工作的。

默认的构造函数（Default Constructor）

要注意的是，当定义有构造函数时，会在创建对象时调用与传入的参数相符的构造函数。因此，以下面的程序为例：

```
Rectangle r1 = new Rectangle();
```

会在编译时产生错误信息：

```
Program7.java:3: error: no suitable constructor found for Rectangle()
                Rectangle r1 = new Rectangle();  ←—— 创建 1 个矩形对象
```

这是因为 Rectangle 类中没有不需要传入参数的构造函数。你可能已经想到，在我们还没有定义任何构造函数时，不是可以不用传入参数创建对象吗？这是因为当没有定义构造函数时，Java 编译程序会自动新增一个没有参数的构造函数，称为默认的构造函数（Default Constructor）。当类中定义了构造函数时，Java 会假设你想要完全控制创建对象的相关操作，因此不会自动产生没有参数的构造函数。如果需要，就必须自行定义。

Android 中的构造函数

在编写 Android 程序时，使用到构造函数的频率非常高，大部分类都需要在创建对象时传递参数给构造函数。例如，在创建日期选择对话框时：

```
new DatePickerDialog(this, this,   ←—— 从 MainActivity 对象监听事件
    2013,       ←—— 公元 2013 年
    2,          ←—— 2 月
    10)         ←—— 10 日
.show();        ←—— 显示出来
```

许多类也提供多种版本的构造函数，如启动其他程序时需要用到的 Intent 类，就提供了多种构造函数：

```
Intent it1 = new Intent();   ←—— 单纯创建对象
Intent it = new Intent(Intent.ACTION_VIEW);   ←—— 创建同时指定动作
Intent it2 = new Intent(Intent.ACTION_PICK,   ←—— 创建同时指定动作与数据
    Images.Media.EXTERNAL_CONTENT_URI);
```

---

static：类变量与方法

在前面的范例中，类所定义的变量是随着对象个体而存在的，每个创建的对象会有自己的一份数据，例如：

```
public class Program8 {
    public static void main(String argv[]) {
        Rectangle r1 = new Rectangle(10);          ←── 创建 1 个矩形对象
        Rectangle r2 = new Rectangle(5, 10);       ←── 再创建 1 个矩形对象
        System.out.println("r1 的面积: " + r1.area()); ←── 显示 r1 面积
        System.out.println("r2 的面积: " + r2.area()); ←── 显示 r2 面积
    }
}
```

会得到以下执行结果：

```
r1 的面积: 100
r2 的面积: 50
```

这是因为 r1 与 r2 指向两个不同的对象，因此其 w 与 h 变量各自独立，互不相干，所以可以分别计算出两个矩形的面积。如果我们要为 Rectangle 增加一个表示边数的变量 edges，由于是矩形，因此 edges 的值是 4，不会因为是不同的矩形而变化，显然不需要每一个对象都保留一个 edges 变量。对于这种情况，可以为变量加上 static 声明，例如：

```
class Rectangle {
    static int edges = 4;    ←── 矩形的边数

    ...
}
```

加上 static 声明后，所有同一类的对象都会共享该变量，任何一个对象对该变量的修改都会影响所有对象，例如：

```
public class Program9 {
    public static void main(String argv[]) {
        Rectangle r1 = new Rectangle(10);        ←── 创建 1 个矩形对象
        Rectangle r2 = new Rectangle(5, 10);     ←── 再创建 1 个矩形对象
        System.out.println("r1 的边数: " + r1.edges);  ←── 显示 r1 边数
        r1.edges = 5;    ←── 把边数改为 5
        System.out.println("r2 的边数: " + r2.edges);  ←── 显示 r2 边数
        System.out.println(" 矩形的边数: " + Rectangle.edges);  ←┐
                                                        显示矩形边数
    }
}
```

执行的结果如下：

```
r1 的边数：4
r2 的边数：5
矩形的边数：5
```

你可以看到一开始用 r1.edges 得到 4，随后使用 r1 将 edges 设为 5，接着使用 r2 显示 edges 的值受到了影响，变成 5 了。要特别注意的是，static 变量属于类，即使没有创建任何该类的对象也可以使用，因此你可以看到上例中最后通过类名称也可以获取 edges 的值。也因为如此，在声明时添加 static 的变量也称为类变量。

final：不可变动值的常数

如同前面的范例所看到的，设置为类变量只是可以减少空间的浪费，让所有对象共享一个变量，但以我们的例子来说，矩形就是 4 个边，不应该被改成 5 个边。像这种情况，可以在声明时加上 final，表示这个变量的值已经确认，不能再变动：

```
final static int edges = 4;
```

声明为 final 后，若执行一样的范例，则会出现编译错误：

```
Program10.java:6: error: cannot assign a value to final variable edges
                   r1.edges = 5;
```

意思是禁止设置新的值给声明为 final 的变量。这种声明为 final 的变量，因为其值在设置后永远不会变动，所以称为常数（Constant）。

Static 除了可以用在变量上，还可以用在方法上，只要通过类名称就可以调用该方法，称为类方法（Class Method）。例如，Java 的 Math 类就以类方法提供了三角函数、四舍五入等许多好用的数学功能。

Android 中的类变量与类方法

在 Android 中经常会用到常数、类变量或类方法。举例来说，当调用 setContentView() 指定布局资源 ID 时，这个资源 ID 就是利用 static final 声明的常数：

```
public final class R {
    ...
    public static final class layout {
        public static final int activity_main=0x7f030000;
    }
    ...
}
```

另外，处理 AlertDialog 的按钮事件时，也会用到定义在 DialogInterface 中的类常数判断用户单击的是哪一个按钮：

```
public void onClick(DialogInterface dialog, int id) {  ←
                                           实现监听接口定义的方法
     if(id == DialogInterface.BUTTON_POSITIVE) {  ←
        txv.setText(" 你喜欢 Android 手机 ");          如果单击肯定，就是 "喜欢"
     }
     else if(id == DialogInterface.BUTTON_NEGATIVE) {  ←——如果单击否定,就是"讨厌"
           txv.setText(" 你讨厌 Android 手机 ");
     }
  }
```

至于使用类方法最常见的例子，就是使用 Toast 显示信息时最常用到的 makeText 方法：

```
Toast.makeText(this, " 游戏结束 ", Toast.LENGTH_SHORT)
     .show();
```

A-2 继承与接口

前一节我们已经介绍了类与对象的基本概念，不过在现实世界中，我们可以发现有些对象和另一种对象很相似，如机车和脚踏车、跑车和轿车、人和猩猩等。面向对象程序设计也模拟了这样的关系：继承（Inheritance）与接口（Interface）。

extends：继承

我们仍然延续上一节的范例。假设几何图形教学系统需要增加正方形，由于正方形是矩形的特例，除了宽与高相同外，其余如计算面积的方式、边数等，和矩形的特性都一样。如果可以凭借 Rectangle 类为基础，那么应该很快就可以设计出正方形。Java 提供了继承的功能，可以让我们以现有的类为基础，派生出新的类。例如，以下是正方形的类：

```
class Square extends Rectangle {
     Square(int length) {
           super(length);
     }
}
```

这个新类非常简短，细节稍后我们再看，先测试一下新类：

```
public class Program11 {
     public static void main(String argv[]) {
        Square s1 = new Square(10);                    ←—— 创建 1 个正方形
        System.out.println("s1 的面积： " + s1.area());  ←—— 显示 s1 面积
```

```
            System.out.println(" 方形的边数: " + Square.edges);  ◀—— 显示正方形边数
    }
}
```

执行结果为：

```
s1 的面积: 100
方形的边数: 4
```

可以看到，我们已经能够创建 Square 类的对象，而且可以使用定义在 Rectangle 中的 area() 方法和 edges 类变量。这都是拜 Java 的继承功能所赐，只要在定义类时，使用 extends 标识出要继承的类，新定义的类就会自动拥有原类除构造函数以外的所有功能，包括变量和方法。因此，我们在创建 Square 对象后，可以调用 area() 方法，也可以获取 edges 的值。这里我们称派生出来的新类为子类（Child Class），而原类为父类（Parent class）。

现在回头来看 Square 类的定义，其中只有构造函数，但比较特别的是在构造函数中使用了之前未曾见过的 super。super 和 this 一样都是自动生成的变量，但 super 指的是父类，在构造函数中可以通过 super 调用父类中定义的构造函数。例如，上例中就是调用 Rectangle 传入单一参数的构造函数。

类继承关系可以派生多层，就像真实世界中各种对象之间的关系。通过继承，我们可以很快地从现有的类设计出新类，减少重复功能开发的时间。

Android 中的继承

在创建新项目时，自动生成的 MainActivity 类就继承自 Activity 类：

```
public class MainActivity extends Activity {
    ...
}
```

由于有这样的继承关系，因此即使在 MainActivity 中还没有写程序，也可以使用定义在 Activity 类中的许多方法，例如：

```
public void onCreate(Bundle savedInstanceState) {
    super.onCreate(savedInstanceState);
    setContentView(R.layout.activity_main);
    ListView lv = (ListView)findViewById(R.id.listView1);
    ...
}
```

另外，Android 所有关于用户界面的组件都是继承自 View 类，往下派生出 Widget 与 ViewGroup 类，由 Widget 再派生出 Button、TextView 等用户看得到的组件，而 ViewGroup 派生出 LinearLayout、RelativeLayout 等与布局设置相关的组件。

Override：重写父类中的方法

在子类中，可以重写父类中的方法。举例来说，如果 Java 标准的 Math.pow() 是一个神奇的方法，就会比直接用乘法计算平方快，我们可能会希望在 Square 类中用它来计算面积。 这时可在 Square 类中加入 area() 方法：

```
class Square extends Rectangle {
    Square(int length) {
            super(length);
    }

    public int area() {        ←—— 自定义版的面积计算方法
            return (int)Math.pow(w, 2);
    }
}
```

如此，当通过 Square 类的对象调用 area() 时，就会调用 square() 中的版本。如果需要在重写的方法中沿用父类中的版本，那么可以通过调用父类构造函数时用过的 super 加上要调用的方法名称，例如：

```
class Square extends Rectangle {
    Square(int length) {
            super(length);
    }

    public int area() {        ←—— 自定义版的面积计算方法
            return super.area();
    }
}
```

@Override：防止输入错误的方法名称

在重写方法时，如果打错方法名称，例如将 area 打成 Area：

```
class Square extends Rectangle {
    ...
    public int Area() {        ←—— 特别版的面积计算方法
        return super.area();
    }
}
```

编译程序就会当成是定义一个新的方法，而不是重写父类的方法。为了防止这样的错误，可以在要重写的方法前加上 @Override，例如：

```
class Square extends Rectangle {
    ...

    @Override
    public int Area() {   ←── 特别版的面积计算方法
        return super.area();
    }
}
```

编译时发现父类中并没有同名的方法，从而发出错误信息：

```
Program14.java:42: error: method does not override or implement a method
from a supertype
```

如此即可避免打错方法名称的问题。

Android 中重写的方法

Android 中有些类的使用方式就是继承类来设计新类，并在新类中重写父类的方法完成特定工作。 最常见的例子是在 MainActivity 中的 onCreate() 方法：

```
public void onCreate(Bundle savedInstanceState) {
    super.onCreate(savedInstanceState);
    setContentView(R.layout.activity_main);
    ...      ←── 初始设置工作写在这里
}
```

在 onCreate() 中的第一件事就是通过 super 调用父类中的同名方法，进行基本的处理工作，接着才会调用 setContentView() 设置主界面的布局等必要的初始设置工作。

接口

延续前面的范例，如果我们想知道两个矩形哪个比较大，可以帮 Rectangle 类加上如下的 largerThan() 方法：

```
class Rectangle {
    ...
    public boolean largerThan(Rectangle aRectangle) {
        return this.area() > aRectangle.area();
    }
}
```

程序很简单，只要传入另一个 Rectangle 类的对象，利用各自的 area() 方法返回值比较就可以知道结果，例如：

```
public class Program15 {
    public static void main(String argv[]) {
        Rectangle r1 = new Rectangle(5, 10);    ←—— 创建第一个矩形
        Rectangle r2 = new Rectangle(10, 15);   ←—— 创建第二个矩形
        Square s1 = new Square(10);       ←—— 创建 1 个方形
        System.out.println("r1 比 r2 大: " + r1.largerThan(r2));
        System.out.println("r2 比 s1 大: " + r2.largerThan(s1));
        System.out.println("s1 比 r1 大: " + s1.largerThan(r1));
    }
}
```

执行结果如下：

```
r1 比 r2 大: false
r2 比 s1 大: true
s1 比 r1 大: true
```

值得注意的是，虽然 largerThan() 方法所标注的参数是 Rectangle 类的对象，但是因为 Square 继承自 Rectangle 类，Rectangle 类拥有的特性 Square 也都有，所以 Square 类的对象也可以使用于任何需要 Rectangle 类的对象的地方。因为有继承关系，所以等于自动为 Square 与 Rectangle 制定了一个约定，表示可以把 Square 当作 Rectangle 看待。

刚才的 largerThan() 方法简单完美，但是需要考虑以下这个新的吐司类：

```
class Bread {
    // 各种面包的特性，省略
}

class Toast extends Bread {
    int length;

    public Toast(int length) {
        this.length = length;
    }

    public int area() {
        return length * length;
    }
}
```

这个 Toast 吐司类因为是面包，所以继承自代表面包的 Bread 类，不过这个吐司也是正方形，并且有 area() 方法可以计算面积。问题来了，由于 Java 只允许继承一个类，无法让 Toast 类同时继承 Bread 与 Rectangle 类。如果想让吐司可以和矩形或正方形比较，Rectangle 类中的 largerThan() 方法必须传入 Rectangle 类的对象，Toast 类的对象显然不符合条件。

为了解决这个问题，Java 提供了所谓的"接口"。接口就像是一个规范，约定了要符合此规范的类必须具备的方法。也就是说，如果某个类 C 声明符合 A 接口的规范，而 A 接口规定必须具有 M 方法，那么当获取了一个 C 类的对象 O 时，就一定可以调用 O.M() 方法而不会出错。下面我们设计一个接口，规范所有以面积比较的对象所应该具备的方法：

```
interface canCompareArea {     ◄———— 可比较面积的对象要遵守的规范
     public int area();        ◄———— 要能计算面积
}
```

开头的 interface 表示这是接口的定义，随后的 canCompareArea 就是接口的名称。在这个接口中，我们规定能比较面积的对象必须具备一个返回 int 的 area() 方法。注意，接口中只需要规范方法的格式，也就是方法的名称及参数与返回值的类型，而不必规范方法的实现内容。以本例来说，这很容易理解，不同种类的对象计算面积的方式可能不一样，自然没有办法统一规范，但是可以规定必须以整数值返回面积。

有了这个 canCompareArea 接口后，我们可以让想要比较面积的对象在定义类时申明遵守这个规范。在 Java 中，这个操作就是让类实现所要遵守的接口，如 Rectangle 类可以改写为如下形式：

```
class Rectangle implements canCompareArea {
     ...
     public boolean largerThan(canCompareArea aShape) {
          return this.area() > aShape.area();
     }
}
```

实现接口的第一个步骤是在开头的 class 那行加上"implements 要遵守的接口名称"，然后在类中加入接口所规定必须具备的方法。以本例来说，canCompareArea 接口所规范的 area() 方法在 Rectangle 类中早已经具备，因此不需要额外编写此方法。另外，为了搭配 canCompareArea 接口，我们把原本比较两个矩形的 largerThan() 方法的参数类型改为 canCompareArera 接口，意思是凡是遵守此接口的对象，都可作为比较的对象。

相同的道理，我们也可把 Toast 类修改成遵守 canCompareArea 接口：

```
class Toast extends Bread implements canCompareArea {
    ...
}
```

Toast 类原本也定义了符合 canCompareArea 接口规范的 area() 方法，所以除了定义类时要加上 implements canComareArea 外，不需要额外编写程序代码。这样就可以让吐司与矩形比较面积大小了：

```
public class Program17 {
    public static void main(String argv[]) {
        Rectangle r1 = new Rectangle(5, 10);       ←── 创建一个矩形
        Toast t1 = new Toast(10);                  ←── 创建 1 片吐司
        System.out.println("r1 比 t1 大: " + r1.largerThan(t1));
    }
}
```

每一个类可以根据不同接口的功能实现任意数目的接口，而这是让不同类的对象彼此互动的常见做法。

Android 中的接口

在 Android 中，处理事件时一定会用到接口，比如处理按钮单击的事件，必须向按钮登录一个实现 OnClickListener 接口的监听对象，当按钮被单击时，就会调用监听对象的 onClick() 方法：

```
public class MainActivity extends Activity
        implements OnClickListener {      ←── 实现 OnClickListener 接口
    Button btn;      ←── 用来操作 button1 组件的变量

    @Override
    public void onClick(View v) {   ←── 实现监听器接口中定义的 onClick 方法
        // 按钮被单击时要执行的动作
    }

    @Override
    protected void onCreate(Bundle savedInstanceState) {
        super.onCreate(savedInstanceState);
        setContentView(R.layout.activity_main);
```

```
        btn = (Button) findViewById(R.id.button1);        ←── 找出按钮组件
        btn.setOnClickListener(this);        ←── 将 this 登录为监听对象
    }

    ...

}
```

在本书中都是以 MainAcitivty 类实现监听接口作为监听对象的，因此在调用 setOnClickListener() 方法登录监听对象时，都是传入 this，也就是传入系统自动创建的 MainActivity 类的对象。要监听不同的事件，就要实现不同的接口。有些接口不只有一个方法，在实现接口时即使有的方法不会用到，也要在类中定义所有的方法。

Android Studio 用于实现接口的辅助功能

Android Studio 会在适当的时机提供协助，其中一项就是帮助我们把接口中规范的方法加入到类定义中，避免漏掉方法或参数的个数、类型错误。

举例来说，当你在编辑器中打入 implements OnClickListener 时，就会看到类名称下方出现红色波浪线：

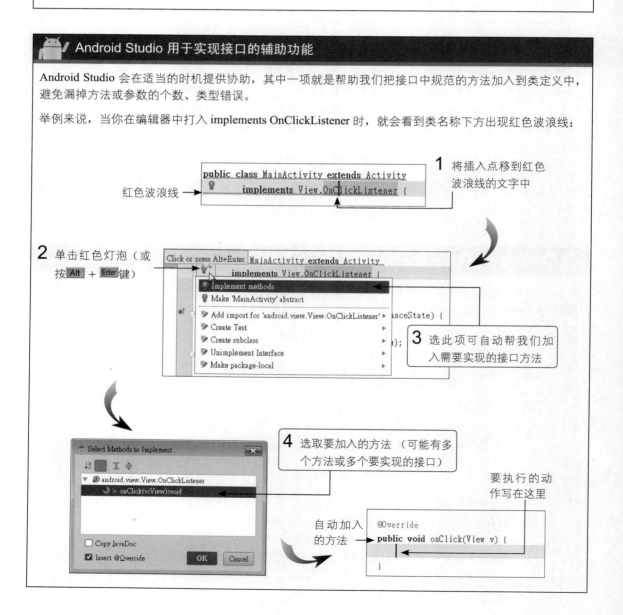

A-3　类库与程序包

要让 Android 程序能正常运行，其实有相当多的细节要处理，如屏幕显示、触控处理等。还好 Android SDK 已经提供了大量现成的类，并包装成类库供我们使用。例如， Activity 类就是 Android 类库的成员之一。

程序包

为了能将各种类妥善地分类，并避免名称重复，Java 使用了树状目录式的程序包（Package）来组织类。例如，Android 提供的类都是包装在名为 android 的程序包中，而程序包内还会按功能细分为多层子程序包。你可连到 Android 的在线文件网页 http://developer.android.com/reference/packages. html，看看 android 程序包的内容。

这些是 android 程序包中的子程序包（子程序包可以有多层，各层以"."连接）

这里显示左侧所选子程序包、接口或类的详细说明

这里显示所选子程序包中所包含的各种接口与类

除了 Android SDK 所提供的"与手机相关"的类库外，Java 的 JDK 还提供一个通用

的类库，并存放在名为 java 的程序包中。例如，String 类就是 java.lang 子程序包中的类。在 Android 的在线文件中，还包含 Java 类库的说明供用户参考。

往下滚动，以 java 开头的都是 java 子程序包

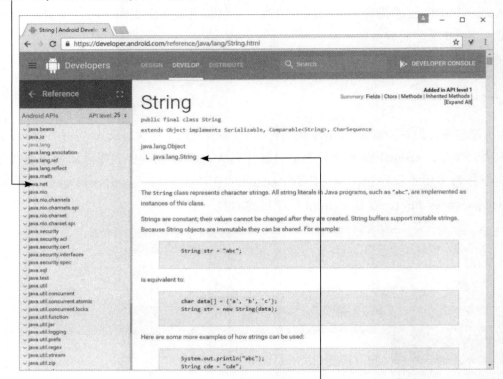

String 类属于 java.lang 子程序包

注意，类的完整名称为"所属的程序包名称 . 本身的类名称"，如此才会是唯一的。例如，显示对话框的 AlertDialog 类，其所属的子程序包名称为 android.App ，因此完整名称为 android.app.AlertDialog 。而 Java 提供的 String 类，完整名称为 java.lang.String。

 你可以把"."想象成"的"的意思，比如 android.app.AlertDialog，就是 android 程序包的 app 子程序包的 AlertDialog 类。

用 import 导入程序包名称

如前所述，每个类都有"唯一的"完整名称，而当我们要使用类时，必须以完整名称来指明，如此 Java 才能知道要去哪个程序包中寻找这个类。然而，每次使用都要输入一长串程序包名称，不仅累人也很容易打错字。因此，Java 提供了 import 指令，只要在程序最前面将完整名称用 import 引入进来，就可以在程序中直接使用类名称，例如：

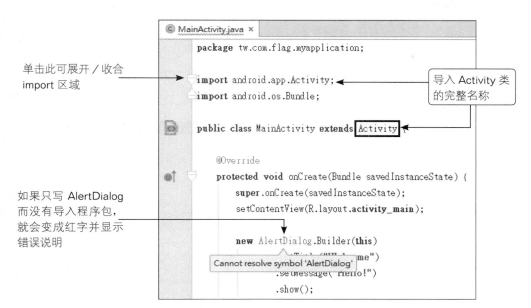

单击此可展开 / 收合 import 区域

导入 Activity 类的完整名称

如果只写 AlertDialog 而没有导入程序包，就会变成红字并显示错误说明

对于上图中因"类未标明程序包名称"而造成的错误，只需在程序最前面加一行"import android.app.AlertDialog;"即可。

 如果程序同时要用到程序包中多个类，就可以用通配符（*）表示导入指定程序包中的所有类，如"import android.app.*;"。

 Java 默认会导入 java.lang.*，所以我们不需要用 import 导入此程序包中的类（如 String 类）。

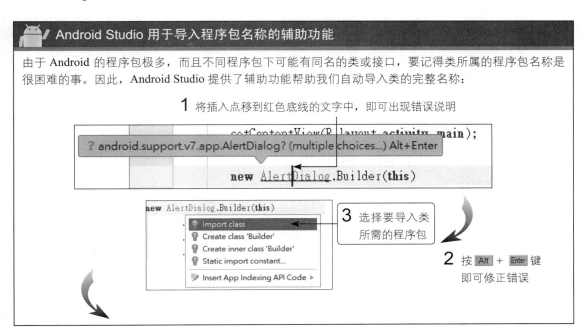

Android Studio 用于导入程序包名称的辅助功能

由于 Android 的程序包极多，而且不同程序包下可能有同名的类或接口，要记得类所属的程序包名称是很困难的事。因此，Android Studio 提供了辅助功能帮助我们自动导入类的完整名称：

1 将插入点移到红色底线的文字中，即可出现错误说明

3 选择要导入类所需的程序包

2 按 Alt + Enter 键即可修正错误

有些类或接口的名称在不同的程序包中都有，此时需要选择正确的程序包名称来导入，因此在按 Alt + Enter 键时会多显示一个对话框让我们选择。

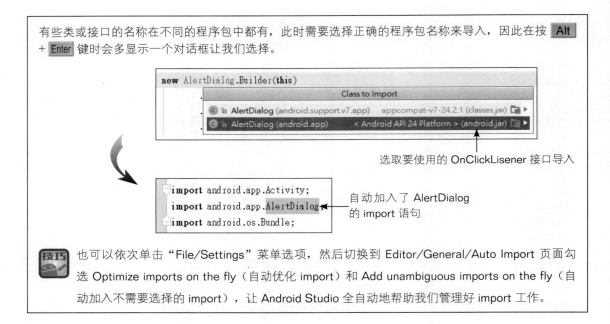

选取要使用的 OnClickLisener 接口导入

自动加入了 AlertDialog 的 import 语句

也可以依次单击"File/Settings"菜单选项，然后切换到 Editor/General/Auto Import 页面勾选 Optimize imports on the fly（自动优化 import）和 Add unambiguous imports on the fly（自动加入不需要选择的 import），让 Android Studio 全自动地帮助我们管理好 import 工作。

用 package 将类包装在程序包中

使用 Android Studio 开发项目时，默认会将我们编写的类用 package 语句包装在指定的程序包中，例如：

类的程序文件（MainActivity.java）会自动存储在"以程序包为名的文件夹"中（在硬盘中实际存储的路径为项目下的 app\src\main\java\com\flag\ch01_hello\MainActivity.java）

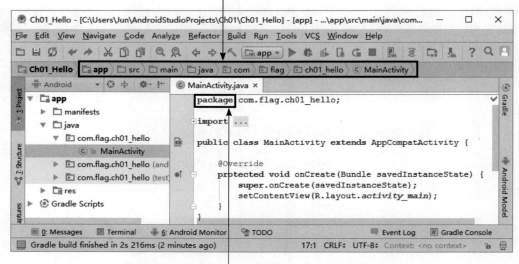

用 package 指定我们的类要包装在 com.flag.myapplication 程序包中

附录 B 常用的 Android Studio 选项设置

Android Studio 可调整的选项设置相当多，不过大多数只要保留默认即可，不太需要调整。本附录只列出几个比较常用的选项设置，以供读者参考使用。

在设置之前，有一点要特别注意，就是 Android Studio 的选项设置可分为 3 种。

● 通用选项：与项目无关的选项，如快捷键的设置、编辑器的字体设置等。
● 项目选项：这类选项与项目有关，每个项目都可以有不同的设置，如文件的编码方式、程序的语法检查设置等。
● 默认的项目选项：这是在设置新建项目时默认的项目选项，只对未来新增的项目有效，而不会影响现有项目。

在未打开项目时，单击欢迎对话框右侧的"Configure/Settings"，即可打开 Default Settings 对话框，可以设置"通用选项"和"默认的项目选项"。

如果是默认的项目选项，这里会提示：只对默认的项
目有效（对话框标题栏也会有 Default 字样）

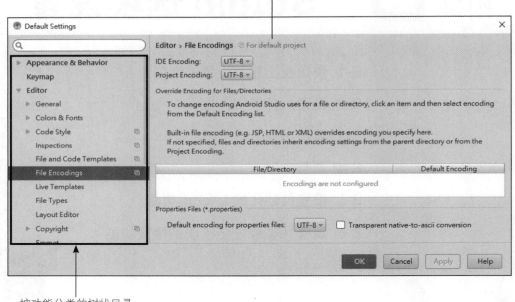

按功能分类的树状目录

技巧 如果在欢迎对话框中选择"Configure/Project Default/Settings"，就可以只设置"默认的项目选项"（不包含"通用选项"）。

在已打开项目时，可以依次单击"File/Settings"菜单选项，打开 Settings 对话框来设置"通用选项"和"项目选项"。

如果是项目选项，这里会提示：只对当前项目有效

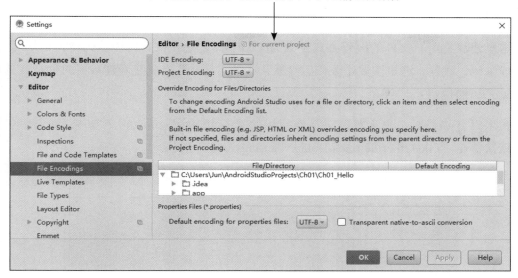

 如果在主窗口中要设置"默认的项目选项"，那么依次选择"File/Other Settings/
Default Settings"菜单选项，打开 Default Settings 对话框来修改（不包含"通用选项"）。

B-1 快速找出想要设置的选项

由于选项的数目相当多，因此最好的方法是利用关键词筛选。

1 输入关键词　　2 自动筛选出符合关键词的选项

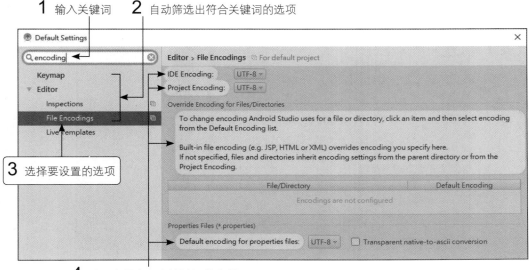

4 这里会圈出包含关键词的选项

B-2 | 设置文件编码方式

这里建议将所有文件的编码方式都改为 UTF-8，以免在执行时因编码转换错误而使中文变成乱码。注意，这里主要是要修改"默认的项目选项"（就是新建项目时的默认选项，可参见开头的说明）。

在未打开项目时，单击欢迎对话框右侧的"Configure/Settings"；如果已打开项目，那么依次单击"File/Other Settings/Default Settings"菜单选项。

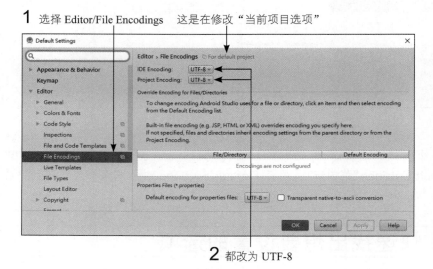

若要修改已创建好的项目，则可先打开项目，再依次单击"File/Settings"菜单选项来修改各个"项目选项"。

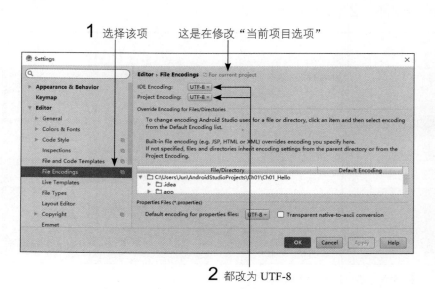

B-3 显示行号

如果想让文本编辑器（Editor，用于编辑 Java 程序、XML 等文本文件）显示行号，那么可进行如下操作：

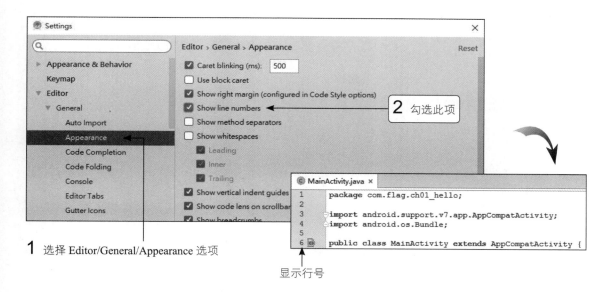

1 选择 Editor/General/Appearance 选项

2 勾选此项

显示行号

B-4 调整字号

Android Studio 的字体设置和文本编辑器（Editor）的字体设置是分开的，可以分别更改。先来看看 Android Studio 的字体设置。

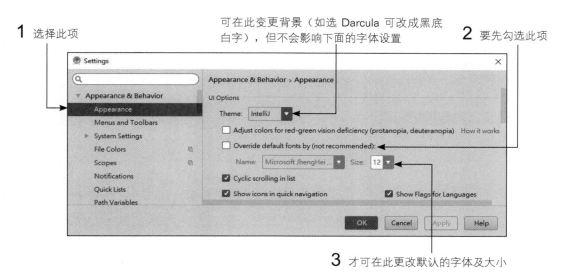

1 选择此项

可在此变更背景（如选 Darcula 可改成黑底白字），但不会影响下面的字体设置

2 要先勾选此项

3 才可在此更改默认的字体及大小

文本编辑器的颜色与字体是以整组的方式存储的，由于内建的 Default 与 Darcula 两个组合（Scheme）不允许更改，因此必须先另存（复制）一个新的组合，然后进行修改。

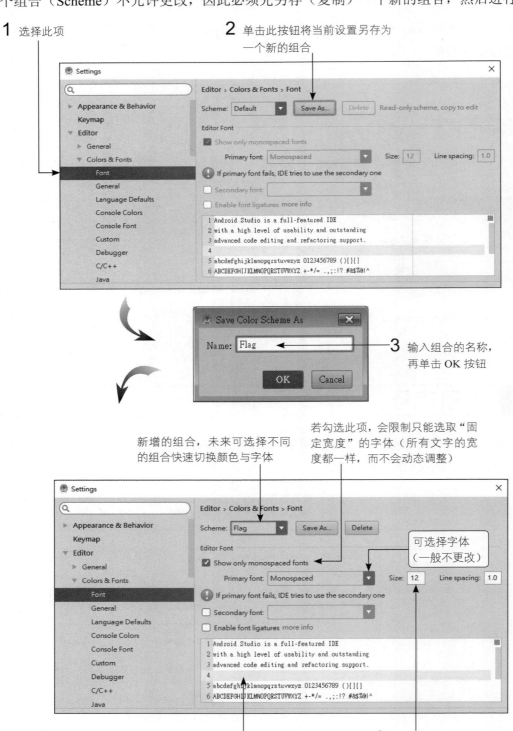

1 选择此项

2 单击此按钮将当前设置另存为一个新的组合

3 输入组合的名称，再单击 OK 按钮

新增的组合，未来可选择不同的组合快速切换颜色与字体

若勾选此项，会限制只能选取"固定宽度"的字体（所有文字的宽度都一样，而不会动态调整）

可选择字体（一般不更改）

可在此预览效果

4 在此更改字号

B-5 设置自动化的 Import 功能

在编写程序时，经常会需要 import 函数库的程序包名称。如果希望能自动化地处理 import 语句，可进行如下设置：

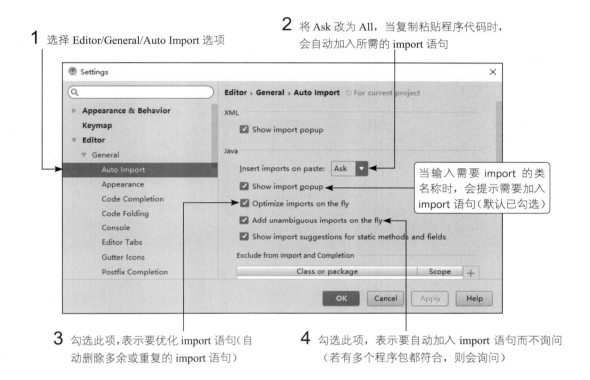

1 选择 Editor/General/Auto Import 选项

2 将 Ask 改为 All，当复制粘贴程序代码时，会自动加入所需的 import 语句

当输入需要 import 的类名称时，会提示需要加入 import 语句（默认已勾选）

3 勾选此项，表示要优化 import 语句（自动删除多余或重复的 import 语句）

4 勾选此项，表示要自动加入 import 语句而不询问（若有多个程序包都符合，则会询问）

B-6 调整各类警告与错误的检查功能

Android Studio 会自动帮助我们检查程序文件、XML 文件以及其他各类配置文件的内容，然后针对有问题的部分提示错误或警告，进而协助我们快速解决问题。

不过，如果有些警告是我们所认可的，那么也可以关闭该选项的检查，以后就不会再显示相关的警告了。此类设置由于选项很多，因此是以 Profile 的方式整组存储的，以方便我们存储成不同的 Profile，在需要时可以快速切换。

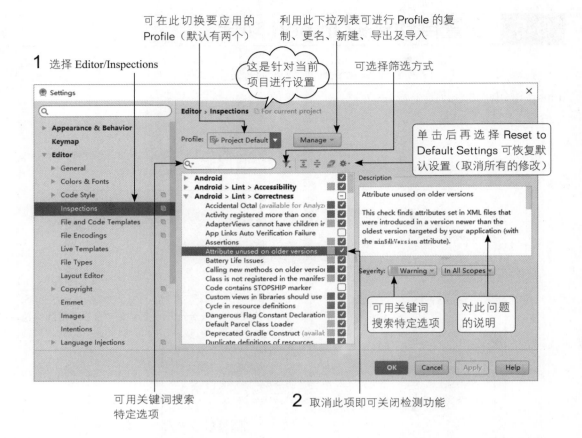

1 选择 Editor/Inspections

可在此切换要应用的 Profile（默认有两个）

利用此下拉列表可进行 Profile 的复制、更名、新建、导出及导入

这是针对当前项目进行设置

可选择筛选方式

单击后再选择 Reset to Default Settings 可恢复默认设置（取消所有的修改）

可用关键词搜索特定选项

对此问题的说明

可用关键词搜索特定选项

2 取消此项即可关闭检测功能

技巧 以上是针对当前的项目选项进行设置的，也可以修改 Android Studio 的默认项目选项。有关"项目选项"与"默认的项目选项"的设置，可参阅本附录最前面的说明。

B-7　设置使用自行安装的 Java JDK 版本

由于 Android 程序是以 Java 语言开发的，因此需要 Java 的软件开发包，也就是 JDK。不过从 Android Studio 2.2 开始已经内建了 OpenJDK，因而省去了额外下载、安装 JDK 的麻烦。但是，如果想使用自行安装的其他 JDK 版本，就需要更改项目的设置。

若要更改已创建好的项目，可先打开项目，再依次选择"File/Project Structure"菜单选项更改各个"项目选项"。

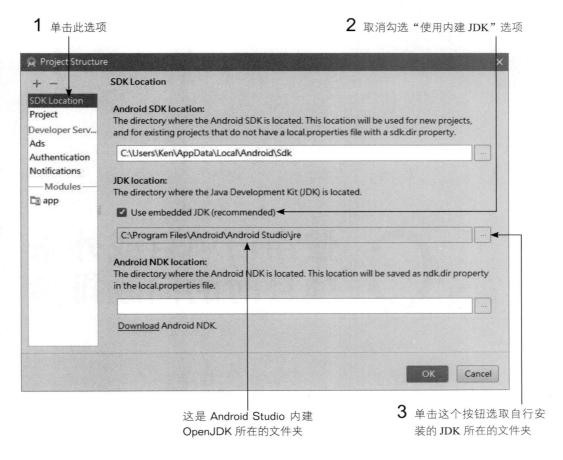

1 单击此选项

2 取消勾选"使用内建 JDK"选项

这是 Android Studio 内建 OpenJDK 所在的文件夹

3 单击这个按钮选取自行安装的 JDK 所在的文件夹

若要修改默认的项目设置，则在未打开项目时，单击欢迎对话框右下角的"Configure/Project Defaults/Project Structure"；如果已打开项目，那么依次选择"File/Other Settings/Default Project Structure"菜单选项，然后按上图的步骤更改即可。

附录 C　使用旧项目或外来项目时的问题排除

如果是打开"旧项目"或"外来项目",那么可能会遇到一些不兼容的情况,例如:

- 项目设置与当前计算机不兼容的情形。

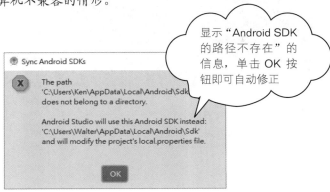

- 旧项目使用的 SDK 或函数库(如 ConstraintLayout)版本在计算机中尚未安装:在打开别人的项目时,也经常会遇到项目的 Target SDK/Build Tools 版本未安装的问题,例如:

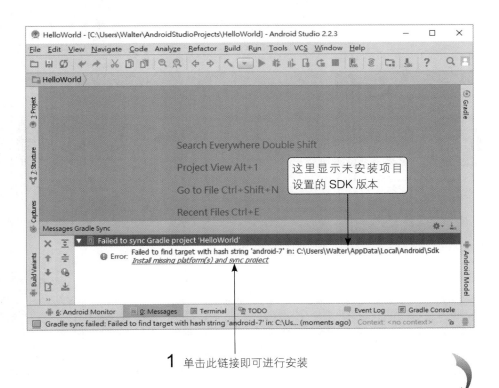

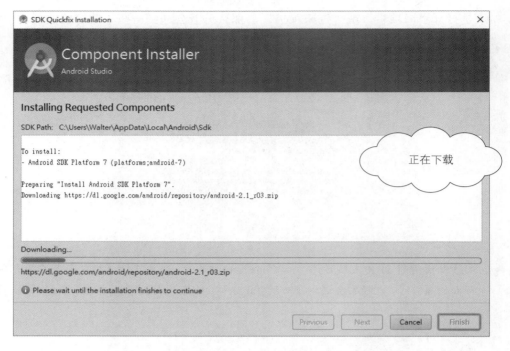

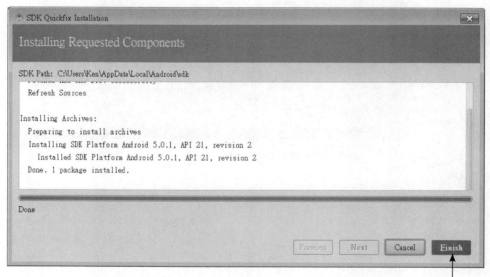

2 安装完成后单击 Finish 按钮
返回 Android Studio

若缺少旧项目使用的 Build Tools 版本，则只要单击链接即可安装。

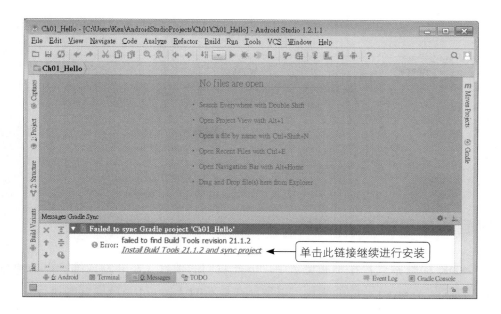

由于 Google 一直持续在改进 ConstraintLayout，不同时间创建的项目使用的 ConstraintLayout 函数库版本可能不一样。所以若旧项目以 ConstraintLayout 布局，则可能会遇到 ConstraintLayout 函数库版本在计算机中尚未安装的情况。

全部安装好之后，Android Studio 会自动同步和重建 Gradle 信息，完成整个打开项目的工作。

如果发现仍有不正常的情况，那么可依次单击 "Tools/Android/Sync Project with Gradle Files" 菜单选项（或单击工具栏的 ⬇ 按钮）重建 Gradle。若仍不正常，则重新启动 Android Studio。

- 旧项目使用的某些工具程序（如 Android Plugin）版本太旧：在打开项目之后，如果下方自动显示 Messages 窗格，那么可能有错误需要修正，例如：

1 在 Messages 窗格中切换到此页面

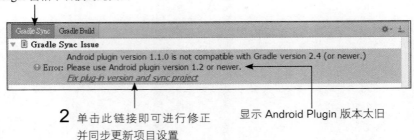

2 单击此链接即可进行修正
并同步更新项目设置

显示 Android Plugin 版本太旧

更新项目所使用的 SDK 版本

由于 SDK 的版本一直在不断更新中，因此我们的项目（在开发或维护中的项目）也应根据需要跟上 Android 改版的步伐，以便能在最新的 Android 系统中顺畅执行。

如果要更新项目所使用的 SDK 版本，那么先打开项目，然后依次单击 "File/Project Structure" 菜单选项。

注意，在更改项目的 SDK 版本时，只能选择计算机中已安装的版本。读者可参考 Android 门户网站 http://www.android-studio.org/ 的 "SDK 的下载、管理与更新"，下载最新的 SDK 及相关工具。

1 选取 app 模块　　**2** 切换到此页面　　**3** 选择要使用的 SDK 版本（只能选择计算机中已安装的版本）

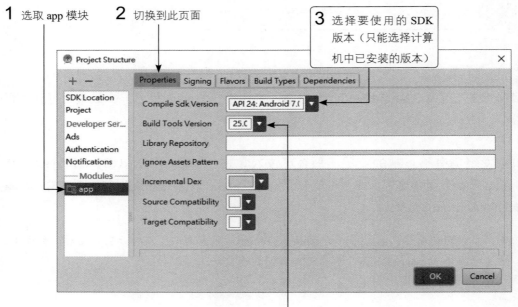

4 选择相同版本的组建工具（同版本可能有多个，如 25.0.0、25.0.1，要选择较新的版本）

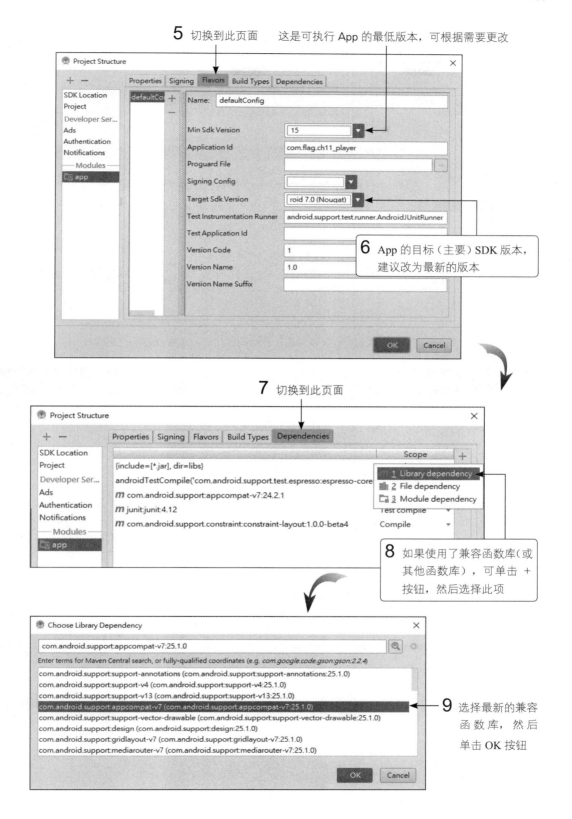

10 选取旧的兼容函数库　　　　**11** 单击 ━ 按钮将其删除

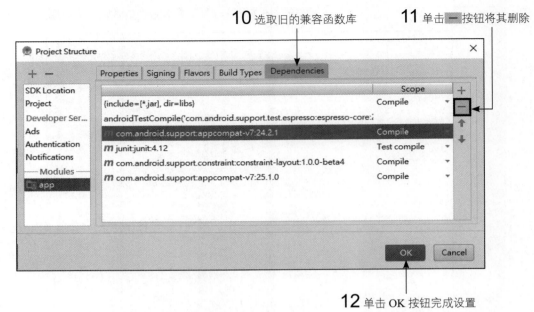

12 单击 OK 按钮完成设置

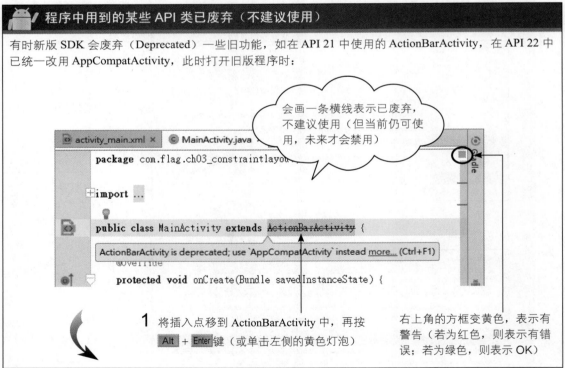

程序中用到的某些 API 类已废弃（不建议使用）

有时新版 SDK 会废弃（Deprecated）一些旧功能，如在 API 21 中使用的 ActionBarActivity，在 API 22 中已统一改用 AppCompatActivity，此时打开旧版程序时：

会画一条横线表示已废弃，不建议使用（但当前仍可使用，未来才会禁用）

1 将插入点移到 ActionBarActivity 中，再按 Alt + Enter 键（或单击左侧的黄色灯泡）

右上角的方框变黄色，表示有警告（若为红色，则表示有错误；若为绿色，则表示 OK）

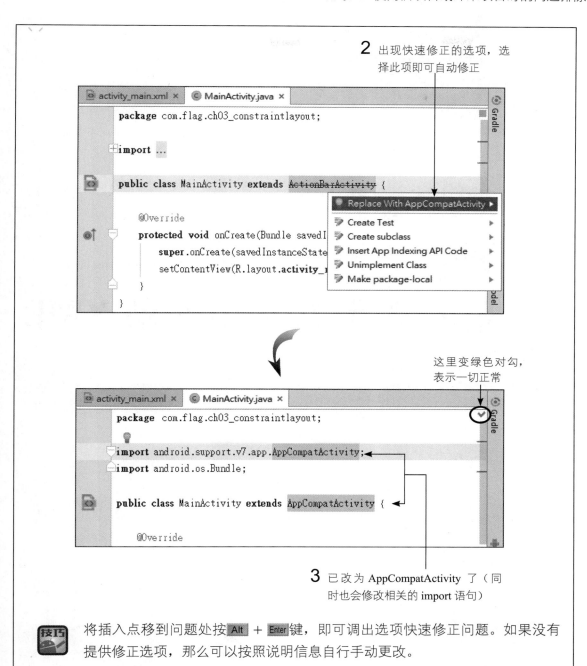

2 出现快速修正的选项，选择此项即可自动修正

```
activity_main.xml ×    MainActivity.java ×

    package com.flag.ch03_constraintlayout;

    import ...

    public class MainActivity extends ActionBarActivity {

        @Override
        protected void onCreate(Bundle savedI
            super.onCreate(savedInstanceState
            setContentView(R.layout.activity_
        }
    }
```

Replace With AppCompatActivity ▶
Create Test
Create subclass
Insert App Indexing API Code
Unimplement Class
Make package-local

这里变绿色对勾，表示一切正常

```
activity_main.xml ×    MainActivity.java ×

    package com.flag.ch03_constraintlayout;

    import android.support.v7.app.AppCompatActivity;
    import android.os.Bundle;

    public class MainActivity extends AppCompatActivity {

        @Override
```

3 已改为 AppCompatActivity 了（同时也会修改相关的 import 语句）

技巧 将插入点移到问题处按 Alt + Enter 键，即可调出选项快速修正问题。如果没有提供修正选项，那么可以按照说明信息自行手动更改。

附录 **D** **关于 Android 的 XML**

认识 XML

XML（Extensible Markup Language）和 HTML 一样，都是利用定义好的文字标签（Tag）、属性（Attribute）标记数据。但 HTML 标签的种类是固定的，而 XML 可由用户自定义标签、属性和它们代表的意思。

XML 的数据是纯文本的，其内容由元素（Element）所组成，而元素用标签定义。元素的结构如下：

```
< 标签名称 属性 1=" 属性值 1" 属性 2=" 属性值 2"...>    ←── 标签的开始，其内可包含 0
                                                     或多个属性设置
元素的内容
</ 标签名称 >    ←── 标签的结尾，注意在标签名称前要加一个 / 表示结束
```

如果元素没有内容，那么可以将标签的开头和结尾合并，简化如下：

```
<book name="Android 入门 " />   ←── 在最后用 /> 表示结束
```

> 在 XML 中大小写是有区别的。例如，<Book> 和 <book> 就是不同的标签。

元素与元素之间可以是包含的关系，也就是说，元素中还可以有其他元素，例如：

```
<books type=" 手机程序设计 ">
    <book name="Android 快速入门 ">
            <chapter no="1"> 安装 Android Studio</chapter>
            <chapter no="2"> 使用 Android Studio</chapter>
    </book>
    <book name="Android 程序设计 >
            <chapter no="1"> 设计界面布局 </chapter>
            <chapter no="2"> 编写程序 </chapter>
    </book>
</books>
```

包含关系的层级数目并无限制，在最外层的元素一般称为"根元素"（Root Element）。

有时在根元素之前会多加一行 <?xml version = "1.0" encoding = "UTF-8"?>，用来声明 XML 文件所遵循的 XML 规格版本，以及数据的编码方式。在 Android Studio 中固定使用 UTF-8 编码，在自动生成的 XML 文件中不一定有这一行。

Android 的 XML 文件

Android 使用 XML 文件存储许多种类的数据，如界面的布局设计、字符串数据、样式定义、程序特性的描述等。Android 为每一种类的 XML 文件都制定了专用的各种标签和属性，我们必须使用这些预定的 XML 语句存储数据。如此，Android Studio 才能正确地解读。

例如，项目的字符串文件（strings.xml）和界面布局文件（activity_main.xml）。

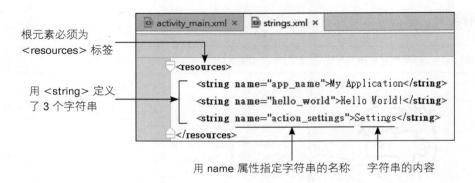

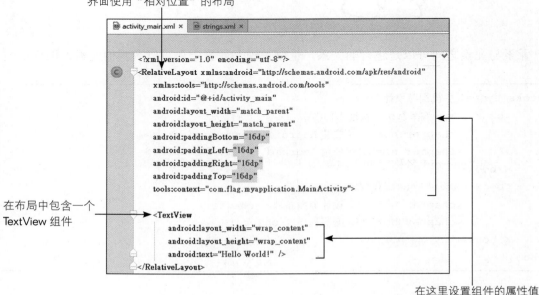

如前一页的图所示，定义界面布局的 XML 文件是纯文本的，其中的标签、属性都是 Android 事先定义好的。

另外，由于同一个 XML 文件可能会给不同的程序解析，或用在不同的应用场合中，因此为了避免标签或属性名称重复（如程序 A 和程序 B 都定义了 text 属性，但意义不同），可以加上名称空间（Namespace）的声明。

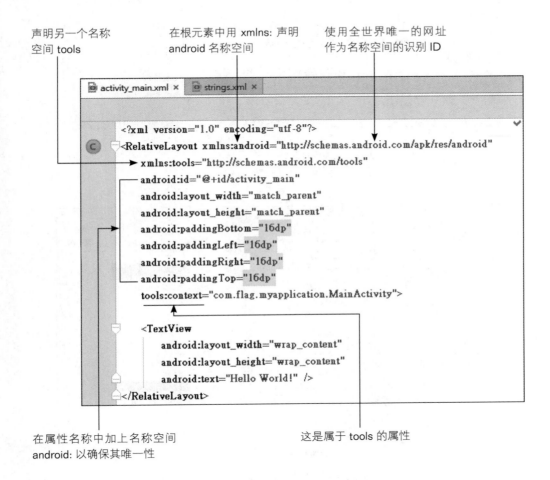

以上的"android 名称空间"主要用于设计 App 内容所需的标签，而"tools 名称空间"则是给 Android 工具程序看的标签。

读者不用强记这些标签和属性，因为太多了，而且没有必要。对于比较复杂的界面布局文件，Android Studio 提供了完善的可视化设计工具，让我们可以在图形、文字工具之间任意切换来编辑内容。

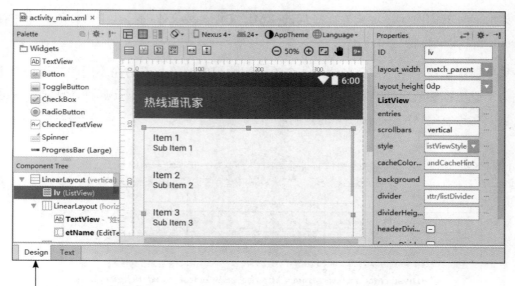

Design 页面（视觉设计）

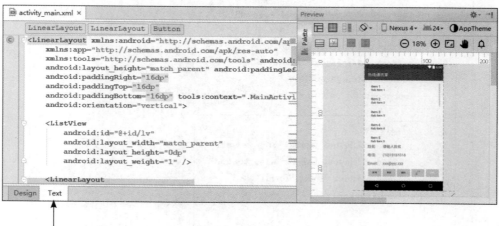

Text 页面（文本编辑）

　　至于其他种类的 XML 文件，在新建项目时都会自动生成好，我们只需要在现有的数据中比照修改即可。另外，Android Studio 对所有种类的 XML 文件都提供"自动完成"和"检查错误"功能，因此无论是要新增或修改数据，都可以很轻松地完成。

附录 **E** 导入 ADT 项目

ADT（Android Development Tools）也是 Android 官方提供的集成开发环境，不过后来逐渐被更好用的 Android Studio 所取代。在 ADT 中所创建的项目，由于项目的格式不同，因此在 Android Studio 中要先以导入的方式进行转换后才能使用。

ADT 是以 Eclipse（一个有名的 Java 集成开发环境）为基础平台的，所以大多数接口和操作方式都和 Eclipse 相同。

要导入 ADT 项目，在 Android Studio 中依次单击"File / New / Import Project"菜单选项（或在欢迎对话框中选择 Import Project（Eclipse ADT,Gradle,edt.））。

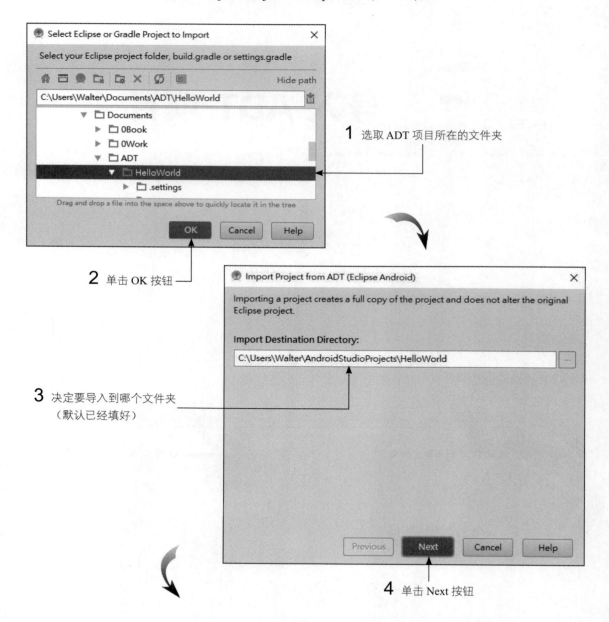

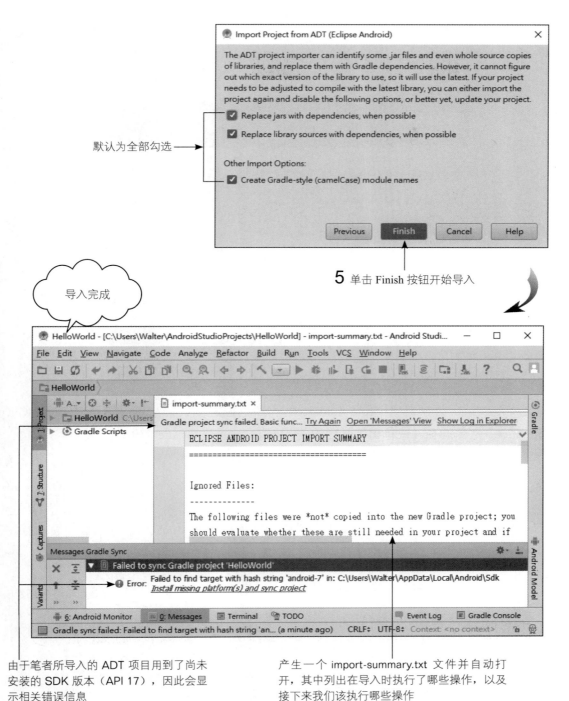

默认为全部勾选 ──→

5 单击 Finish 按钮开始导入

导入完成

由于笔者所导入的 ADT 项目用到了尚未安装的 SDK 版本（API 17），因此会显示相关错误信息

产生一个 import-summary.txt 文件并自动打开，其中列出在导入时执行了哪些操作，以及接下来我们该执行哪些操作

技巧 在导入 ADT 项目时可能会遇到其他问题，注意查看错误信息的说明，其中通常会有链接协助用户解决问题。

在导入或打开他人的项目时，经常会发生项目所设置的 Target SDK 版本未安装的问题。此时可单击错误信息中的链接，Android Studio 将会试着自动修正问题。

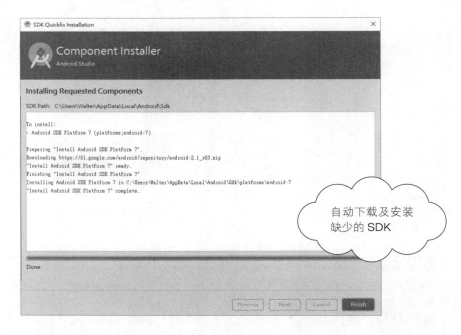

自动下载及安装缺少的 SDK

安装完成后，再回到 Android Studio 中，依次单击"Tools/Android/Sync Project with Gradle Files"菜单选项（或单击工具栏的 按钮），重建 Gradle 即可。

导入 ADT 项目后中文变成乱码

如果 ADT 项目的中文是用 GBK 编码（或其他非 UTF-8 的编码）的，那么在导入后，程序代码中的中文字可能会变成乱码。

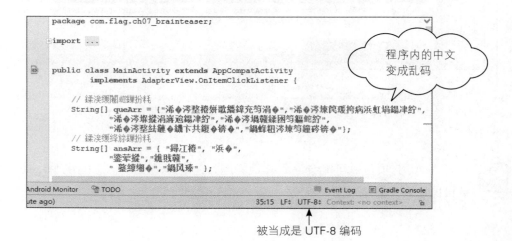

程序内的中文变成乱码

被当成是 UTF-8 编码

此时可先依次单击 "File/File Encoding" 菜单选项（或单击状态栏右侧的 UTF-8 按钮），然后选择程序原来的编码（如 GBK 或 x-windows-950），打开询问对话框。

即使没有变成乱码，也要按下面的步骤 2 将文件编码转换为 UTF-8，以免在执行程序时出现乱码。

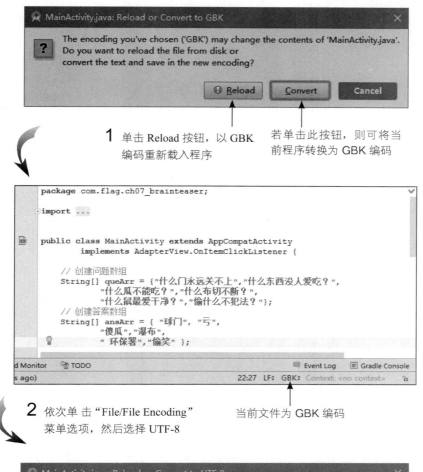

1 单击 Reload 按钮，以 GBK 编码重新载入程序

若单击此按钮，则可将当前程序转换为 GBK 编码

2 依次单击 "File/File Encoding" 菜单选项，然后选择 UTF-8

当前文件为 GBK 编码

3 单击 Convert 按钮，将 GBK 转换为 UTF-8 编码，如此可避免未来在执行程序时因 GBK 编码被误当成 UTF-8 编码而出现乱码